全国电力出版指导委员会出版规划重点项目

火力发电职业技能培训教材

HUOLI FADIAN ZHIYE JINENG PEIXUN JIAOCAI

热工仪表及自动装置

（第二版）

《火力发电职业技能培训教材》编委会 编

中国电力出版社
CHINA ELECTRIC POWER PRESS

内容提要

本套教材在 2005 年出版的《火力发电职业技能培训教材》的基础上，吸收近年来国家和电力行业对火力发电职业技能培训的新要求编写而成。在修订过程中以实际操作技能为主线，将相关专业理论与生产实践紧密结合，力求反映当前我国火电技术发展的水平，符合电力生产实际的需求。

本套教材总共 15 个分册，其中的《环保设备运行》《环保设备检修》为本次新增的 2 个分册，覆盖火力发电运行与检修专业的职业技能培训。本套教材的作者均为长年工作在生产第一线的专家、技术人员，具有较好的理论基础、丰富的实践经验和培训经验。

本书为《热工仪表及自动装置》分册，包括热工仪表检修、热工自动装置检修、热工程控保护、热工仪表及控制装置安装和试验工种的培训内容。主要内容有：分散控制系统的原理和应用、热工温度的显示和记录仪表的校验与安装、压力和流量测量仪表的安装、自动调节设备及系统工作原理、DEH 纯电调系统、锅炉与汽轮机设备的保护和连锁，以及火电厂常见程序控制系统的调试与维护等。

本套教材适合作为火力发电专业职业技能鉴定培训教材和火力发电现场生产技术培训教材，也可供火电类技术人员及职业技术学校教学使用。

图书在版编目（CIP）数据

热工仪表及自动装置/《火力发电职业技能培训教材》编委会编．—2版．—北京：中国电力出版社，2020.6（2024.11重印）

火力发电职业技能培训教材

ISBN 978-7-5198-4391-5

Ⅰ.①热… Ⅱ.①火… Ⅲ.①火电厂－热工仪表－技术培训－教材②火电厂－热力工程－自动控制装置－技术培训－教材 Ⅳ.①TM621

中国版本图书馆 CIP 数据核字（2020）第 033029 号

出版发行：中国电力出版社
地　　址：北京市东城区北京站西街 19 号（邮政编码 100005）
网　　址：http://www.cepp.sgcc.com.cn
责任编辑：孙　芳（010-63412381）　杨　卓（010-63412789）
责任校对：黄　蓓　于　维
装帧设计：赵姗姗
责任印制：吴　迪

印　　刷：固安县铭成印刷有限公司
版　　次：2005 年 1 月第一版　2020 年 6 月第二版
印　　次：2024 年 11 月北京第十一次印刷
开　　本：880 毫米×1230 毫米　32 开本
印　　张：14.375
字　　数：490 千字
定　　价：88.00 元

《火力发电职业技能培训教材》(第二版)

编 委 会

主 任：王俊启

副主任：张国军　乔永成　梁金明　贺晋年

委 员：薛贵平　朱立新　张文龙　薛建立

　　　　许林宝　董志超　刘林虎　焦宏波

　　　　杨庆祥　郭林虎　耿宝年　韩燕鹏

　　　　杨 铸　余 飞　梁瑞斑　李团恩

　　　　连立东　郭 铭　杨利斌　刘志跃

　　　　刘雪斌　武晓明　张 鹏　王 公

主 编：张国军

副主编：乔永成　薛贵平　朱立新　张文龙

　　　　郭林虎　耿宝年

编 委：耿 超　郭 魏　丁元宏　席晋奎

教材编辑办公室成员：张运东　赵鸣志

　　　　　　　　　　徐 超　曹建萍

《火力发电职业技能培训教材
热工仪表及自动装置》

编 写 人 员

主 编： 刘雪斌

参 编（按姓氏笔画排列）：

刘雪斌　李　宁　李金峰　宋金峰

张　浩　张恒吉　孟维娜　贾新强

郭　珏

《火力发电职业技能培训教材》(第一版)

编 委 会

主　任：周大兵　　翟若愚

副主任：刘润来　　宗　健　　朱良镭

常　委：魏建朝　　刘治国　　侯志勇　　郭林虎

委　员：邓金福　　张　强　　张爱敏　　刘志勇

　　　　王国清　　尹立新　　白国亮　　王殿武

　　　　韩爱莲　　刘志清　　张建华　　成　刚

　　　　郑耀生　　梁东原　　张建平　　王小平

　　　　王培利　　闫刘生　　刘进海　　李恒煌

　　　　张国军　　周茂德　　郭江东　　闻海鹏

　　　　赵富春　　高晓霞　　贾瑞平　　耿宝年

　　　　谢东健　　傅正祥

主　编：刘润来　　郭林虎

副主编：成　刚　　耿宝年

教材编辑办公室成员：刘丽平　　郑艳蓉

第二版前言

2004 年，中国国电集团公司、中国大唐集团公司与中国电力出版社共同组织编写了《火力发电职业技能培训教材》。教材出版发行后，深受广大读者好评，主要分册重印 10 余次，对提高火力发电员工职业技能水平发挥了重要的作用。

近年来，随着我国经济的发展，电力工业取得显著进步，截至 2018 年底，我国火力发电装机总规模已达 11.4 亿 kW，燃煤发电 600MW、1000MW 机组已经成为主力机组。当前，我国火力发电技术正向着大机组、高参数、高度自动化方向迅猛发展，新技术、新设备、新工艺、新材料逐年更新，有关生产管理、质量监督和专业技术发展也是日新月异，现代火力发电厂对员工知识的深度与广度，对运用技能的熟练程度，对变革创新的能力，对掌握新技术、新设备、新工艺的能力，以及对多种岗位上工作的适应能力、协作能力、综合能力等提出了更高、更新的要求。

为适应火力发电技术快速发展、超临界和超超临界机组大规模应用的现状，使火力发电员工职业技能培训和技能鉴定工作与生产形势相匹配，提高火力发电员工职业技能水平，在广泛收集原教材的使用意见和建议的基础上，2018 年 8 月，中国电力出版社有限公司、中国大唐集团有限公司山西分公司启动了《火力发电职业技能培训教材》修订工作。100 多位发电企业技术专家和技术人员以高度的责任心和使命感，精心策划、精雕细刻、精益求精，高质量地完成了本次修订工作。

《火力发电职业技能培训教材》（第二版）具有以下突出特点：

（1）针对性。教材内容要紧扣《中华人民共和国职业技能鉴定规范·电力行业》（简称《规范》）的要求，体现《规范》对火力发电有关工种鉴定的要求，以培训大纲中的"职业技能模块"及生产实际的工作程序设章、节，每一个技能模块相对独立，均有非常具体的学习目标和学习内容，教材能满足职业技能培训和技能鉴定工作的需要。

（2）规范性。教材修订过程中，引用了最新的国家标准、电力行业规程规范，更新、升级一些老标准，确保内容符合企业实际生产规程规范的要求。教材采用了规范的物理量符号及计量单位，更新了相关设备的图形符号、文字符号，注意了名词术语的规范性。

（3）系统性。教材注重专业理论知识体系的搭建，通过对培训人员分析能力、理解能力、学习方法等的培养，达到知其然又知其所以然的目的，从而打下坚实的专业理论基础，提高自学本领。

（4）时代性。教材修订过程中，充分吸收了新技术、新设备、新工艺、新材料以及有关生产管理、质量监督和专业技术发展动态等内容，删除了第一版中包含的已经淘汰的设备、工艺等相关内容。2004年出版的《火力发电职业技能培训教材》共15个分册，考虑到从业人员、专业技术发展等因素，没有对《电测仪表》《电气试验》两个分册进行修订；针对火电厂脱硫、除尘、脱硝设备运行检修的实际情况，新增了《环保设备运行》《环保设备检修》两个分册。

（5）实用性。教材修订工作遵循为企业培训服务的原则，面向生产、面向实际，以提高岗位技能为导向，强调了"缺什么补什么，干什么学什么"的原则，在内容编排上以实际操作技能为主线，知识为掌握技能服务，知识内容以相应的工种必需的专业知识为起点，不再重复已经掌握的理论知识。突出理论和实践相结合，将相关的专业理论知识与实际操作技能有机地融为一体。

（6）完整性。教材在分册划分上没有按工种划分，而采取按专业方式分册，主要是考虑知识体系的完整，专业相对稳定而工种则可能随着时间和设备变化调整，同时这样安排便于各工种人员全面学习了解本专业相关工种知识技能，能适应轮岗、调岗的需要。

（7）通用性。教材突出对实际操作技能的要求，增加了现场实践性教学的内容，不再人为地划分初、中、高技术等级。不同技术等级的培训可根据大纲要求，从教材中选取相应的章节内容。每一章后均有关于各技术等级应掌握本章节相应内容的提示。每一册均有关本册涵盖职业技能鉴定专业及工种的提示，方便培训时选择合适的内容。

（8）可读性。教材力求开门见山，重点突出，图文并茂，便于理解，便于记忆，适用于职业培训，也可供广大工程技术人员自学参考。

希望《火力发电职业技能培训教材》（第二版）的出版，能为推进火力发电企业职业技能培训工作发挥积极作用，进而提升火力发电员工职业能力水平，为电力安全生产添砖加瓦。恳请各单位在使用过程中对教材多提宝贵意见，以期再版时修订完善。

本套教材修订工作得到中国大唐集团有限公司山西分公司、大唐太原第二热电厂和阳城国际发电有限责任公司各级领导的大力支持，在此谨向为教材修订做出贡献的各位专家和支持这项工作的领导表示衷心感谢。

《火力发电职业技能培训教材》（第二版）编委会

2020年1月

第一版前言

近年来，我国电力工业正向着大机组、高参数、大电网、高电压、高度自动化方向迅猛发展。随着电力工业体制改革的深化，现代火力发电厂对职工所掌握知识与能力的深度、广度要求，对运用技能的熟练程度，以及对革新的能力，掌握新技术、新设备、新工艺的能力，监督管理能力，多种岗位上工作的适应能力，协作能力，综合能力等提出了更高、更新的要求。这都急切地需要通过培训来提高职工队伍的职业技能，以适应新形势的需要。

当前，随着《中华人民共和国职业技能鉴定规范》（简称《规范》）在电力行业的正式施行，电力行业职业技能标准的水平有了明显的提高。为了满足《规范》对火力发电有关工种鉴定的要求，做好职业技能培训工作，中国国电集团公司、中国大唐集团公司与中国电力出版社共同组织编写了这套《火力发电职业技能培训教材》，并邀请一批有良好电力职业培训基础和经验、并热心于职业教育培训的专家进行审稿把关。此次组织开发的新教材，汲取了以往教材建设的成功经验，认真研究和借鉴了国际劳工组织开发的 MES 技能培训模式，按照 MES 教材开发的原则和方法，按照《规范》对火力发电职业技能鉴定培训的要求编写。教材在设计思想上，以实际操作技能为主线，更加突出了理论和实践相结合，将相关的专业理论知识与实际操作技能有机地融为一体，形成了本套技能培训教材的新特色。

《火力发电职业技能培训教材》共 15 分册，同时配套有 15 分册的《复习题与题解》，以帮助学员巩固所学到的知识和技能。

《火力发电职业技能培训教材》主要具有以下突出特点：

（1）教材体现了《规范》对培训的新要求，教材以培训大纲中的"职业技能模块"及生产实际的工作程序设章、节，每一个技能模块相对独立，均有非常具体的学习目标和学习内容。

（2）对教材的体系和内容进行了必要的改革，更加科学合理。在内容编排上以实际操作技能为主线，知识为掌握技能服务，知识内容以相应的职业必需的专业知识为起点，不再重复已经掌握的理论知识，以达到再培训，再提高，满足技能的需要。

凡属已出版的《全国电力工人公用类培训教材》涉及到的内容，如识绘图、热工、机械、力学、钳工等基础理论均未重复编入本教材。

（3）教材突出了对实际操作技能的要求，增加了现场实践性教学的内容，不再人为地划分初、中、高技术等级。不同技术等级的培训可根据大纲要求，从教材中选取相应的章节内容。每一章后，均有关于各技术等级应掌握本章节相应内容的提示。

（4）教材更加体现了培训为企业服务的原则，面向生产，面向实际，以提高岗位技能为导向，强调了"缺什么补什么，干什么学什么"的原则，内容符合企业实际生产规程、规范的要求。

（5）教材反映了当前新技术、新设备、新工艺、新材料以及有关生产管理、质量监督和专业技术发展动态等内容。

（6）教材力求简明实用，内容叙述开门见山，重点突出，克服了偏深、偏难、内容繁杂等弊端，坚持少而精、学则得的原则，便于培训教学和自学。

（7）教材不仅满足了《规范》对职业技能鉴定培训的要求，同时还融入了对分析能力、理解能力、学习方法等的培养，使学员既学会一定的理论知识和技能，又掌握学习的方法，从而提高自学本领。

（8）教材图文并茂，便于理解，便于记忆，适应于企业培训，也可供广大工程技术人员参考，还可以用于职业技术教学。

《火力发电职业技能培训教材》的出版，是深化教材改革的成果，为创建新的培训教材体系迈进了一步，这将为推进火力发电厂的培训工作，为提高培训效果发挥积极作用。希望各单位在使用过程中对教材提出宝贵建议，以使不断改进，日臻完善。

在此谨向为编审教材做出贡献的各位专家和支持这项工作的领导们深表谢意。

《火力发电职业技能培训教材》编委会
2005 年 1 月

第二版编者的话

近年来，大容量、高参数、高自动化的大型火力发电机组在我国日益普及。600MW 火电机组因其具有大容量、高参数、低能耗、低污染、高可靠性等优点，现已成为我国火力发电厂的主力机型。基于这些情况对《火力发电职业技能培训教材》中的《热工仪表及自动装置》进行了修编。本次修订力求体现新技术、新设备、新工艺、新经验、新方法，具备一定的交流学习价值。我们根据火力发电厂工人技术等级标准的规定，以及现今电力学校教材的要求，结合火力发电厂生产实际，经过调查、研究，广泛征求各方面专家的意见，完成了本次的编写修订。由于本教材紧扣标准提出的知识要求和技能要求，做到了理论和实际相结合，相信具有较强的实用性和广泛的适用性。

修编后的《热工仪表及自动装置》分为五篇，共十八章，包括热工仪表检修与维护，热工自动装置检修与调试，热工程控保护的检修与试验等。主要内容有：热工温度、压力、流量以及特殊仪表的安装、检修与维护；自动调节设备的安装调试和系统工作原理；单元机组负荷自动控制系统；锅炉、汽轮机、发电机主要设备的保护和联锁等。主编刘雪斌，贾新强对第一篇和第三篇的第五章、第七章、第八章进行修编，郭珏对第二篇进行修编，张恒吉对第三篇的第六章和第九章进行修编，李宁对第四篇的第十章和第十一章进行修编，李林虎和宋金峰对第四篇的第十二章和第十三章进行修编，刘雪斌对第五篇进行了修编。

各单位和广大读者在使用本套教材中，应根据实际情况灵活处理。如发现有不妥之处，欢迎批评指正。

编　者

2020 年 1 月

第一版编者的话

为配合我国火力发电职业技能鉴定培训工作的开展，由中国电力出版社和山西省电力局共同组织编写了《火力发电职业技能培训教材》。编写前已经对编写人员提出了较高的要求，尽量体现新技术、新设备、新工艺、新经验、新方法，必须具备一定的交流学习价值。根据火力发电厂工人技术等级标准中的规定，以及现今电力学校的教材的要求，结合火力发电厂生产的实际，经过调查、研究，广泛征求各方面专家的意见，认真修订形成正式的编写提纲。又经过一年的时间，终于写成初稿。由于本教材紧扣标准提出的知识要求和技能要求，做到了理论和实际相结合，相信具有较强的实用性和广泛的适用性。

本册《热工仪表及自动装置》分为五篇，共二十一章，包括热工仪表检修与维护，热工自动装置检修与调试，热工程控保护的检修与试验等。主要内容有：热工温度、压力、流量以及特殊仪表的安装、检修与维护；自动调节设备的安装调试和系统工作原理；单元机组负荷自动控制系统；锅炉、汽轮机、发电机主要设备的保护和连锁等。主编张建华，参编人员黄云峰、张贵文、张小毛、闫向勇、许力宁、靳桂珍、张慧琴。

各单位和广大读者在使用本套教材中，应根据实际情况灵活处理。如发现有不妥之处，欢迎批评指正。

编　者
2004 年 3 月

目 录

第四篇　热工自动

第五篇　热工程控保护

第一篇

基 本 知 识

第一章

计量基础知识

第一节 计量单位

根据中华人民共和国计量法规定，国家实行法定计量单位制度。国际单位制计量单位和国家选定的其他计量单位为国家法定计量单位。国际单位制是我国法定计量单位的主体，国际单位制如有变化，我国法定计量单位也将随之变化。国家法定计量单位的名称、符号由国务院公布。

我国的法定计量单位（以下简称法定单位）包括：

（1）国际单位制的基本单位（见表1－1）。

（2）国际单位制的辅助单位（见表1－2）。

（3）国际单位制中具有专门名称的导出单位（见表1－2）。

（4）国家选定的非国际单位制单位（见表1－3）。

（5）由以上单位构成的组合形式的单位。

（6）由词头和以上单位所构成的十进倍数和分数单位的词头（见表1－4）。

法定单位的定义、使用方法等，由国家计量局另行规定。

表1－1   国际单位制的基本单位

量的名称	单位名称	单位符号
长度	米	m
质量	千克（公斤）	kg
时间	秒	s
电流	安［培］	A
热力学温度	开［尔文］	K
物质的量	摩［尔］	mol
发光强度	坎［德拉］	cd

第一章 计量基础知识

表 1 – 2 包括辅助单位在内的国际单位制中
具有专门名称的导出单位

量的名称	单位名称	单位符号	用 SI 基本单位和导出单位表示
平面角	弧度	rad	$1rad = 1m/m = 1$
立体角	球面度	sr	$1sr = 1m^2/m^2 = 1$
频率	赫 [兹]	Hz	$1Hz = 1s^{-1}$
力、重力	牛 [顿]	N	$1N = 1kg \cdot m/s^2$
压力、压强、应力	帕 [斯卡]	Pa	$1Pa = 1N/m^2$
能量、功、热	焦 [耳]	J	$1J = N \cdot m$
功率、辐射通量	瓦 [特]	W	$1W = 1J/s$
电荷量	库 [仑]	C	$1C = 1A \cdot s$
电位、电压、电动势	伏 [特]	V	$1V = 1W/A$
电容	法 [拉]	F	$1F = 1C/V$
电阻	欧 [姆]	Ω	$1\Omega = 1V/A$
电导	西 [门子]	S	$1S = 1A/V = 1\Omega^{-1}$
磁通量	韦 [伯]	Wb	$1Wb = 1V \cdot s$
磁通量密度、磁感应强度	特 [斯拉]	T	$1T = 1Wb/m^2$
电感	亨 [利]	H	$1H = 1Wb/A$
摄氏温度	摄氏度	℃	$1℃ = 1K$
光通量	流 [明]	lm	$1lm = 1cd \cdot sr$
光照度	勒 [克斯]	lx	$1lx = 1lm/m^2$
[放射性] 活度	贝可 [勒尔]	Bq	$1Bq = 1s^{-1}$
吸收剂量、比授 [予] 能、比释动能	戈 [瑞]	Gy	$1Gy = 1J/kg$
剂量当量	希 [沃特]	Sv	$1Sv = 1J/kg$

表 1-3   国家选定的非国际单位制单位

量的名称	单位名称	单位符号	换算关系和说明
时间	分 [小] 时 天 [日]	min h d	1min = 60s 1h = 60min = 3600s 1d = 24h = 86400s
平面角	[角] 秒 [角] 分 度	(″) (′) (°)	1″ = (π/648000) rad (π 为圆周率) 1′ = 60″ = (π/10800) rad 1° = 60′ = (π/180) rad
旋转速度	转每分	r/min	1r/min = (1/60) s^{-1}
长度	海里	n mile	1n mile = 1852m (只适用于航海)
速度	节	kn	1 kn = 1n mile/h = (1852/3600) m/s (只适用于航海)
质量	吨 原子质量单位	t u	1t = 1000kg = 10^3 kg 1u ≈ 1.6605655 × 10^{-27} kg
能	电子伏	eV	1eV ≈ 1.602177 × 10^{-19} J
体积	升	L, (l)	1L = 1dm^3 = 10^{-3} m^3
级差	分贝	dB	
线密度	特 [克斯]	tex	1tex = 1g/km
土地面积	公顷	hm^2	1hm^2 = 10000m^2 = 0.01km^2 (国际符号 ha)

表 1-4   用于构成十进倍数和分数单位的词头

所表示的因数	词头名称	词头符号
10^{24}	尧 [它]	Y
10^{21}	泽 [它]	Z
10^{18}	艾 [可萨]	E
10^{15}	拍 [它]	P
10^{12}	太 [拉]	T

所表示的因数	词头名称	词头符号
10^9	吉［咖］	G
10^6	兆	M
10^3	千	k
10^2	百	h
10^1	十	da
10^{-1}	分	d
10^{-2}	厘	c
10^{-3}	毫	m
10^{-6}	微	μ
10^{-9}	纳［诺］	n
10^{-12}	皮［可］	p
10^{-15}	飞［母托］	f
10^{-18}	阿［托］	a
10^{-21}	仄［普托］	z
10^{-24}	幺［科托］	y

说明：（1）周、月、年（年的符号为 a）为一般常用时间单位。

（2）［　］内的字，是在不致混淆的情况下，可以省略的字。

（3）（　）内的字为前者同义语。

（4）角度单位（度、分、秒）的符号不处于数字后时，用括弧。

（5）"升"的符号中，小写字母 l 为备用符号。

（6）r 为"转"的符号。

（7）日常生活中，质量习惯称为重量。

（8）公里为千米的俗称，符号为"km"。

（9）"10^4"称为万，"10^8"称为亿，"10^{12}"称为万亿，这类数词的使用不受词头名称的影响，但不应与词头混淆。

第二节　质量指标

仪表的质量指标是评价仪表质量的标准。任何仪表在进行测量时，必定存在着不同程度的测量误差。因此，为了保证仪表测量的精确和可靠，国家计量行政管理部门和仪表制造管理部门在有关规程中详细规定了各类仪表的质量指标。仪表的质量指标一般印在表盘、铭牌和产品说明书中，以便用户了解仪表性能，选择适用的仪表。常见的仪表质量指标有精确度等级、回程误差（变差）、灵敏度、稳定性、动态特性、分辨力等。

一、仪表的准确度及精确度等级

在正常的使用条件下，仪表测量结果的准确程度称为仪表的准确度。准确度用来反映仪表测量误差偏离真值的程度。仪表的准确度越高，测量的误差越小；反之，测量的误差越大。它的数值等于引用误差去掉百分号以后的绝对值，并将此值作为精确度等级指标。

一般工业仪表的精确度等级系列有0.1，0.2，0.5，1.0，1.6（1.5），2.5，4等。各种仪表的表盘上均标明精确度等级数值。根据精确度等级可以确定该仪表的最大测量误差。

二、回程误差

对同一检测点，上升指示值与下降指示值之差的绝对值称为回程误差。回程误差产生的主要原因是仪表传动机构存在间隙、运动部件摩擦、弹性元件滞后等。

三、灵敏度

灵敏度是衡量仪表质量的重要指标之一。它的定义是测量仪表响应的变化除以对应的激励变化，一般可理解为仪表的输出量变化与引起该变化的输入变化量的比值，即

$$灵敏度 = \frac{\Delta y}{\Delta x}$$

式中　　Δx——输入量的变化量；

Δy——输出量的变化量。

在实际使用中，仪表的灵敏度并不是越高越好，单纯加大灵敏度并不改变仪表基本特性，精确度并没有提高；相反，有时会出现震荡现象，造成输出不稳定。仪表灵敏度应选择适当、满足需要即可。

四、稳定性

稳定性是指测量仪表在规定条件内保持其计量特性随时间恒定的能力。几乎所有仪表的指示值都受使用条件的影响。为了表示仪表指示值受使用条件影响程度的大小，引用了仪表指示值稳定性的概念。若稳定性不是对时间而对其他量而言，则应该明确说明。指示值稳定性可以用几种

方式定量表示，例如：用计量特性变化某个规定的量所经过的时间；用计量特性经规定的时间所发生的变化。

目前，我们在实际工作中通常用仪表零点漂移来衡量仪表稳定性。

五、重复性

重复性是指在相同条件下，重复测量同一被测量，测量仪表提供相近示值能力。相同条件包括测量程序、观测者、测量设备、地点、短时间内重复，重复性可以用示值的分散性定量地表示。

六、动态特性

仪表能否尽快反映出被测物理量的变化情况，是一项很重要的技术指标。它可以用仪表的动态特性来表示。仪表的动态特性有两种情况：一种情况是当被测量突然变化时，仪表不能立刻指示出被测参数值，而要经过一段时间才能指示出被测值，这可用"时间常数"来表达。时间常数小，反映时间短；时间常数大，反映时间长。另一种情况是当被测量突然发生变化时，仪表指示值迅速改变，但需经过几次摆动后才能指示出被测值，这可用"阻尼时间"来表达。仪表的阻尼时间是指从给仪表突然输入其标尺中间刻度相应的参数值时开始，到仪表指示值与输入值之差为该仪表标尺范围的±1%时的时间间隔。

七、分辨力

分辨力是指测量仪表能有效辨别的最小示值差。对于数字式仪表就是当变化一个末位有效数字时其示值的变化。

第三节 数据处理

一、有效数字

1. （末）的概念

所谓（末），指的是任何一个数最末一位数字所对应的单位量值。

例如：用分度值为0.1mm的卡尺测量某物体的长度，测量结果为19.8m，最末一位的量值0.8mm，即为最末一位数字8与其所对应的单位量值0.1mm的乘积，故19.8mm的末为0.1mm。

2. 有效数字的概念

我们在日常生活中接触到的数，有准确数和近似数。对于任何数，包括无限不循环小数、循环小数，截取一定位数后所得的即是近似数。同样，根据误差公理，测量总是存在误差，测量结果只能是一个接近于真值的估计值，其数字也是近似数。

例如：将无限不循环小数 $\pi = 3.14159\cdots$ 截取到百分位，可得到近似数 3.14，则此时引起的误差绝对值为 $|3.14 - 3.14159\cdots| = 0.00159\cdots$

近似数 3.14 的末为 0.01，因此 0.5（末）$= 0.5 \times 0.01 = 0.005$。而 $0.00159\cdots < 0.005$，故近似数 3.14 的误差绝对值小于 0.5（末）。

由此可以得出关于近似数有效数字的概念：当该近似数的绝对误差的模小于 0.5（末）时，从左边的第一个非零数字算起，直到最末一位数字为止的所有数字。根据这个概念 3.14 有 3 位有效数字。

测量结果的数字，其有效位数反映结果的不确定度。

例如：某长度测量值为 19.8mm 有效位数为 3 位；若是 19.80mm，有效位数为 4 位。它们的绝对误差的模分别小于 0.5（末）即分别小于 0.05mm 和 0.005mm。

显而易见，有效位数不同，它们的测量不确定度也不同，测量结果 19.80mm 比 19.8mm 的不确定度要小。

同时，数字右边的"0"不能随意取舍，因为这些"0"都是有效数字。

二、近似运算

1. 加、减运算

如果参与运算的数不超过 10 个，运算时以各数中（末）最大的数为准，其余的数均比它多保留一位，多余位数应舍去。计算结果的（末）应与参与运算的数中（末）最大的那个数相同。若计算结果尚需参与下一步运算，则可多保留一位。

例如：计算 $18.3\Omega + 1.4546\Omega + 0.876\Omega$。

$18.3\Omega + 1.45\Omega + 0.88\Omega = 20.63\Omega \approx 20.6\Omega$

计算结果为 20.6Ω。若尚需参与下一步运算，则取 20.63Ω。

2. 乘、除（乘方、开方）运算

在进行数的乘除运算时，以有效数字位数最少的那个数为准，其余的数的有效数字均比它多保留一位，运算结果（积或商）的有效数字位数，应与参与运算的数中有效数字位数最少的那个数相同。若计算结果尚需参与下一步运算，有效数字可多取一位。

例如：计算 $1.1\text{m} \times 0.3268\text{m} \times 0.10300\text{m}$。

$1.1\text{m} \times 0.327\text{m} \times 0.103\text{m} = 0.0370\text{m}^3 = 0.037\text{m}^3$

计算结果为 0.037m^3。若需参与下一步运算，则取 0.0370m^3。

乘方、开方运算类同。

三、数值修约

（一）数值修约的概念

对某一拟修约数，根据保留数位的要求，将其多余位数的数字进行取舍，按照一定的规则，选取一个其值为修约间隔整数倍的数（称为修约数）来代替拟修约数，这一过程称为数值修约，也称为数的化整或数的凑整。为了简化计算，准确表达测量结果，必须对有关数值进行修约。修约间隔又称为修约区间或化整间隔，它是确定修约保留位数的一种方式。

修约间隔一般以 $k \times 10^n$（$n = 1$，2，5；n 为正、负整数）的形式表示。人们经常将同一 k 值的修约间隔，简称为"k"间隔。

修约间隔一经确定，修约数只能是修约间隔的整数倍。

例如：指定修约间隔为 0.1，修约数应在 0.1 的整数倍的数中选取；若修约间隔为 2×10^n（$n = 1$，2，5；n 为正、负整数），修约数的末位只能是 0、2、4、6、8 等数字；若修约间隔为 5×10^n（$n = 1$，2，5；n 为正、负整数），则修约数的末位数字必然不是"0"，就是"5"。

当对某一拟修约数进行修约时，需确定修约数位，其表达形式有以下几种：

（1）指明具体的修约间隔。

（2）将拟修约数修约至某数位的 0.1、0.2 或 0.5 个单位。

（3）指明按"k"间隔将拟修约数修约为几位有效数字，或者修约至某数位，有时"1"间隔可不必指明，但"2"间隔或"5"间隔必须指明。

（二）数值修约规则

1. 修约方法

GB 38170—1987《数值修约规则》，对"1""2""5"间隔的修约方法分别做了规定。但使用时比较烦琐，对"2"和"5"间隔的修约还需进行计算。下面介绍一种适用于所有修约间隔的修约方法，只需直观判断，简便易行：

（1）如果在修约间隔整数倍的一系列数中，只有一个数最接近拟修约数，则该数就是修约数。

例如：将 1.150001 按 0.1 修约间隔进行修约。此时，与拟修约数 1.150001 邻近的为修约间隔整数倍的数有 1.1 和 1.2（分别为修约间隔 0.1 的 11 倍和 12 倍），然而只有 1.2 最接近拟修约数，因此 1.2 就是修约数。

又如：要求将 1.0151 修约至十分位的 0.2 个单位。此时，修约间隔为 0.02，与拟修约数 1.0151 邻近的为修约间隔整数倍的数有 1.00 和 1.02（分别为修约间隔 0.02 的 50 倍和 51 倍），然而只有 1.02 最接近拟修约数，因此 1.02 就是修约数。

同理，若要求将 1.2505 按"5"间隔修约至十分位。此时，修约间隔为 0.5。1.2505 只能修约成 1.5 而不能修约成 1.0，原因是只有 1.5 最接近拟修约数 1.2505。

（2）如果在修约间隔整数倍的一系列数中，有连续的两个数同等地接近拟修约数，则这两个数中，只有为修约间隔偶数倍的那个数才是修约数。

例如：要求将 1150 按 100 修约间隔修约。此时，有两个连续的为修约间隔整数倍的数，1.1×10^3 和 1.2×10^3 同等地接近 1150，因为 1.1×10^3 是修约间隔 100 的奇数倍（11 倍），只有 1.2×10^3 是修约间隔 100 的偶数倍（12 倍），因而 1.2×10^3 是修约数。

又如：要求将 1.500 按 0.2 修约间隔修约。此时，有两个连续的为修约间隔整数倍的数 1.4 和 1.6 同等地接近拟修约数 1.500，因为 1.4 是修约间隔 0.2 的奇数倍（7 倍），所以不是修约数，而只有 1.6 是修约间隔 0.2 的偶数倍（8 倍），因而才是修约数。

同理，1.025 按"5"间隔修约到 3 位有效数字时，不能修约成 1.05，而应修约成 1.00。因为 1.05 是修约间隔 0.05 的奇数倍（21 倍），而 1.00 是修约间隔 0.05 的偶数倍（20 倍）。

2. 修约注意事项

（1）数值修约导致的不确定度呈均匀分布，约为修约间隔的 1/2。

（2）不要多次连续修约（例如：12.251→12.25→12.2），因为多次连续修约会产生累积不确定度。

（3）在有些特别规定的情况（如考虑安全需要等）下，最好只按一个方向修约。

第二章

测 量 误 差

第一节　测量误差的定义

一、定义

测量结果减去被测量的真值所得的差称为测量误差。由于仪表本身的不准确性和测量方法、测量人员以及客观条件不符合规定等原因，测量结果与真实值存在差异是必然的。

二、误差的表示方法

1. 示值绝对误差

测量值与被测量真实值之间的差值为示值绝对误差，即

$$\delta = x - d \qquad (2-1)$$

式中　x——测量值；

　　　d——被测值的真实值，通常以标准仪表的示值作为真实值。

从式（2-1）中可知，当示值绝对误差 δ 为正值时，表明测量值比实际值大；反之，测量值比实际值小。

若测量值加上一个与示值绝对误差大小相等且符号相反的代数值 C，便可求得被测量的真实值，即

$$d = x + C \qquad (2-2)$$

式中　C——修正值（$C = -\delta$）。

例如：用一支标准温度计和一支普通温度计同时测量某介质的温度，将他们测得的结果、示值绝对误差和修正值列于表 2-1 中，可见，如在各点上加修正值即可获得被测量的真实值。

表 2-1　　　　　　　　　测量结果对比

标准温度计（℃）	0	10	20	30	40	50	60
普通温度计（℃）	-0.5	9	21	29.5	40.8	50.5	59
示值绝对误差（℃）	-0.5	-1	1	-0.5	0.8	0.5	-1
修正值（℃）	0.5	1	-1	0.5	-0.8	-0.5	1

从表 2 - 1 中可以看出，10℃和 60℃的示值绝对误差虽然相同，但在 60℃点上差 1℃要比在 10℃点上差 1℃准得多。可见，只用示值绝对误差尚不能表征仪表的准确程度，因此需要提出相对误差的概念。

2. 示值相对误差

示值相对误差 γ 是示值绝对误差与真实值的比值，并以百分数表示，即

$$\gamma = \frac{\delta}{d} \times 100\% = \frac{x - d}{d} \times 100\% \qquad (2-3)$$

在测量 10℃时的相对误差为 -10%；在测量 60℃时的相对误差为 -1.7%，可见，示值绝对误差虽然都是 -1℃，但此两点的测量准确度是不一样的。

3. 折合误差

为了表征仪表的准确度，采用了折合误差的概念，仪表的最大示值绝对误差与仪表的测量范围之比的百分数称为折合误差，即

$$r_A = \frac{\delta_{max}}{A_u - A_L} \times 100\% \qquad (2-4)$$

第二节　测量误差的来源

由于被测对象是千差万别的，从而决定测量仪器和测量方法也是千差万别的，对于某项具体的测量而言，各有其特殊的误差来源。

一、测量装置误差

测量装置是标准器具、仪器仪表和辅助设备的整体。测量装置误差是指由测量装置产生的测量误差。它来源于：

（1）标准器误差。标准器是指用以复现量值的计量器具。由于加工的限制，标准器复现量值的单位是有误差的。

（2）仪器仪表误差。凡是用于被测量和复现计量单位的标准量进行比较的设备称为仪器仪表，由于仪器仪表在加工、装配和调试中，不可避免地存在误差，以至仪器仪表的指示值不等于被测量的真值，造成测量误差。

（3）附件误差。为测量创造必要的条件或使测量方便进行而采用的各种辅助设备和附件，均属测量附件。测量附件引起的误差称为附件误差。

二、环境误差

任何测量总是在一定的环境里进行的。环境由多种因素组成，如测量

环境的温度、湿度等。测量中由于各种环境因素造成的测量误差为环境误差。

三、方法误差

方法误差是指由于测量误差（包括计算过程）不完善引起的误差。测量被测对象时，不存在不产生测量误差的测量方法。由测量方法引起的测量误差主要有以下两种情况：

（1）由于测量人员的知识不足或研究不充分导致操作不合理，或者对测量方法、测量程序进行错误的简化等引起的测量误差。

（2）分析数据时引起的方法误差。

四、人员误差

人员误差是指测量人员由于生理机能的限制、固有习惯偏差以及疏忽等原因造成的测量误差。

五、被测对象变化误差

被测对象在整个测量过程中是在不断的变化，因被测对象自身变化而引起的测量误差称为被测对象变化误差。

第三节 误差的分类

根据测量误差的性质，误差可分为系统误差、偶然误差和疏忽误差3类。

1. 系统误差

在同一条件下，多次测量同一被测量物时，绝对值和符号保持不变或按某种确定规律变化的误差称作系统误差。测量系统和被测条件不变时，增加重复测量次数并不能减少系统误差。

其中一类引起系统误差的原因通常是仪表使用不当、测量时外界条件变化等。例如：仪表的零位或者量程未调整好就会引起一个固定的系统误差，其大小和方向都是不变的。这种系统误差可以通过校验仪表求得与该误差数值相等、符号相反的校正值，加到测量结果上来进行修正，经过这样的校正后，测量结果就不再含有系统误差。

另一类是变动的系统误差，例如：仪表实际使用时的环境温度与校验时不同，并且一有变化，就会在测量值上带来变动的系统误差。这种误差可通过实验或理论计算，找出误差与造成误差原因之间的确定关系式，并通过计算或仪表上附加补偿线路加以校正。

还有一些系统误差，因为未被充分认识，所以只能估计它的一个误差范围和方向（即正、负号），然后在测量结果上代数相加平均估计误差值来对测量结果进行校正。

如果某些系统误差的符号未知，而误差的大小可以估计时，则平均估计误差可取为零，系统误差应取为误差范围的一半。

系统误差只能在改变测量条件和装置的情况下由实验估计出来。在测量中应尽可能估计到一切可能产生系统误差的来源，并创造条件避免或减小系统误差的发生。

2. 偶然误差

偶然误差是指在相同的条件下（同一个观测者、同一台测量器具、相同的环境条件），多次测量同一量值时，绝对值和符号不可预知地变化的误差。这种误差对于单个的测定值来说，它的大小和方向都是不确定的，但对于一系列重复测定值来说，它的分布服从统计规律。因此偶然误差只有在不改变测量条件和装置的情况下，对同一量值进行多次测量才能估计出来。

偶然误差大多是由于测量过程中，大量彼此独立的微小因素对测量影响的综合结果造成的。这些因素是测量者所不知道的，或者因其变化过分微小而无法加以严格控制的。根据中心极限定理可知，在这种情况下，只要重复测量次数足够多，测量值偶然误差的概率密度分布服从于正态分布，就可根据这种分布规律从一系列重复测定值中求出被测量值的最可信值作为测量结果，并给出该测量结果以很高概率存在的范围，此范围称作测定值的随机不确定度。表示被测量的真值落在这个不确定度范围内的概率称为该不确定度的置信概率。严格地说，一个测量结果必须同时附有不确定度和相应的置信概率的说明，否则测量结果是无意义的。

3. 疏忽误差

这种误差主要是由于操作上的疏忽大意，如读数错误或计算错误所致，也可能是由于突然的冲击或振动等外来因素引起。疏忽误差直接影响着测量的精确度。

提示 本章内容适用于中级人员。

第二篇

分散控制系统

第三章

分散控制系统原理

第一节　分散控制系统概述

一、分散控制系统的发展

计算机监控系统是以计算机为核心组成的监视和控制系统。它能够根据各种需要，在过程参数发生变化时及时综合各方面情况做出相应的判断，并选择合理的控制方案，实现监视和控制，部分替代操作人员的功能。目前，在火力发电厂获得广泛应用的分散控制系统是最新型的计算机监控系统。它作为目前电厂最主要的监控手段之一，对机组的安全、稳定、经济运行具有举足轻重的作用。

1. 计算机监控系统体系结构

计算机过程控制系统的体系结构经历了集中计算机控制系统、多级计算机控制系统、分散计算机控制系统和计算机集成综合系统4个阶段。目前应用最广泛的是分散计算机控制系统（Distributed Control System，DCS）。它是20世纪70年代发展起来的最新工业过程综合控制系统，以微处理机和分布式网络为基础，按照系统概念设计，具有控制功能分散、监视操作高度集中等特点，可以根据不同需要灵活组态，构成不同特性的系统。其控制结构一般分为过程控制级、监控级和管理级三个层次，其目的在于控制，或控制和管理一个工业生产过程或工厂。

2. 计算机监控系统的应用情况

随着目前计算机软硬件技术、网络通信技术、集成电路技术的发展，计算机监控系统正获得越来越大的发展。它不断地将系统结构分散化、监控功能强化、提高运算速度，从而获得了更高的可靠性和可用性，平均无故障时间已经能够满足现场监控的要求。另外，计算机监控系统也适应目前火力发电厂企业管理的要求，具备丰富的信息处理功能，便于与其他企业级管理系统集成和信息共享，具备 Internet 接入功能。

在提高可靠性方面，从通信网络、控制站到输入/输出卡件各个层次冗余和容错技术的大量应用，使得系统的可靠性得以大大提高，局部的故障不会导致整套系统的运行受到影响，最大限度地避免了整套系统失灵的危险。因而，在火力发电厂中计算机监控系统已经可以完成包括 FSSS、顺序控制、连锁、电气量控制等高可靠性要求的功能，实现电厂生产监控一体化，不再存在多个独立系统集成的困扰。

在功能、性能的提高方面，由于微处理器运算速度、数据处理能力的提高，目前主流系统的基本运算周期都能实现不高于 100ms，特殊情况可以实现 10ms 以内的运算处理；引入了大量自适应、自整定、模糊控制功能块，具备一定的智能处理能力，大大提高了对复杂被控对象的控制精度。

在人机界面方面，大型宽屏液晶显示器的应用使得运行人员的操作和监视更加方便，大容量存储设备使得历史数据可以保持更长的时间。

二、基本概念

1. 模拟量

在日常生活和生产实践中，我们所接触到的许多物理量（诸如时间、温度、压力、密度、速度、位移、液位、流量、电流、电压等）都是一些连续变化量，这种连续变化量简称为模拟量。火力发电厂热工自动化系统中有很多测量元件（如热电偶、热电阻等）和变送器，可以把非电量（如压力、温度、液位、流量）转换为电量，并进一步通过 I/O 模件（A/D 转换功能）转换为数字量，以工程单位和百分比等形式显示。例如热电偶，它是利用温差电动势与温度之间有一一对应关系实现转换的。

2. 开关量

可用离散的状态来表示的参数信号叫作开关量。它一般只有两种状态：开和关（合和分）。一个开关量可以用一位二进制数表示。例如阀门的开和关，信号灯的亮与不亮都是开关量。

3. 脉冲量

一些不连续的突变电信号，作用时间很短，这种作用时间很短的突变电压或电流就称为脉冲信号。一些物理量往往可以用脉冲的个数来表示，这种脉冲信号就称为脉冲量。电子式流量表的积算器、转速传感器和电度表，它们的输出是脉冲量。这些仪表在单位时间（如每分钟）输出的脉冲个数与流量、转速或电功率成正比。

4. 串行传送

计算机系统中的数据，一般而言都是某种字符的集合，而且它们又都是由若干位二进制代码构成。如果将这些若干位二进制代码通过一根传输线，以一定的时间间隔逐位向外传送，这种方式称为串行传送方式。在计算机内部总线上，数据总是以并行方式传送的，因此在用串行方式传送数据时，需要两个基本变换过程，如图3-1所示。

将计算机内并行送到的数据转换成串行数据向外发送，在接收端将收到的串行数据再次转换成并行数据。

这两个变换过程都由通信接口来完成。在串行方式中，数据是逐位向外发送/接收的，所以需要花费较长的时间，通信速度慢，但配线少、成本低。

5. 并行传送

并行传送方式是采用 n 根通信线路将 n 位数据同时向外传送的方式，如图3-2所示。因为它可以同时发送/接收 n 位数据，所以速度快。但它需要 n 根通信线，而且当传送频率很高时，如何抑制串扰以及保证数据同步是一个很难解决的问题。

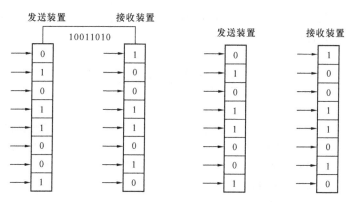

图3-1　串行方式传送示意图　　图3-2　并行方式传送示意图

无论是串行传送方式还是并行传送方式，数据都是在一定的时间轴上，依次按顺序传送出去的。为了保证数据传送和接收过程正确无误，在数据通信过程中必须加入"现在开始发送数据"和"数据已被接收"等控制信息。此外，从数据传送方式上还可以分为"半双工"和"全双工"通信，"半双工"通信是说在两个方向上不能同时传送数据，"全双工"通信则是可以在两个方向上同时传送数据。

6. 现场总线（field bus）

现场总线是一种数字式、串行、双向、多点通信的数据总线，用于工业控制和仪表设备（但不限于）如传感器、执行机构与控制器之间的数据通信。自 20 世纪 80 年代中期现场总线技术开始发展后一直为仪表界关注的焦点，经过激烈的竞争仍有几十种互相独立的现场总线，由于它们代表各自制造商的利益，所以很难用一种协议将其统一。目前流行的现场总线包括 MODBUS、PROFIBUS、FF、HART、CAN 等。现场总线的特点为通信协议公开、测控功能分散、抗干扰能力强、安装方便、减少电缆消耗等。

三、分散控制系统的工作过程

分散控制系统的基本工作流程是来自传感器、变送器的过程参数送入控制站；控制站的基本控制器按照预先设计的作用规律经运算后输出控制信号，再通过执行机构控制生产过程；控制站通过高速数据公路将过程信息送往操作员站，使运行人员了解每个控制回路的工作情况，运行人员通过键盘、鼠标等输入设备来改变每个控制回路的给定值和控制方式，即控制站也可以通过高速数据公路获得操作员站发出的实现优化控制所需要的指令和信息。对于不参与控制的过程参数，可以通过高速数据公路送到操作员站进行显示、报警和记录。

第二节　分散控制系统结构

一、分散控制系统结构

目前几乎所有的分散控制系统都采用了分层体系结构，它主要体现了控制分散、操作管理集中的主导思想，最大限度上克服了集中控制系统带来的高风险和危险集中，大大提高了控制系统的可靠性和可用性。分散控制系统通常由以下四级组成：

1. 过程控制级

这一级的过程控制计算机直接与现场的各类装置相连，是过程控制的基础，主要完成过程数据采集、数字过程控制、设备检测、系统自诊断等功能。其主要设备是现场控制站，主要有控制器模件、通信模件、I/O 模件和电源模件。

2. 过程管理级

过程管理级所使用的主要设备有历史站、操作员站、工程师站。

3. 生产管理级

生产管理级所使用的主要设备有实时数据服务器、工作站，主要功能是实现厂级生产过程的监视和管理、厂级故障分析诊断、厂级性能指标计算，同时经网关或防火墙向经营管理级发送数据。

4. 经营管理级

经营管理级所使用的主要设备有数据服务器、工作站，主要实现厂级经营管理、财务管理等。

对于狭义的分散控制系统而言，目前主要由过程控制级和过程管理级构成；而更高的两层经常由独立的针对企业管理和资源优化等专业系统来完成，如监控信息系统（SIS）、管理信息系统（MIS）。随着智能电厂技术的发展，使用的管理信息系统还有企业资源计划系统（ERP）、办公自动化系统（OA）、门禁系统等。

二、分散控制系统特点

分散控制系统是为了克服以前模拟仪表控制系统和集中计算机控制技术的缺点而提出和发展起来的，是 4C 技术（计算机技术、通信技术、控制技术、CRT 图形显示技术）的产物，是以微处理器为基础，按系统概念设计，具有控制分散、监视操作集中特点的新型数字控制系统。因此，它具有物理位置分散、控制功能分散、信息集中管理控制、控制系统组态灵活修改等特点。

三、分散控制系统功能及应用范围

在火力发电厂中，随着分散控制系统功能与可靠性的不断提高，其应用范围逐步扩大，并取代常规设备完成一台单元机组的监视和控制任务，甚至是整个电厂的监视和控制任务。其监视功能包括数据采集、数据处理、性能计算、屏幕显示和打印制表等；控制功能包括模拟量控制、开关量控制、报警、联动及保护等。

分散控制系统的功能除 DAS（数据采集和处理）、CCS（协调控制系统）、SCS（顺序控制系统）、MCS（模拟量控制系统）和 BMS（燃烧器管理系统）外，还可以把 DEH（数字电液汽轮机控制系统）、ETS（汽轮机紧急跳闸系统）、BPC（汽轮机旁路控制）、MEH（给水泵汽轮机控制系统）以及部分程序控制功能包括在内，组成一体化监控系统。

四、分散控制系统组成简介

不同厂商生产的分散控制系统系统设计、功能配置千差万别，一般由以下五大部分组成：

1. 现场控制单元

现场控制单元具体实现信号的输入、变换、运算和输出等分散控制功能。在不同的 DCS 中其名称各不相同，如过程控制单元（PCU）、过程控制站、现场控制站等，但它们结构形式大致相同，可以统称为现场控制单元。一般电厂将现场控制单元集中安装在主控制室后的电子设备间内，部分分散布置在就地设备处（空冷、热网、辅机），通过通信设备进行数据交互。

2. 人机接口设备

人机接口设备是指人与分散控制系统之间建立联系、交换信息的输入/输出设备，主要包括工程师站、操作员站、历史站、服务器、打印输出设备等。目前大部分分散控制系统中的工程师站、操作员站均为 PC 硬件平台、windows 操作系统下的计算机，包括显示器、主机、键盘、鼠标等。两者区别主要为因功能不同安装程序不同，个别厂家因网络系统架构不同配置网卡数量不同。

工程师站（Engineer Station）安装了分散控制系统组态编程软件的 PC 计算机，主要用于完成分散控制系统的逻辑组态、画面修改、调整系统配置、组态下装、工程备份等工作。其工作流程为工程师站离线保存分散控制系统程序，技术人员可在线修改控制器逻辑参数或离线组态后对现场控制单元控制器下装组态逻辑。操作员站（Operator Station）安装了分散控制系统监控操作软件的 PC 计算机，主要用于工艺流程设备参数实时监视、趋势显示、控制调整、工艺报警显示等工作。

服务器分数据服务器、历史服务器、组态服务器。历史服务器（历史站）即安装了分散控制系统数据收集整理存储软件的 PC 计算机，用于接收、处理和保存系统的过程历史趋势数据以及报警、SOE 等数据；同时对生成日志报表，进行数据库的管理及维护。数据服务器主要存在于基于客户机/服务器（Client/Sever）模式运行的分散控制系统，数据服务器是一台性能更高的 PC 主机，与现场控制单元连接在同一网段，同时与操作员站（客户机）在另一网段连接进行数据传输，是各操作员站与各现场控制单元之间的桥梁。基于此种网络架构下数据服务器如发生故障，可能造成全部操作员站死机的重大事故，因此一般冗余配置 2～3 台，如发生故障可自动切换。组态服务器一般为主工程师站，用来存放系统唯一组态程序，通过组态软件和网络配置可实现多人组态等功能。

3. 高级计算设备

高级计算设备主要指完成专用计算功能的计算机或控制站。因为高级计算设备的主要功能是完成复杂的数据处理和运算功能，所以它对微机处理器的运算处理速度有一定要求。高级计算设备往往用于运行优化和性能计算，其计算结果指导实际生产过程，利用结果去改变控制系统的给定值或偏置，具体设备主要为高级控制计算站等。

目前，火力发电厂分散控制系统涉及高级计算主要有汽轮机热应力计算、环保参数计算、协调等复杂控制系统计算。随着电厂智能化技术的发展及应用，更多以高效节能为目标的优化控制技术都基于高级计算设备加以实现，如较为典型的基于煤种辨识的燃烧优化控制、汽温优化控制、吹灰优化控制等。

4. 网间及异种设备接口

分散控制系统与其他控制系统之间的接口计算机及相关信号转换设备。随着信息技术快速发展以及用户管理功能的需求，分散控制系统早已不是一个以控制功能为主的控制系统，而是一个充分发挥信息管理功能的综合系统，因此，分散控制系统需要完成与各种第三方现场总线智能产品或上层数据管理大区的通信。目前火力发电厂分散控制系统与现场 I/O 智能模块、电气设备控制系统（ECS）、上层监控信息系统（SIS）、环保信息上位机、公用设备控制系统等网间及异种设备通信时使用通信接口设备，如通信接口机、亚当模块等串口通信转换器、分散控制系统网间通信模块。部分火力发电厂 DEH 系统、ETS、主机控制系统、辅机控制系统采用不同厂家生产的分散控制系统时，其之间参数通信也会使用通信接口设备。

5. 通信接口设备

分散控制系统网络架构主要有各通信接口设备实现，如中继器、网桥、路由器、网关、交换机、网卡等。分散控制系统网络传输介质主要有双绞线、同轴电缆、光纤 3 种。

第三节　网　络　结　构

建立在分布式计算机网络技术基础上的分散控制系统的通信网络对于系统的可靠性、技术指标等具有越来越重要的作用。目前分散控制系统广泛采用 Internet 网络标准协议（基于 TCP/IP 协议的以太网网络）作为系统骨干网络和控制网络的协议，使得分散控制系统网络更加有利于开放系统要求，便于实现不同系统之间的数据通信和集成；同时，控制站和操作员站之间采用以太网络有效地提高了网络通信速率，至少能够达到 10Mb/s ~ 100Mb/s，最新产品已经在使用 1000Mb/s 的快速以太网协议。

一、分散控制系统网络概述

从分散控制系统的网络结构来看，目前主流的产品主要是总线形和环形两类，其中总线形又占多数，主要是由于它具有系统结构简单、成本低、技术要求低、便于日常维护等优点。环形网络则具有更高的技术参

第三章　分散控制系统原理

数，但对通信总线控制器功能的要求也更高，导致成本增加。

在控制站内部，基本控制器和 I/O 模块之间也采用了一些通用的通信协议实现高速实时数据通信，并且以总线形结构占绝大多数。一般常用的通信协议有以太网（TCP/IP）协议、CAN 以及基于现场总线发展起来的 Profibus - DP 等，一般的通信速率为 500kb/s ~ 10Mb/s，已经能够满足实时数据的交换。

由于光纤通信技术的迅猛发展和光纤通信的固有优点——通信距离远、抗干扰能力强，在分散控制系统内使用光纤作为通信网络传输介质已经是一种成熟的技术。

分散控制系统按照分级分组原则组成，纵向分为若干级，每级又可以在横向分为若干子系统。每个子系统是一个独立的自主单元，它执行整个控制系统总任务中的一项独立任务。

二、网络拓扑结构

分散控制系统是将各种基于微处理器的控制单元用通信线路互连而形成的。为了便于讨论，网络结构通常用一组节点和连接节点的链路表示，称为网络结构的拓扑结构。节点是链路与各有关设备的结合点，用节点代表实际系统的"站"，包括控制站、人机接口等。用链路代表站与站之间的一段线路或信号通道。分散控制系统网络的拓扑结构主要有总线形、环形、星形、树形和点到点互连 5 种结构。

1. 总线形

如图 3 - 3 所示，总线形网络的所有节点都并行地连接到公共总线上，各个节点（站）都要通过这条总线互相通信，信息从发送节点向两个方向分别传送。总线形网络结构的优点是结构简单、扩展方便、初始投资及维修费用比较低；当某个节点故障不会对整个系统造成严重威胁，系统仍可继续工作，而性能有所下降。它的主要缺点是在总线出现故障时会造成整个系统的瘫痪，但可采用冗余措施来改善。

2. 环形

如图 3 - 4 所示，环形网络的所有节点都通过点到点链路连接，并构成封闭的环。信息从发送节点依次经过各节点，最后再回到发送节点。环形网络结构的优点是：结构简单，控制逻辑简单，挂接或拆除设备容易，投资比较低。它的缺点是：当某个节点的环形数据通信通道出现故障时，会给全系统造成威胁。可采取的措施是，采用双向环形数据通道或在节点上加旁路通道，以及采用双环等冗余措施来提高可靠性。

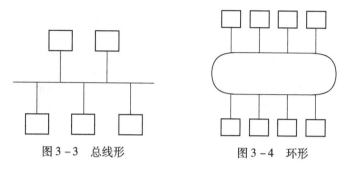

图 3-3　总线形　　　　　　　　　图 3-4　环形

3. 星形

如图 3-5 所示,在星形网络中仅有一个主节点(中心节点)与其余所有的节点相连接,而其余的节点均不相互连接。因此,信息交换由主节点集中进行。主节点具有中断来自各节点的信息的功能,并把集中到主节点的信息转发到相应的节点去。链路是专用的,因此传输效率高,但利用率低、不经济。若主节点故障,将对整个系统产生广泛影响。它仅适用于小规模的系统。

4. 树形

如图 3-6 所示,在树形网络中,主节点又称为树根节点;从树根节点向下分级的从节点又称为枝节点或叶节点。因此,网络中信息传输是分级进行的,即从树根开始向下扩散。这种网络结构因线路较短而成本较低,但可靠性差,主节点故障后造成的影响也较大。

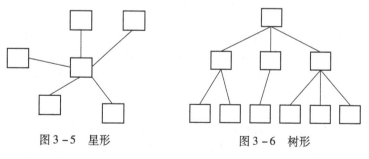

图 3-5　星形　　　　　　　　　图 3-6　树形

5. 点到点互连模式

如图 3-7 所示,点到点互连模式有两种基本类型,即全部节点相互连接和部分节点相互连接两种模式。部分点到点相互连接模式的价格低于

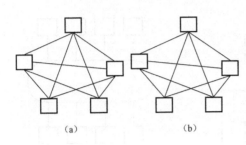

图 3-7　点到点互连模式

(a) 全部节点互连；(b) 部分节点互连

全部点到点连接模式，但可靠性差。因此，应保证每一个节点至少能和另外两个节点相连，以提高其可靠性。

三、网络的层次结构

1. 层次结构协议

分散控制系统网络的设计与普通计算机网络设计一样，都采用层次结构。功能分层是将网络按功能分成若干层，不同节点中的每一同等层都可以想象为有直接连接着的逻辑信道，通信双方共同遵守许多约定和规程（称为同层协议），这样网络才能正常工作。

2. 网络系统结构参考模型

国际标准化组织（ISO）于 1980 年提出开放系统互联（OSI）参考模型。为使通信分析简单化和结构化，决定把通信问题分成若干个层次，并明确了分层的标准，每一层执行一个定义明确、性质不同的功能，这些功能配合起来完成一个标准化通信协议。OSI 参考模型共有 7 层，分别为物理层、数据链路层、网络层、传输层、会话层、表示层、应用层。

四、信息传输控制技术

要实现设备之间的信息传输，必须有适合于不同网络结构的信息传输控制技术，常用的信息传输控制技术有查询式、广播式、存储转发式等。

1. 查询式

查询式适用于具有主从节点的网络结构。网络中的主节点行使控制权，依次按序查询各从节点是否需要通信，需要通信的从站将数据发送给主站后由主站发送给需要的其他从站。其特点为所有通信由主站统一控制，各节点间没有冲突。

2. 广播式

广播式适用于总线形和环形网络结构，其特点是在任何时刻，网络中仅允许一个站处于发送信息状态，其他站只能接受信息。如果同一时刻有多个源站要发送信息，即发生抢占传输线路冲突，为了避免冲突，在广播协议下可采用自由竞争式、通行标记式（令牌传送式）或时间分槽式进行协调。

（1）自由竞争式：适用于总线形网络。因为总线上各站地位平等，有可能有两个以上站企图同时发送信息，发生冲突造成报文作废，所以必须采取措施防止冲突。其控制策略为竞争发送、先听后发、边发边听、冲突后退和再试重发等。

（2）通行标记式：令牌式，适用于环形网络结构。由一个被称为令牌的信息段绕环网的各节点依次传送，令牌实际上是一个特殊格式的数据包，本身并不包含信息，仅起控制作用。令牌分"闲""忙"两种状态。某个站接到传给自己的令牌后，如果令牌为"闲"，则可将令牌置为"忙"状态，同时将发送信息、源节点名、目的节点名置入信息段，然后将其送至环网。令牌沿环网运行到目的节点时，传送信息被目的节点取走，同时将令牌置为"闲"。

（3）时间分槽式：把规定的时间间隔分为若干时间槽，槽开始时，某节点发送信息，当允许时间槽时间到，轮下一个节点发送信息。

3. 存储转发式

存储转发式适用于环形网络结构，其基本特征是允许网上所有站同时发送和接收数据。每个节点可以随时向自己相邻的下一节点发出信息，包括源站和目的站地址在内。相邻节点接受这些信息并存储起来，等到自己的信息发送完毕后对接收到的信息进行识别。如不是目的站，则对信息进行放大，继续发往相邻的下一个节点。直至该信息到达目的站，目的站检查信息，如正确在该信息段上加上接收确认信息；如出错则加上否认信息；之后将信息段传至环网上的下一个节点，直到回到信息源节点。源节点确认信息段，如收到确认信息表明此次传输成功，将该信息段去除；如收到否认信息则将重新发送信息。

第四节　基本控制器

现场控制单元是分散控制系统的关键部件，来自现场的过程输入/输出信息经主控制器处理后，一方面用于显示；另一方面按需求反馈至现场，控制设备动作。

目前，现场控制单元均已高度模块化，一般包括机械安装部分（机柜、机笼）、系统通信部分（卡件通信背板、I/O扩展总线）、电源系统（电源转换及分配模块、电源冗余切换装置等）、过程控制模块（现场控制器、输入/输出模件、通信模件）、现场连接部分（预制电缆、接线端子板）。

一、基本控制器

分散控制系统的基本控制器也称为主控制器、主控单元或控制处理机等，是以微处理器为核心的设备，是现场控制站的核心和指挥者。它在系统中指挥控制站完成局部的控制、监视功能，完成与本站内 I/O 模件和操作员站等系统内其他设备的数据通信，是系统中最基本、最主要的部件。现场控制站内的控制程序主要运行于基本控制器内。基本控制器的构成如图 3-8 所示。

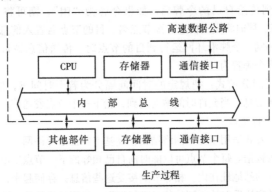

图 3-8　基本控制器的构成

CPU 是基本控制器的核心部件，是控制器的数据处理和控制指挥中心。CPU 功能部件按预定的周期和程序对相应的信息进行运算、处理，并对控制器内部的各种功能部件进行操作、控制和故障诊断。为保证系统的可靠性，CPU 可以采用 1:1 的冗余配置。基本控制器的存储器用于存放控制器的标准算法程序、管理程序和自诊断程度，以及用户的组态方案、基本控制器的数据库等。

二、输入/输出模件

输入/输出模件（I/O 模件）与现场生产过程相连接，采集原始数据进行处理，输出控制信号。目前各分散控制系统厂家均有完备的 I/O 模件实现各类信号的数据处理，模件信号主要有 AI 模件、RTD 模件、TC 模件、AO 模件、DI 模件、PI 模件、DO 模件、SOE 模件、特殊信号（转速、伺服等信号）模件。

三、通信及电源系统

现场控制单元作为分散控制系统中的一个"站"（或"节点"）需要与系统网络相连接，才能进行系统间的信息交换，其主要由通信模件实现，一般冗余配置。

现场控制单元的电源系统负责将输入 220V AC 转换为 5V DC、12V DC、24V DC、48V DC 等电源类型，以共各部件使用。各转换电源模块一般均为冗余配置，同时配有电源切换装置与电源分配装置以保证现场控制单元供电可靠。

四、其他功能部件

为实现现场控制单元的功能和保证其安全可靠地工作，还有其他一些功能部件：

（1）机笼：内设轨道，用于安装固定主控单元、I/O 模件等模块，部分配置网络连接端口。

（2）接线端子板：用于连接现场设备电缆，不同类型 I/O 模件对应不同的端子板。

（3）预置电缆：I/O 模件与接线端子板之间的通道。

（4）机柜：可按类型分为模件柜、接线端子柜或主机柜、拓展机柜等。

第五节　基本控制器的软件及组态

基本控制器的硬件必须有完善的软件支持，才能发挥其功能。因此，软件应有很高的可靠性和良好的适应性。

基本控制器运行的软件主要有系统软件和应用软件两大类。系统软件是基本控制器自身固化的程序，它是系统厂家实现基本控制器基本功能的基础，它一般由厂家在控制器出厂前将程序写入并固化到芯片中。应用软件则是各个分散控制厂商根据各自的需要，自行开发的适用于各自控制系统结构的软件部分。同时，这部分软件的一个主要组成部分是用户根据现场需要而组态的内容，包括数据库、控制算法、硬件映象文件等。这部分软件可以随着用户的需要进行在线修改、更新等。

一、基本控制器的算法块（功能块）

（一）算法块（功能块）分类

制造厂商为了满足用户的各种需要，把可能用到的各种算法设计成标准化、模块化的子程序，这些子程序称为标准算法模块或功能块（简称算法），并被固化在 ROM 中，称为标准子程序库。这些标准模块（子程序）按其完成的功能可以分为以下 5 种类型：

（1）信号输入/输出及其预处理程序。

（2）运算处理程序。包括加、减、乘、除、开方、取对数、矩阵运算、三角函数运算、高/低值选择、累积等。

（3）控制处理程序。包括变量跟踪、预置、自动加偏置、自动/手动处理、正反作用、设定值调整、输出保持、就地/远方操作等。

（4）控制规律运算程序。这包括 P、PI、PID、动态补偿、非线性运算、施密斯预估器、达林控制器，以及"AND"（与）、"OR"（或）、"NOT"（非）、定时器、计数器等逻辑运算。

（5）控制管理程序。包括监控、诊断和运行管理等。

判断控制算法是否完善，主要看当电源故障消除和系统恢复后控制器的输出值有无输出跟踪和抗积分饱和等措施。

（二）典型算法块

1. PID 算法

系统中采用 PID 算法主要有两种，即位置算法 PID 和增量算法 PID。随着控制器处理能力的提高，自适应 PID、模拟控制 PID 等众多带有扩展功能的 PID 算法块已经出现在新型控制器内，并在极快的处理周期内完成。

位置算法 PID 的输出是指调节器的开度（位置）大小在 PID 算法开始计算时，如果阀门不是处于零位，则 PID 算法还应加上偏置值。这是因为，位置算法在计算时应知道偏置值。位置 PID 算法的缺点是失控和积分饱和现象十分严重。当设定值发生突变或被调量有很大波动时，位置 PID 算法的结果（控制量）可能超出限制范围，使控制回路处于非线性状态。为防止失控和积分饱和现象的发生，可采取以下措施：程序中采用对计算结果和积分项进行检查的方法，当超出正常允许范围时，其输出值以正常允许范围的限制替代。对积分项也采用类似的方法予以处理。这称为抗失控和抗积分饱和措施。

增量算法 PID 的输出是增量（改变量），即前后相邻的两次采样所计算的调节阀位置之差。增量算法在计算时，应知道与第 k 次采样对应的 U_k 值，才能算出第 $(k+1)$ 次的 U_{k+1} 值。在这种算法中，因为无求和项，所以不会出现积分饱和现象。

2. "纯滞后"补偿

当被控对象有"纯滞后"时，在相应的回路中宜采用施密斯（Smith）预估（又称补偿）的 PID 算法或采用达林（Dahlin）控制器。

在生产过程中，大多数的工业对象具有较大的"纯滞后"。对象的"纯滞后"时间 τ 对系统的控制性能非常不利，它使系统的稳定性降低、过渡过程特性变坏。当对象的"纯滞后"时间 τ 与对象的惯性时间常数 T_{m} 之比，即 $\tau/T_{\mathrm{m}} \geqslant 0.5$ 时，采用施密斯预估的 PID 控制规律比较合理。

二、基本控制器的程序流程

基本控制器在控制管理程序指挥下，在每个采样周期内完成一次工作循环，分别对输入数据、运算处理、控制回路、周期性自诊断和发送 CPU 的各条命令等全部执行一次。这一程序流程如图 3-9 所示。

任何程序的运行，首先必须赋予初始工作条件，而后才进入运行管理模块，按预定的管理策略对各种任务进行协调，周而复始地完成各种任务。各种任务的完成都是以子程序的方式进行的。

正常运行时，在每个运行周期内对 I/O 模件进行一次检查，对所有的指令和寄存器进行诊断。如果查出故障，则 CPU 将停止工作，监视计时器也同时停止工作。基本控制器按下列步骤使各部件分时依次工作。

（1）I/O 模件对测量信号进行 A/D 转换及必要的运算。

（2）转换得到的数字量经控制站内通信总线存入控制器存储器。

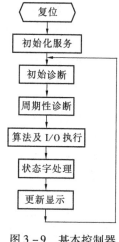

图 3-9　基本控制器的程序流程

（3）控制器完成算法运算及自诊断。

（4）运算结果存入 RAM 内，在运行周期后期将输出指令送到 I/O 模件。

（5）在下一个周期重复上述步骤。

当软件测出任一硬件发生故障时，给出故障指示，微处理机将执行相应的程序，如修改 DMA（直接存取存储器）可存取的状态字，修改操作器的显示内容，延长时间直到监视计时器停止工作为止。

三、基本控制器的组态

1. 控制组态

控制组态是用被称为专用语言（包括功能块、梯形逻辑、标准文本语言、表格以及标准流程图等）的特定代码实现系统定义、控制策略的过程。组态包括系统定义、I/O 定义、控制策略、画面显示、报表打印等系统功能实现的各个方面。所谓控制组态，就是针对具体的控制回路，从标准子程序库（功能库）中选择所需的功能块，并进行功能块之间的连接，为各功能块提供必需的参数，确定输入、输出和一些辅助功能，以构成具有一定控制功能软件的过程。

基本控制器的组态可以通过工程师相应逻辑组态软件进行。组态的具体内容和格式以及组态内容的填写方法，应严格按系统的要求进行。组态前应做好以下准备工作：

（1）根据过程控制系统框图确定功能块（算法模块）的模型。

（2）确定各功能块的输入与输出信号。

（3）确定操作员站的显示特性和操作方法。

（4）选择跟踪和预置功能，实现无扰动切换。

（5）确定报警类型及高、低极限值，报警方式。

（6）确定控制作用的规律和有关要求。

准备工作完成并画出控制回路组态图后，即可进行具体的组态工作。基本控制器的算法块有几大类、数十种或更多。算法组态都是按控制回路逐次进行的。某个控制站内控制回路的数量受输入、输出点数以及控制站容量限制，在一个控制回路中同一个功能块可重复使用。

目前主流分散控制系统支持图形化的控制组态方式，组态时只要把合适的图块用代表信号流动的连线连接起来即可，不需要记忆大量的命令，降低了学习和掌握组态的难度。对于逻辑和顺序控制方案，则已经有把标准化的流程图直接转化为控制语言的工具。专用语言组态方式使用场合受到很大的限制，主要是用于部分复杂控制、大量计算等功能的实现。

2. 其他语言组态

随着技术的更新，新一代 DCS 包容性更强，其与 PLC 系统的划分越加模糊。DCS 已可满足火力发电厂所有连续调节控制和顺序逻辑控制的需要，因此，DCS 不仅发展出多种顺序控制功能码，同时还开放了多种组态语言以方便进行逻辑组态，如 PLC 系统中常用的 LD 语言、ST 语言、填表语言、C 语言等。

第六节　分散控制系统的人机联系

一、控制过程与人机联系

人机联系是指人与过程之间的联系。在分散控制系统中，将需要显示的信息按层次进行集中，并使各种画面系统化，即把大量信息集中在 CRT/LED 上，用多幅画面分别显示，运行人员则可以用键盘、鼠标等调出各种画面以获得所需的信息。运行人员操作员站主要完成生产过程的监视、各种设备启动和停止操作、设定值增减、阀门开关操作等；工程师用工程师站主要完成系统组态、软件开发和生成、系统状态监视和管理等。

目前，分散控制系统中主要进行人机联系的有操作员站、工程师站、值长用监视终端、大屏幕显示装置、后备监视设备。

（一）操作员站、工程师站的主要功能

1. 显示管理功能

（1）标准显示。它是工程技术人员根据经验在系统中设定的显示功能，通常已由分散控制系统生产厂家预定义，在各项目画面设计时直接进行调用，包括点记录详细显示、报警信息显示、控制回路或回路组显示、趋势显示等。在控制回路画面下可完成的操作是改变给定、改变控制输出、改变控制方式、修改回路有关参数。

（2）用户自定义显示。DCS为用户提供了一个方便的功能库，用户可以根据需要生成显示功能，例如数据库生成软件、图形生成软件、报表生成软件及控制回路生成软件等。

2. 打印功能

DCS操作员站、工程师站可配置彩色打印机用来打印各种数据和信息。

（1）日志及SOE信息打印。选取相应时段内分散控制系统的各项日志信息（操作日志、SOE、报警日志）进行打印，打印按时间先后顺序进行。

（2）趋势打印。当工艺系统出现异常事件时，可通过预定义的趋势组将异常趋势打印下来，用于事故分析或作为长期保留用。

（3）生产记录和统计报表打印。报表打印一般是定时进行的，运行人员可以设置打印时刻。

3. 组态功能

分散控制系统支持多种组态功能，如数据库的生成、历史记录的创建、生产流程画面的生成、模拟及顺序控制的组态等。组态功能通常在工程师站上进行，对于小系统可用操作员站代替工程师站。

4. 系统监视管理

工程师可以在工程师站完成对分散控制系统各个设备组态信息的查看、各个设备状态的监视和更改，以及数据库下载、程序刷新、系统时间设置、用户及权限管理等高级功能。但是，这些功能可能对系统有潜在的风险，因此，必须由经过授权的有资格的人员执行。

（二）人机接口其他应用

值长用监视终端可查看每台机组及全厂生产系统运行主要参数，包括主要热力参数、实时值、设备运行状态、经济指标、性能计算等，一般可使用 SIS 完成。

大屏幕显示装置一般为分散控制系统的一个节点（站），可采用多显示器技术与其他操作员站共享主机，也可独立设置大屏幕显示站（独立站），与操作员站具有相同的功能。大屏幕显示装置可采用背投型或大型液晶显示屏。

随着智能电厂技术发展，越来越多的人工智能技术与发电技术结合，目前已有结合图像识别的智能巡检系统及结合数字信息的信息化管理系统。智能巡检系统可采用多种形式的移动智能终端，包括手持工业巡检仪、智能采集终端、智能巡检机器人等。终端采集信息可通过数据库进行大数据分析挖掘后通过电厂生产管理系统（MIS）的各种接口与分散控制系统等进行互联互通。信息化管理系统可同时面向多种终端（智能手机、平板电脑、现场手持设备等）推送信息数据，实现移动管理。

二、人机联系画面设计技术指标

（一）CRT/LCD 显示器有关的技术指标

1. 屏幕尺寸

屏幕尺寸都是以对角线尺寸表示的。在选择屏幕尺寸时应考虑人的因素：使用更大尺寸屏幕可以在一幅画面上容纳更多的信息，也可使运行人员看清显示信息并且亮度高；屏幕与运行人员之间的距离要与最佳视角敏锐度相适应。

2. 清晰度

显示系统首先应满足的要求是在使用条件下能方便、准确、毫不模糊地看清所显示的信息，这一特性称为显示器的清晰度。

对比度、亮度和字形这三个重要因素与显示器的清晰度有直接关系。

3. 易读性

易读性是说明由字母、数字或其他符号组成的一帧画面是否容易识别。易读性不仅取决于字符的清晰度，而且与信息显示格式以及编码方法有很大的关系。

4. 分辨率

显示器的分辨率是指系统软件或运行人员操作时可分别寻址的显示元素总数的度量。采用这种表示方式的分辨率是一个幂因子，随着显示元素数目的增加，可能显示的信息量将按指数规律增长。

5. 带宽和刷新率

显示器显示的图形是由许多个独立像素组成的，每个像素的色彩数据都需要从主机的视频输出端读取，并以 8 位、16 位或者 32 位的二进制数表示。显示器的带宽是指每秒钟显示器可以处理的像素数据量，它的大小决定了在较高的分辨率下显示器可以达到的刷新率。刷新率太低则显示器看起来存在闪烁现象，长时间观看时眼睛容易疲劳。

（二）图形编排

1. 图形编排的基本规律

运行人员观察一帧画面，总是习惯从左上角开始，然后沿顺时针方向读下去。根据这一特点编排图形时，对首先被看到的元素赋予最高的"权"，以后被注意到的元素赋予较低的"权"。这里所说的"权"是指一个元素对眼睛的相对冲击力大小，如亮度和颜色都能作为一幅图像的"权"（冲击力）。其特点是：

（1）当元素的大小、形状、颜色都相同时，眼睛首先注意到左上角的元素。

（2）当元素大小、形状相同而颜色不同时，眼睛首先注意到的是颜色特殊的元素。

（3）当元素大小、形状不同而颜色相同时，眼睛首先注意到的是大小和形状特殊的元素。

（4）当元素的大小、形状、颜色都不同时，眼睛首先注意到的是形状不同的元素。

2. 图形编排时的注意事项

（1）信息排列应疏密适当，切忌杂散和混乱，插图周围的文字不应拥挤。

（2）图像中每个元素的"权"和尺寸要恰当，切不可"头重脚轻"和左右不协调，以使整体图形给观察者一个舒适的感觉。

（3）一幅画面内显示的内容较多时，可把屏幕分成几个区域，各区域之间留有适当的间隔。同一区域内的字符、数码之间要有适当的空格。每个区域内的具体内容应按功能划分。

（4）图和表的形式是多种多样的，其主要作用是显示数据之间的相互关系，比较数据和指出数据的变化趋势。同类参数比较时，以表格排列较好。排列时，标志项应左端对齐，数值项则右端对齐。趋势图尽可能使用线条图，因为它比棒形图更形象、更直观、更精确。

（5）选用颜色时，应使颜色具有最引人注目的属性。通过背景颜色的变化可以分离图像元素，或有助于合成分离的图像。为显示复杂的画面，应注意设置"总标志""分题头"。"总标志"要明显易认，"分题头"要简洁明了。为了加强符号的表达能力，可采用加色、闪烁、变化亮度等方法。

显示火力发电厂生产过程画面的颜色，一般可按以下原则选用：

红色——状态字色，表示开启或运行。

绿色——状态字色，表示关闭或停止。

白色——状态字色，表示该装置处于中间位置。

蓝色——表示"标志""分题头""量纲"。

青色——表示参数值、操作指令等。

黄色——预告性报警。

晶红——危机报警。

黑色——底色。

（三）图形系统

在设计图形显示系统时，首先要考虑主要的特征因素，即人眼和大脑的观察思考机能。此外，还应考虑以下几点。

1. 视距与视角

显示器与运行人员之间的相对位置是一个很重要的因素。在图形系统中，屏幕与人之间的距离不应小于 41 ~ 46cm，这样运行人员在进行人机交互作用的过程中才会感觉良好。

显示器与运行人员视线之间的角度（视角）也是一个重要因素。若进行长时间的观察，无论垂直视角或水平视角都应尽可能保持在 0°左右。

2. 画面响应时间和更新时间

画面响应时间是指从按下指令键到画面从 CRT/LCD 上显示出来的时间。在 DL/T 659—2016《火力发电厂分散控制系统验收测试规程》中要求：一般画面不大于 1s，复杂画面不大于 2s。CRT 画面上数据的刷新周期为 1s。从键盘上发出操作指令到 I/O 模件通道输出，然后返回信号从 I/O 模件通道输入，直到 CRT 显示的全部时间为 2 ~ 3s（不包括执行器动作时间）。

三、后备监视设备

后备监控设备的配置原则为当分散控制系统发生全局性或重大故障（如分散控制系统电源消失、通信中断、全部操作员站失去控制、重要控制站失去控制等）时，为确保机组紧急安全停机，应在操作员站设置独立与 DCS 的后备监视操作手段。一般包括但不限于：

（1）锅炉主燃料跳闸按钮（手动 MFT）。

（2）汽轮机跳闸按钮（手动 ETS）。

（3）发电机—变压器组跳闸按钮。

（4）直流润滑油泵启动按钮。

（5）交流润滑油泵启动按钮。

（6）柴油发电机启动按钮。

（7）发电机灭磁开关。

（8）云母汽包水位监视（汽包炉）。

（9）炉膛火焰监视。

第七节 系统历史数据保存及报表追忆

分散控制系统历史数据保存和报表追忆是分散控制系统所特有的、极为重要的一项功能。它提供了用户查询一段时间内的系统状态、生产过程参数、运行操作指令等诸多数据的途径和方法，为系统运行监控、优化分析等提供了充足的数据资源。

一、存储设备

分散控制系统存储设备是用于存储系统数据的各种存储介质，一般采用的有硬磁盘、移动硬盘、光盘。硬磁盘用于主机内在较长时间内存储数据和程序。光盘和移动硬盘主要作为数据的长期备份使用。

光盘是目前广泛使用的存储介质。它使用可刻录光盘驱动器将数据刻录保存在可刻录光盘（CD - R/RW，或者 DVD ± R/RW）上。CD - R/RW 的容量一般为 670MB 以上，DVD ± R/RW 的容量一般为 4.7GB 以上。光盘作为存储介质最大的优点是保存方便、数据可靠性高、容量大、体积小、便于携带、成本低。

二、存储方案

分散控制系统作为火力发电厂机组的监控系统，它收集了机组的所有过程参数，其中部分参数具有较高的保存价值，需要长期保存，因此应该制定合适的存储方案。

如果决定对大量数据需要长时间保存，则将其保存在工程师站硬盘上的方案是不可行的。因为大量数据长期保存时，其数据量往往大得惊人，如果保存在硬盘上，或者硬盘容量不够，或者导致硬盘可用容量不足，使得系统运行缓慢，甚至无法运行，不利于满足安全和可靠性的要求。因而，需要采取措施寻求更大容量的存储设备，一般可以采取以下措施：

（1）设置专用的历史站，配置超大容量的硬盘、光盘刻录机等存储设备，专门用于将系统内特定的数据按照要求保存起来。

（2）为工程师站配置备份数据所用的光盘刻录机等存储设备，将特定的数据按照要求保存起来，并将其从工程师站硬盘上删除，增加其硬盘可用容量。

对于保存在光盘、硬盘上的数据，应该具有通过 PC 机重新读取和分析的能力。

三、报表

报表是分散控制系统提供的替代笨重的记录表的高效工具，并且更准确、真实和便捷，减少了对人工的需求。

报表的格式主要有两大类，一类是兼容于微软 EXCEL 表格的报表，另一类则是专有的格式。EXCEL 报表的优点是：报表可以用 EXCEL 等通用办公软件打开，便于进行汇总和分析；报表编辑可以用 EXCEL 软件或者类似软件完成，编辑过程易于掌握和学习，使用方便；专有格式的报表则由生产厂商针对系统本身进行了优化。但是缺点也很明显，不借助于专用软件无法在 PC 机上打开，不能与通用办公软件兼容，使用不方便。

报表也可以选择保存在硬盘中，便于以后打开，或者保存到 PC 机设备上用于分析。

四、事故追忆

事故追忆是分散控制系统必须具有的重要功能之一，用于实现当机组运行过程发生事故事件时，按照预定的方案生成系统相关数据在事故点前后一段时间内高精度地记录，便于事故原因分析。

在事故追忆功能方面，当前先进的分散控制系统都提供了包括模拟量和开关量在内的强大的追忆功能，可以根据预先指定的多个事故源，分别指定一定数量的追忆参数，当特定的事故发生时，系统自动生成与其相关联的所有参数在事故点前后一段时间间隔内详细的历史记录。

提示 本章内容适用于高级人员。

第四章

分散控制系统的应用

第一节 概述分散控制系统的工程设计

在火力发电厂生产过程中采用分散控制系统的目的是为了提高电力生产的控制与管理水平，改善生产过程控制品质，使生产过程达到安全、稳发、高效、节能的目的，提高企业的经济效益。本章从工程应用的观点出发，讨论分散控制系统的评估与选择，以及在工程应用方面的问题。

一、分散控制系统工程设计中应完成的任务

1. 确定系统的功能

20 世纪末，DCS 在国内火电机组应用时，功能仅还限制为 DAS、MCS、FSSS 和 SCS 4 项。即使在 2004 年发布的《火力发电厂分散控制系统（DCS）技术规范》中 DCS 的主要子功能仍然为以上 4 项。但近几年 DCS 技术快速发展，应用范围迅速扩展，单元机组控制系统一体化崛起，全厂辅控系统走向集中控制。

目前，DCS 除在高参数、大容量火电机组各控制子系统全面应用外，在脱硫、脱硝、空冷、大型循环流化床锅炉等新工艺上都应用成功。随着一些电厂将发电机－变压器组和厂用电系统的控制功能（ECS）纳入 DCS，ETS 控制功能改由 DCS 模件构成，DEH 与 DCS 的软硬件合二为一，以及一些机组的烟气湿法脱硫控制也直接进入机组 DCS 控制运行。由于一体化减少了信号间的连接接口和备品备件品种数量，同时降低了维护的工作量和费用，所以一体化控制已逐渐成为趋势。排除人为因素外，控制系统一体化将被越来越多的电厂所采用。

同时全厂辅控系统走向集中也已逐渐形成趋势，由原来使用 PLC 和上位机构成各自的网络逐渐趋向适度集中，整合成一个辅控网（balance of plant，BOP），即将相互独立的各围辅助设备集成在全厂 IT 系统上进行运行状况监控，实现减少值班或无人值班。整个辅控网的硬件和软件统一，减少了库存备品及日常维护费用。

第四章 分散控制系统的应用

2. 确定系统的规模

首先根据生产过程的实际需要确定系统配置和结构框架。根据输入/输出点数、控制回路多少和复杂程度等确定系统的规模；根据工艺设备实际安装位置确定系统结构。在确定系统规模时，既要结合当前实际生产过程的需要，也要有长远考虑，具有良好的冗余度和扩充能力。

3. 提出软件和硬件的功能要求

根据生产过程的实际情况及运行监视、控制方式，对分散控制系统提出软件和硬件的功能要求。目前，在我国宜按以 CRT/LCD 和键盘、鼠标为监视和控制中心，配以少量必要的后备仪表和控制操作设备，实现单元机组集中监控。主要辅机的顺序控制设计首先应实现子系统（子组级）顺序控制，在此基础上逐步实现单元机组全自动启停的机组级顺序控制等功能。

4. 选择分散控制系统

选择分散控制系统应从产品的性能和价格两个方面进行对比选择，即在对分散控制系统的技术性能进行评价的基础上结合工程投资费用来选择。如果考虑系统的可扩展性，对一次投资和二次投资应进行平衡比较，择优选用，实现性价比最佳。在选择过程中，必须注意分散控制系统是否具有严重的安全隐患。

二、分散控制系统的评估准则

1. 系统运行不受故障影响准则

一个可靠的分散控制系统应有合理的冗余结构。在系统中某一单元发生故障时，系统应能自动地使用冗余单元去替换故障单元，同时给出故障信息，以便对故障单元进行修复。并且系统应允许降级使用，即系统中发生某些故障后能给出故障信息，同时关键功能还能维持运行（即降级使用），直到故障排除。

2. 系统不易发生故障准则

这一准则一般用 MTBF（平均无故障时间）值的大小来衡量。MTBF 值越大，系统的可靠性越高。特别需要指出的是，系统中单元部件的 MTBF 并不等于系统的 MTBF。此准则用于对整个分散控制系统的 MTBF 进行评估。

3. 迅速排除故障准则

这一准则要求系统有完善的自我监测、自我诊断功能，在系统发生故障时能及时、准确地对故障进行定位，给出相应的故障信息。在排除故障时，应能做到在线更换电路板一级的单元部件即可排除故障，恢复系统的正常运行。衡量排除系统故障快慢的指标是 MTTR（平均修复时间，即排除故障的平均时间），MTTR 值越小，则系统排除故障的速度越快。

4. 可靠性与经济性折中原则

分散控制系统的高可靠性和较好的经济性是一对矛盾。高可靠性要求系统内的单元部件采用先进的技术和优质器件，同时还要求系统有较大的冗余度，这将导致整个系统价格上升。因此，要根据实际生产进程的需要选择合理的系统冗余度。冗余方式采用一对一或多台控制器共用一个冗余控制器。通信应有两条互为冗余同时运行的总线。每台单元机组的操作员站应不少于两套。

三、分散控制系统的评估

分散控制系统的评估涉及很多方面，如系统的先进性、适应性、可靠性、经济性、可操作性、可维护性，供货方面的技术服务、交货期等，主要是从技术性能、人机接口、通信线路、软件、使用性能、供货方能力、可靠性与经济性等方面进行评价。

四、设计步骤

1. 方案论证

（1）制定系统功能规范。方案论证的第一步是根据生产过程监视和控制要求，明确所需要的功能，确立系统功能规范。其主要内容应有：

1）功能概述：概括系统的各项功能，如信号处理功能、控制功能、显示功能、操作功能、管理功能等，并逐项给出说明。

2）系统性能指标：应包括信号处理指标、控制品质指标、通信功能指标、可靠性指标等。这些指标一经确定，即作为系统验收的依据。

3）环境条件：应包括系统长期存放时环境的温度、湿度极限值，以及连续工作时环境的温度、湿度的极限值；抗振动、抗冲击指标；电源要求及其他。

（2）评价及选型。选型时一定要从生产、信息、调度、管理水平出发，在考虑今后技术水平提高的前提下，应遵循"用简不用繁"的原则，不盲目追求新、难、高、全。为此建议采用"评估矩阵"的方法来选型。采用"基于加权因素的评估矩阵"的方法对各项性能和指标进行量化，最终选择一个各方面都比较满意的系统。

2. 方案设计

在方案论证的基础上进行方案设计时，要根据制造厂商提供的技术资料，结合生产工艺流程确定系统的硬件配置（包括操作站、工程师站、历史站、通信系统、打印机等外设、端子柜、UPS 电源等），还应考虑结构的冗余配置和控制回路，或监测点留有 10% 左右的扩展余地和若干年的备品、备件。

3. 工程设计

工程设计应执行有关技术规定。在工程设计中，各方面的人员要相互配合，完成各类图纸设计以及分散控制系统的应用软件设计。

五、分散控制系统的可靠性

分散控制系统的可靠性具有非常丰富的内容，它既包含以概率论和数理统计为基础的理论体系，又包含大量行之有效的工程实践经验。为便于叙述，这里仅从单元可靠性、系统级可靠性和软件可靠性三个方面进行介绍。

（一）单元可靠性

1. 故障来源

提高系统可靠性的有效途径是减少系统的故障。引起故障的原因来自系统内部和外部两个方面：

（1）外部原因。常见的外部原因有环境温度、湿度和电源电压等的波动，电磁干扰、冲击、振动、腐蚀、意外损坏等。

（2）内部原因。这是系统自身的各类缺陷，如元件失效、电路开路或短路等，还有软件引起的故障。

2. 元件级的可靠性

元件是构成 DCS 的最小单位，也是系统可靠性分析的起点。在选用元件时，应注意以下几个问题：

（1）元件的老化。为使元件能够长期稳定地工作，必须使其度过早期失效期，进入偶然失效期。用这样的元件构成的系统工作稳定、可靠性高。

（2）元件的选择。元件在偶然失效期内工作时，其失效率为一常数。因此，选择元件时，在不影响其他性能的前提下应选用失效率低的元件，这将使系统的可靠性明显提高。

（3）元件的电气性能。现以常用的元件为例，说明在电气性能上应考虑的问题。

1）电阻：每种电阻都有其各自的特点、性能和适用场合，其主要电气特性有电阻值、额定功率、误差等级、温度系数、温度范围、线性度、频率特性、噪声、稳定性等。在选用电阻时，应根据系统的工作情况和要求正确选择，使电阻工作在最佳工况下。

2）电容：电容器也有多种类型和各自不同的参数。因电容失效造成电源短路而引起的系统故障，在故障点总和中占有很大的比例，因此应尽量选用高质量的产品。

3）集成电路：必须按照器件手册所提供的各种参数，如工作条件、电源要求、逻辑特性等指标综合考虑，正确使用。

（4）元件的降额使用。所谓降额使用，是指使元件工作在额定条件以下，这可使元件的偶然失效率在原有基础上降低一至两个数量级。元件的额定工作条件体现在多方面，如电气条件、机械条件、环境条件等。当工作条件确定后，应选用额定值远高于工作条件的元件。例如电阻器，其额定功率应是工作功率的两倍以上；电容器的额定电压应是其工作电压的2.5倍以上。

3. 单元级的可靠性

单元级的可靠性一般从以下几方面考虑：

（1）采用小电路板结构，则易于维护，便于发现故障点，有利于缩短平均维修时间（MTTR），从而提高系统的利用率。小电路板本身及相应的机壳具有较高的机械强度，从而提高了系统抗冲击、抗振动的能力。

（2）采用高可靠性电源，以适应在恶劣条件下的长时间连续运行。对于由I/O站向现场设备（如仪表）提供电源的情况，这部分电源应按双冗余处理。

（3）提高系统的制造工艺水平。电路板制作质量要好，元器件布局应合理，安装工艺要严格控制。

4. 隔离与屏蔽

为了克服电磁干扰对系统的影响，必须采用隔离与屏蔽技术。

（1）不等电位干扰。当启动大型电气设备时，其附近将产生一个大的干扰源，并经电网和空间进入计算机，引起计算机内部逻辑信号"地"的不等电位，从而形成不等电位干扰，使微机不能正常工作，甚至造成死机。

（2）系统分解与隔离措施。系统分解是指在I/O站内部采取分块隔离技术，对不同部位应采取不同的隔离手段。电源部分，由于开关电源的隔离作用和辅以抗干扰电路，可以减小电网干扰对主机的影响，使主机"地"电平形成浮地。对数字量I/O采取光电隔离，对模拟量输入采用隔离放大器。隔离系统的另一个问题是电源匹配，即当主机与外部回路之间进行隔离时，两者应分别由不同的电源来供电；反之，如果不进行隔离，则应由同一电源供电，并保证一点接地，以降低不等电位干扰。

（3）屏蔽措施之一——抑制干扰源。最有效的方法是让易受干扰的通道远离强干扰源，具体措施有：

1）电路板内易受干扰的弱信号线与强信号线尽可能地分层正交，避免两者平行相邻走线。

2）电源线及功率器件的驱动信号线，在电路板及系统内应单独走线。

3）I/O模块的同一排电缆内不允许混合接入强弱两种信号。

4）采用平行走线时，平行线之间必须远离。一般要求的距离是干扰导线内径的40倍以上。

5）同轴电缆的屏蔽层应单端接地；各模板之间采用屏蔽罩进行等电位屏蔽，即屏蔽罩必须与"数字地"或"机壳地"一点连接。

（4）屏蔽措施之二——保护易受干扰的通道。其具体方法是：

1）对于电路板上易受干扰的信号或元器件（如高频晶体），应在其周围加接地网，对其进行屏蔽。

2）I/O模块与现场之间的连线常用双绞线或同轴电缆。其中，双绞线是通过将整个导线分成多个截面相等、方向相反的磁回路来抑制磁耦合的。对长距离的连接，则采用同轴电缆屏蔽层一点接地，这对电磁场干扰有较好的抑制作用。

5. 接地

在隔离与屏蔽的许多技术措施中，都需要接地。接地按其目的可分为安全接地与抗干扰接地。接地是各种抗干扰措施中的关键步骤。

（二）系统级的可靠性

1. 系统级可靠性的两个指标

（1）在检修周期内系统处于连续不间断的工作状态，其可靠性指标应达到99.99%。

（2）在系统全寿命期内的利用率应达到99.99%以上。

2. 可靠性分配

可靠性分配是指将上述两个指标分解为对各个单元的可靠性要求。

3. 冗余与容错

容错是考虑到各个单元故障的可能性，并进一步设法保证当某单元发生故障时系统仍能完全正常地工作，这就是系统的容错能力。容错能力是在系统中增加适当的冗余单元来支持的，以保证当某单元发生故障时由冗余单元接替其工作。

冗余和容错是一种高级的可靠性技术，它涉及的主要内容是：

（1）故障检测技术。为了保证系统在出现故障时冗余单元能及时地投入工作，必须有完善的在线故障检测措施，以实现故障发现、故障定位、故障报警。

（2）切换技术。发现故障后，应准确并及时地将冗余单元切换入控制回路中，并保证切换过程安全和无扰动。

（3）修复技术。为保证容错系统具有高可靠性，必须尽力减小系统的平均故障修复时间（MTTR）。为此，在设计方面应努力提高单元的可修复性，同时提高维护人员的水平，建立具有快速反应能力的维修机构。

（三）软件的可靠性

1. 采用成熟的软件

因为软件系统不存在老化问题，所以其故障原因大多是设计过程中遗留的逻辑错误。在使用过程中，这些错误被发现和改正。因此，要保证软件的可靠性，就应当选用已进入成熟阶段的软件。

2. 工具软件的选用

在分散控制系统的软件系统开发过程中，常用的工具软件有很多，例如数据库软件（SQL）、汇编语言编译软件、连接软件、高级语言的编译软件、编辑软件、跟踪调试软件等。应选择经过多次使用且效果良好的工具软件。

3. 编程要求

（1）软件系统采用模块化结构，模块间的接口定义要明确、清晰，模块划分要简洁、合理。

（2）程序员思路要清晰，避免造成程序结构的混乱。

（3）程序应有详尽的注释，以保证良好的可读性和便于分析、修改。

（4）程序调试应有完整的记录，以便于从中发现问题。

（5）程序应具有良好的抗干扰能力，以保证外界输入的非法信息不会干扰系统的正常运行。

（6）防止各种计算机病毒的侵入。

4. 选用操作系统

根据系统管理任务的多少，明确多操作系统的要求，然后选用满足全部要求的最小、最简单的实时多任务操作系统。

5. 采用组态软件

所谓组态软件，就是将程序代码设计成为许多固定的模块，根据指定数据文件中的数据来确定这些模块的操作数、操作步骤及操作结果。对于现场的不同要求，只需设置数据文件就可生成相应的软件系统，而不需要对程序部分作任何改动。

在组态软件中，因为程序部分是相对固定的，所以现场软件的生成过程能简单化、标准化，克服了人为因素对软件可靠性的影响，并缩短了软件的生成周期。

6. 人机界面的基本要求

（1）应采用汉字显示。

（2）显示应清晰、简明，易于理解。

（3）对于各种操作应有明确的提示信息或帮助信息，对错误输入应能提出警告。

（4）出现异常情况时，应及时打印和报警，并给出处理异常的提示信息。

（5）为操作人员提供详尽的使用说明书。

第二节　分散控制系统的安装与调试

一、系统安装

常规系统的安装主要包括取样点（仪表测点开孔和插座、感温元件、取压元件、节流装置等）、仪表管路、控制盘台、电气线路、测量仪表及控制设备等的安装工作。其安装质量是十分重要的。安装工艺应做到整齐美观，便于检修和维护，安全可靠；投入运行后应做到仪表准、自动灵、保护可靠。

常规系统的安装方法和注意事项，对于分散控制系统是适用的，但它又有本身的特点。这是因为，分散控制系统使用微型计算机和许多外围设备，必须根据其要求的环境条件来安装，通常应注意以下几方面问题。

1. 安装环境可靠性

这主要包括温度、湿度的条件，防尘、防腐蚀性气体的条件，电场、磁场的条件，振动的条件。

2. 电源设备

为了保证系统的可靠运行，对供电电源的质量有较高的要求，如电压变化不允许超过额定电压的 ±10% 、频率在工频的 ±2% 以内等。对于重要设备还必须有专门的备用电源，如内燃机发电设备或电池等。

3. 安装布线

在分散控制系统中，由于通信的需要，其电缆安装量比常规控制系统明显地增加。因此，对电缆的敷设方法和有关事项应引起足够的重视。例如，电缆应分层敷设，动力电缆在上层，信号与控制电缆在下层；对信号电缆应采取屏蔽措施，对小信号线（热电偶、热电阻）采用对绞、分屏加总屏，对 4～20mA 信号线采用总屏蔽的计算机电源。

4. 接地措施

对于火力发电厂应用分散控制系统要特别注意抗干扰，如防止电磁感应、静电感应、电磁波等的干扰，其有效的方法是采取接地措施。

（1）屏蔽接地。按照一点接地的原则，信号电缆、控制电缆屏蔽层应统一在机柜内接地。

（2）安全接地。机柜与大地连接，端子排与机柜绝缘。

（3）参考电位接地。为保证系统内各模件正常工作，电源参考电位点应是统一、恒定的，并且参考电位点应统一接地。

（4）集中接地。上述三种接地经电缆集中到接地柜后再接至大地。

5. 安装步骤

分散控制系统主机及其他设备的安装，一般按下列步骤进行：

（1）开箱取出各部件。如部件从低温处搬入机房，则通电前至少要在机房内放置 1h，使其逐渐达到室温。

（2）对照装箱单核对各部件的型号、出厂序号、数量，以及附件（包括预制电缆）、资料的数量及名称。

（3）对照各部件的使用说明书或手册，弄清楚各部件对环境（温度、湿度、振动）、电源和接地等方面的要求，并熟悉电源开关、电缆插座的位置以及各指示灯的作用。

（4）安装过程控制单元时，标准机柜应安装在水平地面上，底座应固定，并注意在其前后留出距离，使柜门可打开 90°。机柜内部电源系统（包括冷却风机）和各种模件应分层安装。当电源系统运行正常时，过程控制单元就可装入。模件在通电情况下可以插入或拔出而不致损坏。

（5）安装人机接口单元时，先固定好操作台、柜，然后按照图纸要求装入主机、显示器、键盘以及其他部件。

（6）打印机及终端可直接放在专用工作台上。手册或说明书弄清楚控制面板及辅助控制面板上各开关和按钮的功能及设定方法。

（7）安装接口设备电源。电源为交流 220V、50Hz，最好经过稳压。

（8）在未通电的情况下连接电缆，将主机、外设、控制通道以及网络通信设备用电缆连接起来。

第四章　分散控制系统的应用

二、系统调试

调试工作是电力建设工程的重要环节之一，应纳入正常的工程管理范围。为此，调试工作应遵循电力工业部颁发的 DL/T 5437—2009《火力发电建设工程启动试运及验收规程》的规定进行，具体可从以下几方面进行工作：

1. 编写调试大纲

其内容应包括：

（1）工程主设备概况、热控系统设计及设备选型情况。

（2）调试工作时间要求及项目的分工应明确，并制定相应的技术措施。

（3）为使调试工作不影响工程的进度和确保调试质量，应列出调试项目的清单、责任单位及进度要求，并要求做到不漏、不乱。

（4）由于控制系统的安装调试与主设备的安装调试紧密相关，因此在施工的控制工期中应列入热控安装工期、机柜受电时间以及热控系统调试时间等。

2. 调试分散控制系统

调试分散控制系统，通常先做单体调试，然后进行联调。其具体工作内容如下：

（1）复原硬件，装入软件。机柜内各模件按设计图纸要求就位，接好各有关电缆，装入软件。送入模拟信号，检查 I/O 通道硬件工作情况，在 CRT 屏幕上读工程值，对硬件和软件进行联合测试。确认系统硬件、软件工作正常。

（2）借助 CRT 显示器检查现场输入信号，并进行手动操作试验。

（3）将工艺画面的拷贝提交运行人员审核，并征求修改意见。

（4）对控制系统进行全面检查，审核系统设计是否符合火力发电厂的实际要求。

（5）对分散控制系统与其他控制设备的接口，如与燃烧器管理系统（BMS）、高低压旁路控制系统（BPC）以及汽轮机安全监控系统（TSI）、电液调节系统（DEH）等的接口，进行检查和调试。对用于紧急安全停机的下列开关量操作器，应独立于 DCS 而采用硬接线：

1）锅炉紧急跳闸；

2）汽轮机紧急跳闸；

3）直流润滑油泵启动、停运；

4）汽轮机真空破坏门；

5）过热蒸汽和再热蒸汽安全门；

6）汽包事故放水门。

（6）对控制系统进行逐项调试和投运。一般按照先易后难的顺序进行，随着机组运行正常和稳定，再投入主要控制系统，如锅炉燃烧调节系统、汽温调节系统等。

在调试过程中要特别注意"接口"部分的工作。所谓"接口"是指不同厂家设备之间以及控制设备与主设备之间的连接问题。对信号形式、电平高低、负载类型及大小、屏蔽、隔离、接地、工作模式及其他特殊要求都要搞清楚，否则可能使系统连接不起来，甚至发生设备损坏事故。

3. 组织得力的调试队伍

根据我国情况，由一个调试、基建或生产单位承担 300MW 及以上容量机组的全部热控调试任务比较困难。为此应成立一个由科研、测试、安装、生产（运行）、制造各方面人员参加的调试队伍，并由其中一个单位负责总的管理工作、编写调试大纲，明确各单位之间的分工和责任并及时检查和协调进度。由有经验的技术人员分别负责各个系统（如 DAS、APC、FSSS 及基地式调节器等）的调试工作。运行单位的热控人员应积极进行各主要系统的调试，以利于设备移交后的管理。

第三节　MACS 系统应用实例

一、MACS V6 系统应用概述

1. MACS V6 系统简介

MACS V6 分散控制系统是北京和利时系统工程股份有限公司开发生产的系统，可以应用于从几个回路的小系统到几十个回路的大系统的各种规模的应用。系统网络（SNET）由 100M 高速冗余以太网络构成，用于历史站、工程师站、操作站、通信站的连接，完成工程师站的数据下装，操作员站、通信站的在线数据通信。操作员站、历史站、工程师站均选用标准工业用 PC 机，运行 Windows 操作系统。

2. 应用概述

某机组为 330MW 亚临界直接空冷供热机组，汽轮机为上海汽轮机厂生产，属亚临界、单轴、一次中间再热、三缸两排汽、空冷凝汽式汽轮机。锅炉为上海锅炉有限责任公司设计制造、亚临界参数、一次中间再热、自然循环、单炉膛、平衡通风、摆动燃烧器四角切圆、固态排渣、全钢结构的燃煤汽包炉。

锅炉和汽轮机的主要调节系统、保护功能，电气断路器和电动闸门的操作采用 MACS 完成，所有过程参数进入 MACS 实行监视。定期排订程序控制、FSSS、点火程控通过 DCS 实现。

二、系统配置

该 330MW 机组采用的 MACS V6 系统由各控制站、历史站、操作员站、工程师站、接口机等设备组成。MACS V6 控制系统网络分为系统网（SNET）和控制网（CNET），系统网采用的是冗余配置的以太网，分别称为 A 网和 B 网，通过交换机连接着历史站、操作员站、工程师站、接口机和各控制站，控制网（CNET）实现现场控制站与过程 I/O 单元的通信。DEH、ETS、四管检漏装置、图像火检装置通过接口站和系统网连接；外网通信接口站通过网关和厂 MIS 网络连接。

1. 现场控制站

现场控制站是 MACS 的控制核心部件。该系统包含 27 个现场控制站，为 10 号 ~ 34 号、40 号、41 号现场控制站。每个现场控制站冗余配置两个主控单元，通过 PROFIBUS – DP 总线（屏蔽双绞线）与 I/O 模件实现数据通信。

DCS 电源柜接收两路 220V AC 电源，一路由 UPS 来，另一路由厂用电（保安段）来。两路电源分别进入各 I/O 控制站和继电器柜，同时进配电柜内切换装置，输出经分路开关为服务器、工程师站、操作员站、主机柜提供电源。DCS 正常运行时，由 UPS 供电，最大负荷情况下，UPS 容量应有 20% ~ 30% 的余量。现场控制站的电源模块冗余配置，放置在机柜反面的上部，每一列 I/O 模块由独立的电源模块供电。电源模块输入 220V AC；输出为 + 24V，它为现场控制站的 I/O 模块和现场变送器提供 24V DC 电源，同时为触点型开关量输入模块提供查询电压。

其中 10 号站 ~ 21 号站用于锅炉设备控制站：10 号站为 FSSS 控制站，11 号站 ~ 15 号站分别为制粉系统 A ~ E 磨煤机、A ~ E 给煤机、各油层及相关设备控制站，16 号站为过热器温度控制及除渣系统相关设备控制站，17 号站、18 号站为风烟系统相关设备监控及风量、炉膛负压自动控制站，19 号站为二次风门、锅炉排污控制站，20 号站为吹灰程序控制站，21 号站为给水及协调自动控制站；22 号站为脱硝设备控制站；23 号站 ~ 33 号站用于汽轮机设备控制站 23 号、24 号站分别控制高压加热器、低压加热器及高压旁路、低压旁路系统，25 号 ~ 28 号站分别对真空泵、凝结水泵、给水泵、除氧器、密封油泵、抗燃油泵、定子冷却水泵、汽轮机各润滑油泵等进行控制，29号、30号站分别为A、B给水泵汽轮机MEH站，31号站、32号站为空冷风机控制，33号、34号站为ECS控制站，40号站为辅机循环冷却水站，41号站为热泵控制站。

（1）10号站的控制回路包括FSSS、火检冷风机及密封风机。

（2）11号站为A磨煤机、A给煤机、AA层油及相关设备自动调节控制。

（3）12号站为B磨煤机、B给煤机、AB层油及相关设备自动调节控制。

（4）13号站为C磨煤机、C给煤机、BC层油及相关设备自动调节控制。

（5）14号站为D磨煤机、D给煤机、DE层油及相关设备自动调节控制。

（6）15号站为E磨煤机、E给煤机、再热蒸汽温度自动控制（喷水）及相关设备自动调节控制。

（7）16号站为过热器温度控制、除渣系统控制、过热器减温电动执行机构控制。

（8）17号站为A一次风机、A空气预热器、A送风机、A引风机相关设备控制及风量自动控制。

（9）18号站为B一次风机、B空气预热器、B送风机、B引风机相关设备控制及炉膛负压自动、一次风压自动控制。

（10）19号站为炉二次风门自动控制、再热器温度自动控制（摆动燃烧器）、锅炉排污控制。

（11）20号站为炉膛吹灰控制、空气预热器吹灰控制。

（12）21号站为CCS协调控制、给水自动控制。

（13）22号站为脱硝电加热器、热解炉喷枪等设备控制。

（14）23号站为高压加热器、一段至三段抽汽、轴封、高压旁路、高压排汽及主蒸汽再热蒸汽管道疏水系统相关设备及自动控制。

（15）24号站为低压加热器、四段至六段抽汽、低压旁路及辅助蒸汽系统相关设备及自动控制。

（16）25号站为A凝结水泵、A汽动给水泵、A真空泵、除氧器系统相关设备及自动控制。

（17）26号站为B凝结水泵、B汽动给水泵、B真空泵、A顶轴油泵、直流润滑油泵相关设备及自动控制。

（18）27号站为电动给水泵、C真空泵、B顶轴油泵、交流润滑油泵、高压启动油泵、A 定子冷却水泵、AEH 油泵、空氢侧密封油交流油泵等相关设备及自动控制。

（19）28 号站为 C 顶轴油泵、B 定子冷却水泵、BEH 油泵、空氢侧密封油直流油泵等相关设备及自动控制。

（20）29 号站为 A 给水泵汽轮机 MEH 系统。

（21）30 号站为 B 给水泵汽轮机 MEH 系统。

（22）31 号站为空冷第一列、第二列风机及相关设备自动控制。

（23）32 号站为空冷第三列、第四列风机及相关设备自动控制。

（24）33 号、34 号站为 ECS 控制站实现发电机 - 变压器组、励磁、厂用电等系统控制。

（25）40 号站为辅机循环冷却水系统控制。

（26）41 号站为热泵系统控制。

2．操作员站

DCS 配置 4 台操作员站，其中一台操作员站通过多显示器技术兼做大屏幕显示。各操作员站的硬件配置完全一致，可以互换使用。各操作员站所运行的操作系统和应用程序也是相同的，只有表征站号的网卡 IP 地址有所区别。因此，每个操作员站只要正确登录，就可以监控机组整个生产流程，具有较大的冗余度。任一台操作员站故障，完全可以用其他完成其功能。

三、MACS 的自动调节系统

MACS 的自动调节系统随各工艺系统分散在不同的现场控制站，简单的被控对象采用 PID 调节器为主的单回路调节系统，如高/低压加热器水位、除氧器压力、凝汽器水位、炉膛负压、汽封压力和温度等。PID 调节器良好的鲁棒特性能够满足这些对象调节特性的微小变化而保持很好的调节品质。

对于复杂的对象则采用了串级调节回路（两个 PID 调节器组成）的结构，例如汽包水位、除氧器水位、送风、过热器和再热器蒸汽减温等。

第四节　FOXBORO 系统应用实例

一、FOXBORO 系统简介

FOXBORO 公司的 I/A Series 系统是基于开放式系统结构的高可靠性、高伸缩性和高性能的分散控制系统。该系统目前主要有 50、60、70 三个系列，区别主要是操作员站不同：50 系列使用 SUN 公司 50/51 系列工作站，操作系统为 Solaris；70 系列使用 x86 兼容计算机，操作系统为 Microsoft Windows NT 4.0；而 60 系列则可以包含 50 和 70 两种操作员站混合使用。

I/A Series 系统主要由控制处理机（Control Processor，CP）、应用操作站（Application Workstation，AW）、操作处理机（Workstation Processor，WP）、FBM 柜及 FBM 卡件、节点总线、通信处理机（COMM10、Gateways）等组成。

二、FOXBORO 系统配置

FOXBORO 系统主要配置了 1 台 AW51D（工程师站）、7 台 WP51D（操作员站）、10 对 CP60、1 个 COMM10、两个 MG30，系统总计超过 4000 点。

FOXBORO 系统配置了 1 台大屏幕操作员站连接大屏幕显示器，用于对工艺过程的监视，4 台操作员站分别作为电气、汽轮机和锅炉（两台）监控使用，1 台操作员站供单元长监控使用。运行人员在操作员站登录为适当的操作员权限的用户，就可以对各子系统部分拥有参数监视、控制操作权限。

盘前各操作员站的硬件、软件配置相同，具有相同的操作画面、权限设置，只有专用键盘配置不同。因此，当某一台操作员站故障时完全可以通过其他操作员站来完成其全部功能，而不会影响系统的正常监控。

系统配置了两台 MG30，提供 MODBUS 通信接口，与外部设备进行数据通信，包括所有远程 I/O 数据通信（锅炉壁温、辅机轴瓦和电机等测点温度、槽部温度和发电机线圈温度等，6kV 电动机保护系统、380V 电动机保护系统、图像火焰检测系统、四管检漏系统、DEH 系统、脱硫控制系统、热网控制系统等各系统的数据通信）。

FOXBORO 系统配置 1 台 COMM10，它与 1 台打印机连接，完成系统报警打印、报表打印、操作日志打印等（打印机可以直接与操作员站、工程师站连接，通过 COMM10 连接可以有效地延长打印机与主机的距离）。

FOXBORO 系统配置了 10 对 CP60（包含一对 CP60 作为公用系统子站），实现了机、电、炉所有工艺系统的监控，包括各模拟量控制系统、顺序控制系统、电气主系统、FSSS、吹灰程控、汽轮机连锁等功能。所有功能按照工艺过程划分到各站（CPs），FSSS 和电气主系统各自占用一个站，这样便于实现危险分散，功能集成。

三、FOXBORO 系统组态

FOXBORO I/A Series 系统的控制组态采用的是基于组合模块概念的非图形化方式，各模块的连接需要在各自的输入端口写入目标模块的端口。组态软件具有包括 PID 运算、常规控制所需要的通用功能模块，逻辑运算、数学运算等可以使用功能强大的计算块、逻辑块等实现，顺序控制功能通过专为其编写的功能块实现。同时，系统还支持将部分逻辑运算下载到 8 路开关量输入/输出模块 FBM09 执行，执行时间可以达到数十个毫秒，满足了快速动作回路的要求。

系统的控制软件由多个组合模块 Compound 构成，每个组合模块必须位于一个站内，完成特定的功能。例如 CP6002 的组合模块包括 CCS、MCSID、MCSFD、MCSYCF、MCSFUEL、02DAS01、02DAS02 等，以及包含站模块的 CP6002STA 和包含各 ECB 模块的 CP6002ECB 组合模块。各个组合模块都是一个相对独立的功能实体，例如 CCS 完成机组的协调控制功能，所有有关协调控制的功能块（BLOCK）都包含在 CCS 中，便于维护。

控制软件（Integrated Control Configurator, ICC）的组态界面是一种基于菜单命令和文本界面的组态方式。组态时，需要登录到工程师权限后进入 ICC，可以通过选择目标站（CIOSTNCfg），然后再选择目标组合模块（CIOConfig）等方式进入该组合模块的组态界面，选择 View Block/ECBs in this Compound 命令进入组合模块内部后选择目标模块即可对其进行编辑修改。

FOXBORO 系统最强大的模块是计算块（CALC、CALCA、MATH）、逻辑块（LOGIC）等，通过编写类似于汇编语言格式的语句可以在块内实现计算、判断功能并输出结果。每个 CALCA 块具有 16 个 BOOL 量输入、8 个 BOOL 量输出、8 个 REAL 量输入、4 个 REAL 量输出、2 个 INT 量输入、6 个 INT 量输出、2 个 LONG 量输入和 2 个 LONG 量输出、24 个内部变量用于存放运算结果，可以编写 114 种 50 条语句，变量的传递为堆栈的先进后出方式。

FOXBORO 系统的 PIDA 模块具有参数自整定功能，可以很方便地实现闭环控制基础上的前馈补偿、输出补偿、输出跟踪、设定值外部给定等功能。同时，为了实现串级控制的无扰动切换，提供反演算输入功能，可以在下游模块故障、初始化时自动保持输出跟踪，如图 4 - 1 所示。

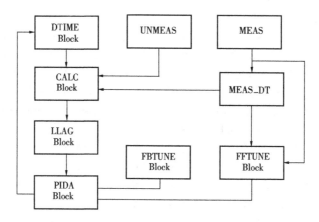

图4-1　自适应 PID 调节回路的典型结构

第五节　ABB 系统应用实例

一、ABB 分散控制系统简介

Industrial IT Symphony 是 ABB Bailey 公司继 N - 90、Infi90（open）、Symphony 之后开发的第 4 代 DCS，目前最新版本已有 Symphony Plus，该系统充分发扬了分布式控制系统能做到的：控制器物理位置分散、控制功能分散、系统功能分散及显示、操作、记录和管理集中的功能。

Symphony Plus 系统主要由过程控制单元（Harmony Control Unit，HCU）、人系统接口（Human System Interface，HSI）、计算机接入网络的接口（Network Computer Interface，ICI）、服务器、接口机等组成。Symphony 分散控制系统从功能内容来讲包括炉膛安全监控系统（FSSS）、汽轮机及锅炉的顺序控制系统（SCS）、模拟量控制系统（MCS）、数据采集系统（DAS）、电气侧顺序控制系统（ECS）、公用电气和辅机控制系统。

Symphony Plus 系统中过程控制单元为控制网络上主要的节点，所有部件均安装在标准机柜中，基本控制器为桥控制器（BRC）。每个过程控制单元可安装多对桥控制器，分别执行不同工艺设备控制，每个 HCU 可根据 I/O 模件数目使用模件、端子混装柜或独立模件柜加多个端子柜两种方式配置。桥控制器前最新产品为 BCR400 系列，是上一代 BCR300 的升级产品，能力更强。

二、系统配置

该系统主要配置了 3 个服务器、5 个操作员站（含 1 个大屏幕操作站）、2 个工程师站、2 个历史站、2 个通信接口机、53 个机柜。41 个控制机柜包括 FSSS 系统 6 个；锅炉 SCS 系统 6 个；锅炉 MCS 系统 3 个；汽轮机 MCS - SCS1 系统 3 个；汽轮机 SCS2 系统 3 个；汽轮机 SCS3 系统 3 个；DEH 系统 3 个；脱硝系统 2 个；低压省煤器系统 2 个；ACC 系统 6 个（远程 I/O 机柜）；单元 ECS 系统 4 个。

Symphony Plus 系统网络为总线和环形网络。根据应用功能不同，具体分为操作网络（Onet）、控制网络（Cent）、控制总线（C. W）和 I/O 扩展总线（X. B）。其中上层操作网络为总线形以太网，通过交换机将操作员站、历史站、接口机与服务器相连接，所有数据通过访问服务器获得，其标准接口不仅可扩展操作员站，还可介入其他控制系统。另一层网络为 Cnet（Control Network），为冗余的令牌型环网，主要用来连接过程控制单元（HCU）、工程师站、服务器。各节点之间无主从之分；物理形式为封闭的环形结构，可采用专用的网络至网络接口（IIL）与其他公用系统环网进行数据通信。控制总线（C. W）位于过程控制单元 HCU 内，主要负责同一 HCU 柜内不同控制内容的多对冗余 BRC 控制器之间的数据交换。控制总线采用无主、从之分，两端不封闭的总线结构。I/O 扩展总线（X. B）是并行总线，为控制器控制 I/O 子模件提供了通道，每个扩展总线可最多下挂 64 个 I/O 模件。

三、系统组态

Symphony Plus 系统采用工程师工具 Composer 进行系统设计、组态、调试、监视等功能。Composer 组态软件包括开发和维护控制系统所有必需的组态功能，其使用一个集中的浏览器窗口，可以在统一的单一画面中，显示分散控制系统的所有组态文件。其中的对象交换窗口为可多次调用、查看基本组态元素的窗口，所有的标准系统元素都按类型分类在不同系统文件夹内，可直接调用使用。

功能码（Function Code）是最常使用的基本组态元素，是用于过程控制、数据采集的标准子程序，已固化在 BRC 控制的 ROM 中，可供系统设计、组态使用。功能码可分为 10 多个种类，共 200 多种标准算法（功能码）。用户可以根据需要来使用这些功能码，并将其存放在控制器的同时有带后备电池的 NVRAM 的存储空间中。用户的实际操作就像搭积木一样，来形成自己的控制逻辑组态。

当选用一个功能码时，必需指定一个块号（即块地址），该选定了的功能码称为功能块。功能码可有一个或多个输出，分别用 N, $N+1$, $N+2$, $\cdots$, 表示。当调用某一功能码时，需为其指定一块号，该块号为输出 N 的地址，也称为该功能块的地址（首地址）。功能块实际占用的地址数等于该功能块输出的个数。块地址是一个功能块的参引号，在组态期间赋予。利用块号可将一个功能块的输出值引用为其他功能块的输入。每个块完整的块地址都应由 HCU 地址、模件地址、块地址 3 部分组成。

第六节　分散控制系统的运行与维护

迄今为止，分散控制系统在火力发电厂的应用范围越来越广泛，承担着锅炉、汽轮机、电气的所有参数及对象的监视和控制，并且更多的顺序控制、保护、连锁功能也由 DCS 实现，因此 DCS 系统掌握着机组的命脉，是机组监控的核心，它的安全可靠也必须重点考虑。

目前的分散控制系统在现场控制层由于大量采用分散化、局部化设计，避免了瓶颈的产生，因此个别部件的失灵不会导致系统瘫痪，但这并不表示系统瘫痪的隐患不存在。如果在系统设计过程中不能对此加以重视，势必影响系统的可靠性。另外，分散控制系统良好的运行维护也是减低故障率的有效方法。具体可以从以下几个方面予以重视。

一、分散控制系统的运行环境

分散控制系统是基于集成电路、计算机和网络通信技术的实时网络监控系统，系统内各部件的工作电压较低，受外界影响后易发生运行错误，干扰源包括电磁干扰、温度、湿度、灰尘、电源等。

（一）电磁干扰

电磁干扰在火力发电厂是比较严重的，大型的辅机、发电机等交流用电设备启动、运行过程产生大量的电磁干扰，对分散控制系统的抗干扰能力是严峻的考验。因此，必须采用有效的屏蔽措施减小系统受到的电磁干扰。

（1）安装分散控制系统的电子设备间应该与其他强电设备有效地隔离，在电子设备间内严禁安装产生强干扰的设备。

（2）电子设备间的墙壁、地板、屋顶应能起到很好的屏蔽作用，消除现场电气设备的电磁干扰。

（3）分散控制系统的接地必须高度重视，所有机柜外壳必须良好地接地，运行过程中将柜门关闭后金属外壳能够屏蔽大多数电磁干扰。

（4）运行过程在电子设备间严格限制强干扰设备，如手机、对讲机等的使用。这些设备产生的高频电磁脉冲可能导致分散控制系统部件运行出错。

（二）温度、湿度、灰尘

电子设备间的温度、湿度、灰尘对分散控制系统的影响在短期内可能不会显露出来，但是长期使用时可能缩短其寿命，或者减低设备运行稳定性。

（1）电子设备间的温度不能太低，否则容易发生水蒸气结露；也不能太高，高温将导致电子器件的运行可靠性大大降低，使各卡件的稳定性得不到保障。尤其是操作员站的主机一般采用工控机、PC 机、工作站等，随着运行频率的提高，关键部件如 CPU、硬盘、显卡等功耗快速增加，散热量非常大，尽管配置了强劲的冷却风扇，但是在高温环境下损坏的可能性大大增加。因此，必须配置可靠的恒温设备（最好冗余配置），保持温度在 15～28℃ 之间。

（2）电子设备间的湿度必须控制在合适的范围内，湿度太低容易产生静电，损坏电子器件，不利于日常检查和运行；湿度太高则导致绝缘下降，严重时强电可能串入弱电回路，损坏电子器件。因此，可以考虑增加必要的湿度控制装置，保持湿度在 45%～70% 之间。

（3）环境空气中的灰尘也必须控制。尤其北方空气干燥，空气中所含的灰尘非常多，如果不加以过滤，电子设备将被厚厚的灰尘所掩蔽，使得卡件各插头接触不良。

（三）供电电源

目前不少 DCS 的供电电源采用一路 UPS 供电，另一路保安段供电。UPS 电源的供电电压一般能够得到保证，而保安段是从高压厂用变压器通过保安段变压器转换为 380V AC 的，因此当大型辅机启动时对电压容易造成较大的波动，对 DCS 运行不利。因而，最好能够配置两套 UPS 电源，分别对 DCS 供电；或者正常运行中，UPS 电源作为主要工作电源使用。

二、运行维护

大型分散控制系统的运行维护工作必须得到重视。这主要包括两个方面内容：一方面热控人员应定时对 DCS 的运行状态进行检查；另一方面，运行人员也应熟悉 DCS 常规故障的判断和应急处理。

（1）热控人员应该定时对 DCS 的运行状态进行检查。检查的范围包括现场控制站的控制器、I/O 模块以及之间的通信，系统通信网络和操作员站等，重点是现场控制站各部件。

目前，主要的 DCS 都具备丰富、完善的自诊断功能，在系统运行过程中定时对系统内各部件的状态进行检查、诊断，在系统监视画面予以反映，对当前的异常状态产生报警，并记录到系统日志内。热控人员应详细检查系统内各部件状态是否正常；同时，必须核实两次检查期间的系统日志，以查明是否曾经出现过异常记录。

同时，检查各现场控制站机柜及系统电源系统是否正常。

（2）运行人员作为分散控制系统的直接使用者，也应熟悉DCS的一般原理，以及常见故障发生时的紧急处理。发现系统故障报警后，运行人员应能及时判断出是否会对现场监控造成大的影响，并采取必要的应急处理措施。

（3）在机组停运期间，应组织人员对分散控制系统进行类似于人的常规体检一样的全面检查，以争取提前发现事故隐患或者隐性的故障点。对于大型分散控制系统，机组运行过程中不可能退出进行检修，因此必须利用仅有的检修机会，对所有卡件、通信部件、电源等进行详细检查，紧固各部件连接部分。同时，分析过去故障发生的规律，对故障高发点进行重点检查。

提示 本章内容适用于高级人员。

第三篇

热 工 仪 表

第五章

热 工 温 度 测 量

工业上常用的温度检测仪表分为两大类：非接触式测温仪表（如辐射式、红外线），接触式测温仪表（如：膨胀式、压力式、热电偶、热电阻）。工业热电阻、工业热电偶等接触式仪表应用较为广泛，多用于自动连锁控制系统。

第一节 热 电 偶

一、概述

目前，广泛运用的测温热电偶是根据热电现象而制成的，可用于长时间测量1300℃以下的温度，特殊材料制成的热电偶可测量高达2800℃的温度。通过热电偶能将温度信号转换为电势信号，便于远方显示。热电偶具有性能稳定、结构简单、使用方便、经济耐用、容易维护和体积小等优点，因此在工业生产和科学研究中得到广泛的使用。

将两种不同材料的金属导体组成闭合回路，一端放在被测介质中感受温度变化，称为工作端和热端，另一端为自由端或冷端，组成热电偶的金属导体称为热电极。

当冷端和热端温度不同时，在回路中就会产生一定方向和大小的电势，此电势包括接触电势和温差电势。

接触电势的大小与接触处的绝对温度、两种金属的电子密度有关，材料一定时，接触电势只与温度有关，所以称为热接触电势，简称为热电势。

温差电势是本身两端温度不同而产生的电势，温差电势与金属材料及两端温度有关，温差越大，温差电势越大。

1. 热电偶具有的特性

（1）热电偶回路的热电势大小只与热电极材料及热电偶两端温度有关，而与热电极的几何尺寸无关。

（2）热电偶两端温度相同，则总热电势为零。

（3）相同电极材料组成的热电偶，其总热电势为零。

（4）如使热电偶一端温度不变，则热电势只与另一端温度有关，这样，只要测得热电势的大小即可知道温度的大小，这就是热电偶测量温度的原理。

当热电偶冷端温度为零时，确定出热电势与热端温度的数值关系即为热电偶的分度关系，把它们列成表，称为热电偶的分度表。

2. 注意两个原理

（1）中间导体定理：在热电偶回路中接入第三种导体时，只要第三种导体两端温度相同，热电偶产生的热电势大小就不受第三种导体影响。

（2）中间温度定理：在热电偶回路中接入热电特性与热电偶特性相同的两根导体，其总的热电势与回路两端温度有关，而与中间温度无关。

二、热电极材料及常用热电偶的种类

根据金属的热电效应原理，任意两种不同的金属材料都可作热电极组成热电偶，但实际上并非如此，因此制造热电偶的材料应满足以下要求：

（1）具有较高的物理稳定性，就是说在测温范围内热电特性要稳定，不随时间变化，另外，在高温下金属不易蒸发和再结晶，以免引起热电极变质、变细和相互污染。

（2）具有较高的化学稳定性，即要求在高温下的抗氧化或抗腐蚀的能力强。

（3）有较高的灵敏度，即在测温范围内，单位温度变化引起的热电势变化大。

（4）热电势与温度之间有单值的线性函数关系，这样可以使显示仪表刻度均匀。

（5）复现性能要好，即同种材料的热电偶，在相同的温度下产生的热电势相同，这种性质称为复现性。复现性好，则便于成批生产和互换。

（6）电阻温度系数要小，导电率要高，这样在不同温度下的电阻值相差不大，因线路电阻变化而引起的测量误差比较小。

（7）机械性能好，材料组织要均匀，要有好的韧性而便于加工成丝，具有较高的抗机械损伤的能力。

下面介绍几种标准化热电偶。

1. 铂铑—铂热电偶（S）

用铂铑、铂热电极组成的热电偶称为铂铑—铂热电偶。其中铂铑合金为热电偶的正极，它是由90%的铂和10%铑制成的合金；铂是负极，它是较纯的铂丝。这种材料由于昂贵，故一般加工成直径为 0.5mm 以下的热电偶丝。因为易于得到高纯度的铂和铂铑，所以这种热电偶的物理机械性能比较稳定，测量准确度高，便于复制，可用于精密的温度测量和制成标准热电偶；在氧化性和中性气体中其物理化学性能比较稳定，在高温下不易氧化变质，熔点也比较高。长时间使用时可测量 1300℃ 以下的温度，短时间使用时可测量 1600℃ 的温度。

铂铑—铂热电偶的缺点是灵敏度较低，平均电势只有 0.009mV/℃，在还原气体和腐蚀性气体中易损坏。其次是热电特性的关系线性度差，长期在高温下使用时，材料容易升华和再结晶，铑分子对铂有污染作用，此外，材料昂贵，成本较高。

铂铑—铂热电偶的分度号为 S，原为 LB – 3。

2. 镍铬—镍硅热电偶（K）

用镍铬、镍硅作热电极组成的热电偶称为镍铬—镍硅热电偶。其中镍铬合金为正极，它是由 90% 的镍和 10% 的铬制成的合金（也有用 80% 的镍和 20% 的铬制成的合金）；镍硅为负极，它是由 95% 的镍和 5% 的铝、硅、锰制成的合金。热电极的直径根据使用情况而定，一般为 1.2 ~ 2.5mm。因为两根电极中均含有大量的镍，所以抗氧化、抗腐蚀的能力强，化学性能比较稳定，复制性能也较好，灵敏度较高，约为 0.041mV/℃，相当于铂铑—铂热电偶的 4 倍。长时间使用时可测量 900℃ 以下的温度，短时间使用时可测量 1300℃ 的温度。

其缺点是在还原性介质和硫或硫化物介质中很快被腐蚀，精度不如铂铑—铂热电偶高，但能满足目前工业生产的要求，因此工业生产中采用最多的就是镍铬—镍硅热电偶，如在火力发电厂的汽、烟等系统的测温元件均为镍铬—镍硅热电偶。

镍铬—镍硅热电偶的分度号为 K，原为 EU – 2。

3. 镍铬—考铜热电偶

用镍铬、考铜作热电极组成的热电偶称为镍铬—考铜热电偶。其中镍铬为正极，它是由 90% 的镍和 10% 的铬制成的合金；考铜是负极，它是由 56% 的铜和 44% 的镍制成的合金。热电极的直径多为 1.2 ~ 2mm，这种热电偶比较适合在氧化性及中性气体中使用，其突出的特点是灵敏度高，约为 0.078mV/℃，此外，价格便宜。这种热电偶广泛运用于测量 800℃ 以下的温度。镍铬—考铜热电偶的分度号为 E，原为 EA—2。

另外，在现场使用的过程中，还有铜—康铜热电偶，它用于测量 -200 ~ 200℃ 之间的温度，如可使用在火力发电厂的磨煤机出口风粉温度的测量上。

三、热电偶的结构

1. 热电极

把两根热电极的一端焊接在一起成为热电偶的热端，焊点结构有绞焊和对焊，焊接方法有气焊法和电焊法。

2. 绝缘子

为防止两根电极之间和电极与保护管之间短路，在两根电极上套有绝缘子，其材料视被测温度高低而定。

3. 保护管

为防止热电极受到有害介质的化学侵蚀和避免机械伤害，加装保护管起保护作用。

4. 接线盒

接线盒在保护管的开口端，通常用铝质盒体和接线瓷板组成，它通过丝扣与保护管拧在一起。

四、热电偶的形式和使用

1. 表面温度测量热电偶

用于测量管壁、板壁等表面温度的热电偶主要由热电极和绝缘子所组成，简称为表面热电偶。表面热电偶的热端直接焊在被测的金属上。为防止热电极受到外界损伤，可在热电偶上穿金属管和蛇形管，表面热电偶的热接点与金属壁的焊接方法有球状焊法、交叉焊法、平行焊法3种。

2. 铠装热电偶

因为被测对象多种多样，再加上机组控制水平的不断提高，对热电偶的接地要求很高，所以铠装热电偶的使用已越来越普及，它是把热电极、绝缘材料和不锈或合金钢一次拉制而成为一个坚实的组合体。热电偶通常为K型和E型热电偶，绝缘材料采用高纯度的脱水氧化铝和氧化镁。

铠装热电偶的优点是小型化：体积小，热容量小，具有较小的热惯性，对被测温度反应快，时间常数小。铠装热电偶是一种很细的整体组合机构，柔性大，可以弯成任意形状，适用于结构复杂的对象，机械性能好，结实牢固，耐振动和耐冲击。

3. 热电偶使用及安装方法

用热电偶感温元件测量温度时必须使其与被测介质直接接触，故称为接触式感温元件。通过感温元件与被测介质进行热交换，将介质热量传给感温元件，当达到热平衡时感温元件的温度即为被测介质的温度。因此，保证热交换处于最佳状态，是接触式感温元件能够准确测量的关键之一。因为热交换最佳状态的取得取决于感温元件的正确安装，所以热电偶感温元件的安装是否正确、合理对于测量的准确性和可靠性都有着极其重要的意义。如果安装不当，尽管感温元件及其显示仪表精度等级很高，也得不到正确的测量结果，严重时会给生产造成不可估量的损失，因此，对热电偶感温元件的安装应给予足够的重视。

热电偶感温元件在安装时，被测对象由于本身的各种原因也会对安装提出要求，例如：高温高压设备的机械强度不应因为安装感温元件而受到影响，感温元件不应污染被测介质等。下面简要说明热电偶感温元件的安装要求。

（1）热电偶感温元件的安装地点要选择在便于施工、维护，而且不易受到外界损伤的位置。

（2）热电偶感温元件的插入方向应与被测介质流向相逆或者相垂直，尽量避免与被测介质流向一致。

（3）在管道上安装热电偶感温元件时，应使热电偶的热端处于流速最大的管道中心线上，因为有保护管，所以保护管的顶端应超过中心线5～10mm，才能使热电偶热端处于管道中心线上。

（4）热电偶插入部分越长，测量的误差越小，因此在满足前两项要求的基础上应争取有较大的插入深度，例如：热电偶感温元件在管道上安装时，为了取得较大的插入深度，可以采用斜插、加扩容管或在弯头处插入（在机械强度容许的情况下）方法。

（5）为了防止热量损失减少测量误差，测量元件露在设备外的部分要尽量短，而且要求在露出部分加保温层。

（6）感温元件装在负压管道或容器上时，要保证安装处的密封良好。

（7）热电偶感温元件接线盒的盖子尽量向上，以免漏水。

（8）热电偶感温元件装在具有固体颗粒和流速很高的介质中时，为防止感温元件长期受到冲刷而损坏，可在感温元件之前加装保护板。

（9）感温元件在管道上安装时，要在管道上加装插座，在高温高压管道上安装时，插座的材料要与管道的材料一致，这样便于焊接。对于插座材料，一般在400℃以下采用碳钢，510℃以下采用铬钢，535℃以下采用铬钼钒钢。插座在管道上焊好后，焊接处要进行热处理，然后进行保温。

五、工业热电偶常见故障及处理方法

工业热电偶常见故障及处理方法见表5－1。

表 5-1   **工业热电偶常见故障及处理方法**

故障现象	可能原因	处理方法
热电势比实际值小（显示仪表指示值偏低）	热电极短路	找出短路原因，如因潮湿所致，则需进行干燥；如因绝缘子损坏所致，则需更换绝缘子；清扫积灰； 补偿导线线间短路：找出短路点，加强绝缘或更换补偿导线
	工业热电偶热电极变质	在长度允许的情况下，剪去变质段重新焊接或更换新热电偶
	补偿导线与工业热电偶极性接反	重新接正确
	补偿导线与工业热电偶不配套	更换相配套的补偿导线
	工业热电偶安装位置不当或插入深度不符合要求	重新按相关规定安装
	工业热电偶冷端温度补偿不符合要求	调整冷端补偿器
热电势比实际值大（显示仪表指示值偏高）	工业热电偶与显示仪表不配套	使工业热电偶与显示仪表相配套
	补偿导线与工业热电偶不配套	更换相配套的补偿导线
	有直流干扰信号进入	排除直流干扰
	热电势输出不稳定	工业热电偶接线柱与热电极接触不良，将接线柱螺栓拧紧
	工业热电偶测量线路绝缘破损，引起断续短路或接地	找出故障点，修复绝缘
	工业热电偶安装不牢或外部振动	紧固工业热电偶，消除振动或采取减振措施
	热电极将断未断	修复或更换工业热电偶
	外界干扰（交流漏电、电磁感应等）	查出干扰源，采取屏蔽措施

故障现象	可能原因	处理方法
热电势 误差大	热电极变质	更换热电极
	工业热电偶安装位置不当	改变安装位置
	保护管表面积灰	清除积灰

第二节 热 电 阻

一、热电阻温度计

测量500℃以下的温度时，热电偶的灵敏度和精确度都受到了限制。导体或半导体的电阻与温度之间存在着一定的函数关系，利用这一函数关系可以将温度变化转变为相对应的电阻变化，工业热电阻就是基于金属的电阻值随温度的增加而增加这一特性来进行温度测量的。在实际生产中较低温度的测量大量采用电阻温度计，它可用来测量 -200 ~ 500℃ 范围的温度。在火力发电厂中，500℃以下的温度测点是很多的，如给水、排烟、空气、轴承、发电机定子绕组温度和变压器油等温度均在该测温范围内，所以电阻温度计得到了广泛的应用。

二、制作热电阻的材料要求

虽然大多数金属导体和半导体电阻都有随温度变化而变化的性质，但他们并不都能作为测温用热电阻。制作热电阻的材料必须满足以下要求：

（1）电阻温度系数大，即每变化1℃时，电阻值的相对变化量要大。电阻温度系数越大，灵敏度越高，测量越准确。电阻温度系数不是常数，其大小与材料纯度有关，纯度越高，电阻温度系数大且稳定。此外，电阻温度系数还与电阻丝的加工工艺有关，因为拉丝过程中产生的内应力会引起电阻温度系数变化，所以加工后的电阻丝应进行退火处理，消除内应力的影响。

（2）在测量范围内要有较稳定的物理、化学性质。

（3）要求有较大的电阻率。这样，在相同的电阻值下电阻的体积可以小些，从而使热容量、热惯性较小，对温度变化的响应较快，即动态特性较好。

（4）电阻值与温度之间有近似线性的函数关系。

（5）容易得到较纯净的物质，复现性好。

第五章 热工温度测量

（6）价格便宜。

根据上述要求，最常用热电阻是用金属铂和铜制成的，分度号为Pt100、Pt10、Pt50（测温范围为 −200 ~ 850℃），Cu50、Cu100（测温范围为 −50 ~ 150℃）。

三、铂热电阻

铂热电阻的特点是准确度高、稳定性好、性能可靠。这是因为铂在氧化性气体中，甚至在高温下的物理、化学性质都非常稳定。在工作中，常用铂热电阻温度计作为标准仪器。

但是铂热电阻在还原性气体中，特别是在高温下很容易被还原性气体污染，使铂丝变脆，并改变其电阻和温度间的关系。因此，在这种情况下，必须用保护套管把电阻体与有害的气体隔离开来。铂热电阻被广泛地用于工业上和实验室中。

铂电阻体是用很细的铂丝（0.03 ~ 0.07mm）绕在云母、石英或陶瓷支架上做成的。之所以采用这几种材料做支架，是因为这些材料的热膨胀系数小，绝缘性能好，能耐高温，有一定的机械强度。其中云母只能用于500℃以下的温度测量中。支架通常作成十字架形、平板形、螺旋形和圆柱形等形式，十字架形和平板形支架上开着锯齿形缺口，圆柱形支架上刻有螺纹（用于绕铜电阻时没有螺纹）。因为铂热电阻丝较短，又是裸露线，所以把铂丝绕在螺纹里以使相邻圈之间绝缘，绕时采用无感双线绕制法。铂丝在绕制前后都需加热退火和老化处理，以消除内应力。

从电阻体通向接线盒的导线称引出线，铂电阻体的引出线必须满足下列要求：

（1）对铂电阻丝不产生有害的影响。

（2）与铂电阻丝及连接导线间不会产生很大的热电势。

（3）化学稳定性能好。

标准铂电阻用直径 0.3mm 的金线或铂线做引出线，工业上用的铂电阻，用直径 1mm 的银线做引出线，低温下用直径 1mm 的铜线做引出线。

使用电桥（DCS、远程 I/O）做测量仪表时，工业用铂电阻的引出线不是两根而是三根，这样便于采用三线制测量线路。有些电阻体上的引出线虽然只有两根，但使用时可在保护套管接线盒的端钮上接出三根导线，可以仍然采用三线制测量电路。标准实验室用铂电阻的引出线有四根，以便采用四线制测量电路。

为了防止热电阻体受腐蚀性介质的侵蚀和外界的机械损伤而延长其使用寿命，一般外面均套有套管，以防引出线之间短路。

还有一种微型电阻，它的体积小、热惯性小、气密性好。测温范围在 $-200 \sim +500℃$ 时，它的支架和保护管均由特殊玻璃管制成；测温范围在 $500 \sim 1000℃$ 时，它的支架则用石英材料制成。微型铂电阻是在刻有螺纹的圆柱形玻璃棒（或石英支架）上绕 $0.04 \sim 0.05$mm 直径的铂丝（在石英支架上则绕制本身已成螺旋形的铂丝）制成，引出线用 0.5mm 直径的铂丝制作，外面套有直径为 4.5mm 的特殊玻璃（或石英管）作为保护套管。

还可以用腐蚀成栅状的铂金属膜粘贴在塑料底板上（或铂镀在绝缘材料表面上）制成的热电阻体，它的形状和电阻应变片相仿，测温时粘贴在被测物体表面上。这种热电阻对温度的反映速度极快，但使用中要注意防止应变对热电阻值产生的影响。

四、铜电阻

工业上除了铂电阻应用广泛外，铜电阻的使用也很普遍。因为铜电阻的电阻值与温度的关系几乎是线性的，电阻温度系数也比较大，而且材料容易提纯，价格比较便宜，所以在一些测量准确度要求不是很高且温度较低的场所，可使用铜电阻。铜电阻通常用于测量 $-50 \sim 150℃$ 范围内的温度。

铜电阻的分度号为 Cu50（$R_0 = 50.00\Omega$）和 Cu100（$R_0 = 100.00\Omega$）。Cu50 的分度值乘以 2 即可得到 Cu100 的分度值。

铜电阻的缺点：在 $100℃$ 以上容易氧化，因此只能用在低温及没有侵蚀性的介质中；因为铜的电阻率比较小，$\rho = 0.017\Omega mm^2/m$，所以做成一定阻值的热电阻时体积就不可能很小。

铜电阻体是用直径约为 0.1mm 的绝缘铜线采用无感双线绕法绕在圆柱形塑料支架上制成的，用直径为 1mm 的铜线和镀银铜丝做引出线，并穿以绝缘套管。铜电阻体和引出线都装在保护套管内。

为了改善热传导，在铂电阻体和铜电阻体与保护套管之间，置有金属片制的夹持件或内套管。

五、工业热电阻的常见故障原因及处理方法

工业热电阻的常见故障原因及处理方法见表 5-2。

表 5-2　　　　工业热电阻的常见故障原因及处理方法

故障现象	可能原因	处理方法
显示仪表指示值比实际值低或示值不稳	保护管内有金属屑、灰尘、接线柱间脏污及热电阻短路（积水等）	除去金属屑，清扫灰尘、水滴等，找到短路点，加强绝缘等

故障现象	可能原因	处理方法
显示仪表指示无穷大	工业热电阻或引出线断路及接线端子松动	更换电阻体或焊接及拧紧接线端子螺栓等
显示仪表指示负值	显示仪表与热电阻接线有错或热电阻有短路现象	改正接线或找出短路处，加强绝缘
阻值与温度关系有变化	热电阻丝材料受腐蚀变质	更换电阻体（热电阻）

工业热电阻的常见故障是工业热电阻断路和短路。一般断路更常见，这是由热电阻丝较细所致。断路和短路是很容易判断的，可用万用表的"$\times 1\Omega$"档，如测得的阻值小于 R_0，则可能有短路的地方；若万用表指示为无穷大，则可判定电阻体已断路。电阻体短路一般较易处理，只要不影响电阻丝长短和粗细，找到短路处加强绝缘即可。电阻体断路修理必须要改变电阻丝的长短而影响电阻值，为此以更换新的电阻体为好，若采用焊接修理，焊接后要校验合格后才能使用。

六、其他热电阻

在低温和超低温方面，采用一些其他的热电阻，如铟、锰、碳等电阻。此类低温测量热电阻在电厂几乎没有实际应用，一般性了解即可。

（1）铟电阻：它是一种高准确度低温热电阻，铟的熔点约为156℃，在4.2~15K温域里其测温灵敏度比铂电阻的高10倍，故可用于铂电阻不能使用的低温范围。用99.999%的高纯度铟丝制成的铟电阻，在4.2K到室温的整个范围内，其复现性可达到±0.001K。铟电阻的缺点是材料很软，复制性很差。

（2）锰电阻：锰电阻的特点是，在2~63K低温范围内，电阻率与温度的平方成正比关系。掺有杂质的 α-锰可以使这个平方关系扩展到21K；磁场对锰电阻的影响不大，且有规律。锰电阻的缺点是很脆，难以拉制成丝。

（3）碳电阻：碳电阻很适合做液氦温域的温度计，这是因为碳电阻在低温下灵敏度高，热容量小，对磁场不敏感，价格便宜，操作简便。它的缺点是热稳定性较差。

第三节 双金属、压力式温度计

一、双金属温度计

1. 用途

双金属温度计是一种适合测量中、低温的现场检测工业仪表，可用来直接测量气体、液体和蒸汽的温度。带电触点双金属温度计能在工作温度超过给定值时，自动发出控制信号切断电源或报警。双金属温度计分为普通型、户外型、防腐型3种。

2. 结构原理

双金属温度计感温元件采用多圈直螺旋形金属片。一端固定，另一端（自由端）连接在芯轴上，轴向型温度计指针直接装在芯轴上，径向型结构指针转角通过转角弹簧与芯轴连接。当温度变化时，感温元件自由端旋转，经芯轴传动指针在刻度盘上指示出被测介质温度的变化值。

电触点双金属温度计在指针上装有动触点，固定触点装在设定的指针上，指针触头随温度变化旋转，当温度达到或超过设定值时，触点闭合发出电信号，以达到自动控制和报警的目的。

3. 主要技术指标和安装方法

（1）温度计分为轴向型、径向型、135°3种形式。

（2）温度计的精度等级为1级、1.5级、2.5级。

（3）温度计的时间常数不超过60s。

（4）保护管的材料为1Gr18Ni9Ti不锈钢和钛合金，其所能承受的压力为6MPa。

（5）接点的额定功率：10W（无感负载）。

（6）指示表头使用环境温度为−40～+60℃。安装时应将保护管下面100mm部分全部浸入被测量介质中，以保持温度的准确性。

（7）实际使用过程中存在的问题及解决办法。

1）选型不对造成的指示有偏差，更换表计处理。

2）安装方式不对，造成表计损坏，根据相关规程予以安装，必要时加装保护套管。

3）在具有强烈振动和腐蚀性介质的地方予以安装，要采取保护措施。

二、压力式温度计

压力式温度计是根据在封闭容器中的液体、气体或低沸点的饱和蒸汽，受热后体积膨胀或压力变化这一原理而制成的，并用压力表来测量这种变化，从而测得温度。

（一）压力式温度计的种类

1. 充液压力式温度计

充液压力式温度计比玻璃管温度计坚固，而且读数可以远传，金属温包和金属毛细管一端相连，毛细管的另一端和一测量压力的仪表相连。温包、毛细管和弹簧管内都充满液体，液体受热体积要膨胀，由于容器的体积一定，导致液体压力升高，使弹簧管压力表动作并在其温度标尺上给出被测温度值。水银是常用的充液，水银对许多金属有腐蚀作用，因此温包、毛细管和弹簧管的材料要用不锈钢。

2. 充气压力式温度计

气体状态方程 $pV = mRT$ 表明，对一定质量 m 的气体，如果它的体积 V 一定，则它的温度 T 和压力 p 成正比。因此，在密封容器内充以气体，就构成充气压力表式温度计。在封闭的系统内通常充以氮气，它能测量的最高温度为 $500 \sim 550℃$，在低温下充以氢气，它的测温下限为 $-120℃$。在过高的温度下，温包中充的气体会较多地透过金属壁扩散，这样会使仪表读数偏低。

3. 蒸汽压力式温度计

蒸汽压力式温度计是根据低沸点液体的饱和蒸汽压只与汽液分界面的温度有关这一原理制成的，金属温包的一部分容积内盛放着低沸点的液体，而在其余的空间以及毛细管、弹簧管内是这种液体的饱和蒸汽。因为汽液分界面在温包内，所以这种温度计的读数仅与温包温度有关。这种温度计的压力 – 温度关系是非线性的，不过可以在压力表的连杆机构中采取一些补偿措施，使温度刻度线性化。

（二）压力式温度计的误差

压力式温度计除了由于制造中的尺寸不准确，传动间隙和摩擦等会引起误差外，还有下面一些因素也会引起误差。

（1）感受部分进入深度的影响。各种压力式温度计在测温时，通过毛细管或外壳会对外散失热量，热量的损失会减少所测得的温度值。

（2）环境温度的影响。在液体压力式温度计中，如果充液和毛细管材料、弹簧管材料的膨胀系数不同，则环境温度变化就会产生测量误差。虽然可以把温包容积做得比毛细管和弹簧管的容积大得多，从而减少这一误差，但是对于高准确度的仪表，这样做还不能满足要求，一般采用下列方法来减小误差：一种方法是另外再装一根补偿毛细管和弹簧管，但这种方法成本比较高；另一种方法就是在弹簧管自由端与仪表指针之间插入一条双金属片，环境温度变化，双金属片产生相应的变形，因此来补偿弹簧管周围环境温度变化引起的误差。

第四节 热电偶测量的冷端补偿

热电偶测温的基本原理是两种不同成分的材质导体组成闭合回路，当两端存在温度梯度时，回路中就会有电流通过，此时两端之间就存在电动势——热电动势，此两种不同成分的均质导体为热电极，温度较高的一端为工作（热）端，温度较低的一端为自由（冷）端，自由（冷）端通常处于某个恒定的温度下。根据热电动势与温度的函数关系，制成热电偶分度表；分度表是自由（冷）端温度在0℃时的条件下得到的，不同的热电偶具有不同的分度表。

从热电效应的原理可知，热电偶的热电动势与热电偶两端温度有关，热电偶测量温度时要求其冷端（测量端为热端，通过引线与测量电路连接的端称为冷端）的温度保持不变，其热电动势大小才与测量温度呈一定的比例关系。若测量时，冷端的（环境）温度变化，将严重影响测量的准确性。在冷端采取一定措施补偿由于冷端温度变化造成的测量不准确称为热电偶的冷端补偿。大多数测量仪器具有自动冷端补偿组态功能。

1. 冷端温度校正法

各种热电偶的分度值是在冷端温度为0℃时获得的，也就是只给出 $E_{AB}(t,0)$ 与 t 之间的关系，如冷端温度不是0℃而是 t_0，则利用下列公式校正

$$E(t,0) = E(t,t_0) + E(t_0,0) \qquad (5-1)$$

由式（5-1）可见，当 t_0 不等于0℃时，只要在热电动势 $E(t,t_0)$ 上加修正值 $E(t_0,0)$ 得出 $E(t,0)$ 后，再查相应的分度表即可得被测温度。

【例5-1】 用一支S形热电偶测量温度，热电偶冷端处在20℃的室温下，测得的热电势为7.32mV，求被测温度是多少？

解 根据室温查分度表为 $E(20,0) = 0.113mV$，代入下式得

$$E(t,0) = E(t,t_0) + E(t_0,0) = 7.32 + 0.113 = 7.433(mV)$$

在分度表上，根据 $E(t,0) = 7.433mV$，查得 $t = 810℃$。

需要注意的是，直接用7.32mV查得800℃，然后加上室温，即800 + 20 = 820（℃），就认为是被测的温度，这种解法是错误的。

这种补偿方法只能用于实验室和临时测量，在连续测量中是不适

第五章 热工温度测量

用的。

2. 冷端恒温法

冷端恒温法就是保持热电偶冷端温度为0℃或一定的温度。在保持0℃时，热电偶输出热电动势不需进行校正。保持0℃的方法是采用冰点槽。冰点槽是一个内盛冰水混合物的保温瓶，使冰水共存以维持0℃，并用标准温度计监视其温度。这种恒温方法精度较高，但在生产中使用不便，因此只在实验室内使用。

在工业中，将热电偶冷端温度恒温在某一个温度上，然后根据这个温度求得一个固定的校正值进行热电动势修正就可以了。

3. 补偿导线法

因为热电偶（特别是贵重金属热电偶）不能制造得很长，所以热电偶冷端温度离被测对象很近，这使冷端温度不稳定。为了将热电偶冷端移到距离被测对象较远而温度稳定的环境中，采用了价格较便宜的补偿导线。补偿导线在0~100℃范围内的热电特性和热电偶的热电特性完全相同。由中间温度定理知道，只要使补偿导线与热电偶的两个连接点的温度一致，就相当于将热电偶的电极延长而又不影响热电偶的电动势。不同型号的热电偶，其补偿导线的材料也不相同，在使用时要注意型号匹配。补偿导线与热电偶相接时要注意正极与正极相接，负极与负极相接。

补偿导线只是将热电偶的热电极延长，把冷端移到温度变化较小的地方，但它不能对冷端温度变化进行补偿，如要进行补偿，还需采用其他的补偿方法。

4. 补偿电桥法（补偿器）

如果能得到一个随冷端温度变化而变化的电动势，将该电动势接入热电偶回路中，并使该电动势和随冷端温度变化的热电动势变化量大小相等，方向相反，即可达到冷端温度的自动补偿。这个补偿电动势可用电桥来产生，这就是广泛使用的自动冷端温度补偿器，补偿器中的电桥称为补偿电桥。

冷端补偿器与热电偶和补偿导线配套使用极为方便，其补偿精度也完全能满足生产上的要求，在火力发电厂中得到了广泛的采用。因为各种热电偶的分度值不同，在一定的温度变化下需要的补偿值是不同的，所以各种热电偶均有与之相配套的补偿器，而且只能在补偿器所规定的温度范围内使用。

5. 软件处理法

对于计算机（DCS）系统，不必全靠硬件进行热电偶冷端处理。

（1）冷端温度恒定且不为0℃的情况，只需在采样后加一个与冷端温度对应的常数即可。

（2）对于冷端温度经常波动的情况，可利用热敏电阻或其他传感器把冷端温度信号输入计算机，按照运算公式设计一些程序，便能自动修正。此种情况必须考虑输入的采样通道中除了热电动势之外还应该有冷端温度信号，如果多个热电偶的冷端温度不相同，还要分别采样，宜利用补偿导线把所有的冷端接到同一（机柜）温度处，只用一个冷端温度传感器和一个修正冷端温度的输入通道就可以了。

第五节　热工温度测量的校验及常用设备

一、校验

热工温度测量元件（测点）在安装前和经过一段时间的使用后要进行校验，通过校验确定它们是否合乎精度等级要求。

在校验前要进行外观检查，温度测量元件（测点）触点应牢固、光滑，测点不应变形、变脆或产生斑点，贵重金属热电极、热电阻无变色或发黑现象，经外观检查如无异常则可进行校验。

工业用的热电偶、热电阻等测温元件一般用比较法进行校验，即比较标准热电偶、热电阻与被校热电偶、热电阻在校验温度下的指示值，然后确定被校测温元件是否能继续使用。

二、校验用设备

（1）数采控温系统：检定过程温度控制、测量、采集数据。

（2）管式检定炉：电炉的温度可调，炉内温度场要均匀。

（3）油（水）槽：油温可控，温场均匀稳定。

（4）冷端补偿热电阻：在实验室校验时测量环境（冷锻）温度，并将信号传入检定系统上位机进行自动补偿计算。

（5）标准热电偶、标准热电阻：根据被校热电偶的精度等级选择，一般实验室所用选用二等标准铂铑－铂热电偶、铂电阻作标准器。

（6）均热块：金属块上带有孔道，将被校热电偶和标准热电偶一起插入金属均热块孔道，然后将金属均热块放在管形炉内，这样可保证被校热电偶和标准热电偶的热端温度一致。

（7）打印机：报告打印。

三、校验过程

（1）将被校元件（热电偶/热电阻）、标准器与校验系统安装连接并固定好，检查接线正确，数据采集控温系统参数设置正确，要防止元件和设备损坏。

（2）全过程计算机系统实时显示检定炉（或油槽、水槽）的控制曲线、温度及检定时间等参数。系统完全按照国家计量检定规程进行数据处理，并能自动生成记录表格、检定证书，还可保留原始记录以备查阅。

（3）系统完全实现了热电偶和热电阻检定过程的全部自动化，即自动控温、自动检定、自动数据处理、自动打印检定结果。

（4）炉温控制精度高、检定时间短。采用优化的炉温控制算法，保证检定过程温度变化率小于 $0.2℃/min$，油槽小于 $0.04℃/10min$。

（5）标准化程度高、报表规范。检定数据处理，检定记录、检定证书符合国家现行标准计量检定规程，大大提高了检定的工作质量。

第六节　智能采集远程显示设备

随着微电子技术和计算机技术的不断发展，引起了仪表结构的根本性变革，以微型计算机（单片机）为主体，将计算机技术和检测技术有机结合，组成新一代"智能化仪表"，在测量过程自动化、测量数据处理及功能多样化方面与传统仪表的常规测量电路相比较，取得了巨大进展。智能仪表不仅能解决传统仪表不易或不能解决的问题，还能简化仪表电路，提高仪表的可靠性，更容易实现高精度、高性能、多功能的目的。

随着科学技术的进一步发展，仪表的智能化程度将越来越高。智能仪表，不但能完成多种物理量的精确显示，同时可以带变送输出、继电器控制输出、通信、数据保持等多种功能。智能仪表和智能传感器一般用在现场总线系统中，这种仪表和传感器内部嵌入的有通信模块和控制模块，可以完成数据采集、数据处理和数据通信功能。

一、ST-103 系列智能温度巡测仪

采用高档单片计算机控制 60 点温度轮流显示或手动定点显示，可以任意设定各通道的热电阻、热电偶分度号及上下报警值，具备时钟及打印、报警功能。

1. 工作原理

由恒流源发生恒定的电流，流过热电阻，从而得到与热电阻相对应的额定电压，经高精度、低漂移的放大器放大后送入 A/D 转换，同时由单片计算机控制进行各通道的自动巡测，最后通过 I/O 扩展在计算机控制下依次显示各通道，若某通道温度超限，将产生报警信号，并把报警信号

储存。

2. 主要特点

（1）一般仪表用继电器进行多点切换，并用桥路做输入方式，为避免引线电阻对测量精度的影响，需加入线路电阻使之平衡，这给安装调试带来麻烦，此类仪表采用集成模拟开关，选用三线输入时，不用考虑引线电阻及开关电阻对测量精度的影响，大大提高了可靠性及测量精度。

（2）普通温度计在使用前一般需要进行仪表校验，此类仪表由计算机自动校正各种分度号的非线性及模拟部分的温度、时间漂移。

（3）可以通过键盘，任意设定各通道上下限报警值及热电阻，热电偶分度号及时钟，路数；通用性强。

（4）仪表具有很强的抗共模干扰、串模干扰能力。

（5）带打印机，有定时连续及越限打印方式。

3. 主要技术指标

（1）测温范围：随配套铜、铂热电阻，分度号 K、E 型热电偶测温范围设置。

（2）测量方式：

1）自动巡测 1 点/2s。

2）手动定点巡测。

3）10 点/s 快速巡测报警。

（3）测量精度：

1）热电阻：$0 \sim 200℃$（$\pm 1℃$）；$200 \sim 800℃$（$\pm 2℃$）；$-199 \sim 0℃$（$\pm 2℃$）。

2）热电偶：$0 \sim 1200℃$（0.5 级）。

（4）显示方式：六位 0.8in LED 显示。

（5）线制：二线制、三线制兼容。

（6）温差：能显示 29 组温差值（任意两点）。

（7）报警方式：某测点越限时（高于上限或低于下限），点亮对应报警记忆灯（直至该点不越限才熄灭），同时吸合继电器，报警输出触点接通，5s 后跳开。该点连续越限时，只点亮报警光字灯继续记忆，继电器不再吸合，打印机不再打印；报警值由用户设定，报警输出触点容量为 220V AC 2A，125V DC 2A。

（8）分度号设定：由用户自己设定。

（9）工作条件：环境温度为 $0 \sim 40℃$，空气相对湿度不大于85%。

二、DY 系列远程 I/O 采集盒

（一）DY 系列远程 I/O 采集盒规格指标及接线方式

（1）系列 I/O 采集盒名称：

DY 远程 AI 采集盒（模拟量输入采集盒）；DY 远程 AO 采集盒（模拟量输出采集盒）；DY 远程 DI 采集盒（开关量输入采集盒）；DY 远程 DO 采集盒（开关量输出采集盒）；DY 远程 PI 采集盒（脉冲量输入采集盒）；OY 远程 PO 采集盒（脉冲量输出采集盒）；DY 远程 SOE 采集盒（事故追忆采集盒）。

（2）外形尺寸：300mm×400mm×80mm。

（3）质量：5kg。

（4）安装尺寸：420mm×260mm。

（5）DY 系列远程 I/O 采集盒对电力、石油、化工和冶金等行业生产过程中的热工参数、开关量等信号进行就地采集转换，并通过网络将数据输入工业控制计算机，对信号进行处理和用于控制。经计算机处理后的数据，同时可通过网络输入远程 I/O 采集盒，经转换后用于对工业生产过程及其他设备的显示和控制。

（6）主要特点：

1）采用壁挂式就地安装，可节省大量信号电缆；

2）采用 DYNET（RS－485/RS－422）现场总线式远程网络，无中断时通信距离可达 1.2km；

3）设计冗余通信，通信最高速率为 2.5Mb/s；

4）采用最新技术设计，电气抗干扰性能强；

5）外壳为德国进口机箱，防护等级为 IP65（无显示窗口为 IP66），实现防尘、防水、防磁；

6）采集盒内置操作键和显示功能，可方便用于现场调试；

7）采集盒可同时独立向数显器通信，用于重要参数监视。

（7）型号：

1）DY－16B 远程 AI 采集盒（16 个测点）；

2）DY－24B 远程 AI 采集盒（24 个测点）。

（8）主要用途：该采集盒通用性强。能测量电压、电流，也可对传感器为热电阻和热电偶的温度参数以及流量、压力、水位等电信号进行就地采集。测量数据可通过网络送计算机或显示器供显示仪表使用。

（9）主要技术指标：

1）工作电压：（220±22）V AC；

2）电源频率：（50±2.5）Hz；

3）输出电压：24V DC（电源组）；

4）负载能力：不大于200mA（用于变送器）；

5）环境温度：-20~65℃；

6）相对湿度：5%~95%RH；

7）大气压力：86~106kPa；

8）测量周期：24通道/s；

9）测量精度：0.2级；

10）功耗：不大于5W；

11）共模抑制比：大于120db；

12）串模抑制比：大于60db。

（10）技术性能检测元件及测量范围见表5-3。

表5-3 技术性能检测元件及测量范围

检测元件	分度号	测量范围
铜电阻	Cu50 Cu100	-50~150℃ -50~150℃
铂电阻	Pt50 Pt100	-50~500℃ -50~500℃
热电偶	K E S T	0~1320℃ 0~700℃ 0~1600℃ 0~400℃
检测元件	范围	测量范围
电压 （变送器）	0~50mV 1~5V	任意设置 任意设置
电流 （变送器）	0~10mA 4~20mA	建议采用4~20mA 任意设置

注意：电流信号输入时别忘了插入短接块。

（二）DY系列远程I/O采集盒操作说明

1. 液晶屏设置键符号说明

液晶屏设置键符号说明：采集盒均通过键盘设置。

□	S	▲	▶	▲	A/M
设置键	移位键	减键	增键	多功能键	

常规操作：合上采集盒电源开关，液晶屏进入 8 点一组，<01～08>，<09～16>，<17～24> 三幅按 1 幅/2s 的测点参数显示画面的巡测。

（1）如果就地光线较暗，只要按"▼"键，背光灯亮，再按则灭。

（2）如果要按 1 幅/2s 或者 1 幅/4s 速度刷新画面，只要重复按"▲"键。

（3）如果要停下画面，一幅幅观察画面参数，只要按一下 A/M 键，背光灯亮，只能用"▲"键切换 3 幅画面。如果要返回巡测，只要再按一下 A/M 键，背光灯灭即可。

正常运行条件下，按 S 键即进入总设置画面。

| 系统 |
| 测点 |

总设置画面

按"▶"键光标箭头仍可以在"系统"和"测点"两项上移动。当光标停在某项时，只能按"▲"键进入该项功能的设置。

2. 系统设置画面

Addr	08
Cnum	24
Baud	57600
Prot	SIEP
R－Fu	16987
E－Fu	26858
E－Ze	00001
I－Fu	13133

系统设置画面

说明如下：

Addr：08——第 8 号采集盒；

Cnum：24——24 个测点全要用；

Baud：57600——选定波特率；

Prot：SIEP——选定厂家的通信协议；

R－Fu：16987——电阻满度已校好的采样码；

E－Fu：26858——电偶满度已校好的采样码；

E－Ze：00001——电偶零位已校好的采样码；

I-Fu：13133——电流满度已校好的采样码。

前四项用"▶"键，配合"▲▼"键可对其内容按就地实况进行修改。后四项为自校好的码，用"▶"键配合 A/M 键及标准信号源来校验（可偏差 +50 码）。

（1）系统设置画面详细说明。

系统设置画面详细说明见表 5-4。

表 5-4　　　　　　系统设置画面详细说明

名称	表示意思	可选内容	实际显示内容	备　　注
Addr	采集盒编号	1~31	08	用上下键选第 8 号
Cnum	测点数	1~24	24	用上下键选 24 个测点
Baud	波特率	9600、19200、57600	57600	用上下键选 57600
Prot	通信协议	SIEP、MBUS	SIEP	用上下键选厂家协议
R-Fu	热电阻满度自校码	加 350Ω	16987	用 A/M 键允许偏差 ±50 码
E-Fu	热电偶满度自校码	加 64mV	26858	用 A/M 键允许偏差 ±50 码
E-Ze	热电偶零位自校码	加 0mV	00001	用 A/M 键允许偏差 ±50 码
I-Fu	电流满度自校码	加 20mA	13133	用 A/M 键允许偏差 ±50 码

注　按上述系统设置画面，用"▶"键移动光标进行设定。

（2）注意事项。

1）四个自校码输入标准信号一定要从第一通道加入。

2）电阻满度自校，要求三线制接法。

3）电偶零位自校，只要将正负输入线短接即可。

4）电流满度自校，别忘了插入短接块。

5）四个自校码自校好后，其他分度号不必再校。

6）系统设置 8 项内容完成后，按 S 键即可进入测点内容的设置。

3. "测点"内容设置

当光标箭头停在"测点"项时，按"▲"键进入测点内容的设定。

举例：一台 24 点采集盒要求第 1 通道为测流量 4~20mA，对应值为 0~100t/h，第 2 通道为测温度 Pt100 三线制接线，第 3 通道为测温度 Cu50 二线制接法，线路电阻 1.80 又作第 4~24 通道的冷端补偿点，第 4 通道为测温度 E 分度，第 5~24 通道也为 E 分度。

（1）第 1 通道流量测量的设定。

移动光标箭头对每项设置。

```
C – No          01
Type        4 ~ 20 开方
Mode
Cold
Deci
L – R
I – FR         0100. 0
I – ZR         0000. 0
```

测点设置画面

说明如下：

C – No：01——第 1 通道；

Type：4 ~ 20 开方——带开方的 4 ~ 20mA 输入（有 12 种分度号可选）；

Mode——电阻测量线制方式（此时不用设置）；

Cold——冷端补偿方式（此时不用考虑）；

Deci——为小数点位数（有 3 种可选）；

L – R——二线制线路电阻（此时不用考虑）；

I – FR：0100.0——电流满量程测量的终值（10 或 20mA）；

I – ZR：0000.0——电流零位时测量的始值（0 或 4mA）。

如终值与始值量程比较大时，此时可与 A/N 键配合加快量程的设定，在“I – FR”项、“I – ZR”项时按 A/M 键可从小数点后一位移至小数点前一位、前两位进行加快设定。

（2）第 2 通道温度测量。

移动光标至 C – No 项，将此项改为 02。

```
C – No          02
Type          Pt100
Mode          L – 3
Cold
Deci
L – R
I – FR
I – ZR
```

测点设置画面

说明如下：

C - No：02——第 2 通道；

Type：Pt100——分度号；

Mode：L - 3——三线制接法；

Cold——冷端补偿方式（不用考虑）；

Deci——小数点位数（不用考虑）；

L - R——二线制线路电阻（不用考虑）；

I - FR——终值（不用考虑）；

I - ZR——始值（不用考虑）。

（3）第 3 通道温度测量。

移动光标至 C - No 项，将此项改为 03。

C - No	03
Type	Cu50
Mode	L - 2
Cold	
Deci	
L - R	01. 80
I - FR	
I - ZR	

测点设置画面

说明如下：

C - No：03——第 3 通道；

Type：Cu50——分度号；

Mode：L - 2——二线制接法；

Cold——冷端补偿方式（不用考虑）；

Deci——小数点位数（不用考虑）；

L - R：01. 80——线路电阻 1. 80Ω；

I - FR——终值（不用考虑）；

I - ZR——始值（不用考虑）。

（4）第 4 通道温度测量。

再移动光标至 C - No 项，将此项改为 04。

```
C – No      04
Type        E
Mode
Cold        03
Deci
L – R
I – FR
I – ZR
```

测点设置画面

说明如下：

C – No：04——第 4 通道；

Type：E——分度号；

Mode——线制方法（不用考虑）；

Cold：03——冷端补偿方式用第 3 通道作冷端；

Deci——小数点位数（不用考虑）；

L – R——线路电阻（不用考虑）；

I – FR——终值（不用考虑）；

I – ZR——始值（不用考虑）。

（5）第 5 通道至 24 通道温度测量。

移动光标至 C – No 项，此时连续按动 A/M 键，将第 4 通道设置内容拷贝至第 24 通道即可，再连续按两次 S 键进入巡测状态。

（6）显示。

如果自校精度是可靠无误的，此时各测点输入标准电流值、电压值、欧姆值，液晶屏将显示对应的流量及温度值。

三、液晶屏采集盒主、副网通信正常的验证

试验条件：主、副网各做一根长 3m 的通信线，按以下方法接线，选 8 芯通信电线中四组双绞线的两组，特别强调 9 芯插座（孔型）的 4、5 脚为发送一组，8、9 脚为接收一组。4 脚接到 RXI ＋，5 脚接到 RXl －，8 脚接到 TXl －，9 脚接到 TXI ＋，不得有误。副网通信线与主网通信线一样接。在此特别强调第 1~3 代的通信线不能用在液晶屏采集盒上。

（1）保持 DY – 24BD 显示器卡号与液晶屏采集盒设置卡号一致，

把 9 芯插座插入 DY - 24BD 的 422 通信接口上，另一头插入液晶屏采集盒的主网接口，此时如显示器面板上对应的黄色发光二极管由闪亮变为常亮，则表示通信已连上，另外液晶屏采集盒底板上的红色发光二极管（D1、D3）D1 闪亮，D3 微微闪亮，也表示主网通信已连上。同理，如插入副网接口，则 D22 闪亮，D2 微微闪亮，表示副网通信也正常。

（2）按前面讲述的测点设置。第 1 通道为 4 ~ 20mA 开方信号，第 2 通道为 Pt100 三线制接法，第 3 通道为 Cu50 二线制接法，线阻为 1.80Ω，第 4 ~ 24 通道为 E 分度号，冷端为第 3 通道，只要将显示器的各测点全设计成 E 分度号即可。如此时按下表 5 - 5 输入信号，则显示器与液晶屏参数是一一对应的，即为采集盒精度与通信工作完全正常。

表 5 - 5　　　　　　　　　　输入信号对应参数

测点	输入信号	液晶屏测点显示	显示器测点显示
01	20mA	0100.0t/h	00 点　100.0t/h
02	138.50Ω	0100.0℃	01 点　0100.0℃
03	58.22Ω	0030.0℃	02 点　030.0℃
04	35.20mV	0500.0℃	03 点　500.0℃

（3）另一个验证通信正常的方法是将 P004 通信卡插入电脑扩展槽内，把两个程序装入电脑，将通信程序中的启动程序移至桌面，双击桌面通信启动程序，立即出现 DAS 数据服务程序画面，单击"数据监视"中的"数据显示框"，弹出"通信数据报表内容"的界面，此时可见界面中"通信出错卡号"一栏必有一个出现黑色小点，如液晶屏设置机号为 08，则第 8 个小白圆圈必是一个黑点，表示通信连上，如果通信线插在主网或副网上，同样液晶屏底板上 D1、D3 或 D22、D2 也会闪亮和微微闪亮，表示通信一切正常。

（4）同样加入表 5 - 5 列入的标准信号，在"采样码"一栏观察到与液晶屏各点参数一样的数码，但数值要除以 10，而采样码类型可以忽略。

提示　本章内容适用于中级人员。

第六章

热工分析仪表

第一节 氧化锆氧量分析仪

一、氧化锆氧量分析仪

ZO 系列氧化锆氧量分析仪采用了新颖的双参数校准设计，仪器能较彻底克服国内燃煤炉中多尘、多硫对探头寿命的影响，具有一系列技术特点：

（1）采用双参数校准法设计，准确度高、校准方便，校准只需一瓶标气（约 7.5% 的 O_2）。

（2）探头结构设计合理，稳定性好，符合热控自动化的要求。

（3）制作工艺特殊，探头的使用寿命较长。

（4）探头直接插入烟气中，不易灰堵，无参比空气泵。

（5）探头采用热惰性保护，可在开炉状态下迅速插入烟道中，不损坏探头。

（6）变送器设有 "0~10mA" 和 "4~20mA" 两种直流信号输出。

（7）运放型变送器面板上设有仪器自检键和氧量、信号、本底电动势、池温四功能数显键，日常维护十分方便。

（8）探头易损件均可拆卸，维护方便。

二、ZO 系列氧化锆氧量分析仪的工作原理

ZO 系列氧化锆氧量分析仪是利用氧化锆测氧电池来测定氧含量的电化学分析仪器。氧化锆电池安装在探头的顶端，它由一根氧化锆管和涂制在管内外壁的铂电极组成。

氧化锆管由氧化钇或氧化钙稳定的氧化锆材组成，由于它的立方晶格中含有氧离子空穴，所以在高温下它是良好的氧离子导体。由于氧化锆材的这一特性，在高温下，当氧化锆电池两边的氧含量不同时，它便是一个典型的氧浓差电池。由于氧浓差导致氧离子从空气边迁移到烟气边，而产生的电势又导致氧离子从烟气边反向迁移到空气边，当这两种迁移达到平衡后，便在两电极间产生一个与氧浓差有关的探头信号 E_m，该信号符合

能斯特方程，即

$$E_m = \frac{RT}{4F} \cdot \ln\left(\frac{P_0}{P}\right) \qquad (6-1)$$

式中　R、F——气体常数、法拉第常数；

　　　　T——电池温度，K；

　　　　P_0、P——空气氧含量（取 20.6%）、烟气氧含量，%。

由式（6-1）可见，当池温恒定后，只要测到探头信号便可计算出烟气氧含量 P。

实际上，只有在理想状态下才能采用式（6-1）。而仪器实际条件和现场情况均不是理想状态。在氧化锆电解质中不是 100% 的氧离子导体，还存在一定的电子电导，会导致部分信号短路；内外电极不完全对称；内外电极温度不一致；烟气中多尘多硫，并非理想气体；同时还会对电池产生一定的腐蚀作用。这些因素都会导致实际测量值偏离公式，如不加以修正，会严重影响仪器的准确性和探头的寿命。为解决上述问题，采用新的方案——双参数校准法，用式（6-2）计算氧含量，即

$$E_m - E_0 = k\frac{P_0}{P} \qquad (6-2)$$

式中　k——修正后的系数；

　　　E_0——本底电势。

双参数校准法是利用校准仪器本底电势和池温修正值两个参数来修正诸因素的影响。在仪器制作中，已将池温修正值设计在变送器中。在校准时，只需利用一瓶氧标准气校准仪器本底电势即可，操作简便。采用双参数校准式 ZO 系列氧化锆氧量分析仪是非常方便的。

三、ZO 系列氧化锆氧量分析仪的主要性能参数

（1）基本误差：±1.0%（满度）。

（2）响应时间：小于 3s（达到 90% 指示）。

（3）重现性：±0.5%（满度）。

（4）零点漂移和满度漂移：±1.0%（满度）/24h。

（5）量程：0~10% O_2 或 0~20% O_2。

（6）输出：每台仪器中均有 0~10mA 和 4~20mA 两种线性输出，可用其中一种，也可同时用两种。

（7）显示功能：LED 数显，按键式分别显示氧量（% O_2）、信号（mV）、池温（℃）和本底电势（mV）四数以及自校参数（5.0±0.2% O_2 和 29.7mV）；

(8) 温度精度：$(750 \pm 5)℃$。

(9) 升温时间：小于30min。

(10) 探头环境温度：$0 \sim 70℃$。

(11) 变送器环境温度：$0 \sim 45℃$。

(12) 最大允许负载：800Ω（$0 \sim 10mA$）、400Ω（$4 \sim 20mA$）。

(13) 安装点允许压差：小于1000Pa。

(14) 电源：交流$220V \pm 10\%$，$50Hz \pm 5\%$。

(15) 探头插入深度：$1.2m$（ZO - 12B）、$1.0m$（ZO - 12A）、$0.5m$（ZO - 14）。

(16) 变送器外型尺寸：$160 \sim 400mm$（P型）、$240mm \times 300mm \times 100mm$（Q型）。

(17) 探头质量：$7.8kg$（ZO - 12B）、$4.8kg$（ZO - 14）。

(18) 变送器质量：$5.5kg$（Q型）、$3.8kg$（P型）。

四、设计注意事项

合理设计ZO系列氧化锆氧量分析仪的数量、位置与布局是实现热控自动化的基础。

1. 设计台数与设计安装点数

氧量是锅炉实现经济燃烧的重要参数，因此要求测量准确。实际上锅炉不同位置的氧量是不同的，因此一台锅炉要设计多个氧量分析仪，一般设计4台。对于大型锅炉来说，应设计6个安装点供用户选择，用以安装4台仪表。

2. 安装点位置

经过实验证明，安装点烟气温度过高会缩短探头使用寿命，而烟气不稳则会导致氧量波动大；安装点烟气温度过低，造成低温腐蚀（H_2SO_4和H_2SO_3蒸汽），同样使探头寿命缩短。因此，锅炉中安装ZO - 12B探头的合理烟气温度区为$300 \sim 500℃$，一般位于冷端过热器和省煤器间或省煤器后，以及空气预热器后。除此以外，安装点要求烟气流通好，便于操作。切忌将安装点位置选择在死角位置和烟道缩口处。ZO - 12B氧化锆探头插入长度为$1.2m$。

3. 炉墙管的设计

探头安装时，先将炉体法兰焊在炉壁上。要将炉体法兰焊在炉壁上，必须在炉墙中先安装一根尺寸为$102mm \times 5mm$的炉墙管，然后将一块厚5mm的铁板沿炉壁焊在炉墙管上，再将炉体法兰焊在铁板孔中，以保证气密性良好。

4. 变送器的安装位置设计

变送器有盘装式（P型）和墙挂式（Q型）两种，盘装式变送器安装在控制盘上，而墙挂式变送器应就近安装，并有防雨、防尘保护。

5. 探头和变送器间的连线设计

仪器连线有信号、热电偶和加热炉三对连线。信号线应采用 1.0 ~ 1.2mm^2 的金属屏蔽线；热电偶（镍铬/镍硅）连线应采用 1.0 ~ 1.2mm^2 的补偿导线；加热炉连线可采用 1.2 ~ 1.5mm^2 的普通电缆线。加热炉连线应与其他两对线分开穿管，以免产生干扰。

五、ZO 系列氧化锆氧量分析仪的组成和连接

1. 仪器组成

一套仪器由四部分组成：

（1）氧化锆探头。

（2）变送器。

（3）炉体法兰（只限新用户）。

（4）三对连线电缆。

2. 氧化锆探头的结构和接线端子

探头由氧化锆元件、外壳、加热炉和接线盒等部件组成。氧化锆元件利用螺钉和耐高温的密封圈安装在探头外壳端面上。氧化锆元件可以方便地更换。在氧化锆管内插入一根校准标气管，与标气进口相通，作标气标准用。精致小巧的加热炉可将氧化锆元件加热到（750 ± 5）℃（该温度称为池温，即探头元件工作温度），其平均功率约为 60W，精心设计制作足以保证它在正常情况下有较长的寿命。空气参比通过对流流入氧化锆管外面，无需专门更新参比气空气泵。外壳由不锈钢制成，它的另一端是接线盒。它接出 6 根线，一对信号线，一对 K 型热电偶线和一对加热炉电源线。在正常测量时标气入口是用螺帽密封的，只有在进行校准时，方可拧开，空气入口始终保持和大气相通。

六、ZO 系列氧化锆氧量分析仪变送器

（一）组成

变送器由氧量运算、温度控制、输出和电源四部分组成。分别说明如下。

1. 氧量运算电路

氧量运算由三级组成：差放大器（A1，增益为 10）用于放大（$E_m - E_0$）信号；反对数放大器（A2：A，A2：D，Q5）用于实现经 A1 放大后

的 $(E_m - E_0)$ 信号的反对数变换，使 A2：D（脚 14）的输出电压 VO_2 与烟气氧含量 P（% O_2）呈线性关系，只要适当调节反对数放大器的增益便可得到 $VO_2 = 100P$（% O_2）关系式，被测氧量可在数字表上显示；V/I 变换通过将氧量的电压 VO_2 转换成相应的电流输出，实现远距离传输和接自动记录仪，该变送器具备 0 ~ 10mA 和 4 ~ 20mA 两种电流同时输出，供用户自动控制选择。

氧量运算电路有两种输入方式，在"自检"位置，29.67mV（相当于 5% O_2 产生的电动势）的电压加到 A1，放大的是 $(E_m - E_0)$ 信号，经反对数放大之后，数显的"氧量"是烟气的氧含量，数显"信号"即探头信号 E_m，数显"本底"即是用标气标准时调定的 E_0。为了检查维修方便，表 6 – 1 中给出在 750℃ 工作条件下，信号、氧量、输出的关系。

表 6 – 1　　　　　　　　信号、氧量、输出关系

信号 (mV)	A1 输出 (mV)	A2：D 输出		氧量 % O_2	量程	V/I （mA）	
		调节	V			0 ~ 10	4 ~ 20
63.41	634 ± 2	W5	0.10 ± 0.01	1.0 ± 0.1	10%	1.0 ± 0.15	5.6 ± 0.24
29.67	297 ± 2	W4	0.50 ± 0.01	5.0 ± 0.1	10%	5.0 ± 0.15	12.0 ± 0.24
17.36	173.6 ± 2	W3	0.90 ± 0.01	9.0 ± 0.1	10%	9.0 ± 0.15	18.4 ± 0.24

2. 温度控制电路

根据双参数校准法，探头池温实际控制在 (750 ± 5)℃。由装在探头中的 K 型热电偶将池温信号 E_r 输到温控电路。温控输入电路中设置了冷端补偿和断偶保护（断偶保护时数显池温为 900 ~ 1000℃），E_r 加室温信号经放大 100 倍后加到比例积分电路，并与池温设定电势（– 3.12V）比较，其比较结果送移相触发电路产生可变周期的脉冲以触发固态继电器，由于脉冲周期不同，所以可以控制固态继电器中可控硅的导通角，从而改变探头加热炉的加热功率，达到恒温的目的。为了避免控制电路发生故障时，因加热失控损坏探头加热炉，电路中设置了"超温保护"。如果探头池温超过 790℃，则 A4（脚 10）输出电压大于 3.29V，此时稳压二极管 D 被反向击穿，流经 R_{ea} 的电流因 Q3 基极电位升高致使 Q3 导通，Q3 集电极电位降至 0.3 ~ 0.5V。移相触发停止工作，可控硅被截止，探头加热炉停止加热，故起到超温保护作用。

在固态继电器中使用光 – 电耦合器件，把高压回路与低压回路隔离，

第三篇　热工仪表

从而提高了温控电路的可靠性。

3. 输出电路

此变送器采用光电隔离输出电路，消除了仪器对记录仪和计算机采样的干扰，并提高了输出的负载能力。

4. 电源电路

该变送器中共有六种电源：±15、±12、±6、+5V。其中±15V由三端稳压电源块提供，为V/I变换输出级电源；+5V也为三端电源，供数显表用；其他电源供电路使用。

（二）面板功能、接线与安装

盘装式和墙挂式两种变送器仅外形不同，内部功能完全相同，因此两者面板功能、接线是相同的。

1. 键功能

（1）量程：弹起时为$0 \sim 10\% O_2$挡，掀下时为$0 \sim 20\% O_2$挡。

（2）自检：掀下时，探头信号和本底信号断开，自检信号29.7mV输入，弹起时相反（测量时一定要弹起该键）。

（3）氧量：掀下时显示氧含量P（$\% O_2$）。

（4）信号：掀下时显示探头信号E_m（mV）（自检键按下时为29.67mV±0.4mV）。

（5）本底：掀下时显示探头本底电势E_0（mV）。

（6）池温：掀下时显示探头中氧化锆电池温度T（℃）。

（7）本底调节：校准探头时，通入标气，待标气稳定后约1min，调节该电位器至数显氧量值为标气氧含量，此时探头校准完毕。

测量时，选择所需量程，弹起"自检"，掀下"氧量"即可，其他各键只在校验、启动和检查故障时使用。

2. 两种结构变送器的接线说明

（1）电源：分别接在-220V和"地线"上，采用普通导线即可，仪器最大功耗为300W（含探头）。

（2）加热炉：探头加热炉与"加热"两端相连，采用$1.2 \sim 1.5 mm^2$的普通导线即可。

（3）热电偶E_r：探头热电偶与变送器"热电偶"两端相连，采用$1.0 \sim 1.2 mm^2$的k型补偿导线。

（4）池信号E_m：探头信号与变送器"信号"相连，采用$1.0 \sim 1.2 mm^2$的屏蔽线。

（5）0～10mA 输出：接于"0～10mA"两端。

（6）4～20mA 输出：接于"4～20mA"两端。

（三）变送器的开箱检验

开箱后应用二步检验，第一步是单个检验，第二步是与探头联机检验。首先接通电源，无需连接探头，然后掀下"自检"键与"氧量"键，这时应显示为 $(5.0+0.2)\% O_2$，"0～10mA"两端应输出 (5.00 ± 0.15) mA，"4～20mA"两端应输出 $(12.00+0.24)$ mA，如超范围，应调节有关电位器，这一步只检查氧量转换电路是否正常。第二步与探头按说明书接好三对线，然后开启电源，探头开始加热升温，掀下"池温"键，显示升温情况，在 10～20min 内探头应升温稳定在 $(750\pm5)℃$，这是正常情况。如果超过 800℃ 还继续升温，应立即关闭电源，检验是否有故障，以免烧坏探头。如果池温超出 $(750\pm5)℃$ 或 $(780\pm5)℃$，可以调节电位器 W12，使其落入这一范围内。

（四）通入标气检验

这是检验的关键步骤。可利用大瓶标气检验，也可以利用小瓶标气检验。两种气源基本操作一致，只是开关操作有别，分别说明如下。

1. 大瓶标气检验

标定时，请严格按说明书操作的要求进行。

将减压阀、流量计、导气管与气瓶连接好。一定要注意先检查减压阀是否处于关闭状态（反时针方向拧松），确定减压阀关闭时，再开气瓶阀。将减压阀慢慢打开（顺时针方向拧紧），把标气流量调节为 300～500mL/min，再拧开探头接线盒底板下"标气入口"螺帽，将标气从"标气入口"处接入探头中。该步骤操作一定要先调好标气流量，后接入探头中，否则可能会因标气流量过大引起氧化锆元件高温炸裂。

通气约 1min 后，调节变送器面板上的本底电位器将显示氧量值调为标气值（例如 $7.5\% O_2$）即可。校验完毕后，一定要先从气嘴上拔掉导气管，然后才关气，否则也会因关气时反冲大气流冲坏锆元件。

检验完毕后，可按下"本底"键，显示探头本底电势值，但该本底电势不能用作现场，仪器装上现场后，应按以上步骤重新校准。检验完后，务必重新拧紧标气入口螺帽。

2. 小瓶标气检验

校准操作和大瓶标气相同，只是开关操作不同。先按图接好气路，并将气路先与探头"标气入口"连好，再顺时针方向拧动气嘴至 300～500mL/min，通气约 1min 后进行校准。完毕后，要先逆时针方向拧动气嘴关气，无需先拔气管，目的是为了省气，因小瓶标气压力小不会冲坏锆元件。

七、现场安装与日常维护

ZO 系列氧化锆氧量分析仪具有运输方便、安装方便和使用方便的特点，只要安装点选择合理，并按照下述说明进行安装、使用，氧化锆探头的平均寿命能达到一年以上，并且日常维护量很小。如果安装点选择不合理，安装不密封，将会影响探头使用寿命和测量准确性。因此装好探头是十分重要的。

下面按实际安装步骤的先后来叙述。

1. 安装台数的选择

为了保证测量的代表性和可靠性，一般来说，670t/h 和 670t/h 以上的锅炉应安装 4 台。

2. 安装点的选择

对安装点的要求如下：

（1）为了对比找到最佳位置，安装点数应多于安装台数 1～2 个。例如需要左、右侧各安装 1 台，应在左、右侧各选两个位置，共 4 个点，对比选出两个最佳位置。

（2）选型与安装点相适应。

（3）烟气流动好，切忌安装在炉内侧、死角、涡流及缩口处，内侧和死角点易使响应滞缓、涡流处氧量波动大、缩口处灰堵和冲刷大。

（4）安装操作安便，安装点处应有平台，利于插入探头和校准。电厂锅炉和企业工业炉选用 ZO – 12B 探头。安装点烟气温度为 300～500℃。

3. 连线

连接前，应检查连线是否完好，并把三对连线及正负号做上标记，然后对应接好，不要接错，不要接空，正负极不要接反。

4. 仪器投入

接通电源后，对盘装式（Q 型）和墙挂式（P 型）运放变送器，应按下"池温"键，显示升温情况，直到稳定为定值温度，这时按下"测量"键，显示测量值。虽然仪器进入测量状态，但由于探头内空气边可燃物被高温氧化消耗了氧气而使空气中氧含量极低，因此测量值大大偏离，是不准确的。虽可以用洗耳球从"空气入口吹入新鲜空气"，但真正达到完全平衡需要一段时间，一般 ZO – 12B 探头需要 24h，ZO – 14 探头也需要 6～12h，因此在开启后 24h 内仪器指示由超量程氧量值逐渐稳定到正常氧量值，这段时间里，不要接记录仪，不要输入控制系统，以免输出大电流损坏变送器，等24h后再接输出。探头安装24h后，虽然指示正常，但指示并不准确，这时应进行标气校准工作。

5. 标气校准

为了工作方便，应携带小瓶标气上炉校准。校准时，一人在炉上通气，一人在炉下调变送器，可以用对讲机联系，也可看显示决定。后者方法是：当氧量由小变大，说明炉上拧开"标气入口"螺帽，空气进入探头所致。接着，氧量又由大变小，说明炉上开始通入标气，约1min显示值稳定后即可调节仪器，这时校准完毕，仪器是准确的。

6. 热工班组日常维护

班组日常维护总结为一必须、两要和三勤：

（1）一必须：一个季度必须做一次标气校准。

（2）两要：新仪器上炉前一定要检验，在投运后的第一周内，每一天要检查一次加热丝电压和探头温度，以后可延长到每周检查一次。

（3）三勤：日常勤巡检；故障勤排除；情况勤记录（记录内容包括探头上炉时间、异常现象和内容，排除办法）。

八、故障排除

（一）故障基本知识

（1）了解烟气含氧量在各种工况下的大概范围。

（2）氧化锆探头老化表现。大多数探头老化时，内阻将大于 $1k\Omega$，通过测量探头内阻来判别探头是否老化。

一般情况下，在安装点选择合理和中等恶劣烟气条件下，使用一年后才会老化。但是如果安装点烟温过高，或烟气中 SO_2 含量太大都会加速探头老化、缩短探头寿命。

（3）氧量跳动。氧量运行曲线是一条有毛刺的波动线。毛刺和波动分别是短周噪声和长周噪声，分别由于炉压波动和风煤比波动引起的。因此，毛刺和波动的大小决定于炉子的优劣，而不是探头引起的。正常的毛刺约为 $\pm 0.4\% O_2$，如果毛刺近于 $\pm 1\%$ 为小跳动，大于 $\pm 1\%$ 为大跳动。大、小跳动多数情况是由内阻过大时外界干扰电动势引起的。

（二）无指示故障的按键判断法

由于盘装式（Q型）或墙挂式（P型）型运放变送器无自诊断功能，只能靠各按键判断。无指示故障是指仪器超量程，多数情况是超满量程。

1. 引起无指示的故障原因

引起无指示的故障原因较多，主要有以下几个方面（按故障率先后排列）：

（1）氧化锆元件老化或损坏。

（2）加热炉丝断开，这时池温等于烟气温度，探头不能工作，无正常信号输出。

（3）热电偶断开，仪器中设有断偶保护，当热电偶断时将输给温控一个高于850℃对应的热电动势，切断加热电压，保护探头不被烧坏，但这时池温显示850~900℃，实际池温等于烟气温度，探头不能工作，无正常信号输出。

（4）电极引线断开，无法输出探头信号。

（5）连线断。

2. "按键法"具体操作

（1）检查加热炉丝和热电偶是否断开。按下"池温"键，如池温等于烟气温度，说明温控不加热，主要由于炉丝断开或温控固态继电器损坏两个原因。进一步测量炉丝电阻便可最终判定炉丝是否断开。如果池温为850~900℃，说明热偶断开。这是断偶保护信号，进一步测量热偶电阻（小于20Ω）便可最终判定。

（2）如果温控和氧量转换都完好，按下"自检"键，应显示5.0±0.2，可检验氧量反对数转换部分是否正常。

（3）如果温控和氧量转换都完好，故障肯定在连线或探头上。按下"信号"键，弹出"自检"键，大多数情况信号会出现无规则大跳动现象，说明已无正常信号输入变送器。为了判定是探头还是连线断开的问题，应上炉直接测量探头信号（应拧下一根线），如仍然出现大跳动现象，无疑故障出在探头上。应拆下探头仔细检查，如果电极引线完好，应换氧化锆元件。

（三）漏气、灰堵及短路故障判别

1. 漏气

当探头漏气时，氧量偏高。

（1）判别方法：当用标气校准正常，而氧量明显偏高者可判为漏气。

（2）原因：

1）安装法兰泄漏，多出现在不太了解安装知识的用户中，一是炉体法兰焊接不密封，二是探头安装螺栓拧不紧，应采取措施密封安装。

2）当将探头安装在压差太大的旁路烟道及烟道缩口处时，易产生漏气现象，应改换安装点。

3）探头的标气入口螺帽未拧紧。

2. 灰堵

安装在烟速过大的缩口处，不仅探头容易被磨损，而且易产生灰堵。灰堵时，氧量变化十分缓慢。排除办法是改换到合适的安装点。

（四）氧化锆元件的更换方法

1. 更换元件的方法

拆下过滤器，用尖嘴钳夹住引线柱，右手用小螺丝刀将小螺钉拧松，打开压紧支架的螺母拉出校准管，然后均匀拧开 4 个螺钉，取出旧元件。用酒精棉擦净高温密封圈后，再按上述相反的程序装钉，然后将两根铂引线拧入接线柱中，再装上校准管。

2. 检查方法

接线盒正负信号端与内外电极铂引线的电阻约为 18Ω。通标气检验正常后才能上炉。

九、误操作引起的故障及现场处理

ZO 系列氧化锆氧量分析仪是用于现场的在线仪器，它所提供的氧量信号是热控自动化空燃比控制中的一个主要参数，因此有必要列出已出现的种种错误操作，引以为戒。

1. 安装点选择错误

采用 ZO – 12B 探头时，选择了错误的安装点。ZO – 12B 探头应先选 $300 \sim 500℃$ 烟气温度、烟气流通好、安装方便之处，选错了安装点会导致不良后果如下。

（1）烟温太高，有些用户选用了 $600 \sim 750℃$ 的烟温点，烟气温度过高，加速探头老化。

（2）选用炉内侧，虽然探头使用寿命大于 1 年，但响应迟缓，无法指导调风操作。

（3）选用烟道缩口处，风速大，造成探头灰堵。

（4）选在大约 $300℃$ 烟温处（省煤器后），负压大于 1000Pa，经常出现漏气故障，氧量偏高。

（5）选在半空中，热工人员不便操作，导致安装时易损坏过滤器、装上后无人管的状态。

（6）工况氧量无代表性，虽正常烟气氧量约 4%，但插入点却低到 $0.4\% O_2$ 左右。

2. 接线失误情况

本仪器虽然只有三对线，但由于是炉上探头和炉下变送器连接，往往产生许多错误。

（1）将热电偶的正、负号接反，结果输给温控一个负信号，如采用盘装式（Q型）、墙挂式（P型）运放变送器，将导致烧坏探头。

（2）连线中间断开，未检查就投入，结果投不上。

（3）信号电缆磨破导致与炉体短路，测量不正常。

（4）将线接在变送器内空端子上，未经检查就投入，结果投不上。

（5）布连线时，将左右两侧三对线接错，结果温控左侧却接到右侧信号。可见，投入前不仅要查线，还要检查与地是否短路。

3. 安装不当，造成漏气情况

（1）探头上炉后，未堵标气入口，造成氧量偏高。

（2）探头安装不密封，个别用户为了省事，不按说明书焊接炉体法兰，简单将探头插入开孔，然后用耐火物质堵孔造成漏气。

（3）安装点附近有漏点，例如在安装点上游有吹灰孔，而又未堵严或者炉体漏风大，造成氧量偏高。

（4）自己在换元件或维修时装配不严，例如元件法兰只拧了两个螺钉，又如引线管开口未用胶密封，造成漏气。

4. 现场情况处理实例

（1）个别电厂烟气冲刷厉害，过滤器易磨穿，可在过滤器上外焊一个R301型的不锈钢罩，如果冲刷十分厉害，以至于不到一年探头外壳也将磨穿，只能寻找冲刷小的安装点。

（2）个别锅炉烟气流量太大，以至于探头调大加热电压后不能升到设定池温，又无其他安装点可换，可以在探头头部包裹少量耐温硅酸铝纤维。

（3）氧量运行曲线毛刺大、噪声大或者波动大时，不要只怀疑探头有问题，多数情况属炉工况所致或者炉子太老、送煤机堵塞的故障，可以换上一支新探头判定。

第二节　发电机氢纯度在线分析系统

一、概述

XACT500在线气体纯度分析仪采用最先进的热导检测器。在XACT500测量系统中有两组特别稳定、精密的热丝，一组通测量气，另一组是参考气。专门用于电力、石化、天然气、冶金等领域。XACT500在线气体纯度分析仪在工业领域的应用范围非常广泛，即可用于测量两组混合气中某一气体含量，又可用于热导系数相差较大的多组分混合气中的某一成分含量的测量，尤其适用于氢冷发电机组和制氢站氢气纯度以及制氧站气体纯度的在线监测。XACT500 在线气体纯度分析仪使用的热导检测器是气体纯度仪制造企业采用最多、性能最可靠的传感器或变送器。

二、系统构成及功能

XACT500 是一种测量双组分（或类似双组分）混合气热导的分析仪，测量并且显示混合气中的一种气体的含量，而且，为适应过程控制的需要，能提供 4 ~ 20mA 和报警输出。

基本的 XACT500 测量系统由固定在取样系统的 XACT500 变送器及与之相连的 XACT500 二次表构成。XACT500 变送器由热导传感器和附属电路构成，由 XACT500 二次表提供 24V DC 电源（开机时，最大电流可达 2A），同时为二次表提供 4 ~ 20mA 信号输出（输出与待测气热导成比例）。XACT500 二次表从 XACT500 变送器接受 4 ~ 20mA 信号（此二次表信号与待测气体含量成比例），然后将含量显示在 2 × 16 的液晶显示屏上。标准的 XACT500 能提供 4 ~ 20mA 模拟输出、双报警继电器输出。XACT500D 可以安装在 XACT500 变送器附近，也可以最大相距 850m。其壳体为框架式安装，防风雨、防爆。其特点有：

（1）XACT500 同时具备数字信号和模拟信号输出功能，数据可以直接送入 DCS，也可以和远程计算机进行数据通信。

（2）XACT500 具有超强耐油污染特性。

（3）XACT500 采用不锈钢连接管件，气密性好，安全可靠。

三、主要参数及检修标准

（一）工作环境温度

-10 ~ 50℃（可选范围：-10 ~ 65℃）。

（二）工作环境温度为技术参数

（1）三量程数字化 XACT500 在线气体纯度分析仪测量范围：运行中氢冷发电机 H_2 纯度测量范围为 90% ~ 100%。

（2）精度：±0.1%。

（3）样品流速范围：150 ~ 300ml/min 的流速。

（4）模拟输出：4 ~ 20mA。

（5）显示方式：LCD 液晶显示。

（6）防爆标准：Exd Ⅱ C T6 Gb。

（三）检修工序

1. 气敏变送器的检修

（1）拆线后将线头包好并做标记。

（2）将漏氢检测探头拆下，就地进行封堵。

（3）拆下表计，送厂家进行校验。

（4）设备回装，在接线时一定要保证接线位置正确，否则会损坏变送器。

2. 主机的检修

（1）停电检查主机各连接插座连接牢固，焊线牢靠。

（2）主机内部保持清洁，各卡件、元器件安装牢固，焊接牢靠。

（3）通电试验投运。

3. 显示器的检修

（1）显示器保持清洁，视屏输入及电源连接牢靠。

（2）显示器显示画面清晰，操作面板完好，各按键功能正常。

4. 就地端子箱的检查

就地端子箱密封良好，内部保持清洁。

5. 线路绝缘检查

电缆绝缘测试大于或等于 $50M\Omega$。

（四）质量标准

（1）表计内外清洁。

（2）显示器指示准确，误差符合技术指标。

（3）取样探头清洁、无泄漏。

四、设备拆装调试

1. XACT500 分析仪的安装步骤

（1）将 XACT500 变送器固定在取样系统上。

（2）固定并使取样系统保持垂直。

（3）固定 XACT500 二次表。

（4）连变送器与二次表之间线。

（5）连接 XACT500 二次表的电源线、信号输出线和报警线。

2. XACT500 变送器与二次表接线注意事项

（1）变送器外壳必须接地，XACT500 外壳有一接地螺栓。

（2）接线端子在 XACT500 壳体内，移去变送器顶盖即找到。内部接线见图 6-1。

（3）XACT500 二次表连线端子在二次表后面板标有 OXYGEN CELL

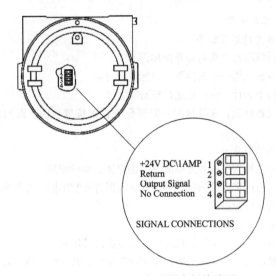

图 6-1 XACT500 变送器内部接线图

标签处。接线见图 6-2。

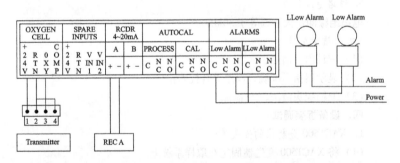

图 6-2 XACT500 二次表连线端子接线图

（4）一定要堵住变送器另一个导孔，以便保证变送器的防风雨和防爆要求。

（5）小心地将 TB1 拔下来，注意不能碰弯引脚。

（6）将 TB1 侧面螺钉松开，将三色电缆分别插入相应插槽内，参看表 6-2 每种颜色线的接线位置。注意：确保 +24V DC 线（红色）接 TB1-1 端，将该线接入其他任一端口，将烧坏 XACT500 的电路板，导致必须返厂修理。

（7）紧固此面螺钉，小心将 TB1 插入原处。

（8）将电缆的另一端按同样方式接入二次表后面板标有 OXYGEN CELL 端子盒上。参看表 6 - 2 每种颜色线的接线位置。

表 6 - 2　　　　　　　XACT500 二次表连线位置

线	颜色	容量	接线端 TB1	二次表
±24V DC	红	14AWG	1	+24V
GND	绿	14AWG	2	RTN
+20mA	蓝/黄	22AWG	3	OXY

3. 连接 XACT500 二次表的电源线、信号输出线和报警线

（1）图 6 - 2 显示的是 XACT500 二次表的接线图。注意标准的二次表有一路 4 ~ 20mA 输出（RCDR）和双 FORM C SPDT 报警继电器（ALARMS）。XACT500 二次表报警定义见表 6 - 3。

表 6 - 3　　　　　　　XACT500 二次表报警定义

XACT500 报警	线	内容	用途
低	C/NO	96% H_2	低位
低低	C/NO	95% H_2	低低位

（2）XACT500 二次表的供电电源为 100/120/220/240V AC。

（3）XACT500 变送器与 XACT500 二次表之间的连线必须在仪器通电前连接完毕。

五、XACT500 氢气纯度分析仪显示器操作

XACT500 氢气纯度分析仪的操作由 3 步构成：

（1）向分析仪供电，然后打开开关。

（2）调节样品气流量。

（3）操作按键，观察二次表显示值。

1. 供电

XACT500 二次表前面板的右上角有一个电源开关，一旦分析仪将该开关置于"ON"位置，仪器便开始工作。XACT500 二次表将为变送器提供 24V DC 电源。由于变送器需在 70℃ 下长期工作，因此仪器需 45min 的暖机时间。在此期间，可以调节样气流速。

2. 调节样品气流量

打开一些必要的阀门，调节流量至 150 ~ 300mL/min（在一个标准大

气压下）。应确保样品气系统无阻塞现象，这样会影响测量腔的压力。较合适的操作是 XACT500 变送器出气应排向大气。

注意：除非特殊声明，XACT500 出厂时是在 1 个大气压和流量是 300ml/min 条件下进行校正的，因此，操作应当在大气压下进行。

3. 操作按键，观察二次表显示值

当二次表打开时，它将进入测量主界面。界面左下角显示的是当前被测气体的种类，根据用户的设定显示不同。当被测气体含量低于低报警点时，界面右上角动态显示"LOW"，当低于低低位报警点时，界面右上角将动态显示"LLOW"。变送器暖机 45min 后方可开始从 XACT500 分析仪读数。

（1）XACT500 二次表有一个 2×16 液晶和一个 4 键的键盘区（参照图 6 - 3），显示完软件版本后，二次表进入工作状态。

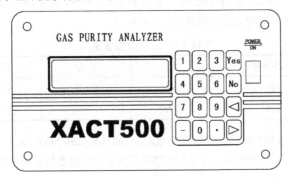

图 6 - 3　XACT500 二次表界面

（2）在程序状态，键盘区键被分成三组：ENTER/ESC 中"ENTER"键用来选择显示菜单和确认修改；"ESC"键用来放弃修改和取消操作；▲▼即键盘区的上、下箭头为选择键，上、下箭头的作用是用来翻页和移动光标。

六、程序说明

1. 进入程序

当 XACT500 通电后约 10s，会进入工作状态。进入程序状态的步骤如下：

（1）按下"ESC"键 3s。

（2）液晶将显示初始化菜单。

（3）初始化完成后进入测量菜单。

（4）此时显示如下信息：

```
MAIN MENU
SELECT GAS?
```

（5）XACT500 此时在程序状态，等待用户的输入。

2. 菜单浏览

当显示某一条菜单时，液晶的第一行将用大写字母显示当前的菜单名称。第二行将显示选择，后加一问号。按下"ENTER"键将展开当前菜单。上、下箭头用来移动光标和上下翻页或修改数据。"ESC"键用来放弃修改和返回上一级菜单。

3. 主菜单

主菜单由 4 个子菜单构成：SELECT GAS（气体选择）、CALIBRA-TION（校验）、ALARMS（报警）和 OUTPUT（输出）。

（1）在气体选择主菜单中，按"ENTER"键即可进入选择设定，其共有 3 个气体选择设定子菜单，按上、下键来交替显示，按"ENTER"键确认选择。

1）测量空气中氢气；

2）测量二氧化碳中氢气；

3）测量二氧化碳中空气。

（2）报警菜单。XACT500 提供两路触发报警装置。两路继电器均能提供一个正常开（NO）和正常关（NC）。报警值为低位或低低位。当测量电流低于或等于低低位报警点会出现"LLOW"报警信号。当测量电流低于或等于低限报警点会出现"LOW"报警信号。按上、下箭头键直至"ALARMS?"出现，按"ENTER"进入报警菜单，按箭头键选择"LLOW"或"LOW"按"ENTER"确认。按箭头键输入需要的报警百分比，按"ENTER"确认并退回上一级菜单，按"ESC"放弃修改并退回。

（3）校正菜单。校正的对象为在气体选择菜单中选定的测量气体，因此在进行校正前要先确定所要校正的测量气体后再进行相应的校正。在此要输入密码才能进入校正菜单，按上、下键增减密码数值，密码为 8，输入正确密码后按"ENTER"键即可进入校正菜单，此操作需要专业设备，平时禁止操作。

（4）在修改电参量菜单进行校正时，不需要通标准气体，可以人工修改电参量和显示值，但是要求知道该显示值对应电参量值。步骤为：

1）按左右键调整电参量数值的大小，调整电参量数值完成后，按

"ESC"键取消校正并返回上一级菜单；

2）按左、右键调整数值到与该电参量对应的标准气浓度，再按"ESC"键取消校正并返回上一级菜单；

3）提示是否保存校正结果，按左、右键来选择"YES"是否保存，按"ENTER"键确认选择；

4）按"ESC"键取消校正并返回上一级菜单。

注意：从1点到4点各标定点的标气浓度应依次增大。

（5）输出菜单。仪表可以将气体浓度信号转换为4～20mA电流信号输出。4mA对应的是零点气浓度，20mA对应的是满量程气浓度。可以在该菜单中设定4～20mA输出电流对应的零点和满量程气浓度值。步骤为：

1）按左、右箭头键直至"OUTPUT?"出现，按"ENTER"进入输出菜单；

2）按箭头键选择"4mA"，按"ENTER"确认，按箭头键输入4mA对应的气体浓度值，按"ENTER"确认并返回输出菜单；

3）按"ESC"放弃修改并退回。

"20mA"输入方法方法类似。

七、注意事项

此部分介绍的校验程序需要专用设备，操作人员进行此项工作必须经过培训。

分析仪型号说明：XACT500 – B – C。

（1）B—量程：

1——0～1%；

2——0～2%；

3——0～5%；

4——0～10%；

5——0～25%；

6——0～50%；

7——0～100%；

8——90～100%；

9——80～100%；

S——特殊要求。

（2）C—校验气体：

1——氮气中 H_2；

2——氮气中 CO_2；

3——空气中 CO_2；

4——氮气中 He；

5——空气中氦；

S——特殊要求。

八、日常巡检及设备消缺

（1）定期对 XACT500 氢气纯度分析仪进行巡检。

（2）XACT500 氢气纯度分析仪在消缺作业时严格落实电源切除措施。

第三节 发电机组冷却氢泄漏检测报警系统

一、概述

LH1500 发电机漏氢检测系统可广泛应用于石油化工、船舶、隧道、矿井等场所，可用于对各种气体（如氢气、甲烷等可燃气体，酒精、丙酮、柴油等易燃液体蒸汽，各种管道气等）的在线检漏监测。该型仪表采用当今世界上最先进的固体传感器技术，可同时多点对需检漏部位进行实时定量监控。

二、系统构成及功能

LH1500 发电机漏氢检测系统由一台主机和 8 路气敏变送器构成，一台主机最多可同时检测 8 个检测点，变送器与主机连接电缆最长可达 1500m。本仪器主要由变送器、传感器和主机组成。每路都可远传 4 ~ 20mA 信号和一对报警继电器供使用并具有 232/485 通信接口，8 个点报警直接引入集控室。

1. 特点

（1）可同时检测 8 个检测点，并随意控制所需检测点的数量。

（2）能存储每个检测点的 255 天的检测数据。

（3）程序操作简单、方便。

（4）采用先进的进口传感器，质量更稳定可靠。

（5）变送器与主机连接电缆最长可达 1500m。

（6）现场安装简易。

（7）产品采用单台仪表集中分析，这样使分析的确认在一个较先进的设计完善的仪器中进行，从而保证了数据的准确性。在正常使用下，该仪可连续运行 10 年无维修（根据用户需要，可每年对其校验一次）。

(8) 耗能低，装机功耗低于 50W。

(9) 该装置可根据用户需要采用壁挂式或机柜式安装。

2. 漏氢检测共有 8 点

(1) 发电机励侧轴瓦和密封回油点漏氢。

(2) 发电机汽侧轴瓦和密封回油点漏氢。

(3) 发电机内冷水箱点漏氢。

(4) 发电机中性点 2 漏氢。

(5) 发电机中性点 1 漏氢。

(6) 发电机 C 相点漏氢。

(7) 发电机 B 相点漏氢。

(8) 发电机 A 相点漏氢。

三、主要技术参数

1. 工作条件

(1) 工作环境温度：0 ~ 50℃。

(2) 工作环境湿度：< 90% RH。

(3) 电源：220V AC ± 10%，50Hz。

(4) 预热时间：> 1min（预热时仪表必须装置运行）。

2. 技术参数

(1) 最大量程：0.0% ~ 10.0%。

(2) 精度：± 5% F.S.。

(3) 显示方式：LCD 液晶显示。

(4) 检测点数：8 路。

(5) 最大功耗：50W。

(6) 报警点：低、高限报警可由用户自由设置。

(7) 报警误差：小于设置报警点的 ± 5%。

3. 电源开关

电源开关可给整机供电，当进入测量主界面后，即可开始工作。

4. LH1500 多点实时定量监测系统组成

LH1500 多点实时定量监测系统组成见图 6 - 4。

四、系统检修质量标准

1. 气敏变送器的检修

(1) 拆线后将线头包好并做标记。

(2) 将漏氢检测探头拆下，就地进行封堵。

(3) 拆下表计，送厂家进行校验。

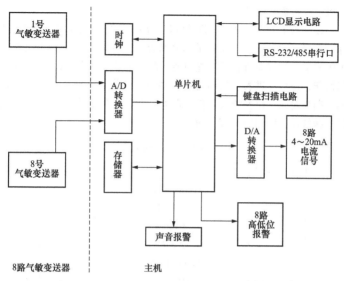

图 6 - 4　LH1500 多点实时定量监测系统组成图

（4）设备回装，在接线时一定要保证接线位置正确，否则会损坏变送器。

2. 主机的检修

（1）停电检查主机各连接插座连接牢固，焊线牢靠。

（2）主机内部保持清洁，各卡件、元器件安装牢固，焊接牢靠。

（3）通电试验投运。

3. 显示器的检修

（1）显示器保持清洁，视屏输入及电源连接牢靠。

（2）显示器显示画面清晰，操作面板完好，各按键功能正常。

4. 就地端子箱的检查

就地端子箱密封良好，内部保持清洁。

5. 线路绝缘检查

电缆绝缘测试大于或等于 50MΩ。

6. 质量标准

（1）表计内外清洁。

（2）显示器指示准确，误差符合技术指标。

（3）取样探头清洁、无泄漏。

五、设备拆装调试

当显示器第一次打开后，将动画显示出光力公司徽标和"光力科技"字样，接着自动显示出公司地址和联系方式，5s 后进入仪器主菜单，主菜单中显示的是仪器所有可设置功能，在主菜单中如果超过 1min 未进行任何操作，将自动进入"自动监测"菜单。主菜单最下一行显示的是当前的日期和时间。仪器的测量在"自动监测"菜单中监测。LH1500 气体定量检漏仪显示屏如图 6 - 5 所示。

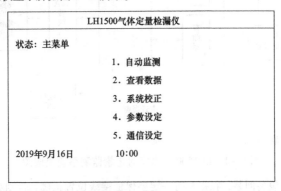

图 6 - 5　LH1500 气体定量检漏仪显示屏

LH1500 显示器操作区如图 6 - 6 所示。

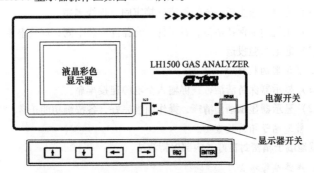

图 6 - 6　LH1500 气体定量检测仪显示器操作区

1. 各部件名称

（1）显示器：为液晶彩色大屏幕显示。

（2）电源开关：为主机的供电开关。

（3）显示器开关：为显示器的供电开关。

2. 键盘区

键盘区共有 6 个功能键，各键功能如下：

（1）ESC 键：为退出子菜单或取消操作键。

（2）方向箭头：用于移动光标及增减数值。

（3）ENTER 键：为确认操作键。

六、LH1500 气体定量检漏仪操作

1. 自动监测

（1）在主菜单中选择"自动监测"菜单，按"ENTER"键进入。如果在主菜单中未进行任何操作，1min 后，仪器也将自动进入自动监测。

（2）"自动监测"菜单分为两种显示方式，一种是图形显示模式，另一种是数字显示模式，仪器默认模式是图形显示模式，进入后可通过按"ENTER"键来切换显示模式。在主菜单中选择"自动监测"菜单，按"ENTER"键进入图形显示模式。

（3）在此模式下，仪表以图形的形式显示当前各变送器（1~8 号）传送的数值，横坐标对应的是 1~8 号变送器，纵坐标对应的是当前的设定测量范围，目前上图中显示的范围是 0.0%~4.0%，表示仪器设定的测量范围是 0.0%~4.0%（范围的设定可在"参数设定"菜单中设定）。每一个变送器都对应两条不同颜色的长方柱来表示其测量值，其中绿色柱的最顶端对应的纵坐标值表示当前测量值，青色柱的最顶端对应的纵坐标值表示当日即时最大值。图中红线表示设定的高位报警值，黄色线表示设定的低位报警值。按"ESC"键可返回主菜单。

（4）在图形显示模式下按"ENTER"键进入数字显示模式，在此模式下，屏幕中分别显示每一台变送器所输出的当前值和当日即时最大值，最大值右侧显示时间是最大值出现的时间。最右侧表格中显示的是当前仪表的量程和高低位报警值，其中高位报警用红色表示，低位报警用黄色表示，在每一变送器的当前值和最大值中，如果数值高于低位报警值但低于高位报警值，则对应的数值颜色为黄色；如果高于高位报警值，则数值颜色为红色。按"ESC"键可返回主菜单。

注意：为了延长彩色液晶显示器的寿命，特意设置了液晶显示开关，可在不需要查看数据时，将液晶显示器先关闭，待需要查看时再打开。

2. 查看数据

（1）在主菜单中选择查看数据菜单，按"ENTER"键进入。

（2）查看数据菜单主要用于对以往的测量数据进行查询，也分为两种显示模式，一种是图形显示模式，另一种是数字显示模式，仪器默认模

第六章 热工分析仪表

式是图形显示模式，进入后可通过按"ENTER"键来切换显示模式。

（3）进入后显示的是前一天的测试数据，界面中第二行显示的就是当时的日期。本仪器一共能存储255天的数据，在查看数据时，可通过按左、右键来翻页，按一下可增减1天，用户也可以按上、下键来快速翻页，按一下可以增减10天。在此模式下，以图形模式显示当天每台变送器所测数据的平均值和最大值。查看方法同"自动监测"菜单中的介绍。

（4）按"ENTER"键可转换到数字显示模式，在此模式下，屏幕中分别显示每一台变送器当天所测数据的平均值和最大值，最大值右侧显示时间是最大值出现的时间。最右侧表格中显示的是当天仪表的量程和高低位报警值，其中高位报警用红色表示，低位报警用黄色表示，在每一变送器的平均值和最大值中，如果数值高于低位报警值但低于高位报警值，则对应的数值颜色为黄色；如果高于高位报警值，则数值颜色为红色。按"ESC"键可返回主菜单。

3. 系统校正

（1）在主菜单中选择"系统校正"菜单按"ENTER"键进入，校正菜单分为零点校正和气体校正，可对主机进行校正。

（2）此部分介绍的校验程序需专用设备，操作人员进行此项工作是应当经过厂家培训。

4. 参数设定

（1）在主菜单中选择"参数设定"菜单，按"ENTER"键将提示输入密码，参数设定菜单主要用来对仪器的各种测量参数进行设定。

（2）用户需要首先输入正确的四位密码才能进入参数设定菜单。光标刚开始会停留在第一个星号位置，此时星号会显示为数字，用户可通过上、下键来增减数字，调整到所需的数值后，可通过左、右键来移动到下一个星号位置来继续通过上、下键修改数值，依此类推正确输入密码（出厂密码设定为1111），按"ENTER"键即可进入，如果密码输入错误，则星号位置会显示"错误"，过3s后会让重新输入。当输入正确后进入显示界面，LH1500设定界面如图6-7所示。

（3）各具体设定参数如图6-7所示。可通过上、下键来选择需要修改的项，当被选中时，该项的背景色为粉红色，按"ENTER"键即可使光标移动到该项右侧的数值修改处，用户可通过上、下键来修改数值，当修改完毕后按"ENTER"键可保存修改，按"ESC"键放弃修改，此时光标又移动到左侧修改项的位置，用户可通过上、下键继续选择需要修改的其他项。按"ESC"键返回主菜单。

```
                    LH1500气体定量检漏仪
状态: 参数设定
 1. 输入4mA对应显示值        0.000%
 2. 输入20mA对应显示值       4.000%
 3. 输出4mA对应显示值        0.000%
 4. 输出20mA对应显示值       4.000%
 5. 低位报警值              1.000%
 6. 高位报警值              2.000%
 7. 密码设定               ****
 8. 时钟设定      2019年9月16日    11: 30
```

图 6 - 7   LH1500 设定界面

（4）备注。

1）第 7 和第 8 项的修改需要左、右键和上、下键配合使用，左右键来移动光标到需要修改的数字位置，然后通过上下键来修改。

2）在进行密码修改时，最好在修改完毕后，再按左、右键查看一遍修改后的密码，确认无误后再按"ENTER"键确认。

3）第 1、2 项要是进行了改动，改动后要对仪器进行重新校正。

4）当第 1~6 项进行修改时，则当天修改之前的测量数据会被清掉。

5. 通信设定

（1）在主菜单中选择"通信设定"菜单，按"ENTER"键将提示输入密码，输入正确后进入通信设定菜单进行修改，修改方式同前。通信设定菜单主要用来设定仪器与计算机串口进行数据传输时的串口参数设定。

（2）波特率有 3 个可选值，分别为 2400、4800、9600。

（3）奇偶校验有 3 个可选值，分别为无、奇校验、偶校验。

七、日常巡检及设备消缺

LH1500 气体定量检测仪常见故障及分析见表 6 - 4。

表 6 - 4   LH1500 气体定量检测仪常见故障及分析表

故障现象	分析	解决方法
主机上某路显示输出一直为零	变送器与主机接线错误（会损坏变送器）	检查变送器，如果损坏需要更换变送器
	变送器与主机连线断路	重新连线

故障现象	分析	解决方法
显示不正常	可能是由于程序出错或受到外界干扰	重新启动仪器
仪器不工作	检查开关电源是否存在问题或是供电系统有问题	返厂更换开关电源

第四节 CEMS 分析检测系统

烟气排放连续监测系统（CEMS）是实施大气固定污染源排放污染物总量监测的连续在线监测系统。主要用于对锅炉烟道中烟尘、SO_2、NO_x等污染物进行动态连续监测，同时测量烟气流速、含氧量、烟气压力、烟气温度等，自动记录污染物、排放物排放总量和排放时间，并可通过PSTN、GPRS、CDMA 等通信手段将监测数据传送到管理部门，实现对污染源排放进行远程实时监控。

一、光电式烟气排放连续监测系统构成

（一）颗粒物测量子系统

（1）烟尘浓度传感器。

（2）空气净化系统或空气吹扫系统。

（二）气态污染物测量子系统

（1）采样探头。

（2）烟气预处理单元。

（3）气体控制单元。

（4）校准用标准气。

（5）SO_2、NO_x、O_2 分析仪（EL 3020）。

（6）气源系统。

（7）伴热管线。

（三）烟气参数测量子系统

（1）烟气流速传感器。

（2）烟气压力变送器。

（3）烟气温度变送器。

（四）数据采集和处理系统

数据采集和处理系统构成如表6-5所示。

表 6 - 5　　　　　　数据采集和处理系统构成

数据采集处理系统		预处理系统	
取样元件 （安装于烟道横管）	取样类型	取样元件 （安装于烟道横管）	取样类型
烟尘探头	4～20mA 信号	取样探头系统 包括取样探头、 自动反吹装置及 伴热取样管线	烟气
温度/压力探头			
流速探头			

（五）烟尘浓度测量子系统

1. 工作原理

根据朗伯——比尔定律，采用不透明度测试原理，即单色平行光束 I_0，通过烟气时，其光强 I 因烟气中颗粒物对光的吸收和散射作用而减弱，其规律满足

$$I = I_0 e - \alpha ci \qquad (6-3)$$

式中　a——衰减系数或吸收系数；

　　　i——光经过介质的距离；

　　　c——介质的浓度；

　　　I_0——入射光强。

对于具体的测量环境及光波特性，α，i 为常数，故 c 只与 I/I_0 有关。

2. 仪器组件

（1）传感器单元。

烟尘浓度传感器由发射/接收单元和反射单元两部分组成。用于传输及接收测量光束的光学和电子模块，同心安装在烟道两侧。采用双光程设计，将发射/接收单元分别安装在烟道两侧，经过准直对光，发射单元发出的光经烟气后，由反射单元返回，被接收单元接收，进入光探测器，转变为电信号经放大器放大后输出到数据采集处理器进行计算。

（2）计算单元。由用于测量值计算和信号输入/输出的电子器件。

（六）空气吹扫系统

用来提供保护、吹扫，防止烟道内烟气污染光学镜片。

1. 环境要求

（1）烟气温度：<300℃。

（2）烟气压力：±5000Pa。

（3）环境温度：-20～45℃（传感器）、5～35℃（二次仪表）。

（4）环境湿度：＜90%。

（5）电源：220×（±10%）V AC、50Hz、5A。

2. 技术指标

空气吹扫系统技术指标见表6-6。

表6-6 空气吹扫系统技术指标

项目	指标
响应时间	＜10s
测量浓度范围	$0 \sim 300$、$0 \sim 1000$、$0 \sim 2000$、$0 \sim 3000$、$0 \sim 20000 mg/m^3$
检测光程距离	＜10m（两法兰间距离）
消光度测量范围	$0 \sim 0.09$、$0 \sim 0.18$、$0 \sim 0.45$、$0 \sim 0.99$、$0 \sim 1.8$
零点漂移	±2% FS（24h）
跨度漂移	±5% FS（24h）
准确度	浓度$\leqslant 50 mg/m^3$时，误差$\leqslant 15 mg/m^3$；$50 mg/m^3 <$浓度$\leqslant 100 mg/m^3$时，相对误差$\leqslant \pm 25\%$；$100 mg/m^3 <$浓度$\leqslant 200 mg/m^3$时，相对误差$\leqslant \pm 20\%$
相关性	$\geqslant 0.85$
输出信号	$4 \sim 20 mA$
结构	铝合金壳体全密封
功率	30W
光源寿命	＞10000h

（七）烟气污染物测量子系统

1. 工作原理

采用加热式（$\geqslant 180℃$）直接抽取方式，烟气经采样探头内置过滤器过滤，通过电伴热（120℃）取样管线输送至烟气预处理单元除水、冷却，经流量调节，进入气态污染物分析仪，采用非分散紫外法分析SO_2、NO_x、电化学分析含氧量，结果以$4 \sim 20 mA$方式输出至数据采集处理系统。

2. 系统构成

（1）加热式采样探头，包括不锈钢取样管、取样探头、过滤器、温控器、电加热器、安装法兰。

（2）电伴热采样复合管线。

（3）烟气预处理单元，包括防腐电磁阀、冷却除水器、过滤器、流量调节器等。

（4）气体控制单元。

（5）校准系统（标准气、零气）。

（6）反吹扫单元，包括气源系统、电磁阀、过滤器、压力调节阀等。

（7）气态污染物分析仪 EL3020，包括过滤器、SO_2、NO_x、O_2分析模块。

3. 技术参数

（1）环境要求。

1）烟气温度：$<300℃$；

2）烟气压力：$±3000Pa$；

3）环境温度：$5\sim45℃$；

4）环境湿度：$<90\% \; RH$；

5）电源：$220V \; AC ± 10\%$，$50Hz$。

（2）技术指标

烟气污染物测量子系统技术指标见表 6 – 7。

表 6 – 7　　　　　　烟气污染物测量子系统技术指标

项　目	指　标
探头加热温度	$120\sim180℃$
样气流量	$3\sim5L/min$
取样管线伴热温度	$120℃$
系统预热时间	$30min$
SO_2、NO_x测量范围	$0\sim2500ppm$
O_2测量范围	$0\sim25\%$
重复性	$\leqslant1\%$
线性误差	$\leqslant1\% \; FS$
系统响应时间	$T90\leqslant120s$
分析仪表流量	$1.2\sim1.5L/min$

二、启动准备

1. 检查系统成套装置的完整性

将各部件安装好后检查系统气路、电路连接正确与否，分系统进行通电、通气调试。

2. 系统预热

采样探头、伴热管线通电加热，至设定温度方可开启机柜电源。

3. 分析仪表预热

分析仪通电经 5min 预热进行一次零点标定后进入测量画面，经 0.5h 后再按分析仪面板上"CAL"键手动进行一次零点标定。

三、调试

（一）参数设定

（1）指标：制冷露点温度设定为 4℃，上限报警温度设定为 10℃。

（2）制冷露点温度设定方法：点"SET"键，绿色数闪，出现设置温度，按"▲"或"▼"键将显示值设置为 4℃，点"SET"键恢复到冷腔实际温度显示。

（3）报警及其他参数设定方法：按"SET"键 3s，然后按一下右移一位，按"▲""▼""▲"键，按照表 6-8 设定，点"SET"键恢复到冷腔实际温度显示。

表 6-8　　　　　　　　　　CEMS 参数设定表

符号	名称	设定范围	说　　明	出厂设定
SU	主回路	全量程	主回路设定值	5
RL2	上限报警	全量程	第二报警设定值	10
SC	传感器修正	15℃	传感器修正设定值	0
P	比例	0～100	比例设定值	10
I	积分时间	0～1200s	解除比例控制产生的静差	120
D	微分时间	0～1200s	防止输出的波动，提高控制的稳定性	30
T	比例周期	0～100s	控制输出周期设定	20
LOC	参数锁	0000～0002s	"0000"为参数锁开 "0001"为自整定关 "0002"为所有参数屏蔽	0
Rt	自整定	ON/OFF	实现自整定功能的开启和关闭	OFF

（二）蠕动泵安装调试

（1）按转子顺时针转动方向，蠕动泵接220V AC 电源。

（2）软管的安装方法：打开电源，转子开始转动时，将软管沿顺时针方向先放入一个夹子内，剩余的管子沿着转动方向让转子带进泵内，使转子带动泵管转动数圈，让泵管得到自由延展，最后将另一个夹子固定好。

（3）用水检查入口能否吸入流体并从出口排出。

（4）电动机接线注意方向，使转子保持顺时针转动，这样可以大大降低管子的磨损。

（三）气源柜

1. 压力开关压力调整

（1）接通电源，按照以下操作调整工作压力范围至（0.4～0.6MPa）。

（2）设定压力调整：将压力调整螺钉1右旋，则设定压力升高；反之设定压力降低。

（3）压差调整：将差压调整螺钉2右旋，则电源切断的压差幅提高；反之，差幅缩小。

（4）螺钉1、2调整互有关联，调整时要注意。

5）按照设计的压力差，检查电动机循环启动动作是否正常。

2. 释气阀检查

压力达到设定压力时，压力开关会切断电源，此时释气阀应有几秒钟释气，将排气管内的气压排出。

3. 气密性检查

（1）压力大于0.1MPa 时自动排水器应无泄漏现象。

（2）将气源柜空气出口密封，接通电源，压力达到设定压力，关闭电源，0.5h 内压力下降不应大于0.01MPa。

（四）采样探头

（1）4～20mA 电流输出检查：将温控器4～20mA 输出端接100Ω 电阻，用万用表检查该电阻上电压值与温控器指示值之间的对应关系及线性关系。

（2）接通电源，探头预热。

（五）整机气路调试

（1）运行工控机的 TGH－YX 型烟气排放连续监测系统软件，进入"检测维护"功能，按一下窗口右面"关"按钮，停止系统自动运行状态变成手动调试状态。（当按钮为"关"时，表示现在程序自动运行，按下

第六章 热工分析仪表

它可以关闭程序自动运行，同时此按钮变成"开"，再次按下它时结束手动调试，进入系统自动运行状态)

（2）按下"采样泵"按钮，调节样气调节阀，使样气流量为 1.2～1.5L/min，调好后拧紧螺母。

（3）关闭"采样泵"按钮，按下"球形阀"和"仪表空气"按钮，调节"空气调节阀"，使仪表空气流量为 1.2～1.5L/min，调好后拧紧螺母，关闭"球形阀"和"仪表空气"按钮。（仪表空气调节阀在装配前通入高压空气将压力调节为 0.05MPa）

（4）按窗口右面"开"按钮，结束手动调试进入系统自动运行状态。按"退"按钮返回系统界面。

四、红外分析仪调试 EL3020

1. 通电前的检查

（1）气体分析仪是否已安装稳固。

（2）所有气管包括压力传感器是否已正确连接和安装。

（3）所有信号线和电源线是否已正确安装到位并连接稳妥。

（4）气体制备、校准和处置废气所需的所有设备是否均已正确连接并准备就绪。

（5）接通气体分析仪电源。

（6）系统导入过程中，屏幕将显示气体分析仪名称号软件版本号。

（7）启动阶段结束之后，显示屏将切换至测量值。红外分析仪界面如图 6 - 8 所示。

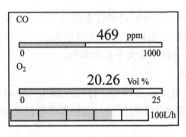

图 6 - 8　红外分析仪界面

2. 面板按键

红外分析仪面板按键如图 6 - 9 所示。

从主菜单开始，每个菜单都包含了最多 3 个菜单项（"三点式菜单"）。每个菜单分别被指定为操作、设置和维护三个方面的内容。因此，可以直接选择各个菜单项。按钮 ESC◄用于返回上一级菜单。菜单结构允许通过重复按同一个按钮，调用通常最常使用的功能：

▲操作　　　　▲校准　　　　　▲手动校准　　　　　▲零点/端点

►设置　　　　►校准数据　　　►测试气体设置点

▼维护　　　　▼诊断　　　　　▼设备状态　　　　　▼状态消息

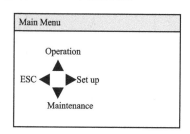

图 6 - 9　红外分析仪面板按键图

3. 分析仪操作方法

（1）自动校准菜单路径：▲Operation（操作）、▲Calibration（校准）►Automatic Calibration（自动校准）设为 ON。

（2）►Setup（设置）、►Calibration（校准）、▲Measurement Ranges（测量量程）。

（3）退出，其余设置无需更改。在测量中仪表内部电磁泵为关闭状态，校准时由系统自动打开，其他情况下不得手动打开。

五、流速传感器测量系统

（一）工作原理

流速传感器皮托管差压法即在烟道中垂直于烟气方向上插入安装一根双层结构的 X 型金属管，测量时全压探头测孔正面应对气流，同时背压探头测孔拾取节流静压，将烟气流速信号经变送器转换转变为 4 ~ 20mA 信号，后送至上位机。

（二）技术参数

1. 环境要求

（1）烟气温度：<300℃。

（2）烟气压力：±5000Pa。

（3）环境温度：-20 ~ 45℃。

（4）环境湿度：<90%。

（5）供电电压：24V DC、1A。

第六章　热工分析仪表

2. 技术指标

流速传感器测量系统技术指标见表6-9。

表6-9　　　　　　流速传感器测量系统技术指标

项　目	单　位	指　标
测量范围	m/s	0~30
零点漂移	%	±2 FS (24h)
跨度漂移	%	±2 FS (24h)
测量总误差	%	±5
重现性	%	±2 FS
线性	%	±2 FS
响应时间	s	≤5
输出信号	mA	4~20
功率	W	1
重量	kg	4.8
尺寸	mm	370×165×135

（三）烟气温度测量系统

（1）构成：热电阻（Pt100）、保护管、接线盒。

（2）技术参数。

1）精度等级：0.2级。

2）输出信号：4~20mA。

3）负载电阻：0~1000Ω。

4）供电电源：24V DC ±10%。

5）热响应时间：≤90s。

6）环境温度：−20~80℃。

7）相对湿度：5%~95% RH。

8）测量范围：0~300℃。

（四）烟气压力变送器

烟气压力变送器技术指标如下：

（1）量程：−3~3kPa。

（2）环境温度：−10~85℃。

（3）输出信号：4~20mA。

（4）稳定性：<0.5%FS/年。

（5）零点漂移：0.2%FS。

（6）重复性：0.01%FS。

（7）测量范围：±3kPa。

六、数据采集和处理系统

1. 系统组成和功能

系统包括工控机、显示器、PLC 控制器、I/O 模件、数采仪。数据采集和处理系统是基于工控计算机的数据采集和处理系统，采集来自烟尘计算单元、流速传感器、烟气温度测量元件、压力变送器等的模拟数据，经过 PLC 对烟气测量流程进行控制，数据经数采仪通过 GPRS 模块与环保管理部门进行远程数据传输。

2. 软件操作

（1）打开计算机、显示器，出现自检并进入应用系统。

（2）从"开始"→"程序"→"DAS"下双击启动系统程序，进入系统主画面，显示实时数据。

七、检修质量标准

（1）现场检修：检修人员应办理必要的开工手续，到现场检查作业环境、安全技术措施应符合要求；到达现场时应先核对应修设备及其电源，确认后停电并挂牌；设备的铭牌标志和接线编号应齐全、清晰，且与图纸相符。

（2）停电后应用合格的验电笔或者万用表验证，确认无误。

（3）外观检查：烟气分析仪机柜、CEMS 上位机外观没有损坏痕迹，端子排无灰、接线紧固，设备表面应无灰尘、油垢，外观应完好，检查各电磁阀结构应严密、衔接良好。

（4）继电器、接触器检查：接线正确，触点接触良好、无抖动，动作正确、可靠。

（5）取样管缆、CEMS 机柜电源开关和操作按钮的检查。

1）烟气取样管缆的伴热无破损，取样管路无堵塞、无漏气。

2）需要检查电缆绝缘时，应打开电缆两端接线，检查完毕恢复接线。

3）电源开关标记正确、齐全、清晰，操作按钮接线应正确、牢固、可靠。

4）开关和按钮接线应正确、牢固、可靠，铭牌标记正确、齐全、清晰。

5）空气断路器接线端子无松动，触点应光亮无发黑现象，测过绝缘后给 ETS 系统上电，确认系统工作正常。

6）停电测量采样电磁阀、反吹电磁阀的阻值应正常，应与原始记录相符；各电磁阀动作灵活、无卡涩。

7）烟气分析仪检修后，误差应符合相关标准。

8）正确填写校验报告，数据真实，内容清楚、齐全。

八、烟气分析仪系统启动检查

（1）总配电箱合闸送电，检查伴热工作情况。

（2）控制柜合闸送电，检查柜内 24V DC 电源工作情况。

（3）气源柜合闸送电，检查压缩机工作情况。

（4）工控机、显示器开机。

（5）红外气体分析仪、制冷脱水器开机。

（6）现场一次测量单元送电。

（7）各测量单元送电开机后，待红外气体分析仪预热结束后，制冷脱水器制冷温度在（5±1）℃范围内，SO_2 采样探头工作温度在 120±10℃ 范围内后进入"烟气排放连续监测系统"程序主菜单；选择"参数设置"菜单，检查"硬件参数设备""基本参数设置""标准设置"中各参数设置是否正确；选择"检测维护"菜单，检查信号是否在工作范围内；检查各控制阀动作是否正常；检查正常后，打开采样五通阀，开启采样泵，检查采样管路密封情况，将烟气采样流量调节至 1.0～1.5min 之间，待红外气体分析仪测量示值稳定后，退出"检测维护"菜单，进入"实习设置"菜单，检查"硬件参数设置""基本参数设置""标准设置"中各参数设置是否正确。

（8）检查数据上传软件设置是否正常、网络连接是否正常。

（9）监测仪器进入自动监测工作后，检查监测数据上传、模块工作是否正常，数据是否发送成功。

九、烟气分析仪停机

（1）退出"实时监测"画面，进入主菜单后选择"退出系统"，监测系统退出监测工作。

（2）现场一次监测仪表断电停机。

（3）红外气体分析仪停机，制冷脱水器停机。

（4）工控机关机，显示器关机。

（5）气源柜断电停机。

（6）总配电箱拉闸断电。

十、日常维护

1. 烟气分析仪

（1）检查各测量单元工作是否正常。

（2）检查烟气采样泵工作情况，保证红外气体分析仪烟气流量在 1.0 ~ 1.5min 范围内。

（3）检查制冷脱水器工作温度是否在（4±1）℃范围内，排水蠕动泵排水是否正常。

（4）检查 SO_2 采样探头工作温度是否在（120±10）℃范围内，清理采样探头陶瓷过滤器。

（5）按"用户手册"要求及时更换密封件和过滤器滤芯，保证监测仪器的正常运行。

2. 烟尘浓度传感器

（1）每周至少对发射/接受单元的光学镜片进行 1 次清洗。（用光学镜头纸和清洗液擦拭）

（2）每 10 天对空气过滤器中的滤芯清理 1 次，并清除法兰短管中的积灰。

（3）每月更换 1 次空气过滤器滤芯。

（4）每月至少进行 1 次仪器光路准直情况检查。

3. 烟气流速传感器

（1）每 15 天对插入烟道内皮托管外表面进行一次清洁。对皮托管动压管（H）、静压管（L）进行一次清洗，对流速测量仪进行一次零点校准。

（2）每 3 个月用校准装置校准 1 次仪器的零点和跨度。

4. 空气吹扫系统

（1）随时检查吹扫风机工作情况、检查吹扫管路与接头，保证连接可靠。

（2）每周清理 1 次吹扫风机空气滤芯，每半年更换 1 次空气滤芯。

（3）每年更换 1 次吹扫气管。

5. 气源柜、烟气分析柜

（1）随时检查气源柜的压力值、负压值及压缩机的工作状况和二次仪表的显示是否正常。

（2）每月更换一次气源柜干燥器滤芯。

（3）随时检查分析柜仪器各指标是否正常，检查脱水系统温度示值与排水系统是否正常，以及气路气件工作状况。

（4）每月对气源柜、烟气分析柜内部进行 1 次吹尘清理。

第六章 热工分析仪表

十一、常见故障及排除方法

常见故障及排除方法见表 6 – 10。

表 6 – 10   **常见故障及排除方法**

故障现象	产生原因	排出方法
烟尘浓度超标	传感器法兰短管堵塞	清除法兰短管及固定架内部污垢
	传感器保护镜污染严重	打开传感器主、副机搭扣，吹扫镜面浮尘后，用镜头纸或脱脂棉球蘸酒精溶液将保护镜和参考光反射镜擦拭干净
	吹扫风机故障或吹扫软管脱落	检查吹扫系统，并清理空气过滤器
流速值为零	测风杆折断	更换测风杆
	测风杆积灰	清理积灰
	流速传感器故障	联系厂家处理
烟尘浓度为零	传感器光源损坏	联系厂家更换光源，并调节
	传感器切光器损坏	联系厂家处理
	浓度零点设定不合理，标定系数设定不合理	停炉后重新调整零点
二次仪表显示"信号异常"	无信号或信号小于 2mA	联系厂家处理
	信号大于 20mA	
	信号光大于参考光	
烟气分析读数偏差大且读数无变化	采样探头取样管或过滤器被灰尘堵死，烟气无法进入	清理或更换过滤器或取样管
	采样泵泵膜污染	打开采样泵，清洗泵膜
	蠕动泵损坏或泵管破损	更换蠕动泵或泵膜
	气体管路漏气	检查接头及气管
用标准气检查烟气读数与标准气相差大	标准气失效	更换标准气
	分析器室污染	专业人员清洗
样气流量为零或很低	采样泵泵膜污染	打开采样泵，清洗泵膜
	汽水分离器堵塞	更换汽水分离器滤芯

故障现象	产生原因	排出方法
蠕动泵运转，但无冷凝水输出或软管随滚轮一起向一侧滑动	软管未被压紧	逆时针适量调整泵头两侧弹簧管调节螺钉，压紧甬管
	软管破损	更换新软管
	软管在泵头两侧的管卡处未被卡紧	卡紧软管
氧含量显示不正常，空气传感器电压低于7mV，氧含量较高	传感器失效	更换传感器
	气体管路漏气	检查接头及气管
压缩机启动频繁	压力开关故障	修理或更换压力开关
	压缩机活塞损坏	更换活塞
	气路漏气	检查气路，并修复
	自动排水器故障	检查、检修自动排水器
压缩机不启动	压缩机过热保护	检查气路是否漏气并处理
模拟信号不正常	A/D采集卡故障	检查更换

第五节 飞灰含碳量分析检测仪

一、系统组成

系统由飞灰取样器、灰位检测光电传感器、微波传感器、信号放大及处理电路、微处理器、控制单元、数码显示器、薄膜键盘、模拟量输出接口、电源及排灰控制电路、排灰执行机构构成。

二、工作原理

安装在锅炉尾部烟道的飞灰取样器将采集的灰样送入测控机柜，微波传感器利用飞灰介质和碳粒不同的物理介电特性检测出灰中含碳量，并就地显示和输出模拟信号。经检测的灰样通过排灰机构排出机柜，从而实现连续在线检测。

三、装置组件

装置组件见图6-10。

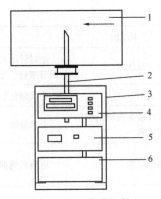

图 6 – 10　装置组件

1—水平烟道直管段；2—飞灰取样器；3—机柜；4—主机箱；
5—电源与控制箱；6—排灰机构

四、主机箱面板使用说明

主机箱面板使用说明见图 6 – 11。

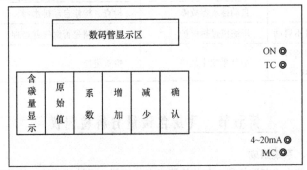

图 6 – 11　主机箱面板使用说明

面板中部有一排数码显示管，其下面是薄膜按键。六个功能键分别是：

（1）含碳量显示：连续显示含碳量测量结果。

（2）原始值：连续显示传感器输出信号值。

（3）系数：用于设定、修改含碳量值和原始值之间的函数关系，飞灰含碳量 I 有如下关系

$$I = a + b \times 原始值 \qquad (6 - 4)$$

式中　a、b——标定系数。

（4）增加/减少：修改系数值用。

（5）确认：确定是否设定与修改系数。

五、仪器的安装与布线

1. 测碳仪和取样器的安装位置

测碳仪位于锅炉尾部空气预热器前/后的水平烟道直管段下方，放置在工作台架上，取样器安装在测碳仪落灰管正上方。在水平烟道直管段底部烟道壁中间位置开圆孔（直径100mm）在开孔处安装底座，插入取样器（用螺栓螺母把取样器安装到底座上）。测碳仪和取样器通过软管连接。

工作台高度根据现场确定。工作台面距烟道底部 2～3m，周围应加装爬梯和护栏。工作台面尺寸为 1500mm×2000mm；测碳仪机柜尺寸为 560mm×500mm×1400mm。如果烟道底部距地面仅 2m 左右，则工作台可简化为比机柜长宽尺寸稍大的防水底座。

2. 现场布线要求

现场布线要求如下：从电源盘到测碳仪拉阻燃电缆，仪器使用两相四线制 380V 交流电源；从测碳仪到集控室显示表铺设信号电缆，用于传输 4～20mA 的信号。必须按步骤安装、调试和运行仪器。

（1）安装工作台、取样器，吊装测碳仪。选定取样器在烟道准备安装的位置，在其正下方摆放工作台，然后在烟道上开孔和安装取样器，把测碳仪吊装到工作台上，机柜上方的开孔应和上面的取样器管口垂直相对。

（2）现场电源线端子接线。把电源线和信号线经接线孔拉到机柜内。先把电源线正确接入到机柜内侧端子（电源和信号线可先铺设到位），采用两相四线制接法（XA、XB、N、G）检查无误后，然后把电源线另一端接到现场的电源箱，再给电源电缆供电。把信号线接入机柜内，但暂不接到主机箱的信号输出端子，等仪器测试后再接。

（3）仪器开机测试。打开测碳仪测控箱的稳压电源，再打开主机箱电源开关，如果仪器正常开机（指示：0.0.0.0.0.0，按下键盘后，数码管显示有变化），关闭仪器开关和稳压电源。如有故障，检查电源或仪器。

（4）进行管路的连接工作。先把随仪器附带的三通管件的堵头取下，再把三通管件从机柜顶部插入，与主机箱密封连接。用取样器和机柜之间 1 寸橡胶管连接取样器和测碳仪，软管两端注意用卡子密封。如果距离过大，则应在取样器下用适当长度的 1 寸钢管过渡，因为过长的软管会产生弯曲，不利于灰样的下落。

（5）信号线连接。按上述说明开机，用表测量 4～20mA 的输出信号是否存在。如果信号正确，关掉主机箱电源，把信号线接到输出端子，把信号线在集控室的一端接到显示仪表。

(6) 运行。打开稳压电源，打开主机箱电源。再用生料带把堵头拧到机柜上部的三通件上，仪器便开始取样和测量。

(7) 集控室显示表的调节。测碳仪出厂时，模拟输出和含碳量的对应关系式已给定，按参数设置显示表头，使之正确显示含碳量，如"2.36"的单位是"%"。

(8) 关机。如果要关机时，必须先卸下机柜上外部的三通密封堵头，关闭主机箱电源，再关掉稳压电源。

六、仪器的修正与标定方法

仪器出厂时已对传感器信号和含碳量的函数关系经非线性变换和线性化标定，在现场运行时，为使仪器的测量显示值具有真实代表性，还需进行在线修正或标定（如果长期运行后，仪器测量值与取样化验值偏差过大，则需进行在线标定）。

(一) 键盘说明

(1) [含碳量显示]：显示含碳量百分数值。如"3.5"表示3.5%。

(2) [原始值]：显示传感器的检测信号相关量（已经过放大、调整、A/D转换、数字滤波等中间变换处理）。

(3) [系数]：设定或修改系数。

(4) [增加]：用于修改系数值。

(5) [减少]：用于修改系数值。

(6) [确认]：当按"系数"要修改系数时，紧跟着按一次此键。

(二) 设定和修改系数

含碳量 $I = a + b \times$ 原始值，缺省系数 $a = -9.0$，$b = 4.0$。

设定系数的操作流程如下：

(系数) - (确认) - (增)/(减) - (系数) - (增)/(减) - (系数)

按 [系数] 键，显示"sure"，表示是否要修改，要修改按 [确认] 键（不修改按其他键），显示 $a = -9.0$，可用 [增] [减] 修改，再按 [系数] 键，显示 $b = 4.0$，可用 [增] [减] 修改，再按 [系数] 键，显示"OK"表示修改完成。

注意：按 [系数] 键后，如按了 [确认] 键，则必须重新把 a、b 显示值调整到所需值，否则 a、b 值又变回到 -9 和 4。

若仪器长时间断电停机，开机时应重新设定一次系数，原因是电路的数据存储区可充电电池可能耗尽电能。仪器运行几个小时后即可完成对电池的充电过程。

（三）系数修正方法

机组在典型工况稳定运行时，用飞灰取样器在锅炉适当位置（代表性的反应机组的燃烧状况）人工取样并化验（先取样试验后再化验），同时记录仪器的测量值，获取 $3 \sim 4$ 组数据，求得修正系数乙（乙＝化验平均值/测量平均值）。用 s 乘以仪器原来的系数 a、b，把新系数设置到仪器。

（四）系数标定方法

机组在不同工况（至少 4 个）下稳定运行时，用飞灰取样器在锅炉适当的位置人工取样，所获得样品能代表性的反应机组的燃烧状况，同时记录测碳仪的原始值显示。每个工况获取一对样品和数据，试验完后，把样品送到化验室分析其含碳量，然后按公式（6-1）进行线性拟合，获得系数（a、b），再把系数设定到仪器。

七、故障的识别与处理方法

首先说明一个非故障现象：仪器原始值显示正常，但按键切换到含碳量显示时，其显示结果与根据标定系数计算结果不符。

原因：因长时间关机后，具有掉断保护功能的数据存储器已耗尽可充电电池电量，导致已存储数据遗失。

处理：重新设置一次系数 a、b 即可。

故障检修前的清理和准备工作：卸下机柜上外部的三通密封堵头，关闭主机箱电源，关闭电源箱电源。

如果发生堵灰现象，取样管内已积满灰样，则需拆下橡胶软管，清理取样器和连接管路的积灰，再打开主机箱下面的小堵头，用细木棍小心捅下内部的积灰，再拧上小堵头。

检修前必须确保以下几项：卸下机柜上外部的三通密封堵头；关闭主机箱电源；关闭电源箱电源；拔下电源控制箱与机柜内侧电源插座的两个插头，以确保机柜内三个机箱不再带电。

（一）测碳仪的稳压电源损坏或主机箱内的电路故障

如果稳压电源故障，可更换新的稳压电源；如果稳压电源正常，打开主机开关后没有显示，则需检查主机箱内的电路，对其进行维修或更换。

（二）仪器长时间取不到灰样（显示"ERR0"）

（1）如果锅炉已停运，而测碳仪仍在运行，因长时间无灰样，仪器会显示此信息，并处于待机状态。当锅炉运行后，仪器会自动正常运行。

（2）取样器与主机箱连接的软管或执行机构与主机箱连接的软管老

化破裂漏气、连接管路密封不严。

（3）排气阀关闭不严，排气阀芯前端有一块橡胶垫，长期反复开闭磨损，需更换。更换时打开机柜最下面的"排灰执行机构"机箱，拆开电源线，不要拆卸管路，拧下电器阀的线圈缸，用虎钳拆下阀芯，带回工作间换阀芯端部的橡胶垫片。

（4）取样器严重磨损，无法使用。

（三）仪器发生堵塞现象（显示"ERR1"）

（1）由于某种原因，发电厂现场的供电电源盘停止给仪器供电时间较长或用户在锅炉正常运行时关闭仪器电源时间较长（几十分钟以上），而没有断开测碳仪上部的连接取样器的软管或没有打开三通堵头，使飞灰在机柜和取样管内积累太多，发生堵塞，再来电或开机时便出现此故障。关机数秒后，再打开电源，约几十秒内排灰执行机构的气泵动作了较长时间后，仍不能有足够的力量排出积灰，便可能发生显示"ERR1"，发生堵塞后，不可反复关机再开机，否则由于气路不畅，气泵将被烧毁。

处理：卸下机柜上外部的三通密封堵头，拆下橡胶软管，清理取样器和连接路的积灰。再打开主机箱外底部的小堵头，用细木棍小心捅下内部的积灰，再拧上小堵头。连接好橡胶软管，保留机柜上外部的三通水平开口（防止长时间不开机，灰样又开始在管内堆积），等仪器开机后再拧紧堵头。

（2）主机箱后内部的12V灯泡烧毁，致使光敏元件接收不到光信号。打开主机箱后盖（在仪器工作时，可从机柜外侧的散热通风栅直接观看到主机箱内的灯泡光亮），用手拧下小灯泡，检查是否烧毁。如果灯泡完好或更换了灯泡后，仍产生"ERR1"则须检测光敏接收器是否正常（参考硬件说明），光敏元件接收到光线时，其电压信号仅几十到几百毫伏，无光时其电压信号应有几伏，大于参考电位（$RL = 2 \sim 4V$）。

（3）执行箱内的电磁阀无法工作。可用一根计算机电源连线，一端直接插入执行箱的泄气阀插座，另一端插头接220V电源（机柜内的两个插座任一都可），如电磁阀工作，则可听到动作声，如果电磁阀不动作或阀芯不能开启，则按上述说明拆卸电磁阀，检查线圈和阀芯。

（4）执行箱内连接气泵的电磁阀不开启或气泵损坏或磨损严重。可用一根计算机电源连线一端直接插入执行箱的泄气阀，另一端插头接220V电源，便可听到电磁阀动作声和加压泵的运行噪声。无故障时，在测碳仪机柜上的三通出口可用手明显感觉到气流压力。

如电磁阀没有工作，则可按（2）检查电磁阀。如果泵没有工作，则须检修，打开泵外壳，检查二极管是否烧坏，若损坏可按型号更换，检查线圈是否烧断路，如线圈烧毁，则需要更换新气泵。

八、现场运行维护必须注意的几个操作事项

（一）开机方法

（1）用橡胶软管密封连接取样器和测碳仪。

（2）先打开稳压电源，再开主机箱电源。

（3）用堵头密封机柜上方的三通。

若先用堵头密封了机柜上方的三通，则须在几分钟内开机，长时间不开机会导致灰样堆积，发生堵塞。

注意：不得在关机后立刻开机，应有数秒间隔时间，否则可能导致仪器无法正常启动或使电路损坏。

（二）运行期间关闭仪器的方法

运行期间不得随意开关仪器或切断供给仪器的电源。如果关机时间仅几分钟，则可直接关闭主机箱的电源开关。如果要长时间（超过 10min）断电或关闭仪器，断电或关机前，必须先卸下机柜上外部的三通密封堵头，再关闭仪器电源。运行时，由于烟道处于负压状态，打开三通后，空气会从开口流入取样管，飞灰样才不会下落堆积在取样管。否则，长时间后灰样会积满测碳仪和取样管，再次开机时，由于灰样太多导致堵塞，仪器无法排出。

（三）仪器必须停运的情况

一般情况下，如果小修和临时停炉，不会有杂物和灰水经取样器流入测碳仪内，则可不关机。锅炉停运行时，如果测碳仪依然开机，则其处于待机状态，锅炉运行后，仪器会自动投入运行。

在锅炉大、小修或临时停机期间，如果对炉膛或尾部烟道进行吹灰清扫，尤其是检修空气预热器或用水对其进行冲洗之前，为防止杂物和灰水经取样器流入测碳仪内，必须关闭仪器；并必须把连接测碳仪和取样器的软管拆开，使软管的下开口弯斜到机柜外，防止灰水和杂物流落到仪器测量腔和机柜内，防止损坏电路和传感器，并且不得完全堵塞软管开口，否则灰样会堵塞取样器和取样管。

可按以下步骤操作：

（1）卸下机柜上外部的三通密封堵头。

（2）关闭主机箱电源。

（3）关闭电源箱电源。

（4）拔下电源控制箱与机柜内侧电源插座的两个插头，以确保机柜内 3 个机箱不再带电。

（5）必须把连接测碳仪和取样器的软管拆开，使软管的下开口弯斜到机柜外。

九、电路主板的调试说明

用户在正常使用仪器过程中，不必掌握本节涉及的内容，仅在仪器的光电接收器和微波传感器故障或损坏后，供检修人员参考。

（一）光电传感器参考电位

在主板连接器 J1 左侧测点为光电传感器输入电压，右侧为参考电位测试点 "RL"。调节电位器 P1，使 "RL" 点的电压值在 2～4V 的范围，以便保证 "RL" 的电压值大于光电传感器感光电压（一般小于 1V），小于光电传感器不感光（有灰阻挡）电压（一般大于 4V）。

（二）传感器信号放大电路调整

在主板连接器 J5 左侧有 4 个测点，从左到右分别是模拟输入参考电位（V_{OffSet}）、传感器模拟输入电压（V_{Org}）和放大后至 A/D 转换器电压（V_{amp}）。模拟输入参考电位（V_{OffSet}）已被设定。有如下关系

$$V_{\text{amD}} = (V_{\text{OffSet}} - V_{\text{Org}}) \times 电路调整参数$$

传感器腔内无灰样时，调节信号衰减电位器，使 V_{amD} 的绝对值为 100mV。

仪器经以上调试后，可以正常地进行工作。

第六节 汽轮机振动分析系统

一、系统概述

CSI6500 机械设备在线监测系统解决了火电厂 TDM 系统的许多问题。例如：硬件设备老化、软件版本低下；许多服务器由于长时间运行，导致打开软件画面十分缓慢；甚至有的连简单的启停机数据都无法查看，更不用说查找历史数据进行故障分析。它具有以下特性：

（1）Plant Web 新扩展 API 670 设备保护监测系统。

（2）将设备保护监测与 DeltaV 或 Ovation 集成，只需三步简单的操作。

（3）监测工厂中最关键的旋转设备。

（4）将实时的设备状态反馈与工厂过程自动化集成。

（5）将振动监测转化为预测性报警。

（6）通过 AMS 设备管理平台可对透平机械做瞬态分析并提供有效决

策支持。

（7）PeakVue 专利技术用于辅助机械滚动轴承和齿轮箱状态的监测和分析。

透平机组的运行性能至关重要。CSI 6500 的独特设计在于它的现场智能将停机保护与预测分析集成到同一个平台上，通过它可以得到火力发电厂所有的机械健康状态信息。

CSI 6500 是针对现实挑战来设计的。它拥有现场预测分析智能，连续、同步的瞬态数据记录，所有通道的动态数据实时显示和动态回放功能，可以在解释诊断结果时回放当时的整个过程。如汽轮机组的停机、启动、甚至任意时刻的突发事件。

除了保护并实时监测透平机组，CSI 6500 同样会对设备做细致的照顾，监测故障的发展趋势并帮助提供维修计划建议。CSI 6500 通过细致划分时域波形和频谱的特征，可以定义多达 255 种分析参数用于诊断各种不同的故障。

对于每一种分析参数都可以设置 LOLO，LO，HI，HIHI 四个级别的警告或报警。

对于拥有齿轮箱或滚动轴承的压缩机、泵等设备，CSI6500 拥有 Peak-Vue 专利技术，专门用于监测齿轮箱和滚动轴承。

二、自适应监测

振动的增加并不一定需要报警，比如说当载荷增加到一定程度时，振动增大就是很正常的。CSI 6500 拥有一个独特的功能，即当工艺流程发生改变时调整监测策略。这个功能通过现场智能激活"基于事件的数据采集方式"，即自适应监测来实现。

三、现场智能

现场智能增强了 CSI 6500 高级预测分析特性。和过程自动化系统的现场控制器在现场进行监测和控制一样，CSI 6500 也是使用现场处理器进行设备停机保护、监测设备健康状态报警信息、以及发送大量瞬态数据给用户。

现场智能使得以下功能成为现实：

（1）通过总线技术将自定义的预测分析参数实时更新到过程自动化控制系统。

（2）基于事件的自适应监测和报警。

（3）100 小时以上所有通道同步不间断的瞬态数据记录。

（4）厂级范围的可升级的监测方案。

四、AMS 机械设备状态管理软件

通过 AMS Asset Graphics 看到设备健康状态参数发生明显变化，设备存在潜在故障后，AMS 机械状态管理软件通过集成多种诊断技术到同一数据库中，提供更为精确的诊断和评估。

AMS 机械状态管理系统软件能够将多种状态监测技术的数据集成在同一个数据库内，提供全面的分析诊断和报告功能。

AMS 机械状态管理软件提供以下专门针对透平机组的功能：

（1）实时动态的瞬态监测画面。

（2）100 小时以上的瞬态数据记录—启动、停机，甚至生产状态监测。

（3）任何记录数据的动态回放。

（4）利用 ME'Scope 对设备进行的三维结构变形和模态分析。

AMS 设备管理组合的图形化界面提供强大的实时诊断功能。

五、实时动态的瞬态监测画面

现场智能将您和设备直接连接在一起。这个独特的结构使得 AMS 设备管理组合提供了很多通过基于 PC 的数据采集系统所不能实现的强大的预测诊断工具。所有轴承测点的振动总量趋势、轴心轨迹、轴心位置、波德/乃奎斯特图、瀑布图、时域波形和频谱图都可以同步、实时、动态的浏览。

六、PlantWeb 的优势

技术投资的良好开端—使用艾默生的 Plantweb 设备优化服务可以确保高效的使用 CSI 6500 和在线设备监测方案，来自艾默生的专家可以帮助对关键设备进行诊断，以全方面发挥它们的优势。

专家将负责系统安装并对其进行初始配置，通过划分设备资产的优先等级及优化报警参数来引导技术执行，最后将该技术融入工作流程，从而提高火力发电厂的检修和运行效率，保证设备的完好率和可靠性。

第七节　炉管泄漏检测装置

一、系统概述

锅炉水冷壁、省煤器、过热器、再热器通称为锅炉"四管"，确切地说，应称为锅炉承压受热面。锅炉"四管"大多数泄漏都是由微小泄漏发展而来的（如材质或焊缝的沙眼、气泡等），当达到能够被人们感知到的程度时，泄漏所造成的破坏已相当严重，因此对锅炉承压受热面的轻微

泄漏应早期发现，并对泄漏发展趋势进行可视化的定量监测。

锅炉正常运行时，燃料燃烧、烟气流动、灰粒无规则撞击金属的表面等都会在锅炉内部产生较强的噪声，如何区别正常的锅炉背景噪声和炉管泄漏所产生的噪声是能否准确反映泄漏状态的关键问题。

GEEBLA 型炉管泄漏系统基于声学检测原理，通过耐高温的传感器采集锅炉燃烧时的声音信号，应用先进的特征提取技术，提取炉内声音的时域、频域特征，建立有效识别正常背景噪声与泄漏信号的特征向量，采用基于最近邻（NN）原则的输出观察向量计分方法进行模式识别，具有在强背景噪声下有效识别微小泄漏的高识别率。一旦捕捉泄漏信号将延时跟踪分析，信号达到阈值后将发出报警。此外，该系统还能有效地监测吹灰器的运行工况。

二、硬件结构

GEEBLA 型锅炉泄漏在线监测系统，采用了计算机技术，其系统结构比较简捷。系统配置结构方案如图 6 – 12 所示。

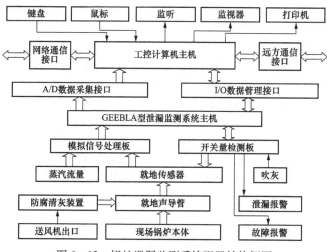

图 6 – 12　锅炉泄漏监测系统配置结构框图

硬件系统主要分为两部分：监测机柜部分和就地监测部分。

1. 监测机柜部分

监测机柜内包括彩色显示器、键盘、鼠标、工控计算机、监测主机箱、接线端子排等。

在监测机柜中，监测信号和蒸汽流量模入信号、锅炉吹灰开入信号、系统报警开出信号等一同送入机柜中的监测主机箱,进行统一信号处理,然后再汇入工控计算机。

2. 就地监测部分

就地监测部分主要包括声导管、传感器、就地接线盒、传感器至接线盒以及接线盒至监测机柜的就地电缆,如图 6-13 所示。

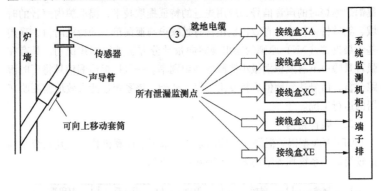

图 6-13　锅炉承压管泄漏在线监测系统就地监测部分设备布置图

注:接线盒至系统监测机柜内端子排的就地电缆采用多芯的热工屏蔽电缆。

监测系统声导管传感器按锅炉结构、监测要求等原则,合理分散地安装在锅炉上,以就近为原则分成几部分,通过电缆将信号汇入各部分的就地接线盒,各接线盒再通过电缆接入监测机柜。

三、测点布置

某机组在炉膛的水冷壁区域布置了 8 个测点,水平烟道的过热器、再热器区域布置了 6 个测点,两侧尾部竖井烟道的再热器、省煤器区域布置了 12 个测点,炉顶大罩壳布置了 4 个测点。测点布置遵循单只传感器有效监测半径为 6~12m 的原则。

四、系统工作原理

系统工作原理如图 6-14 所示。

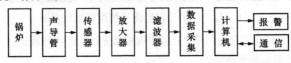

图 6-14　锅炉泄漏在线监测系统原理框图

五、传感器

工作原理:锅炉运行时,其承压受热面内部介质(水或蒸汽)的压力较高，通常大于 10MPa。当受热面产生裂纹或孔洞时，高温高压介质冲出缝隙时可产生频带较宽的噪声信号。

这种宽频带的噪声信号通过声导管的合理传导，使传感器接收到噪声信号，并进行首次信号处理后，为了便于电缆的长线传输，再转换为 4 ~ 20mA 的标准信号，通过电缆送入监测机柜中的泄漏监测主机内，进行再次的信号处理。

传感器中的信号处理如图 6 - 15 所示。

图 6 - 15　传感器中的信号处理

第八节　火焰检测系统

一、系统构成及功能说明

ZHJZ - IV 型火焰检测器系统由火焰检测柜、ZFD - 02 型火焰检测处理仪、火焰检测探头、火焰检测端子箱（可选）、火焰检测屏蔽电缆、工作站及冷却风系统组成。

冷却风系统由两台互备高压离心式通风机、转换挡板、滤尘装置、差压开关、风机控制柜及管路部分组成，负责向火焰检测探头提供足够流量、压力、清洁的冷却风，确保探头运行可靠、准确。

ZFD - 02 型火焰检测处理仪由 ZFDZ - Ⅷ型火焰检测处理卡件、ZFDC - Ⅲ - H 型火焰检测机箱、ZFDP - Ⅲ - H 型火焰检测电源卡件、ZFDM - Ⅰ型通信卡件及 ZFDK - Ⅲ型空面板组成。

火焰检测探头由型号为 ZFDT - T1H0V 型探头组件和 ZFDT - V - V 型探头放大器构成。

火焰检测端子箱又称接线盒，安装于就地，一般按角或层布置，作用是将各角或层的探头信号汇集、转接至火检柜。

火焰检测屏蔽电缆指火焰检测探头到火焰检测端子箱和火焰检测端子箱到火焰检测屏两段，火焰检测探头到火焰检测端子箱之间采用 4 芯（5 芯）0.75m^2 柔性耐高温阻燃屏蔽电缆，另一段采用 4 芯屏蔽电缆即可。

工作站由装有 RS - 485/232、USB 转换包、通信电缆、火焰检测机箱扩展电缆、两个 DB9F（1 针 1 孔）接头组成，通信电缆与火焰检测机箱扩展电缆均为屏蔽双绞线，通过配置的工作站进行集中远程参数设置、故障诊断、自学习动态调试、实时趋势分析、历史趋势分析、数据结果显示及报表等，工作站也可做为现场调试的调试工具。

二、检修质量标准

（1）检查各设备的铭牌与实际位置相对应，要求正确、无误。

（2）现场设备检修：各压力开关（冷却风压力）、火焰检测屏蔽电缆、火焰检测探头、ZFD－02 型火焰检测处理仪校验准确、动作正确、信号正确。

（3）绝缘测试，检查接地系统：各电缆绝缘良好，要求用 500V 绝缘电阻表测试，线对地绝缘电阻不小于 10MΩ，线与线间绝缘电阻不小于 5MΩ，控制系统的接地电阻应小于 0.5Ω。

（4）各端子排接线良好，排列整齐。线号正确、清晰，电缆牌正确清晰、固定牢固。现场设备动作良好，信号准确无误，电缆孔洞封堵。

（5）中能火焰检测柜停电，对各设备进行清扫（现场设备和控制柜及柜内各设备），各设备间连线正确牢固。

（6）电源性能测试，电缆、管路及其附件检查：各电源供电可靠，各冷却风管路连接牢固，无漏气现象，各铭牌正确、清晰、齐全、牢固。

（7）消除运行中无法处理的缺陷，恢复和完善各种功能及标志。

（8）待锅炉启动火焰正常后，各火焰信号（模拟量、开关量）正确稳定。

三、安装、动态调试

1. 安装步骤

（1）将各光纤、摄像头按标记正确安装到现场，并连接其电源线和视频线。

（2）检查火检柜的各卡件指示灯是否正确、端子接线及电源熔断器是否完好。

（3）待锅炉启动、火焰正常后，观察 ZFDZ－Ⅷ型火检处理卡件显示是否正常，若不正常，退出失去全部火焰保护后，对卡件进行重新设置。

2. 调试步骤

（1）记录火焰检测处理卡件内部参数及阈值。

（2）燃烧器投运后观察一段时间内实时数据变化情况并手工记录 1 组实时数据最小值与中间值，观察数据波动范围是否稳定。现场通过打焦孔或火焰电视勘查验证投运成功与否的真实性。

（3）若数据波动范围稳定且数据变化显著，按照阈值算法调整阈值与回差值，若数据波动范围大、不稳定或实时数据平均值偏低则调整内部参数的算法模式，继续观察实时数据变化情况。

（4）若数据波动范围稳定但频率实时值偏低时，调整内部参数的频率增益。

（5）被监视燃烧器的临层或对角燃烧器运行工况发生时，观察一段时间后手工记录1组实时数据的最小值与中间值，并按实际情况修正阈值与回差值。

（6）按照上述步骤与方法调试其他火检处理卡件的内部参数与阈值、回差值。

（7）做主燃烧器火焰探测试验。

试验方法：监视下述工况发生时"有火"触点动作情况：关闭临层和对角（对面）燃烧器，启动目标主燃烧器（背景辐射光影响最小工况），查看火焰检测处理卡件"有火"指示灯是亮还是灭，如果亮则试验合格。

提示　本章内容适用于中级人员。

压力测量仪表

压力是火力发电厂热力生产过程中的重要参数之一，如主蒸汽压力、汽包压力、给水压力等。压力测量仪表对于保证机组安全运行和人身安全起着十分重要的作用。正确使用与维护压力测量仪表，是保证电厂安全、经济运行的有效措施。

第一节 压力测量仪表概述

一、压力的概念及单位

垂直作用在单位面积上的力称为压力，物理学中称为压力强，其数学表达式为

$$p = \frac{F}{S} \tag{7-1}$$

式中　p——压力，Pa；

　　　F——垂直作用力，N；

　　　S——受力面积，m^2。

压力的单位也取法定计量单位，名称是"帕斯卡"，简称"帕"，用符号"Pa"表示。它的物理意义是：1N 的力垂直作用在 $1m^2$ 的面积上。在实际应用中，"Pa"的单位太小，工程上习惯以"帕"的 1×10^6 倍为压力单位，即"MPa"。

几种压力单位之间的换算关系见表 7-1。

表 7-1　　　　　　　　　　压力单位换算表

单位名称	帕斯卡（Pa）	标准大气压（atm）	工程大气压（kgf/cm²）	毫米水柱（mmH₂O）	毫米汞柱（mmHg）
1 帕斯卡（Pa）	1	9.86924×10^{-6}	1.01972×10^{-5}	1.01972×10^{-1}	7.50064×10^{-3}
1 标准大气压（atm）	1.01325×10^5	1	1.03323	10332.3	760

单位名称	帕斯卡 (Pa)	标准大气压 (atm)	工程大气压 (kgf/cm²)	毫米水柱 (mmH₂O)	毫米汞柱 (mmHg)
1工程大气压 (bgf/cm²)	9.80665×10^4	0.967841	1	10000	735.562
1毫米水柱 (mmH₂O)	9.80665	9.67841×10^{-5}	1×10^{-4}	1	0.735562×10^{-1}
1毫米汞柱 (mmHg)	133.322	1.31579×10^{-3}	1.35951×10^{-3}	13.5951	1

压力分为以下几种：

（1）绝对压力。以完全真空作零标准表示的压力称为绝对压力。当用绝对压力表示低于环境压力（大气压力）的压力时，把该绝对压力称为真空。

（2）表压力。以环境压力（大气压力）作为零标准表示的压力称为表压力。表压力为正时，简称压力；表压力为负时，称为负压力或真空。因为各种工艺设备和测量仪表都处在环境压力（大气压力）的作用下，所以工程上都用表压力表示压力的大小，不加特别说明，所说的压力均指表压力。

（3）差压。用两个压力之差表示的压力称为差压，也就是以环境压力（大气压力）之外的任意压力作为零标准表示的压力。

二、压力测量仪表的分类

压力测量仪表的品种和规格繁多，有按工作原理、用途、结构特点、精度等级及显示方法等分类的各种分类方法。两种常见的分类方法如下：

（一）按仪表的测量参数范围分类

有气压表（测量大气压力）、压力表（测量较大的正表压力）、真空表（测量负压力）、压力真空表（测量较小的正压力和真空）、微压计（测量250Pa以下的压力、负压或差压）等。

（二）按仪表的工作原理分类

有液柱式、活塞式、弹性式和电气式等。

测压仪表类型及其主要技术性能见表7-2。

表 7 - 2　　　　　　　　测压仪表类型及其主要技术性能

类型	测量范围	精确度	优缺点	主要用途
液柱式压力计	$0 \sim 2.66 \times 10^5$ $(0 \sim 2000\text{mmHg})$	0.5 1.0 1.5	结构简单，使用方便，但测量范围窄，只能测量低压或微压，易损坏	用来测量低压及真空，或作压力标准计量仪器
弹性式压力表	$-10^5 \sim 10^9$ $(-1 \sim 10^4$ $\text{kgf/cm}^2)$	精密：0.2 0.25 0.35 0.5 一般：1.0 1.5 2.5	测量范围窄，结构简单，使用方便，价格便宜，可制作成电气远传式，广泛应用	用来测量压力及真空，可就地指示，也可集中控制，具有记录、发信报警、远传性能
电气式压力表	$7 \times 10^2 \sim 5 \times 10^8$ $(7 \times 10^{-3} \sim$ $5 \times 10^3 \text{kgf/cm}^2)$	$0.2 \sim 1.5$	测量范围广，便于远传和集中控制	用于压力需要远传和集中控制的场合
活塞式压力计	$-10^5 \sim$ 2.5×10^5 至 $5 \times 10^6 \sim$ 2.5×10^8 $(-1 \sim 2.5$ 至 $50 \sim$ $2500\text{kgf/cm}^2)$	一等：0.02 二等：0.05 三等：0.2	测量精确度高，但结构复杂，价格较贵	用来检定精密压力表和普通压力表

第二节　弹性压力表

　　弹性式压力表是根据弹性元件的弹性变形与所受压力成一定比例关系来测量压力的。这种仪表结构简单，测量范围广，造价低廉，有足够的精确度，还可以制成发信器远距离传输。因此，弹性式压力表是工业上应用最广泛的一种压力测量仪表。

　　根据不同的使用要求，弹性式压力表的弹性元件通常制成如图 7 - 1 所示的几种形式。

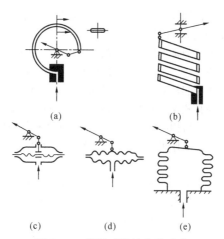

图7-1 弹性元件的几种形式

(a) 单圈弹簧管；(b) 螺旋形弹簧管；(c) 波纹膜片；(d) 波纹盒；(e) 波纹管

一、弹簧管式压力表

弹簧管式压力表是弹性式压力表中应用最多的一种。弹簧管有多圈和单圈之分，结构上有些差异，但工作原理是一样的。

（一）结构及工作原理

单圈弹簧管压力表的结构如图7-2所示。表内除弹簧管1外，还有

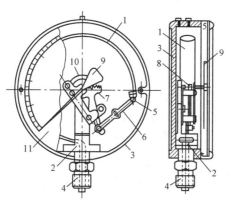

图7-2 单圈弹簧管压力表的结构

1—弹簧管；2—支座；3—外壳；4—接头；5—带有铰轴的塞子；6—拉杆；
7—扇形齿轮；8—中心齿轮；9—指针；10—游丝；11—刻度盘

一套由拉杆、轴、齿轮等组成的机械放大传动机构。中心齿轮轴上装有游丝 10 和指针 9，刻度盘 11 装在外壳 3 上。

当有压介质通入弹簧管内时，它的自由端将产生位移，此位移通过拉杆 6 带动扇形齿轮 7 转动，于是与 7 齿合的中心齿轮 8 旋转，固定在中心齿轮轴上的指针也一起转动，指示出被测介质压力的大小。

扇形齿轮与拉杆相连部分为一开口槽。改变拉杆与扇形齿轮的连接点位置，可以改变传动机构的传动比，从而改变放大机构的放大倍数。在中心齿轮上装有游丝，其作用是减小扇形齿轮和小齿轮的间隙。

（二）弹簧管式压力表的规格和型号

在火力发电厂中应用的弹簧管式压力表一般有两类。一类是精密弹簧管压力表，精确度等级为 0.25、0.4、0.6 级，主要用于检定普通压力表和精密测量；另一类是用于直接测量介质压力的普通压力表，其精确度等级为 1、1.5、2.5、4 级。

常见一般单圈弹簧管压力表的型号和规格见表 7-3，精密压力表的型号和规格见表 7-4。

表 7-3 一般单圈弹簧管压力表的型号和规格

型号	表壳直径（mm）	测量上限（MPa）		精度等级
Y-60 Y-60Z Y-60ZT	60	0.06；0.25；0.4；0.6； 1；1.6；2.5；4； 6；10；16；25		1.5 2.5 4
Y-100 Y-100Z Y-100ZT	100	0.1；0.16；0.25；0.4； 0.6；1；1.6；2.5；4； 6；10；16；25；40		1 2.5 2.5
Y-150 Y-150Z Y-150ZT	150	0.1；0.16；0.25；0.4；0.6 1；1.6；2.5；4；6； 10；16；25；40；60		1 1.5 2.5
YZ-100 YZ-100Z YZ-100ZT	100	（真空部分） -0.1	（压力部分） 0.1；0.16 0.25；0.4	1.5~2.5
YZ-150 YZ-150Z YZ-150ZT	150	-0.1	0.6；1； 1.6；2.5	1.5~2.5

表 7 - 4　　　　　精密压力表的型号和规格

名称	型号	测量范围 （MPa）	精度 等级	用途和使用要求
标准低压 压力表	YB - 150 YB - 160	0 ~ 0.1；0 ~ 1.6； 0 ~ 25；0 ~ 0.4； 0 ~ 0.6；0 ~ 1； 0 ~ 1.6；0 ~ 2.5； 0 ~ 4；0 ~ 6	0.4	检验一般压力表或精确测量对铜合金不起腐蚀作用的液体、气体的压力
标准真 空表	ZB - 150 ZB - 160	- 0.1 ~ 0.8	0.4	检验一般压力表或精确测量对铜合金不起腐蚀作用的液体、气体的压力
标准中低 压力表	YB - 150 YB - 160	0 ~ 100；0 ~ 16； 0 ~ 25；0 ~ 60	0.4	检验一般压力表或精确测量对铜合金不起腐蚀作用的液体、气体的压力
标准高低 压力表	YB - 200	0 ~ 100； 0 ~ 160； 0 ~ 250	0.4	检验一般压力表或精确测量对铜合金不起腐蚀作用的液体、气体的压力
精密标 准低压 压力表	YB - 160 YB - 201 YB - 201A YB - 251 YB - 251A	0 ~ 0.1；0 ~ 0.16； 0 ~ 0.25； 0 ~ 0.4； 0 ~ 0.6； 0 ~ 1；0 ~ 0.16； 0 ~ 0.25；0 ~ 4； 0 ~ 6	0.25	检验压力表及其他有压力参数的仪器，亦可用于精密测量无腐蚀性介质的压力
精密标准 真空压 力表	YB - 160	- 0.1	0.25	精密测量压力表或精确测量对铜合金不起腐蚀作用的液体、气体蒸汽的压力和负压
精密标 准中压 压力表	YB - 160	0 ~ 10；0 ~ 16； 0 ~ 25；0 ~ 40； 0 ~ 60	2.5	精密测量压力表或精确测量对铜合金不起腐蚀作用的液体、气体蒸汽的压力和负压

名称	型号	测量范围（MPa）	精度等级	用途和使用要求
台式精密压力表	YBT-254	-0.1~0；0~0.06；0~0.1；0~0.16；0~0.25	0.25	精密测量压力表或精确测量对铜合金不起腐蚀作用的液体、气体蒸汽的压力和负压

单圈弹簧管压力表的型号和规范如下。

型号由 4 部分组成：

□ □ —— □ □

第一方格：Y——单圈弹簧管压力表；Z——单圈弹簧管真空表；YZ——单圈弹簧管压力、真空表。

第二方格：X——电触点；O——氧用、禁油；B——标准表；Q——氢用；A——氨用；C——耐酸。

第三方格：表格直径有 40、60、100、150、160、200、250mm 等几种。

第四方格：机构形式。空位——径向无边；T——径向有边；Z——轴向无边；ZT——轴向有边。

例如：YZ-60ZT，表示轴向有边的弹簧管压力表、真空表。

二、膜盒式压力表

膜盒式压力表具有结构简单、灵敏度高的特点，在火力发电厂中被广泛用在测量空气和烟气压力等的微压场合。

（一）结构和工作原理

膜盒式压力表的结构如图 7-3 所示。它主要由膜盒和传动机构两部分组成。

用两个同心的波纹膜片沿其边沿焊接在一起，构成空心膜盒作为仪表的敏感元件。被测介质压力由接头 1 和导压管 2 引入膜盒 3。在被测压力作用下，膜盒受压产生位移，推动拉杆 4 和铰链块 5 移动，从而带动微调支板 8 绕转轴 9 按逆时针方向旋转，与微调支板 8 相连的拉杆 7 带动固定在指针轴上的调节板 16 转动，从而使指针偏转，在刻度盘 12 上指示出被测压力的大小。游丝的作用是消除传动之间的空隙。

仪表出厂时，拉杆在调节板上的位置已调好，校验仪表时一般不要再动。调节微调螺钉可改变双金属片的夹角，即可改变仪表的量程。

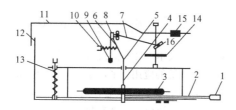

图 7 - 3　膜盒式压力表的结构

1—接头；2—导压管；3—膜盒；4—拉杆；5—铰链块；6—双金属片；7—拉杆；
8—微调支板；9—转轴；10—微调螺钉；11—指针；12—刻度盘；
13—调零轴；14—游丝；15—平衡锤；16—调节板

（二）型号规格

膜片和膜盒式压力表的型号和规格见表 7 - 5。

表 7 - 5　　　　膜片和膜盒式压力表的型号和规格

名称	型号	规格和主要数据	精确度
膜片压力表	YP - 100 YPF - 100 YPF - 100	$0 \sim 0.06$；$0 \sim 0.1$；$0 \sim 0.16$；$0 \sim 0.25$； $0 \sim 0.4$；$0 \sim 0.6$；$0 \sim 1.0$；$0 \sim 1.6$； $0 \sim 2.5$	2. 5
	YFF - 100A YM - 100	$0 \sim 0.6$；$0 \sim 1$；$0 \sim 1.2$；$0 \sim 2.5$； $0 \sim 4$	2. 5
	YP - 150 YPF - 150	$0 \sim 0.06$；$0 \sim 0.1$；$0 \sim 0.16$；$0 \sim 0.25$； $0 \sim 0.4$；$0 \sim 1$；$0 \sim 1.6$；$0 \sim 2.5$	1. 5
膜盒压力表	YE - 150 YEJ - 101 YEJ - 1	压力表：$0 \sim 1000$ 至 $0 \sim 40000$ 压力真空表：$\pm 200 \sim \pm 20000$ 真空表：$1000 \sim 0$ 至 $40000 \sim 0$	2. 5
矩形接点 膜盒压力表	YEJ - 111 YEJ - 121	压力真空表：$\pm 80 \sim \pm 1000$ 压力表：$0 \sim 160$ 至 $0 \sim 60000$ 真空表：$-160 \sim 0$ 至 $60000 \sim 0$	2. 5
耐腐蚀膜盒 压力 指示仪	YEJ - 101	压力表：$0 \sim 400$ 至 $0 \sim 40000$ 真空表：$-400 \sim 0$ 至 $-4000 \sim 0$ 压力真空表：$\pm 200 \sim \pm 20000$	2. 5

第七章　压力测量仪表

第三节 压力显示仪表

近年来，新型传感器技术、计算机技术以及数据通信等技术不断进步且在测量领域里得到了广泛的应用，形成了新一代智能化测量控制仪表。智能化仪表以微处理器或计算机为核心，通常具有信息传输、存储、运算、分析和诊断功能。它广泛应用于高参数、大容量机组的热工测量上。压力数字显示（控制）仪表是一种检测、控制压力参数的数字式二次仪表。它与相应的压力变送器、传感器配套使用，适用于工艺过程中气态、液态介质的监测和控制。

目前市场上生产销售的厂家和数字显示仪表种类繁多，大多数仪表在结构上采用了卡式、模块化结构，具有测控精度高、工作可靠、使用方便灵活、多信号输入等优点，并且具有很好的抗干扰性能。另外，部分智能仪表具备折线修正功能，可对输入的非线性信号进行修正。在校验方式上具备了先进的软件自动校验功能，并具有自诊断、自动闪屏报警功能。

下面仅对常见智能数字显示仪表 TRM - 03 系列举例做简要介绍：

一、特点

（1）输入信号：mV，mA，Hz，Pt100，Pt10，Cu50，Cu100，Cu53，B，E，K，J，T，WR。

（2）输出信号：$0 \sim 10mA$，$4 \sim 20mA$，$1 \sim 5V$，$1 \sim 10V$，$0 \sim 5V$，Hz，24V 配电输出等。

（3）报警点在全量程范围内可以任意设定，也可设定上下限值报警，具有发光管报警指示、继电器触点输出控制外部执行机构。

（4）具有高精度的电压、电流和继电器输出控制模块供用户选择。

（5）设定参数可永久保存，参数密码锁定，具有断偶、断阻、断线自诊断功能。

（6）采用人性化的操作方法，操作简单易学。

二、主要技术指标

（1）精度：0.2、0.5 级。

（2）输入信号：热电偶（B，S，K，E，J，T，WR）；热电阻（Pt100，Pt10，Cu50，Cu100，Cu53）；电压（mV，V）；电流（$0 \sim 10mA$，$4 \sim 20mA$）。

（3）测量范围：$-1999 \sim 9999$ 字（小数点可自定义）。

（4）记录输出：0~10mA，4~20mA，1~5V，0~5V。

（5）辅助配电输出：24V DC，负载不大于50mA。

（6）供电：（220V AC±10V 或（24V DC±1V），功耗不大于5W。

（7）掉电永久保存。

（8）环境温度：0~55℃，相对湿度不大于85RH，避免强腐蚀性气体。

（9）采样速度：4次/s。

三、接线

接线如图7-4所示。

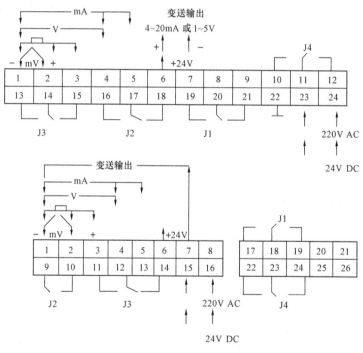

图7-4　TRM-03接线图

四、面板说明

面板说明如图7-5所示。

说明如下：

HH/LL——J1、J4继电器报警指示；

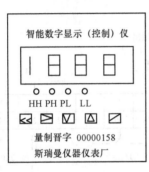

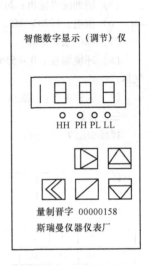

图 7 – 5 TRM – 03 面板说明

PH——J2 继电器报警指示；

PL——J3 继电器报警指示；

A/M 键——辅助设定键；

《键——设定键；

▷键——右移键；

△键——数字增加键；

▽键——数字减少键。

五、仪表的设定

仪表的功能设定是仪表资源利用的前提，也是对仪表应用范围的规定。具体设定方法如下。

在仪表通电后，首先显示 TR03 达 5s，仪表此时进入初始化，完毕后即显示测量值（如果此时闪屏为断偶、断阻、断线报警）。

（一）进入设定状态

按"《"键，再按"A/M"键直到仪表出现"SET"，再按"《"键出现数字"999"，通过按右移键，上键，下键改数字为"158"（小数点在哪一位闪烁，可修改哪一位），再按"《"键仪表进入设定状态 In。输入代码见表7-6。

表7-6 TRM-03 输入代码

种类	代码	规格	小数点量程	小数位	显示量程
热电偶	00	K 分度	52.398mV	0	0~1300
	01	E 分度	68.783mV	0	0~900
	02	S 分度	16.771mV	0	0~1600
	03	B 分度	13.583mV	0	300~1800
	04	J 分度	57.942mV	0	0~1000
	05	TS 分度	20.869mV	0	0~400
	06	EA 分度	66.36mV	0	0~800
	07	N 分度	47.502mV	0	0~1300
线性输入	10	线性	0~20mV	0，1，2，3	-1999~9999
	11	线性	0~100mV	0，1，2，3	-1999~9999
	12	线性	0~500mV	0，1，2，3	-1999~9999
	13	线性	0~5V	0，1，2，3	-1999~9999
	14	线性	1~5V	0，1，2，3	-1999~9999
	15	线性	0~10mA	0，1，2，3	-1999~9999
	17	线性	0~20mA	0，1，2，3	-1999~9999
热电阻	20	Pt100	313.59Ω	0，1	-199.9~600.0
	21	Cu100	169.27Ω	0，1	50.0~150.0
	22	Cu50（Cu53）	82.13Ω	0，1	50.0~150.0
	23	BA2	317.06Ω	0，1	-199.9~600.0
	24	BA1	145.85Ω	0，1	-199.9~600.0
	25	线性	0~400Ω	0，1，2，3	-1999~9999

（二）输入信号选择 In

在仪表显示"In"后，再按"《"键显示 In 的内容，可以通过按右移键，上键，下键修改窗口内容，代码不同规定了不同的仪表输入，具体内容见表 7-6。

（三）热电偶仪表的设定

仪表设定为热电偶输入后，对于热电偶仪表输入的设定有温度补偿二极管参数、抗干扰模式、误差修正、报警参数、输出量设定。

（1）温度补偿参数 bc。

（2）抗干扰模式。

（3）误差修正参数。

按"《"键出现"—"为误差修正设定，再按"《"键出现修正参数内容，一般位为零，它的内容结合校验进行修正。

（4）报警参数 sp1，sp2，sp3。

（5）变送输出参数 out。01 代表 0～10mA 输出；02 代表 4～20mA 输出。

1）变送输出（测量值）零点设置 odo；

2）变送输出满度设置 oup。

以上参数设定完后，按"《"键仪表显示"End"，如在设定过程中有误输入，可按"A/M"键退回，重新输入。

（四）线性信号输入仪表

仪表在 In 的范围内选择线性信号输入时，按"《"键会有以下参数设定：抗干扰模式、小数点位置设定、误差校正参数、量程下限和上限、报警参数、变送输出等。

（1）小数点位数设定 dip。

（2）量程下限设定 Ldo。

（3）量程上限设定 Lup。

六、校验

（一）校验用仪器

校验用仪器有多功能信号发生器、精密电流表。

（二）校验步骤

在用户对仪表设定的基础上，仪表回到显示状态，按"《"键，再按"A/M"键直到仪表显示"SET"，按"《"键出现数字"999"，通过按右移键，上键，下键改变数字为111，按"《"键进入校验状态，出现代码，代码定义见表 7-7。

表 7-7 TRM-03 调校代码

代 码	内 容
E0	热电阻校正标注参数
E1	温度补偿二极管零点（校正时室温）
E3	20mV 基准校正标准参数
E4	70mV 基准校正标准参数
E5	100mV 基准校正标准参数
E6	500mV 基准校正标准参数
E7	5V 基准校正标准参数
E8	10mA 基准校正标准参数
E9	20mA 基准校正标准参数

因通常使用中以 20mA 标准信号输入，故调整"E9"（适用于 4~20mA 范围的信号）将标准信号调整到 20mA，进入 E9 相应单元，通过右移键、上键、下键调整数值为 6250，调整完成后退回显示界面，根据输入（In）信号的不同，选择输入下限值，若此时仪表显示不为量程下限，有偏差值存在，此时需返回设定菜单，在误差修正参数中设置一个与该偏差值相反的数值修正偏差，退回到显示界面即完成校正。

第四节 压力（差压）变送器

压力（差压）变送器是一种将压力（差压）转换成气动信号或电动信号进行控制和远传的设备。它能将测压元件传感器感受到的气体、液体等物理压力参数转变成标准的电信号（如 4~20mA、0~10mA、1~5V 等直流信号），这样的电压或电流信号大小与压力（差压）成线性关系，一般是正比关系，以供给显示仪表、DCS 等二次仪表进行测量、指示和过程调节。

一、压力传感器的种类和原理

能够测量压力并提供远传信号的装置统称为压力传感器。压力传感器是压力检测仪表的重要组成部分，其结构型式多种多样，常见的型式有压电式、压阻式、电容式、电磁式、振弦式压力传感器等。采用压力传感器可以直接将被测压力变换成各种形式的电信号，便于满足自动化系统集中检测与控制的要求，因而在工业生产中得到广泛应用。

1. 压电式压力传感器

压电式压力传感器主要基于压电效应（Piezoelectric effect），利用电气元件和其他机械把待测的压力转换成为电量，再进行相关测量工作的测量精密仪器，是以压电效应为工作原理的传感器，是机电转换式和自发电式传感器。它的敏感元件是用压电材料制作而成的，而当压电材料受到外力作用的时候，它的表面会形成电荷，电荷通过电荷放大器、测量电路的放大及变换阻抗以后，就会被转换成为与所受到的外力成正比关系的电量输出。

2. 压阻压力传感器

一般通过引线接入惠斯登电桥中，平时敏感芯体没有外加压力作用，电桥处于平衡状态（称为零位），当传感器受压后芯片电阻发生变化，电桥将失去平衡。

若给电桥加一个恒定电流或电压电源，电桥将输出与压力对应的电压信号，这样传感器的电阻变化通过电桥转换成压力信号输出。电桥检测出电阻值的变化，经过放大后，再经过电压电流的转换，变换成相应的电流信号，该电流信号通过非线性校正环路的补偿，即产生了与输入电压成线性对应关系的 4～20mA 的标准输出信号。

3. 电容式压力传感器

电容式压力传感器是一种利用电容作为敏感元件，将被测压力转换成电容值。这种压力传感器一般采用圆形金属薄膜或镀金属薄膜作为电容器的一个电极，当薄膜感受压力而变形时，产生相应的位移，该位移形成差动电容变化，薄膜与固定电极之间形成的电容量发生变化，通过测量电路即可输出与电压成一定关系的电信号。电容式压力传感器属于极距变化型电容式传感器，可分为单电容式压力传感器和差动电容式压力传感器。

单电容式压力传感器由圆形薄膜与固定电极构成。薄膜在压力的作用下变形，从而改变电容器的容量，其灵敏度大致与薄膜的面积和压力成正比，而与薄膜的张力和薄膜到固定电极的距离成反比。另一种形式的固定电极取凹形球面状，膜片为周边固定的张紧平面，膜片可用塑料镀金属层的方法制成。这种形式适于测量低压，并有较高过载能力。还可以采用带活塞动极膜片制成测量高压的单电容式压力传感器。这种形式可减小膜片的直接受压面积，以便采用较薄的膜片提高灵敏度。

它还与各种补偿和保护以及放大电路整体封装在一起，以便提高抗干扰能力。差动电容式压力传感器的受压膜片电极位于两个固定电极之间，构成两个电容器。在压力的作用下，一个电容器的容量增大而另一个则相应减小，测量结果由差动式电路输出。它的固定电极是在凹曲的玻璃表面上镀金属层而制成。过载时膜片受到凹面的保护而不致破裂。差动电容式压力传感器比单电容式的灵敏度高、线性度好。

4. 电磁压力传感器

电磁压力传感器是多种利用电磁原理的传感器统称，主要包括电感式压力传感器、霍尔压力传感器、电涡流压力传感器等。

（1）电感式压力传感器。

当压力作用于膜片时，气隙大小发生改变，达到气隙的改变影响压力的目的。该种压力传感器按磁路可分为变磁阻和变磁导两种。电感式压力传感器的优点在于灵敏度高、测量范围大；缺点就是不能应用于高频动态环境。变磁阻式压力传感器主要部件是铁芯和膜片。它们跟之间的气隙形成了一个磁路。当有压力作用时，气隙大小改变，即磁阻发生了变化。如果在铁芯绕组上加一定的电压，电流会随着气隙的变化而变化，从而测出压力。在磁通密度高的场合，铁磁材料的磁导率不稳定，这种情况下可以采用变磁导式压力传感器测量。变磁导式压力传感器用一个可移动的磁性元件代替铁芯，压力的变化导致磁性元件的移动，从而磁导率发生改变，由此得出压力值。

（2）霍尔压力传感器。

霍尔压力传感器是基于某些半导体材料的霍尔效应制成的。霍尔效应是指当固体导体放置在一个磁场内，且有电流通过时，导体内的电荷载子受到洛伦兹力而偏向一边，继而产生电压（霍尔电压）的现象。电压所引致的电场力会平衡洛伦兹力。通过霍尔电压的极性，可证实导体内部的电流是由带有负电荷的粒子（自由电子）的运动所造成。在导体上外加与电流方向垂直的磁场，会使导线中的电子受到洛伦兹力而聚集，从而在电子聚集的方向上产生一个电场，此电场将会使后来的电子受到电力作用而平衡掉磁场造成的洛伦兹力，使得后来的电子能顺利通过不会偏移，此称为霍尔效应。而产生的内建电压称为霍尔电压。当磁场为一交变磁场时，霍尔电动势也为同频率的交变电动势，建立霍尔电动势的时间极短，故其响应频率高。理想霍尔元件的材料要求要有较高的电阻率及载流子迁移率，以便获得较大的霍尔电动势。常用霍尔元件的材料大都是半导体，包括 N 型硅（Si）、锑化铟（InSb）、砷化铟（InAs）、锗（Ge）、砷化镓

（GaAs）及多层半导体质结构材料，N型硅的霍尔系数、温度稳定性和线性度均较好，砷化镓温漂小。

（3）电涡流压力传感器。

电涡流压力传感器基于电涡流效应的压力传感器。电涡流效应是由一个移动的磁场与金属导体相交，或是由移动的金属导体与磁场垂直交会所产生。简而言之，就是电磁感应效应所造成。这个动作产生了一个在导体内循环的电流。电涡流特性使电涡流检测具有零频率响应等特性，因此，电涡流压力传感器可用于静态力的检测特性。

5. 振弦式压力传感器

振弦式压力传感器属于频率敏感型传感器，这种频率测量具有相当高的准确度，因为时间和频率是能准确测量的物理量参数，而且频率信号在传输过程中可以忽略电缆的电阻、电感、电容等因素的影响。同时，振弦式压力传感器还具有较强的抗干扰能力，零点漂移小、温度特性好、结构简单、分辨率高、性能稳定，便于数据传输、处理和存储，容易实现仪表数字化，所以振弦式压力传感器也可以作为传感器技术发展的方向之一。

振弦式压力传感器的敏感元件是拉紧的钢弦，敏感元件的固有频率与拉紧力的大小有关。弦的长度是固定的，弦的振动频率变化量可用来测算拉力的大小，即输入是力信号，输出的是频率信号。振弦式压力传感器由上、下两个部分组成，下部构件主要是敏感元件组合体；上部构件是铝壳，包含一个电子模块和一个接线端子，分成两个小室放置，这样在接线时就会影响电子模块室的密封性。

振弦式压力传感器可以选择电流输出型和频率输出型。振弦式压力传感器在运作式，振弦以其谐振频率不停振动，当测量的压力发生变化时，频率会产生变化，这种频率信号经过转换器可以转换为 4 ~ 20mA 的电流信号。

二、压力（差压）变送器

随着现代科学技术迅猛发展，测量精度日益提高使压力（差压）变送器逐渐向智能化发展。其中，按不同的转换原理出现了压阻式变送器、电容式变送器、差动电感式变送器和陶瓷电容式变送器等不同类型。

下面举例介绍几种常见压力（差压）变送器的原理、结构、使用、检修和校验等知识。

压力（差压）变送器根据工作原理可分为矢量结构力平衡式、电容式、扩散硅式等类型，现在在发电厂中主要使用的是电容式压力（差压）

变送器。

电容式压力（差压）变送器突破了力平衡式压力（差压）变送器的复杂结构，唯一可动部件是测量膜片，利用测量膜片的微位移产生电容量的变化，经测量电路将其转化为 4～20mA 的统一标准信号。测量精度达到 0.2%，具有可靠性高、体积小、质量轻的特点。

（一）1151 电容式压力（差压）变送器

1. 结构及工作原理

（1）测量部分。

1151 系列电容式压力（差压）变送器的测量部分以可变电容为敏感元件，如图 7-6 所示。被测压力通过隔离膜片 6 和硅液 4 传递到中心的测量膜片 2 上，此压力以同样方式传递到测量膜片的另一侧。测量膜片的位置变化因测量膜片两侧的电容极板 1 的电容量发生变化而检测出来，测量膜片和两个电容极板之间的电容值约为 150pF。

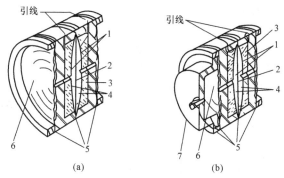

图 7-6　1151 系列电容式变送器测量部分结构图

（a）压力变送器测量部分结构图；（b）绝对压力变送器测量部分结构图

1—电容极板；2—测量膜片；3—刚性绝缘体；4—硅油；5—焊接密封；

6—隔离膜片；7—绝对压力基准（真空室）

被测压力与电容的关系如下，根据下列关系式

$$I_{\mathrm{d}} = fV_{\mathrm{P-P}}(C_{\mathrm{H}} - C_{\mathrm{L}}) \tag{7-2}$$

$$fV_{\mathrm{P-P}} = \frac{I_{\mathrm{ref}}}{(C_{\mathrm{H}} + C_{\mathrm{L}})} \tag{7-3}$$

有

$$\frac{I_{\mathrm{d}}}{I_{\mathrm{ref}}} = \frac{C_{\mathrm{H}} - C_{\mathrm{L}}}{C_{\mathrm{H}} + C_{\mathrm{L}}}$$

再由

$$P = K \cdot \frac{C_{\mathrm{H}} - C_{\mathrm{L}}}{C_{\mathrm{H}} + C_{\mathrm{L}}}$$

因此

$$P = K \cdot \frac{I_{\mathrm{d}}}{I_{\mathrm{ref}}} \qquad\qquad (7-4)$$

式中　I_{d}——流过电容 CH、CL 的电流差，A；

　　　f——振荡频率，Hz；

　　$V_{\mathrm{P-P}}$——振荡器的峰–峰值电压，V；

　　　C_{H}——高压侧极板和测量膜片之间的电容，F；

　　　C_{L}——低压侧极板和测量膜片之间的电容，F；

　　　I_{ref}——恒定电流，A；

　　　P——被测压力，Pa；

　　　K——常数。

（2）转换部分。

转换部分的作用是将电容的变化转换为 4~20mA DC 标准信号，并实现零位、量程、正负迁移、阻尼调整等功能。转换电路由解调器、振荡器、振荡控制器、调零电路、调量程电路、电流控制放大器、电流转换电路、电流限制电路、基准电压等组成，其方框图如图 7-7 所示，转换部分原理线路如图 7-8 所示。

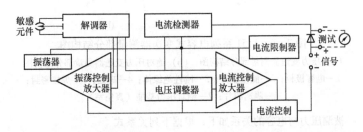

图 7-7　1151 系列电容式压力（差压）变送器转换部分结构方框图

1）解调器。解调器由 D1~D8，电阻 R1、R4、R5，热敏电阻 Rt，电容 C1、C2 组成。解调器的作用是将流过 C1、C2 的交流电流转换成直流电流 I_1、I_2。通过变压器线圈 1.12 和 3.10 抽头的直流电流相加，经过 IC1 驱动控制振荡器。通过变压器线圈 2.11 抽头的直流电流与压力成正比。二极管整流桥和量程温度补偿热敏电阻位于敏感部件内，热敏电阻的补偿

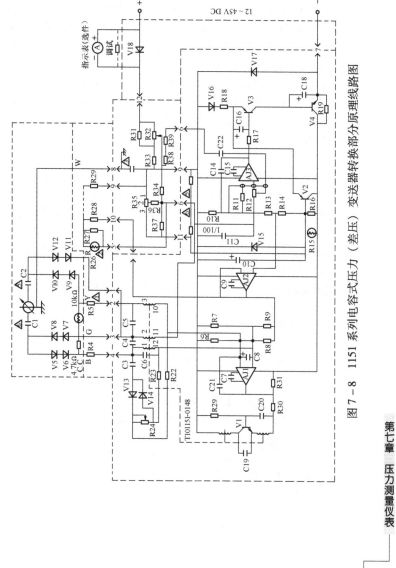

图 7-8 1151 系列电容式压力（差压）变送器转换部分原理线路图

作用由 R4 和 R5 控制。

2）线性调整电路。线性调整电路由电位器 R24，电阻 R23、R22，电容 C3，二极管 D9、D10 组成。改变电位器 R24 的阻值，可以调整测量部分的微小非线性误差。

3）振荡器。振荡器由 Q1、T1、C19、C20、R29 和 R30 组成。振荡频率取决于敏感元件电容值和变压器的电感值，约为 32kHz，其作用是向解调器的绕组 L3、L4、L5 提供激励电压。电流控制放大器 IC1 用在反馈电路中，控制振荡器的驱动电压可由式（7-3）得到。

4）调零、调量程电路。零点调整电路由电位器 R35 和电阻 R36 组成。由电位器上取出可调电压加到 IC3 的正向输入端。顺时针旋转 R35，输出电流加大；反之，输出电流减小。量程调整电路由电位器 R32，电阻 R31、R33、R34 和 R37 组成。采用改变反馈电流的方法调整量程。

5）电流控制放大器。电流控制放大器由 IC3、Q3、Q4 和相应的电阻组成，IC3 的基准电压由 R10 和 R13 的比值确定。电流控制放大器的作用是使通过 R34 和反馈回放大器 IC3 的电流等于调零电流和测量电流之和。

6）限流器。限流器由 R13 和 Q2 组成。其作用是当变送器超压时，限制其输出电流不大于 30mA。

7）迁移电路。需要迁移量程时，用插针将 SZ 或 EZ 插孔短接即可。正迁移时，短接 SZ，EZ 断开；负迁移时，短接 EZ，SZ 断开；无迁移时，插针处于中间位置（见图 7-9）。

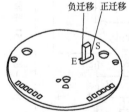
负迁移　正迁移

图 7-9　迁移电路

8）阻尼电路。阻尼调整电路由电阻 R38、R39，电容 C20 及电位器 R12 组成。调整 R12 的大小即调整动态反馈的大小，从而实现阻尼调整，调整范围为 0.2~1.67s。

9）极性保护电路。极性保护电路由稳压管 D13 实现。当电源极性反向时，D13 正向导通，从而保护其他元件不承受过高的反向电压。

2. 常见故障及分析

（1）输出过大。

1）传压管路是否泄漏或堵塞。

2）变送器法兰里有无沉积物。

3）敏感元件是否正确连接，插针 8 是否可靠接壳。

4）电源是否正常。

（2）输出过低或无输出。

1）有无短路、断路处。

2）信号连接是否正确。

3）传压管路有无泄漏或堵塞。

4）试验二极管是否烧坏。

5）电路板是否有故障。

（二）SEL 系列压力变送器

1. 概述

SEL 系列压力变送器有 SEL – GP 型可程控压力变送器、SEL – B 型普通压力变送器和 SEL – BY 型带就地指示表压力变送器 3 种。

2. SEL – BY 型压力变送器

SEL – BY 型压力变送器由于采用了先进的半导体技术和集成电路技术，因此工作原理和结构都十分简单。

变送器的核心部件是进口 TO – 8 型 OEM 型隔离式充油芯体，它是将一个不锈钢膜片焊接在敏感元件的外面以保护芯片，在芯片间充有少量硅油，硅油将膜片上的压力传递给芯片，从而可实现对具有腐蚀性和导电性流体的压力测量。

3. 特点

（1）稳定性好。本系列压力变送器的满度/零位稳定性优于 0.22% FS/year，在整个允许工作温度范围内优于 0.75% FS/year。

（2）响应速度快。扩散硅技术的应用使得其响应速度高于电容式变送器的 10 倍以上。

（3）先进的膜片/充油隔离技术。本系列压力变送器采用先进的膜片/充油隔离技术，充油量极小，保证了很好的性能，提高了抵御极限破坏压力的能力，同时也提高了防腐蚀能力，介质压力可以连续加至超过额定工作压力的两倍而不损坏敏感元件。

（4）反向保护和限流保护。本系列压力变送器装有反向保护，限流电路，对反向加入电压加以隔断保护，最大可达 45V（非防爆状态），即使由于短路造成大电流也可以由该电路加以限流，使其自动限流于 26mA 以内（非防爆状态），避免造成变送器的损坏。

（5）大量程调节。本系列压力变送器可通过内部量程调节电位器和迁移开关在最大额定量程范围内迁移 500%，零点最大可迁移至最大额定量程的 80%。

(6) 高精度。本系列压力变送器具有 0.2% FS 的高精度。

(7) 安装方便。本系列压力变送器采用直接安装方式，省去引压管，避免了由于引压管而产生的误差。

4. 技术特性

(1) 输出信号：两线制 4～20mA。

(2) 被测介质：液体/气体/蒸汽。

(3) 测量范围：隔离式 0～40MPa。

(4) 电源：24V DC（标准）。在满足负载曲线要求下可工作于 12～36V DC。

(5) 负载特性：SEL 压力变送器构成图见图 7-10。

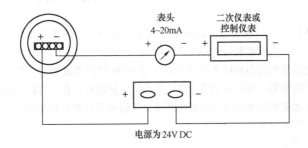

图 7-10　SEL 压力变送器构成图

(6) 指示表头：用户选配，液晶显示指示，精度为 0.5 级，指示显示精度为 2.5 级。

(7) 危险场所安装：本安型 ia Ⅱ CT5。

(8) 量程/零点：外部连续可调。

(9) 正迁移：零点正迁移后的测量上限值不得超过最大测量的上限值。

(10) 量程调节：额定量程内 5:1。

(11) 温度范围：放大器为 -2.5～80℃；传感器为 -40～125℃。

(12) 环境温度：-30～70℃。

(13) 大气压：86～108kPa。

(14) 非线性：不大于 ±0.1% FS；不大于 ±0.2% FS。

(15) 重复性/迟滞：不大于 ±0.05% FS；不大于 ±0.1% FS。

(16) 总精度：不大于 ±0.2% FS；不大于 ±0.3% FS。

（17）长期稳定性：0.2%FS（1year）。

（18）零位温漂：0.2%FS/℃。

（19）灵敏度温漂：不大于±0.2%FS（0～70℃）典型值。

（20）启动时间：预热5～8min。

（21）负载影响：5min～1h～4h误差小于±0.1%。

（22）允许过载：极限压力的两倍。

（23）输出干扰：（1Hz～1kHz）为3×10^{-4}FS/V。

（24）电源电压影响：不大于5×10^{-5}FS/V。

（25）外磁场强度：不大于400A/m。

（26）输入阻抗：不低于40MΩ。

（27）抗振功能：2g/s，5～500Hz。

（28）抗冲击：50g/s。

（29）反向保护：加反压45V应安全。

（30）储存温度：-40～120℃。

（31）相对湿度：0～100%RH。

（32）响应时间：10ms（恒温）。

（33）限流：不大于26mA（非防爆型）。

5. 安装

（1）接线。电子壳体上的接线应当密封（用密封体），以防在电子壳体内积水。信号线可以浮空或在信号回路中任何一点接地，变送器壳体可以接地或不接地，电源电压要求不高，即使电源电压波动1V，对输出信号的影响也可忽略不计。

（2）安装。SEL压力变送器可直接安装在测量点上，连接螺纹为1/2NPT或M20×1.5。为确保压力变送器密封，在接头处应卷上密封胶带，然后拧紧变送器。

（3）引压管。应对特殊位置采用引压管。

1）变送器相对流程管道的正确安装取决于被测介质，考虑下面的情况可决定最好的安装位置：①强腐蚀性或过热的介质不应与变送器接触。②防止渣滓在引压管内沉淀。③引压管应尽可能短些。④引压管应装在温度梯度和温度波动小的地方。

2）测量蒸汽或其他高温介质时，不应使变送器的工作温度超过极限。用于蒸汽测量时，引压管要充满水，防止变送器与蒸汽直接接触，变送器与测量介质连接管路是为把取压口介质压力传输到变送器，在压力传输中可能引起误差的原因如下：①泄漏。②摩擦损失（特别使用喷吮系统时)。③液体管路集气体。④气体管路集液体。

6. 调校

（1）零点迁移范围。SEL - BY 系列变送器零点迁移量为最大极限量程的 80%。

（2）量程调节范围。SEL - BY 系列变送器量程调节为极限量程内部的 500%。例如：极限压力为 6MPa 的变送器，其零点可迁移到 4.8MPa，量程可在 2 ~ 6MPa 内任意调节。

（3）零点和量程调校方法。SEL - BY 型变送器在出厂时，若用户没有特别申明，一般按最大测量范围调校，即零点对定 4mA，量程上限值对定 20mA。

在面板上有 4 个调整电位器（见图 7 - 11）：Z 为调零电位器，调整范围为 0 ~ 80% URV（迁移）；X 为满度调节电位器，可以在 70% 范围内对满度进行调节；XS 为电流显示量程调整；XZ 为工程量显示调整。一般出厂时显示电流。

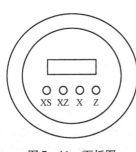

图 7 - 11　面板图

调节步骤如下：

1）接好线，将变送器安装在标准压力装置上。

2）打开电子外壳左端盖。

3）用小螺丝刀调节面板上 Z 电位器的位置，使测量下限对定 4mA。

4）打压后，用小螺丝刀调节面板上 X 电位器的位置，使测量上限对定 20mA。

5）在校验变送器的同时，可以同时调整校验显示值，调整形式（或 XZ）。

7. 维修

（1）敏感部件检查。敏感部件现场不可修理，拆下连接头，如发现损伤（如隔膜片损坏或漏油）必须更换。

（2）电路板检查。电路板的检查和处理很简单，只要换备用板即可。

（3）电子外壳。接线端子位于穿线孔的电子壳一侧，拧下端盖，即可看见电源的信号端子，端子永久固定在壳体上不能拆卸，否则壳体两侧间的密封会被破坏，使壳体防爆结构失效。电路板位于接线端子后侧的电子外壳内，拧下电路固定螺钉即可取出。零点量程调整位于壳体盖板下方，移开盖板即可调整。

（三）3051 型智能变送器

1. 3051 型智能变送器的校验

将回路设定为手动方式调整，一旦准备发送或者查询数据，将干扰回路或改变变送器的输出时，必须将过程应用程序回路设定为手动方式。HART275 型手操器和 Rosemount268 型手操器均会在必要时提示将回路设定为手动。应记住，提示器并不能将回路设定为手动，它只是一个提醒器，必须另外进行操作，将回路设定为手动。3051 变送器接线图如图 7-12 所示。

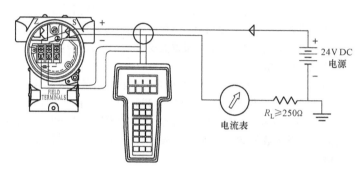

（a）工作台接线

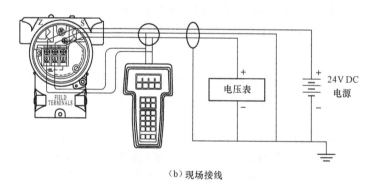

（b）现场接线

图 7-12 3051 变送器接线图

（a）工作台接线；（b）现场接线

（1）组态模拟量输出。

1）设定过程量单位。3051 型可使用下述输出单位：inH$_2$O，inHg，ftH$_2$O，mmH$_2$O，mmHg，psi，bar，mbar，g/cm^2，kg/cm^2，Pa，kPa，torr

和 atm（大气压）。

2）设定输出方式。可以将变送器输出设定为线性或者平方根输出。驱动变送器平方根输出模式使模拟输出与流量成正比。而在平方根输出模式下，3051 型在该量程压力的 0.8% 输入点切换至线性输出，或者在满刻度流量输出的 9% 进行切换，以免因输入接近零值而产生极高的增益。从线性到平方根输出的转换是平滑的，输出不会产生阶跃变化或者不连续性。

3）重设量程。"RangeValue（量程值）"指令可设定 4mA 和 20mA 点（量程下限和上限值）。将量程值设定至所要求读数的极限值，可最大程度地发挥变送器的性能；在使用中，当变送器在所要求的压力范围之内工作时，其精确度最高。实际上，可根据需要多次重设变送器量程值，以反映发生变化的过程状况。

注意：不论量程点如何，3051 型将在传感器的数字极限值范围内测量和记录所有读数。例如，如果 4mA 和 20mA 点设定在 0 和 $10inH_2O$，变送器检测到压力为 $25inH_2O$ 时，它会以数字方式输出 $25inH_2O$ 的读数以及量程百分数读数 250%。然而，当输出超出量程点时，其误差可能高达 ±5.0%。

①共有三种重设变送器量程的方法。每一种方法均有独特之处，在决定使用哪一种方法之前，应仔细检查、试验这三种方法。

a. 只用手操器重设量程。只使用手操器重设量程是最容易、最普遍的重设变送器量程的方法。这种方法可独立改变模拟 4mA 和 20mA 点的数值，而不需要压力输入。

注意：改变下限或上限量程点，将使量程跨距相应变化。如果变送器保护功能跳线开关位于"ON（接通）"位置，将不能调整零点和量程。

b. 用压力输入源和手操器重设量程。当不知道 4mA 和 20mA 点的具体值时，利用手操器与压力源或过程压力重设量程是重设变送器量程的一种方法，此方法可改变模拟 4mA 和 20mA 点的数值。使用手操器与压力源或过程压力重设量程，输入上述快键指令序列，选择"2Apply values（输入数值）"，然后按照联机指令操作。

注意：如果变送器保护功能跳线开关位于"ON（接通）"位置，则不能够调整零点和量程。

c. 利用压力输入源与本机零点和量程按钮重设量程。当不知道 4mA 和 20mA 点的具体值，并且无手操器时，利用本机零点和量程按钮与压力源重设量程是重设变送器量程的一种方法。

注意：当设定 4mA 点时，量程跨距保持不变；当设定 20mA 点时，量程跨距改变。如果对下限量程的设定值引起上限量程点超出传感器极限值，上限量程点会自动设定在传感器极限值，而量程跨距也会相应地发生调整。

②利用变送器的量程和零点按钮重设变送器量程时，应依照下述步骤进行操作。

a. 拧松变送器表盖顶上固定认证标牌的螺钉，旋开标牌，露出零点和量程按钮。"Local keys（本机键）"指令能够使软件对本机量程和零点调整进行控制。按照上述快键指令序列操作，可使变送器上量程和零点调整按钮起作用或不起作用。

注意：当本机键不起作用时，仅仅指不能用本机零点和量程按钮改变变送器的组态。但这时仍可使用 HART 手操器改变变送器的组态。

b. 利用精度为 3 ~ 10 倍于所需校验精度的压力源，向变送器高压侧加下限量程值相应的压力。

c. 如要设定 4mA 点，先按住零点按钮至少 2s，然后核实输出是否为 4mA。如果安装了表头，则表头将显示"ZERO PASS（零点通过）"。

d. 向变送器高压侧加上限量程值相应的压力。

e. 如要设定 20mA 点，先按住量程按钮至少 2s，然后核实输出是否为 20mA。如果安装了表头，则表头将显示"SPAN PASS（量程通过）"。

注意：如果变送器保护功能跳线开关位于"ON（接通）"位置，或者软件设定为不允许进行本机零点和量程的调整，那么将不能利用本机零点和量程按钮调整。

4）设定阻尼。3051 型电子阻尼的特点是变送器的响应时间对于输入快速变化引起的输出读数呈平滑变化曲线。可根据系统回路动态变化所需要的响应时间、信号稳定性和其他要求决定适当的阻尼设定。

5）LCD 液晶表头选项。"Metertion（表头选项）"指令可根据应用操作中的使用设定表头。可以设定表头以显示下述信息：工程单位；量程百分比；用户可设定的 LCD 标尺；任何上述两者之间进行交换。

用户可设定标尺（2cm setup）是一个新的特点，能够利用 275 型 HART 手操器将 LCD 表头设定为定制标尺。利用此特点，可以规定小数点的位置、量程上限值、量程下限值、工程单位和传送功能。

（2）校验传感器。

可以利用完全微调或者零点微调功能微调传感器。微调功能在复杂程度上不相同，且用途取决于应用，两种微调功能均会改变变送器对输入信号的理解。

注意：微调传感器可调整工厂特性化曲线的位置。如果传感器微调不当，或者使用不符合精度要求的设备进行微调，则变送器性能可能降低。

1）零点微调。在采用零点微调功能，用 HART 手操器校验传感器时，按下述步骤操作。

①使变送器通大气，并且将手操器与测量回路相连。

②从手操器主菜单中选择 1 Device Setup（装置设置）、2 Diagnostics and Service（诊断和检修）、3 Calibration（校验）、3 Sensor trim（传感器微调）、1 Zero trim（零点微调），准备进行零点微调。

注意：变送器必须在真零（以零为基础）的 3% 之内，以便利用零点微调功能进行校验。

③遵循手操器提供的指令完成零点微调的调整。

2）完全微调。采用完全微调功能，用 HART 手操器校验传感器，按下述步骤操作。

①将整个校验系统连接安装通电。校验系统包括变送器、HART 手操器、电源、压力输入源和读数装置。

注意：所用压力输入源的精度至少是 3 倍于变送器的精度，并且在输入任何数值之前，应使输入压力稳定 10s。

②从手操器主菜单中选择 1 Device Setup（装置设置）、2 Diagnostics and Service（诊断和检修）、3 Calibration（校验）、3 Sensor trim（传感器微调）、2 Lower sensor trim（下限传感器微调），准备进行下限微调点的调整。

注意：选择压力输入值，使下限值不高于 4mA 点，上限值不低于 20mA 点。不要试图通过将上限点和下限点反向以获得反向输出。变送器允许与工厂设置的特性曲线有 5% URL 的偏差。

③遵循手操器提供的指令，完成对下限值的调整。

④重复以上步骤调整上限值，用 3 Upper sensor trim（上限传感器微调）替代步骤②中的 2 Lower sensor trim（下限传感器微调）。

（3）校验 4～20mA 输出。

模拟输出微调是利用"模拟输出微调"指令调整变送器 4mA 和 20mA 点的电流输出，使之与工厂标准相符。此指令调整数/模信号转换。

1）数/模微调。在利用 HART 手操器进行数/模微调时，按下述步骤操作。

①从 HOME（主）屏幕中选择 1 Device Setup（装置设置）、2 Diag/Service（诊断/检修）、3 Calibration（校验）、4 D/Atrim（数/模微调）。将控制回路设定为手动方式之后选择"OK"（将回路设定为手动方式）。

②根据"连接参考表"的提示，将一个精确的参考安培表与变送器相连。为此，将正极引线与变送器正极端子相连，将负极引线与变送器端子盒内的测试端子相连，或者在某点通过参考表并联变送器电源。

③连接好参考表之后选择"OK"。

④在"将现场装置输出设定为 4mA"提示下选择"OK"，则变送器输出 4.00mA。

⑤记录下参考表的实际数值，在"输入仪表值"提示下将该值输入。手操器提示您核实输出值是否等于参考表上的数值。

⑥如果参考表上的数值等于变送器输出值，则可选择 1 Yes（是）；否则，可选择 2 No（否）。如果您选择 1 Yes（是），则可进入下一步骤；如果您选择 2 No（否），则重复步骤⑤。

⑦在"将现场装置输出设定为 20mA"提示下选择"OK"，并且重复步骤⑤和⑥，直至参考表数值等于变送器输出值为止。

⑧将控制回路返回至自动控制之后选择"OK"。

2）使用其他标尺进行数/模微调。"Scaled D/A Trim（定标数/模微调）"指令使 4mA 和 20mA 点与用户可选择的参考标尺相对应，而不是与 4mA 和 20mA 相对应（例如，如果通过一个 250Ω 的负载测量，则为 1～5V；如果通过一个 DCS 测量，则为 0～100%）。当根据标尺进行数/模微调时，可将一个精确参考表与变送器相连，并且根据"输出微调"步骤内的说明，将输出信号微调至所用标尺。

注意：使用一个精密电阻以得到最佳精度。如果您在回路上添加一个电阻，则应确保在回路电阻增加后，电源依然能够为变送器为 20mA 输出时提供足够的电源。

2. 其他自检功能

（1）诊断和检修。

诊断和检修功能主要用于现场安装变送器之后。"Transmittertest（变送器测试）"特性旨在为核实变送器是否正确运行而设计，可以在工作台上或者现场进行。"Looptest（回路测试）"特性旨在为核实回路接线和变送器输出是否正确而设计，只在安装变送器之后才能进行。

（2）变送器测试。

变送器测试命令能够使变送器进行更加全面的诊断，比日常连续进行的诊断更深入。变送器测试方法可以很快地识别潜在的电子线路板问题。如果变送器测试检测出某个问题，则在手操器屏幕上显示出指明问题来源的信息。

（3）回路测试。

"Loop test（回路测试）"命令可核实变送器的输出、回路的完整性以及安装在回路中任何记录仪或者类似装置的操作。要进行回路测试，应按下述步骤操作。

①将参考仪表与变送器相连。为此，应将仪表与变送器端子板上的测试端子相连，或者在回路的某点处通过仪表将电源与变送器并联。

②从 HOME（主）屏幕中选择 1 Device Setup（装置设置），2 Diagnostics and Service（诊断和检修）、2 Loop Test（回路测试），准备进行回路测试。

③将控制回路设定为手动之后选择"OK"（将回路设定至手动方式）。手操器显示回路测试菜单。

④选择变送器输出的预计毫安级。在"choose analog output（选择模拟输出）"提示下，选择 1 ~ 4mA（4 毫安）、2 ~ 20mA（20 毫安）或者选择 3 ~ Other（其他），手动输入一个数值。如果正在进行回路测试以核实变送器的输出，则输入 4mA 和 20mA 之间的一个数值；若是核实变送器的报警级别，则可输入一个使变送器处于报警状态的毫安值。

⑤检查安装在测试回路中的电流表，核实其数值是否为命令变送器输出的数值。如果读数相符，则说明变送器和回路组态正确、功能正常。如果读数不相符，则可能是接线有问题，变送器可能需要进行输出微调，或者电流表可能发生故障。

在完成测试步骤之后，显示屏返回至回路测试屏幕，这样就可以选择另一个输出值或者退出回路测试。

第五节　压力测量仪表的安装

校验合格的仪表能否在现场正常运行，与其是否正确安装的关系很大。压力仪表的安装包括取压点的选择、传压管路的敷设和压力测量仪表的安装等。

一、取压点的选择

（1）取压点要选在被测介质作直线流动的直管段上，不能选在拐弯、分岔、死角或其他能形成旋涡的地方。

（2）测量流动介质的压力时，传压管应与介质流动方向垂直。传压管口应与工艺设备管壁平齐，不得有毛刺。

（3）测量液体的压力时，取压点应在管道下部，以免传压管内存有气体；测量气体压力时，测点应在水平管道上部。

（4）测量低于 0.1MPa 的压力时，所选取样点应尽量减少液柱重力所引起的误差。

二、传压管路的敷设

（1）传压管路的粗细、长短应选取适中。一般内径为 6 ~ 10mm，长为 3 ~ 50m。

（2）水平安装的传压管路应保持 1:20 ~ 1:10 的倾斜度。

（3）不应有机械应力。

三、压力测量仪表的安装

（1）压力仪表应安装在满足规定的使用环境条件和易于观察、维修的地方。

（2）仪表在振动场所使用时，应加装减振器。

（3）在仪表的连接处，应根据被测压力的高低和介质性质加装适当的垫片。中压及以下可使用石棉垫、聚乙烯垫，高温高压下使用退火紫铜垫。

（4）测量有腐蚀性或黏度较大的介质压力时，应加装隔离装置。

（5）当测量波动频繁的介质压力时，应加装缓冲器或阻尼器。

四、压力传感器使用过程应注意考虑的情况

（1）防止变送器与腐蚀性或过热的介质接触。

（2）防止渣滓在导管内沉积。

（3）测量液体压力时，取压口应开在流程管道侧面，以避免沉淀积渣。

（4）测量气体压力时，取压口应开在流程管道顶端，并且变送器也应安装在流程管道上部，以便积累的液体注入流程管道中。

（5）导压管应安装在温度波动小的地方。

（6）测量蒸汽或其他高温介质时，需接加缓冲管（盘管）等冷凝器，不应使变送器的工作温度超过极限。

（7）冬季发生冰冻时，安装在室外的变送器必须采取防冻措施，避免引压口内的液体因结冰体积膨胀，导致传感器损坏。

（8）测量液体压力时，变送器的安装位置应避免液体的冲击（水锤现象），以免传感器过压损坏。

（9）接线时，将电缆穿过防水接头（附件）或绕性管并拧紧密封螺帽，以防雨水等通过电缆渗漏进变送器壳体内。

提示 本章内容适用于中级人员。

第八章

流 量 测 量 仪 表

第一节 流量测量仪表概述

一、流量的测量

在火力发电厂的热力生产过程中，要连续监视水、汽、煤等物质的流量或总量。监视的目的是多方面的，例如：为了进行经济核算，需测量锅炉原煤消耗量及汽轮机蒸汽消耗量；锅炉汽包的水位调节，应以给水流量和蒸汽流量的平衡为依据；检测锅炉每小时的蒸发量及给水泵在额定压力下的给水流量，能判断该设备是否在最经济和安全的状况下运行等。

（一）瞬时流量

瞬时流量是指单位时间内通过管道某一截面的物质数量。这个数量若以质量为单位，就称为质量流量，其常用单位是"kg/s"或"kg/h"等；流体的数量若以体积为单位，则称为体积流量，其单位是"m³/s"或"m³/h"等。瞬时流量是判断设备工作能力的依据，它反映了设备当时是在什么负荷下运行的，所以流量检测的内容主要在于监督瞬时流量。一般我们所说的"流量"就是指瞬时流量。

（二）累计流量

在某一段时间内流过管道某一截面的流体质量或体积称为累计流量，简称总量。例如，在24h内汽轮机消耗的主蒸汽量，热力网在24h内对外供应的热汽（水）量等。检测累计流量目的是为热效率计算和成本核算提供必要的数据。总量用质量和体积来表示。

质量流量和体积流量的换算关系为

$$q_m = \rho q_V \qquad (8-1)$$

式中 q_m——质量流量，kg/h；

ρ——流体密度，kg/m³；

q_V——体积流量，m³/h。

在表示流量大小时，要注意所使用单位的不同。由于流体的密度受压力、温度的影响，所以在用体积流量表示流量大小时，必须同时指出被测流体的压力和温度的数值。为了便于比较不同状态参数下体积流量的大小，常将所测得的体积流量换算成标准状态下的体积流量，称为标准体积流量。所谓标准状态，即温度为20℃、压力为1.01Pa的状态。常用体积流量单位和质量流量单位的换算见表8-1和表8-2，体积单位和质量单位见表8-3和表8-4。

表8-1 体积流量单位换算表

米³/秒 (m³/s)	分米³(升)/秒 [dm³(L)/s]	升/分 (L/min)	米³/时 (m³/h)
1	1000	60×10^3	3600
0.001	1	60	3.6
16.7×10^{-6}	0.0167	1	0.06
278×10^{-6}	278×10^{-3}	16.7	1
278×10^{-4}	278×10^{-3}	16.7×10^{-3}	0.001
3.785×10^{-3}	3.785	227	13.6
0.159	159	9.54×10^3	572

分米³(升)/时 [dm³(L)/h]	英尺³/秒 (ft³/s)	美加仑/秒 (U.S. gal/s)	美油桶/秒 (U.S. Barrel/s)
3.6×10^6	35.3	264.2	6.29
3600	35.3×10^{-3}	0.2642	6.29×10
60	589×10^{-6}	4.41×10^{-3}	105×10^{-6}
1000	9.8×10^{-3}	73.5×10^{-3}	17.5×10^{-6}
1	9.8×10^{-6}	73.5×10^{-6}	17.5×10^{-6}
3.6×10^3	0.134	1	1/42
572×10^3	5.61	42	1

表8-2 质量流量单位换算表

千克(公斤)/时(kg/h)	千克(公斤)/分(kg/min)	千克(公斤)/秒(kg/s)	吨/时(t/h)	磅/时(b/h)	磅/秒(b/s)
1	16.7×10^{-3}	278×10^{-6}	0.001	2.205	612×10^{-6}
60	1	16.7×10^{-3}	0.06	132.3	36.7×10^{-3}
3600	60	1	3.6	7.94×10^3	2.205

千克(公斤)/时(kg/h)	千克(公斤)/分(kg/min)	千克(公斤)/秒(kg/s)	吨/时(t/h)	磅/时(b/h)	磅/秒(b/s)
1000	16.7	278×10^{-3}	1	2205	612×10^{-3}
0.454	7.56×10^{-3}	126×10^{-6}	0.454×10^{-3}	1	278×10^{-6}
1633	27.2	0.454	1.633	3600	1

表 8-3　　　　　　体积单位换算表

米³(m³)	分米³（升）[dm³（L）]	厘米³(cm³)	英尺³(ft³)	美加仑(U. S. gal)	美油桶(U. S. Barrel)
1	1000	10^6	35.3	264.2	6.29
0.001	1	1000	35.3×10^{-3}	0.2642	6.29×10^{-3}
10^{-6}	0.001	1	35.3×10^{-6}	264.2×10^{-6}	6.29×10^{-6}
3.785×10^{-3}	3.785	3.785×10^3	0.1337	1	1/42
0.159	159	159×10^3	5.613	42	1

注　1　1964年国际计量委员会第12届国际计量大会决议——声明"升"词作为分米³的专门用词。因此，"升"与"分米³"不再有数量差别。
　　2　$1m^3 = 35.3148ft^3$；1U. S. Barrel=158.984L。

表 8-4　　　　　　质量单位换算表

吨(t)	千克（公斤）(kg)	克(g)	磅(b)
1	1000	10^6	2205
0.001	1	1000	2.205
10^{-6}	0.001	1	2.205×10^{-3}
102×10^{-6}	0.102	102	0.225
0.454×10^{-3}	0.454	454	1

注　1b=0.453592kg；1t=2204.62b；1kg=2.20462b。

二、标准节流件的种类

常用的标准节流件有三种，如图8-1所示。

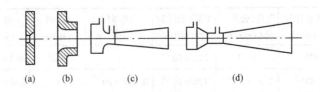

(a)　　(b)　　(c)　　　　　(d)

图 8 - 1　标准节流件

（a）孔板；（b）喷嘴；（c）文丘利喷嘴；（d）古典文丘利管

（1）标准孔板。按其取压方式不同，有角接取压、理论取压（或称缩流取压）和法兰取压三种。

（2）标准喷嘴。有角接取压的 ISA1932 喷嘴和特定取压方式的长径喷嘴两种。

（3）标准文丘利管。包括古典文丘利管和文丘利喷嘴两种。

目前在火力发电厂中广泛采用的有角接取压标准孔板和 ISA1932 标准喷嘴两种。文丘利管由收缩管、圆筒型喉部和扩散段三部分组成，由于加工困难和体积笨重，因此很少采用，但由于其压力损失较小，所以常用来测量自来水流量。下面仅就前两种节流件进行说明。

1. 标准孔板

（1）孔板本体，其结构如图 8 - 2 所示。它是一块有中心开孔的圆盘，开孔中心线和管道中心线重合。开孔圆筒形部分的厚度 e 较小，进口边缘 G 为直角，斜面角 F 为 30° ~ 40°。出口边缘 H 和 I 要求没有肉眼可见的粗糙表面和毛刺。对圆筒形开孔尺寸 d 的要求严格，孔径 d 与管道内径 D 之比 d/D 用 β 表示，β 是节流件的重要参数。孔板的主要优点是结构简单，加工和安装方便，价格也便宜；主要缺点是造成的压力损失较大。

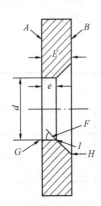

图 8 - 2　标准孔板本体

（2）角接取压装置。孔板前后的压力信号是由角接取压装置取出的，角接取压装置又分环室取压和单独钻孔取压两种。如图 8 - 3 所示，上半部为环室角接取压，下半部为单独钻孔角接取压。环室取压是将孔板前后的压力引入环室进行均压，然后由引出口取出，与流体接触的环室表面应有较小的粗糙度。单独钻孔取压则是将取压孔钻在夹紧环上，孔可以钻一对或几对。若钻几对孔时，可将同一侧的几个孔都连在一个圆环管上进行均压。单独钻孔的孔中心线与管道中心线的夹角应不大于3°。

2. 标准喷嘴（ISA1932喷嘴）

标准喷嘴的喷嘴与圆筒型喉部同轴，两者以切线形式衔接，具有无突变廓形的收缩装置。它由具有两个圆弧曲面的入口收缩部分和圆筒形部分组成的，其结构如图8-4所示。标准喷嘴的角接取压装置和标准孔板的角接取压装置相同。标准喷嘴可用于内径为50～500mm的管道，适用的流体雷诺数超出的可能范围为 $2 \times 10^4 \sim 2 \times 10^6$，喷嘴的直径比 $\beta = 0.32 \sim 0.80$。与标准孔板相比，标准喷嘴的优点是压力损失较小，

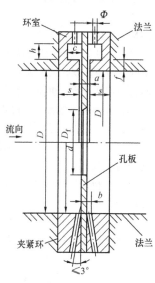

图8-3 角接取压装置

在相同的侵蚀、沾污条件下，它的测量精确度较高；缺点是制造较难。高温高压火力发电厂多用喷嘴来测量蒸汽的流量。

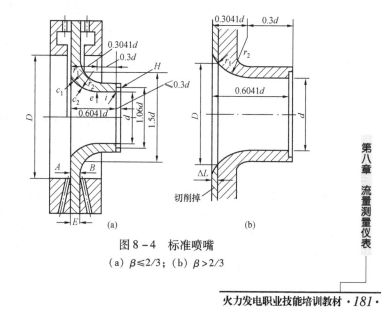

图8-4 标准喷嘴

(a) $\beta \leqslant 2/3$；(b) $\beta > 2/3$

三、流量孔板的检修

流量孔板拆下后，首先检查孔径、管径及边缘情况，然后根据不同的缺陷情况分别进行处理。

（1）孔板进口圆柱形部分的边缘因腐蚀或磨损，出现尖锐部分变圆的情况，应重新制作或扩大锐孔。重新制作，应选择合适的材料；扩大锐孔时，要重新计算，更换差压值。

（2）孔板孔径增大，应重新制作。

（3）孔板弯曲变形，应更换并查明原因，采取防治措施。

（4）孔板进口端面有脏物或胶状物时，应用汽油清洗，并保持平面和孔径内表面光滑。

（5）孔板锐角有伤痕、毛刺时，要用细油石磨平，使锐角边缘尖锐，圆柱形表面光滑。

（6）孔板取压口或环室被脏物、胶状物堵塞，可用细铁丝疏通，然后用汽油或合适的溶剂进行清洗。

第二节 流量显示仪表

近年来，微电子技术和计算机技术的疾速发展极大地推动了仪表更新换代，新型流量计如雨后春笋般涌现出来。据估计，现今约有60多种流量计投入实际应用，现场使用中许多棘手的难题有望得到解决。在火力发电厂中流量测量显示仪表使用频繁，常用的差压式测量仪表配套差压变送器（配二次仪表）等，其中差压式变送器的测量原理和结构在前面已介绍了，本节主要介绍其他几种不同原理的流量仪表。

一、电磁流量计

根据法拉第电磁感应定律，当一导体在磁场中运动切割磁力线时，在导体的两端即产生感生电势 e，其方向由右手定则确定，其大小与磁场的磁感应强度 B，导体在磁场内的长度 L 及导体的运动速度 u 成正比，如果 B，L，u 三者互相垂直，则

$$e = BLu \tag{8-2}$$

同理，在磁感应强度为 B 的均匀磁场中，垂直于磁场方向放一个内径为 D 的不导磁管道，当导电液体在管道中以流速 u 流动时，导电流体切割磁力线。如果在管道截面上垂直于磁场的直径两端安装一对电极，如图 8-5 所示，则可以证明只要管道内流速分布为轴对称分布，两电极之间也可产生感生电动势

$$e = BD \qquad\qquad (8-3)$$

由此可得管道的体积流量为

$$q_V = \pi DU \qquad\qquad (8-4)$$

由式（8-4）可见，体积流量 q_V 与感应电动势 e 和测量管内径 D 成线性关系，与磁场的磁感应强度 B 成反比，与其他物理参数无关，这就是电磁流量计的测量原理。

需要说明的是，要使式（8-3）严格成立，必须使测量条件满足下列假定：

（1）磁场是均匀分布的恒定磁场。

（2）被测流体的流速轴对称分布。

（3）被测液体是非磁性的。

（4）被测液体的电导率均匀且各向同性。

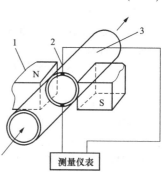

图 8-5　电磁流量计原理简图
1—磁极；2—电极；3—管道

目前，工业上使用的电磁流量计，大都采用工频 50Hz 电源交流励磁方式，即它的磁场是由正弦交变电流产生的，所以产生的磁场也是一个交变磁场。交变磁场变送器的主要优点是消除了电极表面的极化干扰。另外，由于磁场是交变的，所以输出信号也是交变信号，放大和转换低电平的交流信号要比直流信号容易得多。

其特点主要有：

（1）测量通道是一段光滑直管，不会阻塞，适用于测量含固体颗粒的液固二相流体，如纸浆、泥浆、污水等。

（2）节能效果好，不产生流量检测所造成的压力损失。

（3）所测得体积流量实际上不受流体密度、黏度、温度、压力和电导率变化的明显影响。

（4）流量范围大，口径范围宽。

（5）可应用于腐蚀性流体。

（6）不能测量电导率很低的液体，如石油制品。

（7）不能测量气体、蒸汽和含有较大气泡的液体。

（8）不能用于较高温度。

二、浮子流量计

浮子流量计，又称转子流量计，是变面积式流量计的一种。在一根由下向上扩大的垂直锥管中，圆形横截面中浮子的重力是由液体动力承受的，从而使浮子可以在锥管内自由地上升和下降。

浮子流量计是仅次于差压式流量计应用范围最宽广的一类流量计，特别在小、微流量方面有举足轻重的作用。

其特点主要有：

（1）玻璃锥管浮子流量计结构简单，使用方便，但是耐压力低，有玻璃管易碎的较大风险。

（2）适用于小管径和低流速。

（3）压力损失较低。

三、容积式流量计

容积式流量计与差压式流量计、浮子流量计并列为三类使用量最大的流量计。容积式流量计，又称定排量流量计，简称 PD 流量计，在流量仪表中是精度最高的一类。它利用机械测量元件把流体连续不断地分割成单个已知的体积部分，根据测量室逐次重复地充满和排放该体积部分流体的次数来测量流体体积总量。

容积式流量计按其测量元件分类，可分为椭圆齿轮流量计、刮板流量计、双转子流量计、旋转活塞流量计、往复活塞流量计、圆盘流量计、液封转筒式流量计、湿式气量计及膜式气量计等。

其特点主要有：

（1）计量精度高。

（2）安装管道条件对计量精度没有影响。

（3）可用于高黏度液体的测量。

（4）计量范围度宽。

（5）直读式仪表无需外部能源即可直接获得累计总量，清晰明了，操作简便。

（6）结构复杂，体积庞大。

（7）被测介质种类、口径、介质工作状态局限性较大。

（8）不适用于高、低温场合。

（9）大部分仪表只适用于洁净单相流体。

（10）易产生噪声及振动。

四、涡轮流量计

涡轮流量计，是速度式流量计中的主要种类，它采用多叶片的转子（即涡轮）感受流体平均流速，从而且推导出流量或总量的仪表。一般它由传感器和显示仪两部分组成，也可做成整体式。

涡轮流量计和容积式流量计、科里奥利质量流量计称为流量计中三类重复性、精度高的产品，作为十大类型流量计之一，其产品已发展为多品种、多系列批量生产的规模。

其特点主要有：

（1）精度高，在所有流量计中，属于最精准的流量计。

（2）重复性好。

（3）无零点漂移，抗干扰能力好。

（4）范围度宽。

（5）结构紧凑。

（6）不能长期保持校准特性。

（7）流体物性对流量特性有较大影响。

五、涡街流量计

涡街流量计是在流体中安放一根非流线型游涡发生体，流体在发生体两侧交替地分离释放出两串规则交错排列的游涡的仪表。

涡街流量计按频率检出方式可分为应力式、应变式、电容式、热敏式、振动体式、光电式及超声式等。

其特点主要有：

（1）结构简单牢固。

（2）适用流体种类多。

（3）精度较高。

（4）范围度宽。

（5）压损小。

（6）不适用于低雷诺数的测量。

（7）需要较长的直管段。

（8）仪表系数较低（与涡轮流量计相比）。

（9）仪表在脉动流、多相流中尚缺乏应用经验。

六、超声流量计

超声流量计是通过检测流体流动对超声束（或超声脉冲）的作用来测量流量的仪表。根据对信号检测的原理超声流量计可分为传播速度差法（直接时差法、时差法、相位差法和频差法）、波束偏移法、多普勒法、互相关法、空间滤法及噪声法等。

超声流量计和电磁流量计一样，因仪表流通通道未设置任何阻碍件，均属无阻碍流量计，是适用于解决流量测量困难问题的一类流量计，特别在大口径流量测量方面有较突出的优势。

超声波流量计由超声波换能器、电子线路及流量显示、累积系统三部分组成。超声波发射换能器将电能转换为超声波能量，并将其发射到被测流体中，接收器接收到的超声波信号，经电子线路放大并转换为代表流量的电信号供给显示和积算仪表进行显示和积算，这样就实现了流量的检测和显示。

超声测量仪表的流量测量准确度几乎不受被测流体温度、压力、黏度、密度等参数的影响，又可制成非接触及便携式测量仪表，故可解决其他类型仪表所难以测量的强腐蚀性、非导电性、放射性及易燃易爆介质的流量测量问题。基于其非接触测量的特点，配以合理的电子线路，一台仪表即可适应多种管径测量和多种流量范围测量。

超声波流量计目前所存在的缺点主要是可测流体的温度范围受超声波换能率及换能器与管道之间的耦合材料耐温程度的限制，以及高温下被测流体传声速度的原始数据不全。目前我国只能用于测量 200℃ 以下的流体。

其特点主要有：

（1）可做非接触式测量。

（2）为无流动阻挠测量，无压力损失。

（3）可测量非导电性液体，对无阻挠测量的电磁流量计是一种补充。

（4）传播时间法只能用于清洁液体和气体，而多普勒法只能用于测量含有一定量悬浮颗粒和气泡的液体。

（5）多普勒法测量精度不高。

七、科里奥利质量流量计

科里奥利质量流量计是利用流体在振动管中流动时产生与质量流量成正比的科里奥利力原理制成的一种直接式质量流量仪表。我国起步较晚，近年已有几家制造厂自行开发或引用国外技术生产系列仪表。

第三节 积算式显示仪表

在流量测量中，需要经常对被测量或测量过程中的信号进行连续计算，因此出现了各种积算式仪表。本节以 SWP 系列可编程自动补偿流量积算控制仪和 XSF‐2000 型通用智能流量积算仪为例进行讲解。

一、SWP 系列可编程自动补偿积算控制仪

（一）概述

SWP 系列可编程自动补偿流量积算控制仪适用于各种液体、蒸汽、天然气、一般气体等物质的测量。它采用单片微处理器控制，使仪表的系

统稳定性、可靠性及安全性等大幅提高。

该表具有多种输入信号功能，可配接各种差压流量传感器、压力流量传感器以及各种频率式流量传感器等，以满足多种一次仪表要求的补偿方式。

其特点主要有：编程简单、容易掌握、功能齐全、通用性好，能进行压力、温度的自动补偿；各通道输入信号类型可通过内部参数设定自由更改；可直接配接串行微型打印机，以实现瞬时流量测量值、时间、本次累计值、整十一位流量总累计值、流量（参压、频率）输入值、压力补偿输入值、温度补偿输入值的即时打印和定时打印；采用计算机全数字自动调校功能，整机无可动部件，保证系统可靠、安全运行；可根据参数设定自动演算出流量系数 K，使参数的设定更简便，更精确。

（二）功能

（1）可对质量流量自动进行计算和累计。

（2）可对标准体积流量自动进行计算和累计。

（3）可同时显示瞬间流量测量值及流量累计值（累计值单位可任意设定）。

（4）可切换显示瞬时流量测量值、时间、本次累计值、整十一位流量总累计值、流量（差压、频率）输入值、压力补偿输入值、温度补偿输入值。

（5）可设定流量小信号切除功能（流量、差压输入值小于设定值时瞬时流量为0）。

（6）可设定流量定量控制功能（流量总累计值大于或小于设定值时输出控制信号）。

（7）可自动进行温度、压力补偿。

（8）可编程选择以下几种传感器形式：

1）Δp——输入为差压式流量传感器；

2）Δp、T——输入为差压式流量传感器和温度传感器；

3）Δp、p——输入为差压式流量传感器、压力传感器；

4）f——输入为频率式流量传感器；

5）f、T——输入为频率式流量传感器的温度传感器；

6）f、p——输入为频率式流量传感器、压力传感器；

7）f、p、T——输入为频率式流量传感器、压力传感器和温度传感器；

8）G——输入为流量传感器（线性流量信号）；

9）G、T——输入为流量传感器和温度传感器；

10）G、p——输入为流量传感器和压力传感器；

11）G、T、p——输入为流量传感器、温度传感器和压力传感器。

（9）具有三种补偿功能：

1）温度自动补偿；

2）压力自动补偿；

3）温度和压力自动补偿。

（10）多种类型信号输入：

1）电流为 0～10mA 或 4～20mA；

2）电压为 0～5V、1～5V 或 mV；

3）电阻为热电阻 PT100；

4）电偶为 K 分度或 E 分度；

5）频率为 0～5kHz。

（11）输入信号切换：

1）温度补偿信号 PT100、K、E、0～10mA（0～5V）、4～20mA（1～5V）通过内部参数设定可自动切换；

2）压力补偿信号 0～10mA（0～5V）、4～20mA（1～5V）通过内部参数设定可自动切换；

3）流量补偿信号 0～10mA（0～5V）、4～20mA（1～5V）通过内部参数设定可自动切换。

（12）显示功能：

1）可选择高亮度 LED 数码管显示；

2）可选择大屏幕全中文带背光 LCD 液晶显示；

3）可显示通道的瞬时流量测量值、本次累计值、累计值、差压测量值、压力补偿测量值、温度补偿测量值及频率测量值等；

4）PV 显示瞬时流量值为整五位（0～99999 字）；

5）SV 显示累计流量值为整六位（0～999999 字）；

6）PV＋SV 显示累计流量值为整十一位（0～99999999999 字）；

7）当前日期、当前时间显示；

8）流量总累计值断电保持，累计总量满量程（满整十二位）时自动清零，本次累计值断电不保持。

（13）报警功能：

1）瞬时流量上限、下限报警功能；

2）流量定量控制输出功能。

（14）模拟量输出：

1）直流电流 0 ~ 10mA 或 4 ~ 20mA 输出，负载 0 ~ 500Ω；

2）直流电压 0 ~ 5V 或 1 ~ 5V 输出，负载不大于 250Ω。

（15）输出信号切换：输出信号 0 ~ 10mA（0 ~ 5V）或 4 ~ 20mA（1 ~ 5V）。

（16）数据保持及加锁：

1）断电后设定数据永久保存；

2）断电后流量累计值永久保存；

3）设定参数禁锁功能，可对设定值进行加密保护。

（三）技术指标

1. 输入信号

（1）模拟量输入：电阻为 PT100；电压为 0 ~ 5V、1 ~ 5V；电流为 0 ~ 10mA、4 ~ 20mA 或 0 ~ 20mA；电偶为 K 分度或 E 分度。

（2）脉冲量输入：波形为矩形、正弦或三角波；幅度为大于 4V（或根据用户要求任定）；范围为 0 ~ 5kHz。

（3）开关量输入：启动、停止、清零；幅度为光电隔离输入，大于 4V。

2. 输出信号

（1）模拟量输出：0 ~ 10mA（≤750Ω），4 ~ 20mA（≤500Ω）；0 ~ 5V（≤250Ω），1 ~ 5V（≤250Ω）。

（2）开关量输出：继电器控制输出（220V AC/3A，24V DC/5A，阻性负载）。

（3）馈电输出：24V DC/30mA。

（4）通信：二、三、四线制，波特率可变。

3. 精度

（1）测量显示精度：0.2%FS±1 字或 0.5%FS±1 字。

（2）频率转换精度：±1 脉冲（LMS）一般优于 0.2%。

4. 显示方式

（1）0 ~ 9999 瞬时流量测量值显示。

（2）0 ~ 99999999999 累计值显示。

（3）－1999 ~ 9999 温度补偿测量值显示。

（4）－1999 ~ 9999 压力补偿测量值显示。

（5）－1999 ~ 9999 流量（差压、频率）测量值显示。

（6）当前时间显示。

5. 控制方式

控制方式为 ON/OFF 带回差。

6. 打印控制

直接配接各型串行微型打印机，通信方式为 RS-232。

7. 打印精度

打印精度同仪表测量精度。

8. 设定方式

设定方式为面板轻触式按键数字设定、设定值断电永久保持、参数设定值密码锁定。

9. 保护方式

（1）欠压程序自动复位。

（2）工作异常程序自动复位。

（3）断电流量累计值保持时间大于两年。

（4）设定参数永久性保持。

10. 使用环境

（1）环境温度：50℃。

（2）相对湿度：不大于 85RH。

（3）电源电压：220V AC + (10% ~ 15%)，(50 ±2) Hz。

（4）90 ~ 260V AC，开关电源供电。

（5）24V ±2V DC，开关电源供电。

11. 功耗

（1）不大于 5W (220V AC 供电)。

（2）不大于 4W (90 ~ 260V AC，开关电源供电)。

（3）不大于 4W (24V DC 供电)。

12. 结构

结构为标准卡入式。

（四）仪表工作原理

仪表工作原理如图 8-6 所示。

（五）操作说明

本操作以 WP-80 为例介绍，其他机型操作方式类同。

1. 仪表面板

仪表面板如图 8-7 所示，面板设置键说明见表 8-5。

2. 操作方式

（1）正确的接线。仪表卡入表盘后，请参照仪表随机接线图接好输

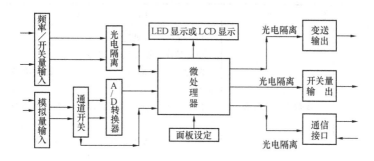

图 8-6 SWP 系列可编程自动补偿积算控制仪工作原理图

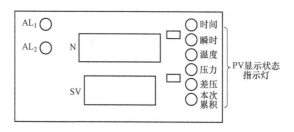

图 8-7 WP-80 仪表面板

入、输出及电源线,并请确认无误。

表 8-5 面板设置键说明

名 称		内 容
显示器	瞬时流量值 PV 显示器 (整五位显示)	显示瞬时流量值 在参数设定状态下,显示参数符号 可设定为显示流量、压力补偿、温度补偿输入值
	累计流量值 SV 显示器 (整六位显示)	显示累计流量值 在参数设定状态下,显示设定参数值
	累计流量整十一位显示器(PV + SV)	可设定仪表内部参数,使仪表显示整十一位累计值(累计的百万位显示在 PV 显示器上)

名　　称		内　　容
操作键	SET 参数设定选择键	可以记录已变更的设定值 可以按序变换参数设定模式 　配合"∨"键可以实现累计流量值清零功能 　配合"＜"键可以实设定现小数点循环左移功能 　配合"∧"键可进入仪表二级参数设定 　配合"∧"键可进入仪表时间设定
	∨ 设定值减少键	变更设定时，用于减少数值 测量值显示时，可切换显示各通道测量值 配合 SET 键可实现累计流量值清零
	∧ 设定值增加键	变更设定时，用于增加数值 带打印功能时，用于手动打印 配合 SET 键可进入仪表二级参数设定 配合 SET 键可进入仪表时间设定
	＜ 左移键	在参数设定状态下，可循环左移欲更改位 配合 SET 键可以实现小数点循环左移功能
	复位（RESET）键 （面板不标出）	用于程序清零（自检）
指示灯	（上限）（红） 第一报警指示灯 （定量控制输出指示灯）	第一报警 ON 时亮灯 定量控制输出 ON 时亮灯（自动启动控制方式）
	（下限）（绿） 第二报警指示灯 （定量控制输出指示灯）	第二报警 ON 时亮灯 定量控制输出 ON 时亮灯（手动启动控制方式）
	（时间）（绿） 当前时间显示指示灯	PV 显示当前时间时亮灯
	（瞬时流量）（绿） 瞬时流量显示指示灯	PV 显示瞬时流量值时亮灯

名　　称		内　　容
指示灯	（温度）（绿） 温度补偿显示指示灯	PV 显示温度补偿值时亮灯
	（压力）（绿） 压力补偿显示指示灯	PV 显示压力补偿值时亮灯
	（差压）（绿） 差压、流量显示指示灯	PV 显示差压、流量、频率测量值时亮灯
	（本次累计）（绿） 本次累计显示指示灯	PV 显示本次累计值（断电或复位不保持）时亮灯

（2）仪表的电源接入。本仪表无电源开关，接入电源即进入工作状态。

（3）仪表设备号及版本号的显示。仪表在投入电源后，可立即确认仪表设备号及版本号。3s 后，仪表自动转入工作状态，PV 显示测量值，SV 显示累计流量值。如果要求再次自检，可按一下面板右下方的复位键（面板不标出位置），仪表将重新进入自检状态。

（4）控制参数（一级参数）设定。在仪表 PV 测量值显示状态下按压 SET 键，仪表将转入控制参数设定状态。每按 SET 键即照下列顺序变换参数（一次巡回后即回至最初项目）。参数设定状态和各参数列示见表 8 - 6。

操作时应注意：

1）参数改变后，按 SET 键保存数值。

2）如参数的设定值不能修改，则系设定参数正被禁锁，请将 CLK 的参数设定值改为 00 即可开锁。

表 8 - 6　　　　　　　参数设定状态和各参数列示表

符号	名　称	设定范围（字）	说　　明	出厂预定值
CLK	设定参数禁锁	CLK = 00	无禁锁（设定参数可修改）	00
		CLK ≠ 00 或 132	禁锁（设定参数不可修改）	
		CLK = 111	允许累计流量值手动清零	
		CLK = 128	进行流量系数自动演算	

符号	名　称	设定范围（字）	说　　明	出厂预定值
CLK	设定参数禁锁	CLK = 130	进入修改当前日期和时间	00
		CLK = 132	进入二级参数设定	
AL1	第一报警值	-1999~9999	显示第一报警的报警设定值	50 或 50.0
AL2	第二报警值	-1999~9999	显示第二报警的报警设定值	50 或 50.0
AH1	第一报警回差	0~255	显示第一报警的回差值	0
AH2	第二报警回差	0~255	显示第二报警的回差值	0
K1	流量系数1	-199999~999999	显示差压式、频率式、压力式流量输入系数	1.00000
K2	流量系数2	-199999~999999	显示差压式、频率式、压力式流量输入系数	1.00000
K3	流量系数3	-199999~999999	显示差压式、频率式、压力式流量输入系数	1.00000
K4	流量系数4	-199999~999999	显示差压式、频率式、压力式流量输入系数	1.00000
A1	密度补偿常数	-199999~999999	显示被测量介质的密度补偿常数	1.00000
A2	密度补偿常数	-199999~999999	显示被测量介质的密度补偿常数	1.00000
A3	密度补偿常数	-199999~999999	显示被测量介质的密度补偿常数	1.00000
ρ	工况密度	-199999~999999	显示被测量介质工作状态下的密度值（kg/m^3）	1.00000
ρ_0	标准状态下的密度	-199999~999999	显示被测量介质在标准状况下的密度值（kg/m^3）	1.00000
DIP	PV显示器显示内容选择开关	DIP = 0	轮流显示以下测量值	2
		DIP = 1	显示当前时间（h，min）	
		DIP = 2	显示瞬时流量值	

符号	名 称	设定范围（字）	说 明	出厂预定值
DIP	PV 显示器显示内容选择开关	DIP＝3	显示温度补偿输入值	2
		DIP＝4	显示压力补偿输入值	
		DIP＝5	显示流量（差压或频率）测量值	
		DIP＝6	显示整十一位累积值	
		DIP＝7	显示本次累积值（复位或断电后清零）	

注 仪表参数设定时，PV 显示器将作为设定参数符号显示器，SV 将作为设定参数值显示器，可修改位以闪烁状态显示。

3）要使设定值为负值，可按"＜"键直至可设定参数值在第一位闪烁，按压"∨"键使设定值减小至零后，继续按压该键，显示即出现负值。

4）一旦设定，断电后将永远保存。

3. 设定参数单位

（1）时间：设定时以"h"为单位。

（2）温度：设定时以"℃"为单位。

（3）压力：设定时同仪表二级参数 DP——压力补偿单位设定，常用单位为"MPa"。

（4）累积流量：单位由瞬时流量单位决定（以"h"为标准进行累积）。

4. 返回工作状态

（1）手动返回：在仪表参数设定模式下，按住 SET 键 5s 后，仪表即自动回到测量值显示状态。

（2）自动返回：在仪表参数设定模式下，请勿按键，等待 60s 后，仪表即自动回到测量值显示状态。

（3）复位返回：在仪表参数设定模式下，按压复位键，仪表再次自检后即进入测量值显示状态。

5. 本次累积和总累积流量清零的方法

本次累积值断电或复位后不保持，清为零。同时按压 SET 键和"∨"键即可实现手动清零。

第八章 流量测量仪表

仪表总累积值满整十一位后将自动清零。如中途需清零，可将仪表一级参数 CLK 设定为 111 后，在 PV 显示测量值的状态下，同时按压 SET 键和 "∨" 键即可实现手动清零。

如仪表为定量控制带外接开关，按压外接 "清零" 键，即实现手动清零。

6. 二级参数设定

在仪表一级参数设定状态下，修改 CLK 为 132 后，再次按压 SET 键，直至出现参数 CLK，并且参数值为 132，松开 SET 键，再同时压下 SET 键和 "∨" 键 30s，仪表即进入二级参数设定。在二级参数修改状态下，每按 SET 键即照下列顺序变换（一次巡回后随即返回至最初项目）。仪表二级参数列示表 8 − 7，单位代码见表 8 − 8。

表 8 −7　　　　　　　　　　二级参数设置表

参数	名　　称	设定范围	说　　　　　明
B1	被测量介质	B1 = 0	被测量介质为饱和蒸汽
		B1 = 1	被测量介质为过热蒸汽
		B1 = 2	被测量介质为其他类型
B2	流量输入信号类型	B2 = 0	流量输入为线性（G）
		B2 = 1	流量输入为差压（ΔP，未开方）
		B2 = 2	流量输入为差压（ΔP，已开方）
		B2 = 3	流量输入为频率信号
B3	第一报警方式	B3 = 0	无报警
		B3 = 1	瞬时流量下限报警
		B3 = 2	瞬时流量上限报警
		B3 = 3	流量定量过程控制输出——自动启动，"1" 输出
		B3 = 4	流量定量到控制输出——自动启动，"0" 输出
		B3 = 5	流量定量过程控制输出——自动启动，自动清零
B4	第二报警方式	B4 = 0	无报警
		B4 = 1	瞬时流量下限报警

参数	名　称	设定范围	说　　明
B4	第二报警方式	B4 = 2	瞬时流量上限报警
		B4 = 3	流量定量过程控制输出——手动启动，"1"输出
		B4 = 4	流量定量到控制输出——手动启动，"0"输出
B5	流量测量选择	B5 = 0	测量质量流量
		B5 = 1	测量体积流量
De	设备号	0~250	设定通信时本仪表的设备代号
B6	通信波特率	B6 = 0	通信波特率为 300b/s
		B6 = 1	通信波特率为 600b/s
		B6 = 2	通信波特率为 1200b/s
		B6 = 3	通信波特率为 2400b/s
		B6 = 4	通信波特率为 4800b/s
		B6 = 5	通信波特率为 9600b/s
C1	瞬时流量显示时间单位	C1 = 0	瞬时流量显示时间单位为 s
		C1 = 1	瞬时流量显示时间单位为 min
		C1 = 2	瞬时流量显示时间单位为 h
		C1 = 3	瞬时流量显示时间单位为 1/10h
		C1 = 4	瞬时流量显示时间单位为 1/100h
		C1 = 5	瞬时流量显示时间单位为 1/1000h
C2	累积流量小时精度	C2 = 0	累积流量显示精度为 0.001
		C2 = 1	累积流量显示精度为 0.01
		C2 = 2	累积流量显示精度为 0.1
		C2 = 3	累积流量显示精度为 1
		C2 = 4	累积流量显示精度为 10
		C2 = 5	累积流量显示精度为 100

第八章　流量测量仪表

参数	名　称	设定范围	说　　明
C3	瞬时流量显示的小数点	C3 = 0	瞬时流量无小数点
		C3 = 1	瞬时流量小数点在十位
		C3 = 2	瞬时流量小数点在百位
		C3 = 3	瞬时流量小数点在千位
C4	温度补偿显示的小数点	C4 = 0	温度补偿无小数点
		C4 = 1	温度补偿小数点在十位
		C4 = 2	温度补偿小数点在百位
		C4 = 3	温度补偿小数点在千位
C5	压力补偿显示的小数点	C5 = 0	压力补偿无小数点
		C5 = 1	压力补偿小数点在十位
		C5 = 2	压力补偿小数点在百位
		C5 = 3	压力补偿小数点在千位
C6	流量（线性、差压）显示的小数点	C6 = 0	流量输入无小数点
		C6 = 1	流量输入小数点在十位
		C6 = 2	流量输入小数点在百位
		C6 = 3	流量输入小数点在千位
D1	温度补偿输入的类型	D1 = 0	无温度补偿输入
		D1 = 1	温度补偿输入信号为 0 ~ 10mA
		D1 = 2	温度补偿输入信号为 4 ~ 20mA
		D1 = 3	温度补偿输入信号为 0 ~ 5V
		D1 = 4	温度补偿输入信号为 1 ~ 5V
		D1 = 5	温度补偿输入信号为用户参数
		D1 = 6	温度补偿输入信号为热电阻 PT100
		D1 = 7	温度补偿输入信号为热电偶 K
		D1 = 8	温度补偿输入信号为热电偶 E
		D1 = 9	温度补偿输入信号为用户参数

第三篇　热工仪表

参数	名　　称	设定范围	说　　　　明
D2	压力补偿输入的类型	D2 = 0	无压力补偿输入
		D2 = 1	压力补偿输入信号为 0~10mA
		D2 = 2	压力补偿输入信号为 4~20mA
		D2 = 3	压力补偿输入信号为 0~5V
		D2 = 4	压力补偿输入信号为 1~5V
		D2 = 5	压力补偿输入信号为用户参数
		D2 = 6	压力补偿输入信号为用户参数
		D2 = 7	压力补偿输入信号为用户参数
D3	流量（线性、差压）的输入类型	D3 = 0	流量信号输入为频率
		D3 = 1	流量信号输入信号为 0~10mA
		D3 = 2	流量信号输入信号为 4~20mA
		D3 = 3	流量信号输入信号为 0~5V
		D3 = 4	流量信号输入信号为 1~5V
		D3 = 5	流量信号输入信号为用户参数
		D3 = 6	流量信号输入信号为用户参数
		D3 = 7	流量信号输入信号为用户参数
PB1	温度补偿的零点迁移	全量程	设定温度补偿测量零点的显示值迁移量
KK1	温度补偿的量程比例	0~1.999 倍	设定温度补偿测量量程的显示放大比例
PB2	压力补偿的零点迁移	全量程	设定压力补偿测量零点的显示值迁移量
KK2	压力补偿的量程比例	0~1.999 倍	设定压力补偿测量量程的显示放大比例
PB3	流量输入的零点迁移	全量程	设定流量输入测量零点的显示值迁移量
KK3	流量输入的量程比例	0~1.999 倍	设定流量输入测量量程的显示放大比例

参数	名　称	设定范围	说　　　明
SL	变送输出量程下限	-199999 ~ 999999	设定变送输出的上下限量程 变送输出以瞬时流量值为参考
SH	变送输出量程上限		
PA	工作点大气压力	全量程	设定仪表工作点大气压力 单位:由参数 DP 的设定值决定,常用单位为 MPa,kPa,kgf/cm^2,bar 等,标准使用单位为 MPa
TL	温度补偿量程下限	-199999 ~ 999999	设定温度补偿量程的上下限单位:℃
TH	温度补偿量程上限		
PL	压力补偿量程下限	-199999 ~ 999999	设定压力补偿量程的上下限 单位:由参数 DP 的设定值决定,常用单位为 MPa,kPa,kgf/cm^2,bar 等,标准使用单位为 MPa
PH	压力补偿量程上限		
CAL	流量输入量程下限	-199999 ~ 999999	设定流量输入量程的上下限 单位:同流量仪输出信号;差压输入时为 MPa
CAH	流量输入量程上限		
CAA	流量输入小信号切除	全量程	设定流量输入小信号切除功能
DT	温度补偿单位	参见(单位设定代码表)	设定温度补偿的单位
DP	压力补偿单位		设定压力补偿的单位
DCA	流量输入单位		设定流量输入的单位
PV	瞬时流量单位		设定瞬时流量的单位
SV	累积流量单位		设定累积流量的单位
AT	打印间隔时间	10 ~ 2400min	设定定时打印的间隔时间
KE	流量系数补偿方式	KE = 0 KE = 1	流量系数 K 为线性补偿 流量系数 K 为非线性补偿

表 8 - 8　　　　　　　　　　　　　单位设定代码表

代码	0	1	2	3	4	5	6	7	8	9
单位	kg/cm^2	Pa	kPa	MPa	mmHg	mmH_2O	bar	℃	%	m
代码	10	11	12	13	14	15	16	17	18	19
单位	t	L	m^3	kg	Hz	m/h	t/h	L/h	m^3/h	kg/h
代码	20	21	22	23	24	25	26	27	28	29
单位	m/m	t/m	L/m	m^3/m	kg/m	m/s	t/s	L/s	m^3/s	kg/s

注　按键操作请注意：当前可修改为以闪烁方式表示，若当前修改参数无闪烁，则该参数值不允许修改；当 CLK 值不为 "0" 或 "132" 时，修改参数无效；参数设定完毕后，请设定 CLK ≠ 00 或 132，以确保已设定参数的安全。

7. 流量系数 K 自动演算

（1）三级参数设定。修改 CLK = 128 后，再同时压下 SET 键和 "∧"键 30s，仪表即进入三级参数设定，见表 8 - 9。

表 8 - 9　　　　　　　　　　　三级参数设定表

参数	名　称	设定范围	说　明
n	最大瞬时流量 M	0999999	工作状态下的最大瞬时流量值
t	工作温度	0 ~ 999999	工作状态下的温度补偿输入值
p	工作压力	0 ~ 999999	工作状态下的压力输入值
k	流量系数	0 ~ 999999	系数计算所得，同时更改一级参数总的 K_1

（2）操作说明。设定时，首先必须设定好二级参数，确定仪表类型、系数精度、输入类型、补偿量程、测量量程、单位设定。

然后进入三级参数，设定最大瞬时流量 M，工作压力 p 和工作温度 T，仪表自动根据二级参数设定和量程（差压）上限计算出流量系数 K，并自动更改一级参数的 K_1。

8. 变送控制输出校对

变送输出的准确度可通过调节 W_1、W_2 来完成。W_1 为输出零点调整电位器；W_2 为输出满量程调整电位器。

9. 接线

接线图如图 8 - 8 所示。

第八章　流量测量仪表

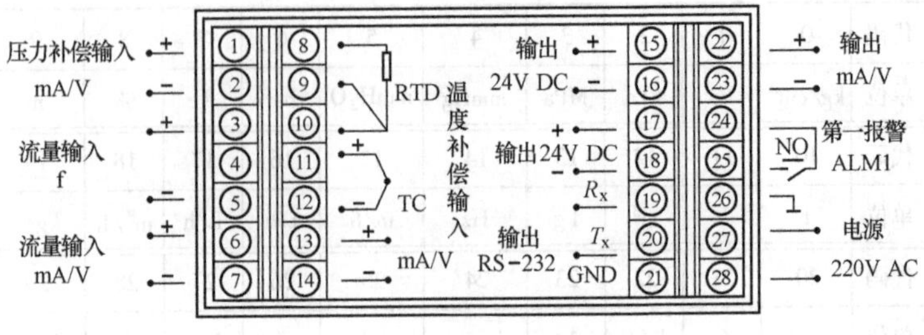

图 8 – 8 表后端子接线图

①、②——压力补偿输入端。可接信号类型有：$0 \sim 10mA$，$4 \sim 20mA$，$0 \sim 5V$，$1 \sim 5V$。

③～⑦——流量（差压、频率）输入端。其中：③～⑤为频率 f，范围 $0 \sim 5kHz$；⑥、⑦为 $0 \sim 10mA$，$4 \sim 20mA$，$0 \sim 5V$，$1 \sim 5V$。

⑧～⑭——温度补偿输入端。其中：⑧～⑩为 RTD（PT100）；⑪、⑫为 TC（K，E）；⑬、⑭为 $0 \sim 10mA$，$4 \sim 20mA$，$0 \sim 5V$，$1 \sim 5V$。

⑮、⑯——馈电输出端。仪表接线图上标注为 OUTDC24V。

⑰、⑱——馈电输出端。仪表接线图上标注为 OUTDC24V。

⑲、⑳——RS – 485 通信输出端。仪表接线图上标注为 RS – 485。

⑲～㉑——RS – 232 通信输出端。仪表接线图上标注为 RS – 232

㉒、㉓——变送输出端 – 仪表接线图上标注为 OUTmA/V，输出类型有：$0 \sim 10mA$，$4 \sim 20mA$，$0 \sim 5V$，$1 \sim 5V$。

㉔、㉕——第一报警输出端。输出为动合触点。

㉖——保护接地端。保护接地。

㉗、㉘——仪表供电电源端。仪表接线图上标注为 AC220V。

目前，该仪表已大范围用于抽汽流量、蒸汽流量的测量中，因采用了温度、压力补偿值的实时测量值，使得运算后的流量值更加准确、可靠。

二、XSF – 2000 通用智能流量积算仪

（一）概述

XSF – 2000 型通用智能流量积算仪能测量各种介质的瞬时流量、瞬时热量、累积流量、累积热量，能自动对压力和温度波动所起的测量误差进行修正，并有修正后的瞬时流量模拟信号输出供记录和调节用，该仪器具有自动校验不会死机、设计参数和累积流量断电后不会丢失等优点。对特殊供热用户可有小流量计量、超流量计量，可满足不同供汽单位的蒸汽计量。

（二）主要技术指标

（1）输入信号。

1）压力：0～10mA 或 4～20mA，0～5V 或 1～5V。

2）温度：热电阻 Cu50 或 Pt100；热电偶 K 分度或 E 分度（Cu50 作冷端补偿）；变送器 0～10mA 或 4～20mA。

（2）输出信号。

1）0～10mA（负载小于 1.5kΩ）或 4～20mA（负载小于 750Ω）（0～10mA 输出并接 500Ω 电阻变成 0～5V；4～20mA 输出并接 250Ω 电阻变成 1～5V）。

2）两组 24V/50mA 直流电压，专供变送器用。

（3）测量精度：0.5 级。

（4）分辨率：0.1t/h。

（5）供电电源：220V AC±10%；50Hz±2%。

（6）外形尺寸：横式 160mm×80mm×70mm，开孔尺寸 152mm×76mm；竖式 80mm×160mm×70mm，开孔尺寸 76mm×152mm。

（7）质量：0.5kg。

（三）运算公式

流量 F 不同情况下的计算公式如下

$$F = K \text{（开方）} \tag{8-5}$$

$$F = K\Delta P \text{（比例）} \tag{8-6}$$

$$F = K \text{（差压式）} \tag{8-7}$$

$$E = Fh \text{（差压式）} \tag{8-8}$$

式中　K——系数；

　　ΔP——流量信号；

　　h、ρ——分别为工质焓、密度，是温度和压力的函数。

（四）操作

1. 前面板

前面板如图 8-9 所示。

在设置状态时，按"＜"键移动小数点位置，按"∧"键即可修正小数点的位数值。按"工作"键进入工作状态。

2. 后面板

后面板如图 8-10 所示。

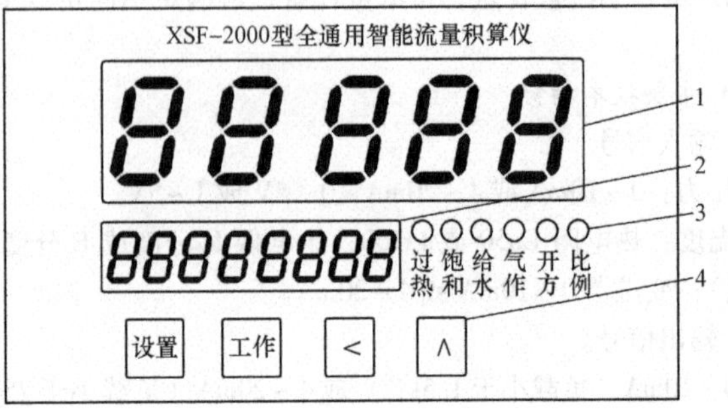

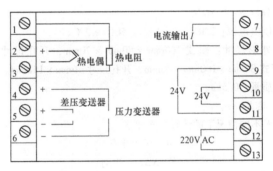

图 8-9　XSF-2000 前面板图

1—瞬时流量值；2—累积流量值；3—测量各介质的指示灯；4—功能键

在工作状态时，按"设置"健，之后输入设置密码进入设置状态

图 8-10　XSF-2000 后面板图

（1）测量用热电偶时，2、3 接热电偶，1、3 接 Cu50 作冷端补偿（二线制）。

（2）测量用热电阻时，1、2、3 接热电阻（三线制）。

（3）压力和差压变送器不用本仪表提供电源时，压力变送器接 4、6，差压变送器接 5、6。

（4）压力和差压变送器用本仪表提供电源时，压力变送器 " + " 接 10 脚，" - " 接 4 脚；差压变送器 " + " 接 9 脚，" - " 接 5 脚。

3. 参数设置

（1）按"设置"键，仪表上排显示

0	0	0	0	0.

（2）按"∧"键，显示

0	0	0	0	5.

（3）按"＜"键，显示

0	0	0	0.	5

（4）按"∧"键，显示

0	0	0	1.	5

（5）按"设置"键，显示

F	0	0	0.	0.

（6）按"∧"和"＜"键输入最大瞬时流量值。单位为"t/h"，"m³/h"，上限为 F999.9。

（7）按"设置"键，显示

H	0	0	0.	0.

（8）按"∧"和"＜"键输入瞬时流量上限报警值，这时实际瞬时上限流量报警值为

$$实际上限瞬时流量报警值 = \frac{瞬时流量值（F）}{最大流量修正值（F_0）} \times 上限流量报警设置值$$

$$(8-9)$$

（9）按"设置"键，显示

P	0	0.	0	0.

（10）按"∧"和"＜"键输入最大压力，单位为"MPa"（对气体单位为"kPa"）。

（11）按"设置"键，显示

P	0	0.	0	0.

（12）按"∧"和"＜"键输入设计工作压力，单位为"MPa"（对气体单位为"kPa"）。

（13）按"设置"键，显示

C	0	0	0.	0.

（14）按"∧"和"＜"键输入温度变送器满量程温度，单位为"℃"。

（15）按设置键，显示

第八章 流量测量仪表

C.	0	0	0.	0.

（16）按"∧"和"<"键输入设置工作温度，单位为"℃"。

（17）按"设置"键，显示

C	0	0	0.	0.

1）第二位为测量方式——0：过热蒸汽；1：饱和蒸汽；2：给水；3：气体；4：开方积算；5：比例积算。

2）第三位为温度输入——0：K分度（无冷端补偿）；1：E分度；2：Pt100；3：Cu100；4：Cu50；5：K分度（Cu50作冷端补偿）；6：E分度（Cu50作冷端补偿）；7：0～10mA（C为对应10mA时的温度）；8：4～20mA（C为对应20mA时的温度）。

3）第四位为压力差压输入——0：差压压力为0～10mA；1：压力差压为4～20mA；2：差压4～20mA，压力0～10mA；3：差压0～10mA，压力4～20mA。

4）第五位为电流输出——0：0～10mA；1：4～20mA。

（18）按"设置"键，显示

J.	0	0	0.	0.

第五位为小信号切除——0～9代表切除为0～9%。

4. 设置必要参数

根据测量方式，可选择地按表8－10设置必要的参数。

5. 进入工作状态

当密码设成00013时，再按设置键，累积清零，即进入工作状态。

（五）设置举例

表8－10　　　　　　　**XSF－2000参数设置表**

测量方式	过热蒸汽	饱和蒸汽	气体	给水	比例、开方
设定必要的参数	F	F	F	F	F
	P	P	P		
	P.	P.	P.		
	C		C	C	
	C.		C.	C.	
	d	d	d	d	d
	J	J	J	J	J

【例 8 – 1】 过热蒸汽锅炉一台，流量标尺上限为 250t/h，孔板设计压力为 13.72MPa（表压），设计 555℃，压力变送器满量程压力 24.52MPa，温度变送器量程为 600℃，压力、差压、温度输入信号为 0 ~ 10mA，模拟输出 0 ~ 10mA。

解 设置见表 8 – 11。

（1）填表。

表 8 – 11　　　　　设 置 步 骤

压力变送器的满量程值（表压）		24.25	MPa	P
温度变送器的满量程		600	℃	C
孔板	设计量大流量	250	t/h	F
	设计工作压力	13.72	MPa	P.
	设计工作温度	555	℃	C.
		0070		d

（2）在设置状态下，按表格依次输入 F、P、C.、d、J，检查无误后，按工作键测量。

（六）接线

（1）测量过热蒸汽、气体，需加入流量、温度、压力信号；测量饱和蒸汽，需加入流量、压力信号；测量给水，需加入流量、温度信号；比例、开方积算时，只需加入流量信号。

（2）仪表克服了以前柜上拆卸时拆接线的麻烦和困难，现在可从机芯与接线端子任意抽出，既方便，又可靠。

（七）校验

1. 温度校验

根据设置的温度输入方式，接入对应的温度信号（电阻信号用电阻箱输入，电偶信号用电位差计输入，电流信号用恒流源输入），在工作状态下按 "<" 键显示温度值，应与对应信号一致。

（1）温度变送器：温度显示值与输入电流（0 ~ 10mA 或 4 ~ 20mA）的对应关系为

$$温度显示值（0 ~ 10mA） = \frac{IC}{10} \qquad (8 - 10)$$

$$温度显示值（4 ~ 20mA） = \frac{C(I - 4)}{16} \qquad (8 - 11)$$

式中　C——对应于 10mA 或 20mA 的最大温度，℃；

　　　I——输入电流，A。

（2）热电阻：温度显示值应与电阻箱所输送的电阻值相对应。

（3）热电偶：温度显示值对应电势为电位差计输入电势加上冷端温度对应电势。热电阻作冷端补偿时，冷端温度为电阻箱电阻值的对应温度。

2. 流量校验

测量方式设置为比例，则瞬时流量显示值与差压输入电流（0～10mA 或 4～20mA）的对应关系为

$$瞬时流量（0～10mA）= \frac{IF}{10} \tag{8-12}$$

$$瞬时流量（4～20mA）= \frac{F（I-4）}{16} \tag{8-13}$$

式中　F——对应于 10mA 或 20mA 的最大流量，t/h；

　　　I——输入电流，mA。

3. 模拟量输出校验

输出电流 I（0～10mA 或 4～20mA）与瞬时流量显示值的对应关系为

$$I（0～10mA）= \frac{10\,瞬时流量}{F} \tag{8-14}$$

$$I（4～20mA）= \frac{16\,瞬时流量}{F} + 4 \tag{8-15}$$

4. 压力校验

压力显示值与压力输入电流（0～10mA 或 4～20mA）的对应关系为

$$压力显示值（0～10mA）= \frac{Ip}{10} \tag{8-16}$$

$$压力显示值（4～20mA）= \frac{p（I-4）}{16} \tag{8-17}$$

式中　p——对应于 10mA 或 20mA 的最大压力，Pa；

　　　I——输入电流，mA。

5. 仪表校验（横式）

按设置键，用 <、∧ 键设置密码 1500，再按设置键分别显示：

（1）CXXX. X 为热电偶校正。2、3 脚接 20mV 信号。用 <、∧、*键调正下排两位数，使上排显示值为 484.8℃。

按 " < " 键，某一位小数点即可用∧键（＋键）、*键（－键）调这一位，先调节十位，等到上排显示值小于但接近 484.8 时，再调个位。

（2）CXXX. X 为热电阻校正。1、2、3 脚接 212.02Ω，用 <、∧、*

键调正下排两位数，使上排显示值为 300.0℃。

（3）PXX. XX 为压力校正。4、6 脚接 10mA 信号，用 <、∧、＊键调正下排两位数，使上排显示值为 10.00MPa。

（4）FXXX. X 为流量校正。5、6 脚接 10mA 信号，用 <、∧、＊键调正下排两位数，使上排显示值为 100.0t。

（5）d 为电流输出校正。7、8 脚接电流表，用 <、∧、＊键调正下排两位数，使电流表显示值为 10.00mA。

仪表的校验和仪表的设置无关，每样信号可分别调正，调正好后按工作键即可。

6. 仪表校正（竖式）

按设置键，用 <、∧ 键设置密码 1500，再按设置键分别显示：

（1）CXXX. X 为热电偶校正。2、3 脚接 20mV 信号。用 <、∧ 键调正下排两位数，使上排显示值为 484.8℃。

按 "<" 键，某一位小数点亮即可用 ∧ 键（＋键）调这一位，先调节十位，等到上排显示值小于但接近 484.8 时，再调个位。

（2）CXXX. X 为热电阻校正。1、2、3 脚接 212.02Ω，用 <、∧ 键调正下排两位数，使上排显示值为 300.0℃。

（3）PXX. XX 为压力校正。4、6 脚接 10mA 信号，用 <、∧ 键调正下排两位数，使上排显示值为 10.00MPa。

（4）FXXX. X 为流量校正。5、6 脚接 10mA 信号，用 <、∧ 键调正下排两位数，使上排显示值为 100.0t。

（5）d 为电流输出校正。7、8 脚接电流表，用 <、∧ 键调正下排两位数，使电流表显示值为 10.00mA。

仪表的校验和仪表的设置无关，每样信号可分别调正，调正好后按工作键即可。

第四节　流量测量仪表的安装

目前在发电厂中被广泛用来测量流量的差压式流量计由节流装置、差压信号管路和差压测量仪表三部分组成，如图 8 - 11 所示。

一、标准节流装置的安装

（1）必须保证节流装置的开孔与管道的轴线同心，并使节流装置端面与管道的轴线垂直。

（2）在节流装置前后两倍于管径的一段管道内壁上，不得有任何突

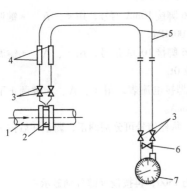

图 8 - 11　差压式流量计的组成

1—差压信号管路；2—节流装置；3—切断
阀门；4—隔离罐；5—引压管路；6—
平衡阀门；7—差压测量仪表

出部分。

(3) 节流装置前后必须配置一定长度的直管段，满足节流件前 10D、节流件后 5D 的直管段。

(4) 在测量黏性或腐蚀性介质时，必须装有隔离容器。

(5) 安装时，被测介质的流向应与环室的方向一致。

二、差压信号管路的敷设

(1) 为了减小延迟，信号管路的内径不应小于 8～12mm，管路应按最短距离敷设，但不得短于 3m，最长不得大于 50m。管路弯曲处应是均匀的圆角。

(2) 为了防止信号管路积水、积气，其敷设应有大于 1:10 的倾斜度。信号管路内为液体时，应安装排气装置；为气体时，应装有排液装置。

(3) 测量具有腐蚀性或黏度大的流体时，应设隔离容器，以防止信号管路被腐蚀或阻塞。

(4) 信号管路所经之处不得受热源的影响，更不应有单管道受热现象，也不应有冻管现象。在采取防冻措施时，两根管路的温度要相等。

三、管路安装方法

为了正确安装管路，将工程上几种情况下的管路安装方法分述如下。

(一) 被测介质为液体

(1) 一般差压计位置低于节流装置位置，如图 8 - 12 所示。

(2) 如果差压计的位置要高于节流装置的位置时，应将信号管路先向下敷设一段，然后再向上接至仪表，如图 8 - 13 所示。这时要在信号管路最高点装设空气收集器，以收集信号管路中的气体，然后定期排掉。并且在差压计前要装设沉积器，收集信号管路中的杂质、污物，以免堵塞管路和损坏差压计。

(二) 被测介质为蒸汽

(1) 一般差压计的位置要低于节流装置的位置，如图 8 - 14 所示。

(2) 如果差压计的位置要高于节流装置的位置时，信号管路应先向下敷设一段，然后再向上敷设，并且要装设空气收集器，如图 8 - 15 所示。

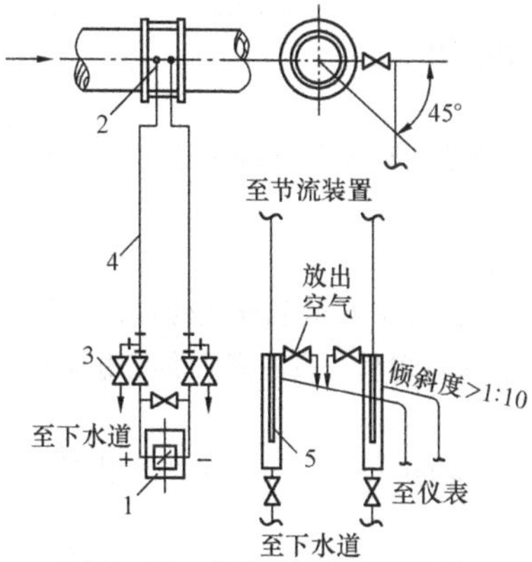

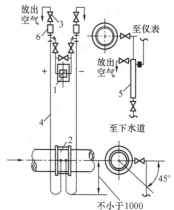

图 8 - 12　测量液体时差压计
低于节流装置
1—差压计；2—节流装置；3—冲洗阀；
4—信号管路；5—沉积器

图 8 - 13　测量液体时差压计
高于节流装置
1—差压计；2—节流装置；3—排
气阀；4—信号管路；5—沉积器；
6—空气收集器

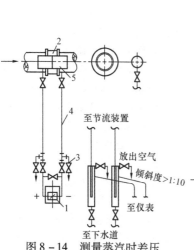

图 8 - 14　测量蒸汽时差压
计低于节流装置
1—差压计；2—节流装置；3—冲
洗阀；4—信号管路；5—冷凝器

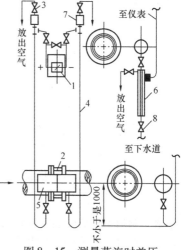

图 8 - 15　测量蒸汽时差压
计高于节流装置
1—差压计；2—节流装置；3—排气阀；
4—信号管路；5—冷凝器；6—沉积器；
7—空气收集器；8—阀门

第八章　流量测量仪表

火力发电职业技能培训教材　·211·

(3) 在取压处和信号管路之间应加装冷凝器，以防止高温介质直接进入差压计，保证两根管路内的液柱高度相等。

四、流量测量仪表的安装

(1) 测量仪表应安装在满足规定的使用环境条件和易于观察和维修的地方。

(2) 仪表应避开有振动的场所安装。

(3) 在仪表的连接处，应根据被测压力的高低和介质性质，加装适当的垫片。中压及以下可使用石棉垫、聚乙烯垫，高温高压下使用退火紫铜垫。

(4) 测量有腐蚀性或黏度较大的介质的压力时，应加装隔离装置。

第五节　水位测量仪表

火力发电厂中有不少设备需要保持正常水位才能安全、经济地运行，例如锅炉汽包水位、加热器水位、除氧器水箱水位、汽轮机凝汽器水位等。水位测量仪表的种类很多，目前火力发电厂中采用的有云母水位计、差压式水位计、雷达液位计、超声波液位计、磁翻板水位计等。

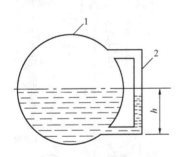

图 8 - 16　连通管测量水位
1—汽包；2—连通管

其中，云母水位计是采用连通管原理制成的，如图 8 - 16 所示。这种水位计属于锅炉的附属设备，就地安装，在锅炉启、停时用以监视汽包水位和正常运行时定期校对其他形式的水位计。这里主要介绍差压式水位计和雷达液位计。

一、差压式水位计

差压式水位计由"水位—差压"转换装置（平衡容器）、差压计（或变送器）和二次仪表等组成。利用不同的转换装置将水位的变化转换成差压的变化，然后使用量程合适的差压计测出这个差压值即可得知水位，这是目前火力发电厂锅炉汽包、除氧器水箱等水位测量中使用最普遍的一种仪表。

（一）"水位—差压"转换装置

利用差压原理测量汽包水位，受到汽包压力变化等因素的干扰，使得水位和差压之间的关系变得很复杂，为此出现了各种类型的"水位—差压"转换装置。其中使用效果较好的是具有压力补偿作用的"水位—差压"转换装置，如图 8 - 17 所示。图中，宽容器 2 为热套管，它与汽包的汽侧相通。热套管 2 中装有正压室 4 和漏斗 3。正压室的 (L-1) 段为传压管，处于环境温度。热套管 2 下端与锅炉下降管连通，形成凝结水自然循环的回路。这种平衡容器具有汽包压力补偿作用，在锅炉启动和停运过程中，其输出差压 Δp 与水位 H 的关系式为

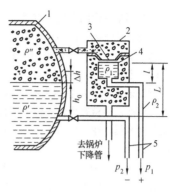

图 8 - 17　水位—差压转换装置
1—汽包；2—热套管；3—漏斗；
4—正压室；5—传压管

$$\Delta p = \rho_{1g} l + \rho_{2g}(L-1) - \rho' g h - \rho'' g(L-h) \qquad (8-18)$$
$$h = h_0 + \Delta h \qquad (8-19)$$

式中　l——正压室补偿管长度，m；

L——正压室水平面至平衡容器水侧连通管的垂直距离，m；

ρ_1——正压室补偿管中水的密度，kg/m^3；

ρ_2——正压室除补偿管水以外的水的密度，kg/m^3；

ρ'——汽包饱和水密度，kg/m^3；

ρ''——汽包饱和蒸汽密度，kg/m^3；

g——重力加速度值，m/s^3。

L 为定值，ρ_1、ρ_2 近似不变，所以汽包水位 h 和平衡容器的输出差压 Δp 成正比关系，即水位愈高，差压愈小；水位愈低，差压愈大。用差压计测出 Δp 的值，就可知道水位的高低。

（二）差压式水位计的使用

1. 水位计投入运行

（1）检查水位计二次阀门是否关闭，平衡门是否打开。

（2）打开一次阀门、排污阀门及与锅炉下降管相连的溢流管上的溢流阀门冲洗管路；检查正、负压管路以及溢流管是否畅通。

（3）关闭排污门及溢流阀门。

（4）待管路中介质冷却后，开启汽侧一次门。

（5）缓慢打开正压侧二次阀门，使液体流入测量室，并用排气阀排

除管路及测量室内的空气，直至排气阀孔无气泡逸出时，关闭排气阀及平衡门，打开负压侧二次门，仪表应指示正常，接头及阀门应无泄漏。

（6）打开与锅炉下降管相连的溢流阀门。

（7）打开的阀门不能全开，应留约 1 丝扣的余量。

（8）若水位平衡容器上有灌水丝堵，为了缩短启动时间，在一次阀门未开启前，经检查确信水位平衡容器无压后，可拧开灌水丝堵，从灌水口向平衡容器内注入冷水，待充满脉冲管路和平衡容器后，拧紧丝堵，再启动水位计。

（9）为了快速启动仪表，可进行管路反注水操作，即关闭一次门，开启溢流阀门，使下降管中有压力的水反冲入管路及平衡容器内。

2. 现场校对水位计

（1）首先与锅炉运行人员联系好，尽量避免重大操作，使锅炉运行工况稳定，减小水位波动。

（2）以就地安装的汽包云母水位计的读数作为标准水位。

（3）读取靠近差压式水位计取样的云母水位计的指示值，两表读数时间应一致。

（4）为了保证锅炉运行安全，一般只校对 ±100mm 以内的数值。

3. 利用平衡容器测量水位的方法

虽然经过诸多改进，但准确度仍然不够理想。其误差的主要来源是：

（1）在运行中，因汽包压力变化引起的饱和水、汽数值变动造成的误差不能完全得到补偿。

（2）设计计算的平衡容器补偿装置是按水位处于零水位的情况下得出的，而运行中锅炉水位偏离零水位时就会引起测量误差。

（3）当汽包压力突然下降时，由于正压室内的凝结水可能蒸发，也会导致仪表指示失常。

二、雷达位计

1. 雷达液位计的测量原理

液位计采用发射—反射—接收的工作模式。利用天线发射出电磁波，这些波经被测对象表面反射后，再被天线接收，电磁波从发射到接收的时间与到液面的距离成正比，关系式为

$$D = \frac{CT}{2} \qquad\qquad (8-20)$$

式中　D——雷达液位计到液面的距离；

　　　C——光速；

T——电磁波运行时间。

雷达液位计记录脉冲波经历的时间，而电磁波的传输速度为常数，则可算出液面到雷达天线的距离，从而知道液面的液位。

在实际运用中，雷达液位计有两种方式即调频连续波式和脉冲波式。采用调频连续波技术的液位计，功耗大，须采用四线制，电子电路复杂。而采用雷达脉冲波技术的液位计，功耗低，可用二线制的 24V DC 供电。雷达液位计采用脉冲微波技术，其天线系统发射出频率为 6.3GHz、持续时间为 0.8ns 的脉冲波束，接着暂停 278ns，在脉冲发射暂停期间，天线系统将作为接收器，接收反射波，同时进行回波图像数据处理，给出对应指示和电信号。

2. 雷达液位计的特点

雷达液位计采用一体化设计，无可动部件，不存在机械磨损，使用寿命长。测量时发出的电磁波能够穿过真空，不需要传输媒介，具有不受大气、蒸气、挥发雾影响的特点，能用于可挥发介质的液位测量，几乎能用于所有液体的液位测量。电磁波在液位表面反射时，信号会衰减，当信号衰减过小时，会导致雷达液位计无法测到足够的电磁波信号。导电介质能很好地反射电磁波，对雷达液位计，甚至微导电的物质也能够反射足够的电磁波。介电常数大于 1.5 的非导电介质（空气的介电常数为 1.0）也能够保证足够的反射波，介电常数越大，反射信号越强。在实际应用中，几乎所有的介质都能反射足够的反射波。

采用非接触式测量，不受液体的密度、浓度等物理特性的影响。测量范围大，可用于高温、高压的液位测量。天线等关键部件采用高质量的材料，抗腐蚀能力强，能适应腐蚀性很强的环境。功能丰富，具有虚假波的学习功能。输入液面的实际液位，软件能自动地标识出液面到天线的虚假回波，排除这些波的干扰。参数设定方便，可用液位计上的简易操作键进行设定，也可用 HART 协议的手操器在远程或直接接在液位计的通信端进行设定。

3. 雷达液位计安装的注意事项

雷达液位计能否正确测量依赖于反射波的信号。如果在所选择安装的位置，液面不能将电磁波反射回雷达天线或在信号波的范围内有干扰物反射干扰波给雷达液位计，雷达液位计均不能正确反映实际液位。因此，合理选择安装位置对雷达液位计十分重要，在安装时应注意以下 4 点：

（1）雷达液位计天线的轴线应与液位的反射表面垂直。

（2）容器内的搅拌器、容器壁的黏附物和阶梯等物体，如果在雷达液位计的信号范围内，会产生干扰的反射波，影响液位测量。在安装时要选择合适的安装位置，以避免这些因素的干扰。

（3）喇叭型的雷达液位计的喇叭口要超过安装孔的内表面一定的距离（＞10mm）。棒式液位计的天线要伸出安装孔，安装孔的长度不能超过100mm。对于圆形或椭圆形的容器，应装在离中心为1/2R（R为容器半径）距离的位置，不可装在圆形或椭圆形的容器顶的中心处，否则雷达波在容器壁的多重反射后，汇集于容器顶的中心处，形成很强的干扰波，会影响准确测量。

（4）对液位波动较大的容器的液位测量，可采用附带旁通管的液位计，以减少液位波动的影响。对于有些安装位置无法避免的干扰波，液位计能根据实际液位标识出干扰反射波，并存于雷达液位计的内部数据库，使雷达液位计在数据处理时能识别这些干扰波，去除这些干扰反射波的影响，保证测量的准确性。

4. 雷达液位计的维护

雷达液位计主要由电子元件和天线构成，无可动部件，在使用中极少出现故障。使用中偶尔遇到的问题是，容器中有些易挥发的有机物会在雷达液位计的喇叭口或天线上结晶，故要定期检查和清理。

雷达液位计目前已经是液位测量行业中不可缺少的检测仪表。随着技术进步，高频、超高频雷达液位计不断出现，雷达液位计具有比同类接触式与非接触液位计产品性能上更加有优势，所以被广泛应用到各个行业领域，产品自身优势和测量效果，让雷达液位计逐渐获得越来越多的认可。

5. 导波雷达液位计与雷达液位计的区别

导波雷达液位计是基于时间行程原理的测量仪表。雷达波以光速运行，运行时间可以通过电子部件被转换成物位信号。探头发出高频脉冲并沿缆式探头传播，当脉冲遇到物料表面时反射回来被仪表内的接收器接收，并将距离信号转化为物位信号。

（1）接触方式不同。雷达液位计是非接触式的，导波式液位计则是接触式的。

（2）使用工况介质不同。导波雷达式液位计需考虑介质的腐蚀性和粘附性，而且过长的导波雷达安装和维护更加困难。

低介电常数的工况，无论雷达还是导波雷达测量原理都是基于介质介电常数差别，由于普通雷达的发射的波是发散的，当介质介电常数过低时，信号太弱测量不稳定，而导波雷达波是沿导波杆传播信号使信号更为稳定准确。

（3）选型不同。普通雷达可以互换使用，而导波雷达由于导波杆（缆）长度根据工况固定，一般不能互换使用。

（4）测量范围不同。普通雷达在 30、40m 的罐体上应用比较常见，甚至可测到 60m。

导波雷达还要考虑导波杆（缆）的受力情况，由于受力的原因一般用导波雷达的测量距离不会很长。在一些特殊工况导波雷达有明显的优势，如罐内有搅拌，介质波动大，这样的工况用底部固定的导波雷达测量值要比普通雷达稳定；还有小罐体内的物位测量，由于安装测量空间小（或罐内干扰物较多），一般普通雷达不适用，这时导波雷达的优势就显现出来了。

（5）样式不同。雷达式液位计是喇叭口形状的，而先导式液位计则是有导波杆的。

两个形状不同自然在一些使用场合上会有不同。

第九章

特殊仪表测量

第一节 转速测量仪表

一、概述

汽轮机转速是机组运行的重要参数之一。在机组启动过程中，要控制暖机转速，使转子和汽缸热膨胀均匀，防止胀差过大；升速时要迅速通过临界转速，以免振动过大；正常运行时，要维持转速一定，以保证周波质量。而这些都离不开转速的测量。

电子计数式转速表是理想的转速测量装置。由于电子计数式转速表是非接触式测量仪表，具有准确度高、量程宽、可提供记录和保护信号、便于维护等优点，因而在大型机组中得到广泛应用。

二、电子计数式转速表的工作原理

电子计数式转速表由转速传感器和数字显示仪两部分组成。转速传感器的作用是把被测旋转物体的转速变换为电信号，供数字显示仪计数，显示转速值。数字显示仪的作用是接受传感器输出的电信号，并作相应的处理后显示被测转速。

用电子计数式转速表测量转速时，对高、中转速通常采用测频法，对于低转速采用测周法。这两种方法交替使用，互相补充，可以拓宽测量范围，提高测量精度。下面分别叙述两种测量方法的原理及测量误差。

（一）测频法原理

所谓测频法就是测量电信号频率的方法，即测量某电信号单位时间内的脉冲数，其原理框图见图9-1，波形图见图9-2。为了便于计数器计数，首先必须把各种被测信号波形（如三角波、锯齿波等）通过整形电路（通常采用斯密特电路）进行整形，使其成为规则的矩形脉冲信号。

实现测频测量必须具备时间基准，通常将1MHz或5MHz石英晶体振荡器脉冲进行整形，使其成为规则的矩形时钟脉冲，再经分频器对时钟脉冲进行分频，获得不同的时间基准，该时间基准亦称时基信号。

有了时间基准，即可利用它来控制、计数闸门（主闸门）的开启和关闭。使主闸门只在所选的基准时间内打开，允许整形后的被测脉冲通过，再进入计数器计数，其值由数字显示器显示，转速表则是直接显示被测转速值。

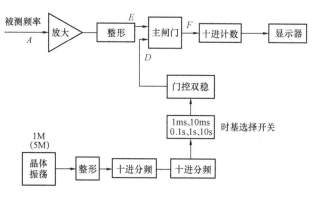

图 9 – 1　频率测量原理框图

（二）测周法

测周法即用时标填充的方法测量某一旋转信号的时间间隔，就是定角测时的方法。图 9 – 3 为原理框图，图 9 – 4 为波形图。被测周期信号经过放大和整形后送至门控双稳态电路作触发信号，使主闸门在被测信号周期 T 内开启。石英晶体振荡器的输出信号经整形成矩形脉冲，再经过分频或倍频，得到一系列标准时钟脉冲，即时标信号。在主闸门开启时间 T 内，计数器对时标信号进行计数。设时标信号周期为 τ_0，计数器读数为 N，则被测周期为

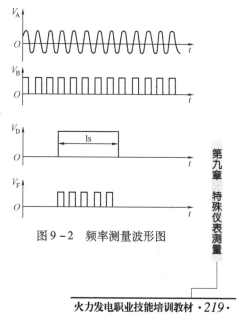

图 9 – 2　频率测量波形图

$$T = N\tau_0 \qquad (9-1)$$

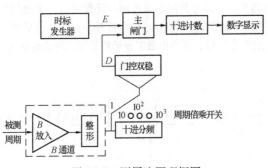

图 9-3 测周法原理框图

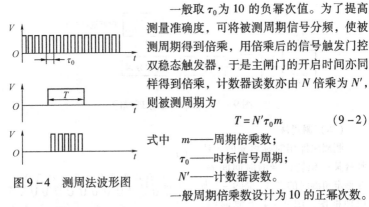

图 9-4 测周法波形图

一般取 τ_0 为 10 的负幂次值。为了提高测量准确度，可将被测周期信号分频，使被测周期得到倍乘，用倍乘后的信号触发门控双稳态触发器，于是主闸门的开启时间亦同样得到倍乘，计数器读数亦由 N 倍乘为 N'，则被测周期为

$$T = N'\tau_0 m \qquad (9-2)$$

式中　　m——周期倍乘数；

　　　　τ_0——时标信号周期；

　　　　N'——计数器读数。

一般周期倍乘数设计为 10 的正幂次数。

（三）频率测量误差

由前节已知，在测量频率时，被测频率 f 由主闸门开启时间 t 和这段时间内计数器的计数 N 决定，即

$$f = \frac{N}{t} \qquad (9-3)$$

由于主闸门的开启时刻与被测脉冲通过主闸门的关系是随机的，因而在相同的主闸门开启时间内就会产生计数误差，如图 9-5 所示。由图可知，计数器计数的最大可能误差为 ±1 个字。如图 9-6 所示称为量化误差。显然，这种 ±1 个字的量化误差在 N 值较大时，对所测频率的相对误差较小；N 值较小时，误差较大。因此，测量较低频率时，采用测量周期的方法误差较小。

引起频率测量误差的另一个原因是闸门开启时间的误差，它取决于晶

体振荡器的频率准确度和稳定度。

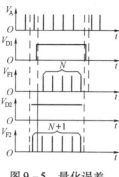

图 9 - 5　量化误差

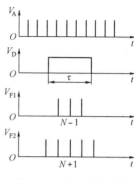

图 9 - 6　最大量化误差

（四）应用测频法和测周法测量转速

电子计数式转速表和频率计都是应用计数的方法测量单位时间内的电脉冲数。因此，前面所说的频率、周期测量原理及测量误差分析，对转速测量都是适用的。

数字频率计和电子计数式转速表的不同点：

（1）数字频率计是测量频率 f，计量单位是"Hz"，而电子计数式转速表测量旋转机械的转速 n，计量单位是"r/min"，转速和频率的关系式为

$$n = 60f \qquad\qquad (9-4)$$

（2）频率计是单机使用，而电子计数式转速表由转速传感器和数字显示仪表两部分组成。转速传感器一般为光电式和磁电式，光电式一般用于便携式转速表，现场安装均为磁电式。为了减少 ±1 个字的量化误差，应尽量增加被测对象每转输出的脉冲数。

在传感器已经确定的条件下，转速传感器输出的脉冲数随着转速的升高而增多，因此，转速越高，用测频法测量转速的准确度越高。

用测频法测量转速 n 的计算公式为

$$n = \frac{60N}{Zt} \qquad\qquad (9-5)$$

式中　N——频率计读数，Hz；

Z——光电盘上的条缝数；

t——测量时间，s；

n——被测转速，$r/\min$。

用测周法测量转速 n 的计算公式为

$$n = \frac{60m}{NZ\tau_0} \qquad (9-6)$$

取 $Z=1$，则上式可写成

$$n = \frac{60m}{N\tau_0}$$

式中　τ_0——填充时标；

m——周期倍乘数。

三、电子计数式转速表的检定

各种电子计数式转速表，都应根据检定规程进行检定。

（一）电子计数式转速表的技术要求

（1）转速表上应有名称、出厂编号、计量器具生产许可证号、制造厂名、出厂日期、准确度等级等。

（2）各紧固件、元器件及引线应无松动。

（3）数字显示应清晰，不应有引起读数错误的故障。

（4）各功能开关正常并可靠。

（5）转速传感器的技术要求如下：

1）说明书中应注明传感器的使用方法和安装要求；

2）便携式反射光电传感器与被测旋转物体的距离应不小于 8mm。

（6）转速传感器与电子计数器的连接应牢固、可靠，连接线、接插件及转速传感器附件应齐全。

（7）手持式转速表的转轴应转动灵活，无晃动。

（8）转速表的准确度等级，示值允许误差，计数器时基准确度、稳定度的规定见表 9-1。

表 9-1　　　　　　　　电子计数式转速表的准确度等级

准确度等级	0.01	0.02	0.05	0.10
基本示值误差	$\pm 0.01\%n$ ± 1 个字	$\pm 0.02\%n$ ± 1 个字	$\pm 0.05\%n$ ± 1 个字	$\pm 0.10\%n$ ± 1 个字
允许示值变动性	$0.01\%n$ ± 2 个字	$0.02\%n$ ± 2 个字	$0.05\%n$ ± 2 个字	$0.10\%n$ ± 2 个字
计数器时基准确度	5×10^{-5}	1×10^{-4}	2.5×10^{-4}	—

准确度等级	0.01	0.02	0.05	0.10
计数器时基4h的稳定度	5×10^{-5}	1×10^{-4}	2.5×10^{-4}	—

注 1 n 为转速表示值，检定时取 $Zt = 60$ （Z 和 t 的注释见上文）。

2 计数器显示值尾数位 ±1 个字作量化误差处理，不影响转速表精度等级的评定。

（二）检定条件

（1）环境条件：室温 （20 ± 5）℃；相对湿度不大于 85%。

（2）交流电源电压 220V ± 10%，直流供电电压应能使被测转速表正常工作。

（3）室内应无影响转速表正常工作的电磁场干扰。

（4）检定用标准设备及其技术指标：

1）标准频率源或电子计数器的准确度和稳定度应优于被检转速表一个数量级。

2）标准转速装置的准确度和稳定度应优于被检转速表三倍。

（三）检定项目和检定方法

1. 一般性检查

（1）手持式转速表的外观和正常工作状态，按照技术要求有关规定进行检查。

（2）由电子计数器和转速传感器组成的转速表的外观及正常工作状态，按照技术要求有关规定进行检查。

（3）对具有"自校"功能的转速表，通电预热半小时后，将转换开关置于"自校"位置，其显示值应符合生产厂家规定的值。

2. 电子计数器时基准确度和稳定度的检定

（1）检定时，将标准频率源和被检电子计数器预热半小时后，由标准频率源供给被检电子计数器标准频率信号。输入的频率值根据被检电子计数器的计数容量决定，从被检电子计数器上直接读取，并记录 10 个显示值。

时基准确度按下式计算，即

$$A_f = \frac{f - f_0}{f_0} \quad (9-7)$$

式中 f——被检电子计数器 10 个显示值的平均值；

第九章 特殊仪表测量

f_0——标准频率值。

（2）4h 内时基稳定度的检定按照上述方法进行检定，预热半小时后，读取第一个显示值，以后每隔半小时测量一次，每次读取一个显示值，连续测量 4h，共读取 9 个显示值。

时基稳定度按下式计算，即

$$S_f = \frac{f_{max} - f_{min}}{f_0} \tag{9-8}$$

式中 f_{max}、f_{min}——4h 内频率读数的最大显示值和最小显示值，Hz。

3. 转速表示值基本误差和示值变动性的检定

（1）转速表采用测频法测量转速并显示频率时，按下式计算相应的转速值，即

$$n = \frac{60N}{Zt} \tag{9-9}$$

式中 N——被检转速表显示值，r/min；

Z——转速传感器每转输出的电脉冲信号数，1/r；

t——采样时间，s。

（2）被检转速表在其测量范围内按 1.2.5 序列选择八个检定点。

（3）首先将标准转速装置和被检转速表预热半小时，并正确安装转速传感器。

（4）检定时，将标准转速装置的转速调到检定点上，在同一检定点上连续读取被检转速表的 10 个显示值。

（5）转速表每一检定点的示值误差 Δn 和示值变动性 Δn_b 按下列公式计算

$$\Delta n = \bar{n} - n_0 \tag{9-10}$$

$$\Delta n_b = n_{max} - n_{min} \tag{9-11}$$

式中 $\bar{n}$——同一检定点 10 次读数的平均值，r/min；

n_0——标称转速值，r/min；

n_{max}、n_{min}——被测转速表同一检测点 10 次读数的最大值与最小值，r/min。

（四）检定结果的处理

（1）经过检定的转速表，其所测得的计数器时基准确度和 4h 稳定度允许示值误差和允许示值变动性的最大值，应符合表 9-1 的规定。合格者发给检定合格证书，不合格的转速表发给检定结果通知书。

（2）转速表的检定周期为 1 年，根据具体使用情况，检定周期允许缩短。

四、WZ-1 型危急遮断转速表介绍

WZ-1 型危急遮断转速表是以单片计算机为核心的多功能智能化仪表，具有兼做危急遮断电指示器、超速报警、捕获汽轮机的最高转速、快显、抗干扰能力强的特点。

（一）主要技术指标

（1）转速显示范围：$0 \sim 9999 \mathrm{r/min}$。

（2）测速范围：$2 \sim 9999 \mathrm{r/min}$。

（3）测速精度：$\pm 1 \mathrm{r/min}$。

（4）输入信号：$V_{p-p} = 0.05 \sim 30 \mathrm{V}$。

（5）危急遮断撞击子检测转速：$N > 2500 \mathrm{r/min}$。

（6）危急遮断检测转速精度：$\pm 5 \mathrm{r/min}$。

（7）超速一报警转速：可调。

（8）超速二报警转速：可调。

（9）触点输出容量：220V AC 1A。

（10）供电：220V AC $\pm 10\%$，功率 20W。

（二）工作原理

WZ-1 型危急遮断转速表是一种内装微型计算机的综合智能化数字显示仪表。在设计中充分考虑到满足汽轮机运行对转速的控制要求。特别重视汽轮机单机工作情况下转速的动态响应及超速峰值的检测，以获得精确的撞击子击出转速、缩回转速以及最大动态转速值。平时该表每时每刻都监视着连接在汽轮机上的传感器，显示汽轮机转速，做普通转速表使用。当危急遮断撞击子击出时，传感器就将此信号检测出来，此信号的频率为 $49 \sim 51 \mathrm{Hz}$。检测出来的信号送到表内整形后送往微机内鉴别。由于仪表内采用的是具有很强功能的微处理器，因此可以很方便地完成分析、鉴别工作。当微处理器鉴别出来是危急遮断撞击子击出信号时，立刻将击出瞬间的转速锁存在数显表的内存中，同时给出报警接点输出。操作人员只需按相应的按键，就可随时将击出转速显示出来。同理，该表可锁存撞击子的缩回转速和汽轮机的最高转速。

（三）使用方法

（1）转速传感器内阻约为 $400 \sim 800 \Omega$；撞击子传感器内阻约为 200Ω。测速传感器安装于距 60 齿测速齿盘齿顶 1mm 的垂直位置；撞击子传感器安装于距撞击子顶部 7mm 的位置（撞击子未击出）。

（2）传感器到仪表均应单独用屏蔽导线，并将屏蔽层采用单端接地的方式接到仪表地线，以防止干扰。

（3）在撞击子没有击出时做一般转速表使用。

（4）当撞击子击出后，相应的发光二极管变亮，同时有开关量接点输出。

（5）先按"#1"键，再按"击出"或"缩回"键，转速表显示的是"#1"撞击子的击出或缩回转速；同样，先按"#2"再按"击出"或"缩回"键，转速表显示的是"#2"撞击子的击出或缩回转速。

（6）按"MAX"键，转速表显示的是机组达到的最高转速。

（7）复位锁顺时针旋转90°仪表复位，指示发光二极管均熄灭，开关量接点断开，一切存储数据清除，恢复原状后该仪表又做一般转速表使用。

（8）本仪表具有自检功能，按"自检"键，显示0000，1111，2222，…，9999及3300和3240，同时相应的发光二极管变亮，并同时有接点输出，而后自停。当有转速信号输入或报警状态未解除时，仪表自检键将不起作用，不能进入自检程序，以防平时无关人员乱动造成误报警。

（四）WZ型转速表常见故障分析

WZ型转速表常见故障分析见表9-2。

表9-2　　　　　　　　　　WZ型转速表常见故障分析

序号	故障现象	原因分析及对策
1	汽轮机启动后转速显示异常，无指示、偏高或偏低	（1）转速探头损坏，测量测速探头阻值应为600～700Ω左右，否则更换测速探头； （2）转速探头与测量齿盘间隙改变，实际应为1mm，重新安装、固定牢靠； （3）转速信号电缆屏蔽效果不好，电缆屏蔽层应采用单端接地的方式； （4）转速表故障，更换装置
2	汽轮机未启动，转速表有指示	转速信号电缆屏蔽效果不好，电缆屏蔽层应采用单端接地的方式
3	做超速试验，撞击子信号未发出	（1）测量撞击子传感器探头阻值应为200Ω左右，否则更换传感器； （2）撞击子传感器与飞锤未击出测量面间隙改变，实际应为6.5～7mm，重新安装、固定牢固； （3）解除汽轮机转速信号，对仪表进行自检，仪表撞击子击出指示灯应点亮

五、GZJY－3 高精度标准转速装置

GZJY－3 高精度标准转速装置是一种新型的精密转速源，适用于校准各种机械式、电子计数式转速表，具有准确度高、抗干扰能力强、可靠性高、噪声低的特点。

（一）技术指标

（1）转速范围：100～6500r/min。

（2）准确度：优于 5×10^{-4}。

（3）稳定度：优于 1×10^{-4}。

（4）分辨率：1r/min。

（5）噪声：不大于 60dB。

（二）工作原理

GZJY－3 型标准转速装置是以 MCS－48 系列单片机为控制核心，由无刷电动机作为驱动部件所组成的双稳系统。系统由标准频率给定电路、调幅控制电路、调宽控制电路、测速显示电路等组成，原理框图见图 9－7。

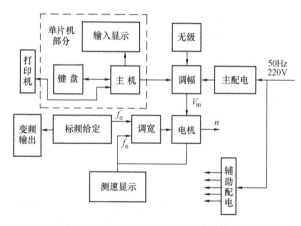

图 9－7　GZJY－3 型标准装置原理框图

电动机转动时，由同轴带动的转速－脉冲变换器将转速变为脉冲信号，此信号反馈到调宽控制电路的输入端。调宽控制电路的另一输入端是从标准频率脉冲给定电路来的标准频率信号（与所要求的转速相对应）。调宽控制电路的输出信号控制电机的增速或减速，直到反馈的测速信号与标准同步信号同步，这时电机便稳定地运行在给定的

第九章　特殊仪表测量

转速上。

（三）GZJY 系列转速标准校验装置的使用

1. 开机前的准备

将装有电机及齿轮箱的平台放在工作台上，平台底部应放置减震材料。然后连接主机与电机，检查无误后即可接通电源。此时，电机不启动，电流表指针应指零，输出转速显示为零，输入转速无指示，无级调速电平指示器应显示在低速位置，否则应调整调速旋钮。

2. 转速控制的三种工作方式

（1）数字给定工作方式。开机后，由数字键键入所需转速值，然后按下"运行/停止"键，电机经 2～3s 便稳定运行在给定的转速上。只有在此时（即锁定运行状态）才可键入被校表的指示值，以便打印检验结果。

（2）无级调速方式。无论在锁定运行状态或停机状态，按一次"无级"键，系统即进入无级调速状态。这时调节面板上的无级调速按钮，转速将随之增减，电平指示器也相应变化。当调速到所需转速值时，再次按"无级"键，经 2～3s 后系统便锁定运行在所需转速上。

（3）微调方式。当系统在锁定运行状态下，每按一次"微调↑"（或"微调↓"）键，电机的转速将增速（减速）1r/min。这是慢节奏微调方式，还可快节奏微调，操作方法是在 1.5s 内连续按两次"微调↑"（或"微调↓"）键，且第二次应按住不动，则电机转速将以确定的速率递增（递减），直至放开按键，增（减）速停止，电机保持此时的转速锁定运行。

应特别注意：无论在何种控制方式下，只要电机从停机状态进入运行，都应使电机由低速状态（500r/min 以下）启动，高速启动会损坏电机。

3. 其他功能键的使用方法

（1）"限速"键。为防止因误操作而使输出转速大于被校表的量程造成被检表损坏，可使用此键设置最高转速限制。方法是将需限速的转速值键入，而后按"限速"键，这样，装置对大于限速值的转速输入将不响应。

（2）"清除"键。

当输入转速值有误时，按"清除"键，便可重新输入。

（3）"随动"键。

仪器面板上有显示负载状态的三个指示灯，分别标有"轻"（黄色）、

"中"（绿色）、"重"（红色）。运行中，当电机因负载过重不能进入锁定状态而持续在捕捉过程时，按一下"随动"键，系统便自动调整至最佳运行状态，"中"灯亮。一般情况下，只要电机在锁定运行状态，不管"中"灯是否亮，都不需要按"随动"键。

（4）"存贮"键。

利用该键，可将在同一检定点数次（最多 10 次）的读数记录下来，并显示存储次数作为提示。被检表同一检定点的各次读数存储完毕后，按"打印"键，打印机即将该检定点的标准值、被检表示值、算术平均值、绝对误差打印输出。

（5）"复位"键。

在任何状态下按"复位"键，装置均复位，电机停转。

4. 使用注意事项

（1）本装置为微机系统，应避免强干扰源。仪器在工作中，万一被强干扰影响，应迅速按"复位"键，待电机停转后再关机。

（2）仪器关机后若再次开机，应间隔不少于 10s。

（3）齿轮变速箱内使用的 2 号主轴润滑油，应每隔 4 个月更换一次。

（4）使用中应保持变速箱油位，防止机械零件磨损。如果齿轮变速箱内有特殊的噪声，应立即停机检查。

（5）电机通电后，转速须由低速到高速；断电前，须由高速逐渐降到低速再断电。

第二节　料位测量仪

一、CLW-DR 树干式标尺型料位监测仪

1. 最佳应用场所

（1）煤粉仓（测量范围 0~8mm，传感器耐温 350℃）（-2A 型）。

（2）煤粉仓（测量范围 0~8mm，传感器耐温 800℃）（-2AH 型）。

2. 测量原理

采用获得国家专利的分段连续电容测量技术，传感器由多路结构和尺寸完全相同的分段电容传感器依次连接而成，形成树干式标尺型测量结构。各段电容传感器既独立工作，又相互配合，消除物料物理变化因素，实现物位的实时高精度测量。

3. 结构特点

（1）传感器主极管为全封闭钢性结构，强度高、耐高温、耐腐蚀、

耐磨损。

（2）各管状分极通过绝缘子连接固定在主极管，并与主极管平行；粉料运动时，不会出现挂粉、积粉现象；正交结构保证测量无盲区。

（3）传感器主极管接地，两个电极均由传感器自身提供，不受料仓环境的影响。

（4）中间法兰的设置使传感器可折叠，结构更紧凑。

（5）采用分段电容的结构，可根据物料的变化实时自动定标。

4. 技术指标

（1）电源：220V AC ±10%，功率 15W。

（2）变送器环境温度：－20 ～ ＋5℃。

（3）绝对误差：0.1mm。

（4）变送器输出电流信号：4 ～20mA。

（5）传感器耐温：350 ～800℃。

二、CLW－DR 电容型点式料位仪

1. 最佳应用场所

需点式测量的煤粉仓、灰库及其他场所。

2. 测量原理

采用介质电容测量技术，利用低频信号进行测量，提高了其空间抗干扰能力，独有的双路电容测量体系实现了真正意义上的智能化信号处理，使测量更加准确、可靠，开关量输出满足了多数控制系统的需要。

3. 结构特点

（1）防挂粉双电容传感器。

（2）电容传感器采用特钢管、不锈钢管及聚四氟乙烯，结构坚固，耐高温，耐腐蚀。

（3）变送器外壳为封闭的铸铝件，防水、防尘，可长期工作于恶劣环境中。

（4）继电器动合或动断触点输出。

4. 技术指标

（1）电源：220V AC ±10%，功率 5W。

（2）变送器环境温度：－40 ～ ＋60℃。

（3）变送器输出：继电器动合或动断触点（220V，5A）。

（4）传感器长期使用温度：260℃。

第三节 微机皮带秤

火力发电厂是耗煤量最大的用户之一，每年消耗全国产煤量的1/5；在发电成本中，燃料费用约占70%以上。由于燃煤消耗量是火力发电厂的主要技术经济指标，又是机组热效率计算的重要依据，所以对煤量测量仪表的精确度要求是很高的。

煤量测量仪表包括入厂和入炉煤计量的火车电子轨道衡、汽车衡和安装在输煤皮带上的皮带电子秤等。其中，皮带电子秤的生产厂家很多，品种繁杂，但基本上都是由皮带测重机构、测速传感器、荷重传感器和二次仪表组成的，精确度可达0.5%。目前由微机控制的核子秤也已陆续被采用。下面就皮带电子秤的工作原理、安装、调校及维护作简单介绍。

一、皮带秤的工作原理

皮带测重机构如图9-8所示。

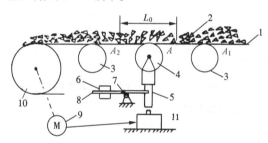

图9-8 皮带测重机构

1—皮带；2—物料；3—副称量托辊；4—主称量托辊；5—传力杆；
6—重锤；7—支点；8—杠杆；9—测速传感器；10—皮带
轮；11—荷重传感器

在皮带某一承载段下架设三组等节距的称量托辊3、4，其中4为主称量托辊，两侧的3为副称量托辊。三组托辊上的皮带$A_1 - A - A_2$称为称量段（A_1、A、A_2分别为皮带与各托辊的接触点），其中有效称量段L_0计算如下

$$L_0 = \frac{A_1A + AA_2}{2} \qquad (9-12)$$

当载有燃料的皮带通过有效称量段时，有效称量段单位时间内输送的煤流量$Q_{m.c}$等于有效称量段单位长度上的煤量Q与皮带传输速度v的乘

第九章 特殊仪表测量

积，即

$$Q_{\text{m.c}} = Qv \qquad (9-13)$$

由上式可知，只要测出有效称量段单位长度上的原煤量和皮带的运行速度，即可求得单位时间内皮带输送的原煤量。

图9-9为皮带电子秤的原理框图。由皮带测重机构传递给称重传感器的作用力 F 改变了应变电桥的桥臂参数，同时，测速传感器将皮带的速度 v 变换成频率信号，经测速单元将频率信号转换为电压 U，供给应变电桥作为电桥电源。此时，应变电桥输出的信号 ΔU 就和皮带输送机的瞬时输煤量成正比。ΔU 经比例放大并转换为电流 I 后，由电流表指示出瞬时输送量。放大单元的另一路输送给积算单元，把电流信号转换成脉冲频率信号，再经电磁计数器累计，即显示出经历某段时间的物料量。

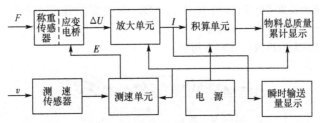

图9-9　皮带电子秤的原理框图

二、皮带秤的安装要求

皮带电子秤的使用效果一方面取决于仪表的精确度和稳定性，另一方面取决于正确的安装和使用。仪表是精密的电子设备，而皮带输送机却是相当粗糙的机械设备。作为运机机械来说，它只要求能拖得动、拉得上，而对秤架的刚度、变形，托辊转动的灵活性、同心度、加工工艺与质量，皮带厚度的均匀性及胶接头的质量等，通常考虑得比较少。而上述问题又都会以力的形式传递给测重机构，形成干扰因素。因此，皮带输送机及皮带测重机构的设计布局、制造加工精度及安装质量等都必须引起足够的重视，应严格遵守技术规范要求。安装时必须注意下列事项。

（1）安装前应检查传感器、秤架、仪表各部分是否有损坏、松动、脱落之处。搬运中不要有强烈的冲击碰撞现象。

（2）秤架安装位置的选择应注意秤架距离主动滚筒及来煤落煤斗不要太近，其距离应大于3m以上。当整个皮带运输机有水平段时，应尽量选择在水平段上。此外还需考虑环境卫生、潮湿程度和防风、防雨的条件。

（3）来煤落煤斗的几何形状应保证煤落在皮带的中间部位，防止落煤偏到皮带的一侧。此外，落煤斗下部与皮带间的高度应尽量小，并应采取多组防震托辊，以减小落煤的冲击力。

（4）皮带的厚度必须一致，以保证煤量均匀。接头要胶接平滑，不可用金属卡子连接。

（5）安装秤架托辊时，要将其安装在与它相邻的两组托辊的正中间。秤架托辊与前后几组托辊必须运转灵活，同时托辊间的距离要相同，托辊的径向跳动要小于0.2mm。

（6）秤架托辊与其前后相邻的两组托辊的相应点，必须在一条直线上。

（7）秤架在出厂时已调整好，所以安装时切勿任意拆卸。

（8）皮带张力拉紧装置所加的荷重要合适，以保证皮带松紧度不变，张力大小稳定。

（9）在回程皮带及下托辊上应加装刮煤器，以消除因粘煤而引起回程皮带的纵向跳动。

（10）在秤架两侧的回程皮带上各装一组防偏托辊，以使皮带运行时能自动找正，不致跑偏。

（11）为了保证测速传感器在皮带有效称量段内能准确地检测皮带速度，应尽量将测速轮置于接近有效称量段皮带的背面，其轴线应与皮带运行方向垂直。测速轮应保持清洁，无黏结物，且与皮带之间保持滚动接触，无滑动，无脱落。

（12）当配用的传感器小于60kg时，应严防人员从有效称量段处的皮带上踩越，以免荷重传感器因过载而损坏。

三、ICS – XFC 型微机电子皮带秤

ICS – XFC 型微机电子皮带秤是对皮带运输机所运输物料进行动态、连续、自动测量的计量设备。该系统由称重显示器和秤架两部分构成：称重显示器以 MCS – 51 单片微处理器为核心，操作简单、功能齐全、运行可靠；秤架精心设计、结构合理、安装维修方便。

（一）主要技术参数

（1）系统准确度等级：Ⅱ级。

（2）称量范围：最大 2400t/h，此范围可定制。

（3）皮带宽度：500、650、800、1000、1200、1400、1600mm，此范围以外可定制。

（4）皮带速度：0.1～4m/s，也可适应于更低速秤体要求，如配料秤

可小至 0.005m/s。

（5）皮带机倾角：符合 GB/T 7721—2017 的规定要求。

（6）称重显示器：

1）输入信号范围：0~25mV，也可增大测量信号范围。

2）传感器供桥电源：10V DC，300mA。

3）电源电压：187~242V AC，49~51Hz。

4）熔断器：2A。

5）使用温度：秤架为 -20~45℃；称重显示器为 0~40℃。

（二）仪表参数设置及修改方法

称重显示器在出厂前已经设置了各参数值，如果在调试和使用中需要修改某参数，应按下列方法操作。

【例 9 - 1】 把 10#参数由 0 改为 2。

解 步骤见表 9 - 3。

表 9 - 3   参数设置及修改

步骤	操　作	左显示窗	右显示窗	说　　明
1	在称量状态下按 [10]	10	原值	输入第 10 个参数号
2	按 [参数 +] 或 [参数 -]	0	- - -10	显示参数号所对应的值
3	按 [2]	2	- - -10	输入新数值 2
4	按 [确认]	2	- 10	数值 2 代替了 0
5	按 [称量]	累计量	瞬时流量	返回称量状态

【例 9 - 2】 把 17#参数由 800 改为 830（即自动打印时间由 8:00 改为 8:30）。

解 方法同上，步骤见表 9 - 4。

表 9 - 4   参数设置及修改

步骤	操　作	左显示窗	右显示窗	说　　明
1	在称量状态下按 [17]	17	原值	输入第 17 个参数号
2	按 [参数 +] 或 [参数 -]	800	- - -17	显示参数号所对应的值
3	按 [830]	830	- - -17	输入新数值 830
4	按 [确认]	830	- 17	数值 830 代替了数值 800
5	按 [称量]	累计量	瞬时流量	返回称量状态

（三）调零

调零有键控调零（半自动调零）和自动调零（零点跟踪）两种方法。

1. 键控调零（半自动调零）

（1）键控调零满足的条件：仪表在称量状态；皮带运行稳定；9#参数置入皮带运行一周或其整数倍的时间（以"s"为单位）；22#参数应大于3#参数。

（2）键控调零的操作过程见表9-5。

表9-5   键 控 调 零

步骤	操　作	左显示窗	右显示窗	说　　明
1	在称量状态下按［调零］	0	9#参数对应值	键控调零开始
2	等待	重力总和	倒计数值	倒计数值两次回零后，调零结束，并自动返回到称量状态
3	按［2］	2	瞬时流量	输入零点值所对应的参数号
4	按［参数＋］或［参数－］	零点值	－ － 2	显示新的零点值
5	按［称量］	累计量	瞬时流量	返回称量状态

2. 自动调零（零点跟踪）

当14#参数设定在1～255之间时，自动调零功能有效，但需满足以下条件才能实现零点的自动修正。当皮带运行两周期间的秒采样值均满足 $Z - 14\# \times 4 < X < Z + 14\# \times 4$（$Z$ 为旧零点；X 为秒采样值），旧的零点值才被新的零点值取代。

（四）标定与校验

标定与校验的方法有两种：挂码标定及挂码校验和实物标定及实物校验。

1. 挂码标定及挂码校验

（1）挂码标定及挂码校验需满足的条件：皮带稳定运行；已经完成键控调零；挂上砝码；20#参数设置为秤架有效量段长度；29#参数设置

为砝码质量；9#参数已经设置。

(2) 挂码标定过程见表9-6。

表9-6　　　　　　　　挂　码　标　定

步骤	操　作	左显示窗	右显示窗	说　明
1	在称量状态下按〔挂码校验〕	0	9#参数对应值	挂码校验开始，自动打印00000
2	等待	旧量程系数所得累计值	倒计数值	倒计数值回零后，显示窗数据停止变化，校验结束，自动打印所得累计值
3	键入砝码重量值	所键入数值	0	准备计算新量程系数
4	按〔挂码校验〕	累计量	瞬时流量	自动更新为新量程系数，并返回到称量状态，标定结束
5	按〔称量〕	累计量	瞬时流量	返回称量状态

(3) 挂码校验过程见表9-7。

表9-7　　　　　　　　挂　码　校　验

步骤	操　作	左显示窗	右显示窗	说　明
1	在称量状态下按〔挂码校验〕	0	9#参数对应值	挂码校验开始，自动打印00000
2	等待	旧量程系数所得累计值	倒计数值	倒计数值回零后，显示窗数据停止变化，检验结束，自动打印所得累计值
3	按〔称量〕	累计量	瞬时流量	返回称量状态

2. 实物标定及实物校验

（1）实物标定及实物校验需满足的条件：皮带稳定运行；已完成键控调零；物料已经准备好；9#参数已经设置。

（2）实物标定过程见表9-8。

表9-8　　　　　　实 物 标 定

步骤	操　　作	左显示窗	右显示窗	说　　明
1	在称量状态下按〔实物校验〕	0	9#参数对应值	实物校验开始，自动打印00000
2	上料后等待	旧量程系数所得累计值	倒计数值	等待物料停止信号
3	当物料停止时按〔实物校验〕	旧量程系数所得累计值	倒计数值	等待皮带整周结束
4	当皮带整周结束时	旧量程系数所得值	0	等待键入实际物料质量值，自动打印所得累计值，检验结束
5	键入物料实际重量值	所键入数值	0	准备计算新量程系数
6	按〔实物校验〕	累计量	瞬时流量	自动更改为新量程系数并返回到称量状态，标定结束
7	按〔称量〕	累计量	瞬时流量	返回称量状态

（3）实物校验过程见表9-9。

表9-9　　　　　　实 物 校 验

步骤	操　　作	左显示窗	右显示窗	说　　明
1	在称量状态下按〔实物校验〕	0	9#参数对应值	实物校验开始，自动打印00000

步骤	操　　作	左显示窗	右显示窗	说　　　明
2	上料后等待	旧量程系数所得累计值	倒计数值	等待物料停止信号
3	当物料停止时按［实物校验］	旧量程系数所得累计值	倒计数值	等待皮带整周结束
4	当皮带整周结束时	旧量程系数所得值	0	等待键入实际物料质量值，自动打印所得累计值，检验结束
5	按［称量］	累计量	瞬时流量	返回称量状态

（五）键盘锁定

1. 加密状态下的特点

参数不能手动修改（除年、月、日、时、分、秒外）。

2. 加密方法

如果加密以前键盘是开放的（在称量状态下按住［键盘锁定］键时，累计窗会显示"－－"）会有以下两种情况：一是不修改密码值，仅仅为了加密，此时可键入以前的密码值，再按［键盘锁定］键，则累计显示窗会显示出"－－"表明加密成功；二是修改密码值，键入新密码值后按［键盘锁定］键，再重复一次上述过程，则累计窗会显示出"－－－"表明修改密码成功并已加密。

3. 解密方法

在加密状态下（此时，如果按住［键盘锁定］键时，累计窗会显示"－－－－"）键入密码值后按［键盘锁定］键，则累计窗将显示"－"表明已经解密。

四、ZLC 实物校验装置

ZLC 型皮带秤实物校验装置使用可编程序控制器提供各种控制、连锁和解除等逻辑。质量显示仪提供质量指示及打印，其通信口用于与上位机的联网，以实现高一级的信息管理。

（一）测量原理

电子料斗秤的力值测量系统原理框图见图9-10。由图可见，燃煤系统来料经过进料设备进入料斗，料斗由4只在框架上的荷重传感器支承。当物料进入料斗后，将实物质量值传递给荷重传感器，产生与质量成正比的电信号并传至显示仪表，远程显示物重值。计量完毕，料斗内的物料经放料设备返回系统中。为了保证料斗秤的精确度，根据量值传递方法和有关规定，配有若干个标准砝码，以便随时检验使用。

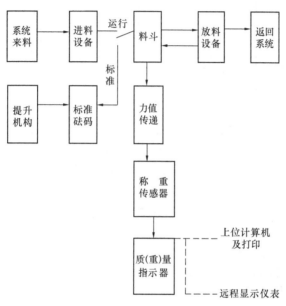

图9-10 电子料斗秤的力值测量系统原理框图

（二）主要构件

秤架结构如图9-11所示。图中，框架由管材及型钢等焊接而成，用于支承方格栅、料斗、力值传递和测量装置。料斗用以存放校验所需的煤量，它上方的方格栅是为防止大块煤掉入而设置的。为了保证卸料均匀，由电动推杆启闭放料门，并对卸料进行整形。为了便于安装、调试及日常维护、保养，在料斗上方四角装有四只起顶支架。当料斗与荷重传感器需要脱开时，借助手动千斤顶即可将料斗顶起。考虑到料斗有时在较大外力冲击下可能导致料斗自身的轴转动和水平移动，所以在它的四周装有四套限位机构。限位机构与料斗之间仅有2mm的间隙。当料斗因外力冲击而引起位移大于 2mm 时，限位机构将限制料斗继续位移；当外力消失后，料斗将自动回到原来的稳定位置。

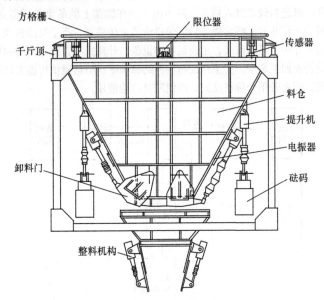

图 9 – 11　秤架结构示意图

（三）电控系统原理及工作方式

1. 电控系统原理

电控系统由动力柜、控制操作台及电动执行机构组成，其工作原理如图 9 – 12 所示。

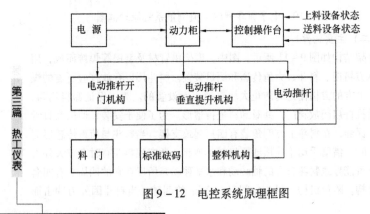

图 9 – 12　电控系统原理框图

操作人员通过操作台面板上的工作方式选择开关，可以选择"校准"或"运行"的工作方式。

当选用"校准"工作方式时，系统提供上料闭锁信号、闭锁料门、仓壁振动器、整形挡板等机构。操作面板上的选择开关及按钮，可按程序对连续对称上码、卸码以及四角加载校准；应用暂停按钮可在连续工作时，暂停上码或卸码，从而选择一个合适的加载量。

当选用"运行"工作方式时，系统控制在运行状态。全部砝码提升机被锁定，不能在按钮操作下工作；料门、电动挡板和电振器受控，但在送料皮带机未开动的情况下不能打开。

2. ZLC 型称重仪量程调整步骤

（1）在秤台上加载已知质量的砝码。

（2）将跨接器 W2 短接，按［Setup/Exit］键进入设定方式，直到显示"F3.5"时输入1。

（3）按［Setup/Exit］键退出设定程序，显示"SFILE"时输入1，断开 W2，按［Enter］键。

（4）再将 W2 跨接，按［Setup/Exit］键，显示"CAL AJ"时光标闪烁，输入1就可以进行量程调整。

（5）显示空白时，输入正确的砝码质量值，按［Enter］键。

（6）此时应显示正确的物重值。

（7）量程调整结束后，按［Setup/Exit］键，显示"CAL AJ"，光标闪烁，输入0重新进入设定方式，并在 F3.5 输入0，按［Setup/Exit］键退出设定方式，显示"SFILE"时输入1，断开 W2，按［Enter］键结束整个量程调整程序。

注意以下几点：

（1）衡器的净重方式也可以进行量程调整，如果需要再次调整时，必须先清除皮重。

（2）输入的物重值可以是带有小数点的量值，但必须是分度值的倍数。

（3）当显示"CAL AJ"时，只有［Setup/Exit］键、数字键1和0可以操作。如果按其他键，仪表将退出量程调整程序。

五、皮带秤的维护工作

为了使皮带电子秤能准确、可靠地运行，电厂应建立健全的燃料计量管理规章制度，成立燃料计量管理小组，配备专人负责日常维护及保养工作，其主要内容如下：

（1）主机由专人负责，要熟悉其原理、接线和操作，其他人员不得乱动。

（2）工作室要防尘、通风，以保持主机清洁。

（3）专责人要每天对设备巡回检查：

1）皮带运输机的皮带有无跑偏、断裂现象，托辊是否黏附物料，传感器是否有位移或被积灰（煤）埋没等情况；

2）仪表各开关是否在正常位置，仪表是否指示正常，各参数设置是否与调试校验结果保持一致；

3）仪表各工作电源电压是否过高或过低；

4）仪表计数器跳字是否正常。

（4）每周应组织一次对电子皮带的实煤标定，对电子皮带秤的零点和量程系数进行调整，并做好记录。

（5）要求燃料车间运行人员做好皮带测量机构及其周围环境的清洁卫生工作。

（6）皮带运输机检修前后，燃料车间检修人员应通知皮带秤负责人员对秤架及传感器采取保护措施。

第四节　燃煤连续采样器

燃煤连续采样器是一种在输煤皮带端部采制煤样的专用设备，适用于火力发电厂入炉煤样的采制。该设备采制的煤样应该具有代表性强、准确率高的特点，设备采样技术及工艺过程应符合 GB 475—2008《商品煤样采取方法》的规定，制样指标符合 GB 474—2008《煤样的制备方法》的规定，并且整个系统结构合理，坚固耐用，适用于较恶劣的现场环境，易于维护和检修。为火力发电厂的正平衡煤耗管理提供可靠的设备及技术保证。本节仅以 MZJ－2 型煤样自动采制机为例，对煤样连续采样器进行简单介绍。

一、燃煤连续采样器工作流程

燃煤连续采样器工作流程方框图见图 9－13～图 9－15。

二、MZJ－2 型煤样自动采制机介绍

（一）主要技术性能参数

（1）适用带速：1.5～4m/s。

（2）适用带宽：500～1400mm。

（3）适用水分：不高于 12%。

（4）采样速度：0.8～5s/次。

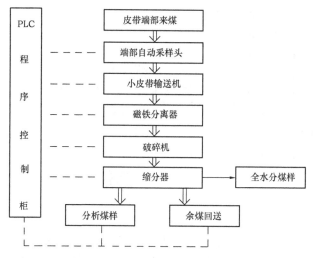

图9-13 原煤采样器工作流程图

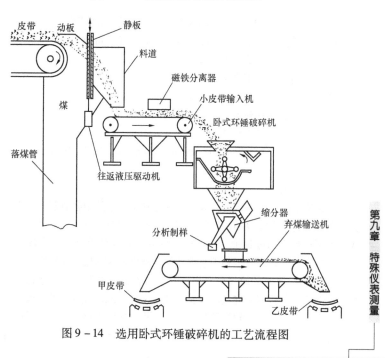

图9-14 选用卧式环锤破碎机的工艺流程图

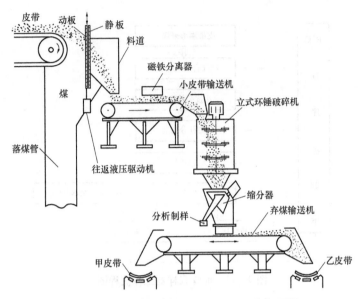

图 9 - 15　选用立式环锤破碎机的工艺流程图

（5）采样间隔：下限 1min，上限 30min（无级可调）。

（6）采样量：不低于 5kg/次。

（7）进料粒度：不高于 50mm。

（8）分析煤样出料粒度：不高于 6mm。

（9）全水分制样粒度：不高于 6mm。

（10）缩分比：1/94～1/40 可调。

（11）小皮带输送机：带宽 300mm 或 400mm，带速 64mm/s。

（二）基本结构及工作原理

1. 自动采样头

它是安装在皮带端部的往复式窗孔采样头。主要由衬有耐磨材料的动板、静板和全液压往复驱动机构构成。采样头安装在下落煤流当中，在动板的上下往复移动过程中，当动板孔位与静板孔位重合时，样煤落入料道。静板窗口开孔尺寸包括下落煤流的全宽度和全厚度。动板窗口开孔尺寸宽度为 2.5～3 倍的原煤破碎出料粒度，长度为煤流宽度。通过动板往复速度的调节可控制采样量的多少。此种采样方式能较准确地取到煤流垂直全截面，使子样具有较高的代表性。动板采用耐磨材料，可承受落煤的冲击与摩擦，左右均安装有导向滚轮，使动板上下移动灵活。动板的往复驱动机构采用液压传动，通过节流阀可调整动板移动速度，通过溢流阀可调整液压系统的工作压力。采样头出现故障时，可自动限压，起到安全保护作用。

2. 小皮带输送机

为使采样头采得的煤样均匀地进入破碎机，采用带宽 300mm 的小皮带输送机进行煤样的输送。减速机构选用摆线减速机。小皮带的线速度为 64mm/s，小皮带的入料口装有煤量调节板，可调节小皮带上的送煤量。小皮带为波形挡边胶带，使煤样不洒落。为防止运行环境对煤样的影响，小皮带可加密封罩。

3. 磁铁分离器

为保证破碎机的使用寿命，进入破碎机的煤样应进行二次除铁。磁铁分离器安装在小皮带中部，将掺杂在煤样中的杂铁去除。

4. 破碎机

（1）立式环锤破碎机。煤水分适应率不高于 12%，煤样水分损失率不高于 1%，处理 600~800kg/h，进料粒度不高于 50mm，此破碎机可取得粒度不高于 13mm 和 6mm 供测试水分的煤样，还可取得粒度不高于 3mm 的分析煤样。此种破碎机更方便用于煤的采制样。

（2）卧式环锤破碎机。煤水分适应率不高于 12%，煤样水分损失率不高于 1%，处理 2~3t/h，进料粒度不高于 200mm，出料粒度可通过调节环锤与筛板的间隙获得不同的粒度规格，最小可不超过 3mm。此种破碎机具有耐使用及易维修的特点。

5. 缩分器

破碎机底部落出的煤样落入缩分器，缩分器内装有圆锥旋体。旋体上方开有长方形缩分孔。长方孔的宽度通过旋体上的调节板可调节。旋转转速 30r/min，当煤样落入旋体开孔后，进入旋体内的料道，然后流入样盒，样盒为旋盖式。此种缩分器机构简单、使用方便、不易堵塞，便于调整、维修。

6. 弃煤输送机

弃煤输送机是将缩分后的弃煤送到运行中的下级皮带，具有双向输送功能。减速机构为摆线式减速机。皮带为波形挡边胶带，使煤粉不致洒出。

（三）运行方式及原理

本装置由 MODICON MICRO 110CPU31102 型可编程控制器（PLC）完成程序控制。运行方式分为程控和手动。

1. 程控

当煤样自动采制机（简称采样机）接收到上级皮带启动信号后，PLC带电，程序开始运行。

启动顺序如下：

连锁信号发出→弃煤输送机→缩分器→破碎机→小皮带输送机→采样头

当采样机所在的皮带设备启动时，采样头一般不立即启动，而是延时一定的时间后开始下行，下行到位后，延时一定时间后，再上行，采样头在上行或下行过程中进行采样，采样头上下行到位后所延时的时间，可根据现场的具体情况通过 PLC 设定四个时间段，由操作员转换开关进行选择。

采样头的上级皮带停机后，采样头正常情况下停在上行到位，其他设备则按启动程序的相反方向进行延时停机，当所有的设备都按正常停机后，则自动切断 PLC 的工作电源。

当采样头的内部出现故障时，故障点前的设备立即停机，故障点后的设备则延时停机，控制柜的故障灯点亮，蜂鸣器报警，操作员可在采样机运行灯灭后，将运行方式打到"检修"位，等待检修员检修。

2. 手动

手动方式主要是为了找到采样机故障点和检修后空载校验某设备运行状况而设置的。

启动和停机也应以程控方式为准。

（四）电气原理图

原煤采样器电气原理图见图 9 - 16。

（五）采样器的安装注意事项

采样器的安装参照图 9 - 13 的顺序进行。

（1）自动采样头的安装：动板与主皮带轮的距离视皮带速度而定，一般在 300 ~ 500mm 之间。静板的安装位置应使开口包络整个煤流，并保证静板的垂直。

（2）液压部分的安装：应保证各接头紧固不漏油。

（3）静板后面料道的安装应保证下板面与水平面的垂直夹角不小于55°，以保证煤流的顺利下流。

（4）小皮带输送机的安装：倾角应不大于18°，地脚与地面应予以固定。磁铁分离器与煤面的安装间隙应保证除铁器对煤中的杂铁有足够的吸附距离。

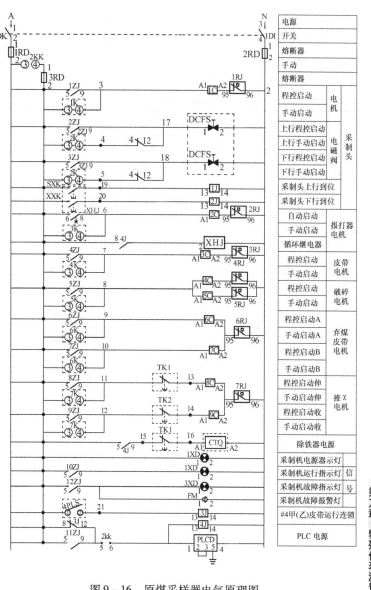

图 9-16 原煤采样器电气原理图

第九章 特殊仪表测量

（5）破碎机应垂直安装，并予以固定。

（6）缩分器的安装：应保证进出法兰口的水平。

（7）弃煤输送机的两边料道口对应在下级两路皮带上。

（六）常见故障及处理方法

常见故障及处理方法见表 9 - 10。

表 9 - 10　　　　　　　　常见故障及处理方法

故障现象	检查部位及处理方法
采样头采样量过大、过小或不动作	1. 通过调整单向节流阀手柄或溢流阀手柄，使动板达到适宜的运动速度，从而调整采样量； 2. 油泵转动方向是否正确，机械转动部分有无滑脱现象； 3. 检查油箱油位及管路部分有无漏油现象； 4. 动静板之间有无卡物现象
小皮带输送机皮带跑偏	1. 调整皮带端部螺栓是否正常； 2. 跑偏挡轮是否损坏
破碎机不转动	1. 打开机壳，检查是否堵煤及环锤卡物现象； 2. 检查电机有无烧损现象； 3. 检查轴承是否损坏
缩分器不工作	1. 打开观察孔清理积煤及杂物； 2. 旋体与电机连接有无滑脱现象； 3. 电机有无烧损现象

提示　本篇内容适合中级人员。

第四篇

热 工 自 动

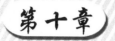

自动调节的基础知识

调节对象是指运行中的各种工业设备。只有对调节对象的特性有所了解，才能设计出切实可行的调节系统方案，并选择适当的调节设备。本节只简要介绍部分调节对象的静态特性和动态特性。

一、调节对象的静态特性

静态特性是指对象在稳定工况时，其输出量与输入量之间的关系。图 10-1 是三种环节的静态特性。

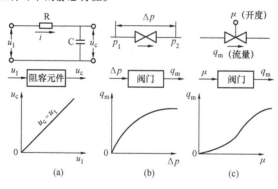

图 10-1　静态特性举例图

图 10-1（a）所示的静态特性是一条直线，其斜率称为传递系数；图 10-1（b）、（c）所示的静态特性不是直线，可用数学中求切线的方法求其传递系数。传递系数是对象的静态特性参数，其物理意义是输入量变化一个单位所引起输出量的改变量。对于相同的输入量，传递系数大，则输出量也大；反之亦然。

二、调节对象的动态特性

调节对象的动态特性是指在动态过程中，被调对象输出量与输入量之间的运算关系。调节对象的动态特性可以用数学模型来描述，也可用某些动态参数来表征。

1. 容量和容量系数

调节对象积蓄能量或积蓄物料的能力称为容量。容量越大，当流入量和流出量不平衡时，被调量变化越慢，对调节质量的要求较低；容量越小，则当流入量与流出量不平衡时，被调量变化越快，对调节质量的要求较高。

当被调量每改变（增大或减小）一个测量单位时，调节对象中需要改变的能量或物料量的数值称为对象的容量系数。对于相同的输入量，容量系数大，被调量变化小；反之，容量系数小，则被调量变化大。所以，容量和容量系数是表征对象动态特性的参数。

2. 飞升速度和飞升时间

飞升速度表示在单位阶跃扰动量的作用下，被调量的最大变化速度。在同一扰动量作用下，对象的容量越大，飞升速度越小；容量越小，飞升速度越大。飞升时间（又称响应时间）是指在阶跃扰动量作用下，被调量以最大飞升速度（起始速度）达到动态值需要的时间。

3. 自平衡能力

调节对象的自平衡能力是指系统的平衡状态因扰动而被破坏后，不需要借助调节设备的作用，只依靠调节对象自身的调节能力，被调量就能达到一个新的稳定值，这种自动恢复平衡的能力称为自平衡能力。

4. 迟延（滞后）

调节对象在受到扰动后，其被调量并不立即变化，而要经过一段时间后才发生变化，这种特性称为迟延（又称滞后）。迟延特性对调节作用是不利的，它使调节系统的稳定性降低，被调量的最大偏差值加大，过渡过程时间加长，调节系统特性变坏，调节系统的结构变得复杂。

第二节 自动调节规律

调节规律是指在调节过程中，被调量的偏差信号（即调节器输入信号）与调节器输出信号之间的运算关系，这种关系是由调节器决定的。火电厂自动调节系统通常采用的有比例、比例积分、比例积分微分三种调节规律。

一、比例调节规律

如图 10-2 所示的是比例调节器的输出信号和输入信号之间的运算关系，其数学表达式如下

$$y = K_{p}x \qquad\qquad (10-1)$$

由 $$\delta_{p} = \frac{1}{K_{p}} \times 100\% \qquad\qquad (10-2)$$

则 $$y = \frac{x}{\delta_{p}} \qquad\qquad (10-3)$$

式中　y——调节器的输出信号；

　　　δ_{p}——调节器的比例带，常以百分数表示；

　　　K_{p}——调节器的比例系数（比例增益），其数值等于比例带的倒数；

　　　x——调节器的输入信号。

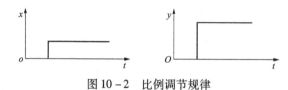

图 10 - 2　比例调节规律

比例调节器工作时，其输出信号随输入信号同时变化，在时间上没有迟延，调节速度较快。比例系数 K_{p} 只与调节器内部结构有关，并可进行调节。

比例调节器是按被调量偏差值的极性和幅值成比例地改变调节器的输出，使调节对象最终达到能量和物料的平衡，被调量也达到新的稳定值。新的稳定值与原来稳定值之差，就是比例调节规律不可克服的静态偏差，简称静差。静差的大小与比例带的数值有关。比例带大，静差大；比例带小，静差小。

二、比例积分调节规律

比例积分调节规律是由比例和积分两种调节规律组合而成的。积分调节规律是指调节器输出信号的变化量与输入信号的偏差值及偏差存在时间乘积的累记值成正比。或者说，输出信号的变化速度与输入信号的偏差值成正比。所以，只要偏差信号存在，调节器输出信号的变化率就不会等于零，即输出信号一直变化下去，直到偏差信号消失，输出信号才停止变化。由此可见，积分调节作用使被调量的静差得到消除，但调节器的输出信号可以达到任何一个稳定值，因此，积分调节器又称为无定位式调节器。

如图 10 - 3 所示，比例积分调节器的输出是比例部分 y_{p} 和积分部分 y_{I} 之和。当输入为阶跃信号时，调节器的输出开始是一个跃变，幅值为 $K_{p}x$；接着继续上升，当偏差信号消失后，积分作用停止，调节机构也停留在相应的位置上。

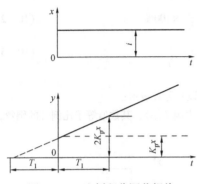

图 10-3 比例积分调节规律

积分作用的有关参数是积分时间。它是指当积分作用形成的输出达到和比例作用的输出相等时所用的时间。积分时间短，积分作用强；积分时间长，积分作用弱；积分时间无穷大时，积分作用消失，比例积分调节器就成为纯比例调节器。

积分时间对调节过程品质的影响有两面性。积分时间短，积分作用强，消除静差快，但使系统的稳定性降低，有产生振荡的倾向。积分时间越短，振荡的倾向越大，甚至会形成发散振荡。对于滞后时间大的对象（又称大迟延对象），其影响尤为明显。所以，应用比例积分调节器时，积分时间要根据对象特性来选择。对于滞后不大的对象，积分时间可以选得短些；滞后时间较大的对象，积分时间可选长些。

三、比例积分微分调节规律

比例积分微分调节器是由比例、积分、微分三种调节作用组合而成的。它除具有前面两种调节规律的特点外，还因为微分调节作用的强弱与被调量偏差的变化率成正比，所以，只要被调量有变化的趋势，调节器就能及时动作。这种超前的调节作用有助于减小被调量的动态偏差，并能提高调节系统的稳定性。比例积分微分调节器常用于滞后较大的调节对象。

比例积分微分调节器的输入信号和输出信号关系如图 10-4 所示，其整定参数是：

δ_p——调节器的比例带；

T_i——调节器的积分时间；

T_D——调节器的微分时间；

K_D——调节器的微分增益。

在比例积分微分调节规律中，微分作用反映了输出信号与输入信号的变化率，输入信号不变化时，微分作用消失。由此可知，微分作用能及时消除对象的物质或能量的不平衡，减小被调量的超调量，从而削弱了被调量的波动。

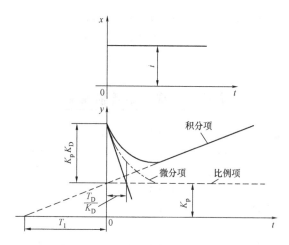

图 10 - 4 比例积分微分调节规律

调节器的主要参数对调节过程的影响可归纳如下：

（1）比例带增加时，比例调节作用减弱，调节过程变慢；比例带减小时，比例调节作用增强，调节过程变快，但系统的稳定性降低；比例带过小时，调节过程会出现等幅振荡或发散振荡。

（2）积分时间长，积分调节作用弱，积分速度慢，消除静差需要经过较长的时间；积分时间短，积分调节作用强，积分速度快，消除静差快，但可能使调节过程出现振荡；积分时间太短时，调节过程可能变成等幅振荡或发散振荡。

（3）微分时间长，微分调节作用强，超调量减小，但将使系统出现周期较短的等幅振荡。

以上所述因参数选择不当而引起的振荡特性如图 10 - 5 所示。

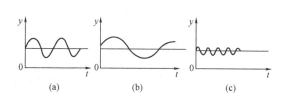

图 10 - 5 参数选择不当引起的振荡

（a）比例带太小；（b）积分时间太短；（c）微分时间过长

由图 10 - 5 可以看出，比例带太小，积分时间太短及微分时间过长，都会引起调节过程的振荡，只是振荡周期不同而已。积分时间太短，引起的振荡周期最大；比例带太小，引起的振荡周期较小；微分时间过长，引起的振荡周期最小。

第三节　调节系统的整定

在自动调节系统的方案已经确定，调节器和调节机构都已选定并已安装好以后，调节质量取决于调节器参数的选择。调节参数的确定称为调节系统的整定，调节系统整定的任务就是根据调节对象的动态特性选择最佳的调节器参数，使调节过程具有最佳的品质指标。

一、单回路调节系统的整定方法

1. 临界比例带法

这种方法是当调节系统采用比例调节器时，根据系统处于边界稳定条件件下过渡过程的振荡周期 T_c 和调节器的临界比例带 δ_c，来确定 $\psi = 0.75$ 时的各类调节器的参数，其调整试验方法如下：

（1）使调节器只有比例作用（$T_i = \infty$，$T_D = 0$），将系统投入闭环运行，为了使系统工作比较稳定，开始时可将 δ 置于较大的数值。

（2）逐渐将 δ 由大到小变动，观察不同 δ 时的调节过程，直至调节过程产生等幅振荡为止，记下此时相应的比例带 δ_c 和振荡周期 T_c。

（3）按表 10-1 选取调节器的整定参数，并做定值扰动试验来观察调节过程，适当修改整定参数。

表 10-1　　按边界稳定条件确定调节器的参数（$\psi = 0.75$）

调节规律	调节传递函数	δ	T_i	T
P	$1/\delta$	$2\delta_c$		
PI	$(1 + 1/T_i S)\ /\delta$	$2.2\delta_c$	$0.85T_c$	
PID	$(1 + 1/T_i S + T_D S)\ /\delta$	$1.67\delta_c$	$0.5T_c$	$0.25T_i$

这种方法简单明了，对于大多数热工对象都是适用的。由于热工对象惯性环节较大，所以等幅振荡周期较长，但这种低频振荡在生产上是允许的。

临界比例带和临界周期也可用理论方法求得。若已知调节对象的动态特性，则可用乃奎斯特判据求得 δ_c 和 T_c，然后按表 10-1 选取调节器参数。

2. 经验法

经验法即通过试凑实现调节参数整定的方法。操作方法是首先确定调节器的作用规律及有关参数的大致范围，然后将系统投入闭环运行，根据被调量的记录曲线调整参数，直到满意为止。

（1）P 调节器参数的试凑。P 调节器只有一个参数，即比例带 δ。减小 δ 值，过程振荡加剧；增大 δ 值，过程变慢且静差增大。调整 δ 可得到满意的调节过程。

（2）PI 调节参数的试凑。采用 PI 调节器的系统，先按纯比例作用把 δ 值试凑好，再将 δ 值增大 10% ~ 20%，最后加入积分作用试凑 T_i。反复修改 δ 和 T_i 值，直至取得满意效果。典型的调节过程曲线如图 10 - 6 所示。从图中可以看出对应 $(e, 3)$ 这一组参数的图形最好。例如：过程振荡，应增大 δ，加大 T_i；曲线飘浮恢复过慢，则应减小 δ 和 T_i。

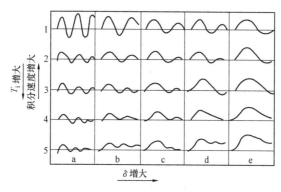

图 10 - 6 PI 调节过程曲线

（3）PID 参数的试凑。采用 PID 调节器的系统，可先按 PI 调节器整定好 δ 和 T_i，然后再加入微分作用并整定参数 T_D。当加入微分作用后，δ 和 T_i 值可适当减小。如图 10 - 7 所示，改变 δ、T_i 和 T_D，以得到超调量最小、调节作用时间最短的调节过程。

3. 飞升曲线法

调节对象处于稳定状态下，调节系统开环运行，就地或远方操作，使调节机构产生阶跃扰动。用快速记录仪同时记录下扰动量大小和被调量随时间的变化曲线，依据该曲线可求出调节对象的特性参数：飞升速度（ε）、自平衡率（ρ），飞升过程的迟延时间（τ）或另一组参数：系统的放大系数（K）、过程时间常数（T）以及飞升过程的迟延时间（τ）。

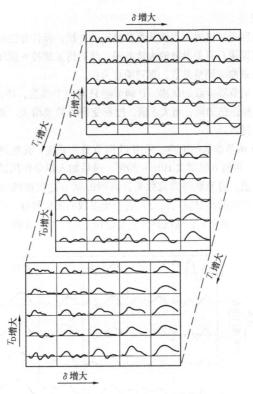

图 10 - 7　PID 调节过程曲线

对衰减比为 4:1（即衰减比为 0.75）的调节过程，调节器参数可参考以下经验公式整定：

对于 P 调节器，取

$$\delta = \varepsilon\tau \quad 或 \quad \delta = \frac{K\tau}{T} \qquad (10-4)$$

对于 PI 调节器，取

$$\delta = 1.11\varepsilon\tau \quad 或 \quad \delta = \frac{1.11K\tau}{T} \qquad (10-5)$$

$$T_i = 3.33\tau$$

对于 PID 调节器，取

$$\delta = 0.83\varepsilon\tau \quad 或 \quad \delta = \frac{0.83K\tau}{T} \qquad (10-6)$$

$$T_i = 2\tau \quad T_p = 0.5\tau$$

二、串级调节系统的整定方法

在调节对象的迟延和惯性都比较大，生产过程对调节质量要求比较高的情况下，采用串级调节系统比较合理。其原理方框图如图 10 – 8 所示。

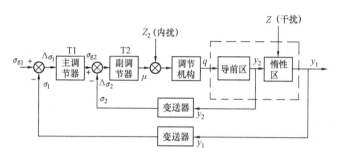

图 10 – 8　串级调节系统原理方框图

串级调节系统中有主回路和副回路两个调节回路，有主副两个调节器，每个调节器的参数都对整个系统有影响。下面介绍几种串级调节系统的整定方法。

1. 逐步逼近法

（1）先对副回路进行整定，暂时将主回路断开，按照单回路调节系统的整定方法，求取副调节器的整定参数。

（2）将副回路投入运行，把副回路作为主回路的一个环节，即相当于主调节器等效对象的一个组成部分，然后连接主回路，此时主副回路都闭合，仍用单回路调节系统的整定方法求取主调节器的整定参数。

（3）在主回路闭合的情况下，修正副调节器的整定参数。

（4）如果调节质量未达到规定指标，再修正主调节器的整定参数。

如此反复循环整定，逐步逼近最佳参数。

2. 两步整定法

（1）在主副回路都闭合，主副调节器都采用比例作用的条件下，将主调节器的比例带放在 100% 处，按衰减曲线法求的副调节器的比例带 δ_{S1} 和振荡周期 T_{S1}。

（2）取副调节器的比例带为 δ_{S1}，用同样的方法，求的主调节器的比例带 δ_{S2} 和振荡周期 T_{S2}。

（3）根据上面的 δ_{S1}、T_{S1} 和 δ_{S2}、T_{S2}。结合调节器的选型，按表 10 – 2 分别求出主副调节器的 δ、T_i、T_p。

第十章　自动调节的基础知识

（4）试投调节系统，若调节品质达不到规定指标，可适当修正其整定参数。

表 10 - 2   按 $\psi = 0.75$ 的条件确定调节器的整定参数

调节规律	调节传递函数	δ	T_i	T
P	$1/\delta$	δ_s		
PI	$(1 + 1/T_iS)\ /\delta$	$1.2\delta_s$	$0.5T_s$	
PID	$(1 + 1/T_iS + T_DS)\ /\delta$	$0.87\delta_s$	$0.3T_s$	$0.1T_s$

3. 一步整定法

如果副调节器采用比例型，并且对副回路没有严格的要求，则按表 10 - 3 选择副调节器的比例带，然后直接按单回路的整定方法整定主调节器的参数。

表 10 - 3   副调节器比例带

被调量	温度	压力	流量
比例带（%）	20 ~ 60	30 ~ 70	40 ~ 80

第四节   调节系统的试验

调节系统的试验，是指用试验方法确定在稳态和动态工况下系统中各环节输入量和输出量之间的关系，或者对已投入闭环系统进行考验，分析其质量是否符合工艺要求。

试验应充分做好准备工作，包括编写试验报告和试验仪器设备的准备。试验报告是进行试验的依据。编写好试验报告有利于试验的进行，有利于安全运行。试验报告一般应包括以下内容：

（1）试验目的。即明确做什么试验，要达到什么目标。

（2）试验内容及方法。即试验要进行的操作、测试项目，采用什么方法、步骤，有哪些要求。

（3）安全措施。无论是调节对象特性试验、阀门特性试验，或者投入闭环后的系统扰动试验对运行工况都有一定的干扰。因此，要制定充分的安全措施，以保证机组的安全运行。

（4）试验时间。试验工作涉及到若干方面，甚至需要向调度申请增减负荷，这就需要事先安排好时间，以便有计划地进行试验工作。

第四篇 热工自动

（5）组织协调。试验工作，特别是一些大范围的试验工作，操作项目多，人员多，需要有一定的临时组织机构来统一指挥，组织协调，保证试验顺利进行。

根据试验目的，调节系统可分为调整试验和运行试验。

一、调整试验

新机组投产或机组检修以后，应进行调整试验。

调节系统是由调节对象和调节设备两大部分组成的。调节对象是指各种具体热工生产设备，根据其结构及工艺要求，可分为具有一个被调量和多个被调量的被调对象。

具有一个被调量的被调对象有一个输出信号，而其输入信号可能有多个。在多个输入信号中，常选取一个可控性较好的输入信号作为调节变量（又称调节量），其余则视为扰动信号。具有多个被调量的被调对象，其调节机构大体上与被调量的数量相等，有两种基本情况：

（1）被调对象可划分成若干个相对独立的调节区域，一个调节机构只对一个被调量起作用。

（2）多个被调量有相应数量的调节作用，其相互之间必须保持一定的关系，而不能独立进行调节。热工调节对象的特性决定于工艺流程中介质的物理性质、生产设备的性质及运行工况等，通常用试验的方法求取对象特性。

（一）求对象动态特性的试验

为求取对象的动态特性必须使对象的输入量产生一定的变化，然后记录输入信号和输出量信号的变化过程，对过程曲线进行处理和分析，求出有关参数值。

1. 动态特性和输出信号有关

由于调节对象的动态特性随输入信号不同而变化，所以，通常在调节机构扰动作用下测试对象的动态特性；有条件时，也可测试主要干扰作用下对象的动态特性。

2. 阶跃扰动试验

求输入信号阶跃扰动时被调量的过渡过程曲线，扰动量取额定负荷的10%~15%，曲线要完整，起始段和接近稳态部分要准确，否则将不能较准确地求出对象的动态特性参数。

3. 脉冲特性试验

当使用阶跃扰动试验方法求飞升曲线受到限制时，可立即停止扰动，使调节机构回到原来位置。利用迭加原理将脉冲特性曲线转换为飞升曲线，即可求出对象的动态特性参数。脉冲特性试验扰动量可取额定负荷的20%～30%，脉冲宽度根据实际情况确定。

4. 不同负荷下的动态特性试验

扰动试验应在负荷比较稳定以及在高、中、低三种负荷下进行，每种工况下至少进行两次试验，以排除随机干扰对动态特性的影响。

5. 调节机构动态特性试验

调节机构是调节系统的重要环节，是受控于调节器去改变被调量的工具，为满足调节系统质量指标，应对调节机构特性进行试验，性能不合格的应及时更换，使自动调节系统在生产过程中真正发挥作用。

6. 对传感器和变送器的技术要求

热工调节对象的各种参数通过传感器和变送器进行测量，并转换为统一的标准信号。对传感器和变送器的要求是准确可靠、重复性好、灵敏度高、惯性小、线性度好。

传感器和变送器性能不好，将提供不正确的信号，使调节系统不能工作甚至发生误动。所以对传感器和变送器应按规程进行检定和校验，其零位和量程应满足运行要求，同时，传感器的安装位置及安装方法也应符合要求。

7. 正确使用调节设备

调节设备是自动调节系统的核心，使用中应注意下列有关事项：

（1）调节规律是由调节设备实现的，应按有关规程对调节设备进行安装前的校验，校验合格的设备才允许使用。

（2）为了防止由于信号失真而使控制系统误动作，因此在组成系统时应防止信号开路、短路及不应有的接地。

（二）调节系统的扰动试验

运行中的调节系统应定期进行扰动试验，以观察系统消除各种干扰作用的能力。扰动试验的内容应根据具体的调节系统而定。下面以汽包水位调节系统为例加以说明。

1. 给水流量扰动试验（直流炉）

（1）试验应在锅炉运行正常、负荷稳定、检测仪表齐全并指示正常的条件下进行。

（2）在调节系统投入自动的运行工况下，改变给定值（使给水流量改变 ±30t），并定时记录流量水位变化数值及过渡过程曲线，在流量稳定后，将流量恢复到正常值。

（3）根据试验结果，分析流量突然波动情况下调节器使流量恢复到正常值的能力；确认整定参数是否合适。

2. 水位给定值扰动试验

（1）试验应在锅炉运行正常、负荷稳定、检测仪表齐全并指示正常的条件下进行。

（2）在调节系统投入自动的运行工况下，改变给定值（使汽包水位改变±60mm），并定时记录水位变化数值及过渡过程曲线，在水位稳定后，将水位恢复到正常值。

（3）根据试验结果，分析水位突然波动情况下调节器使水位恢复到正常值的能力；确认整定参数是否合适。

3. 甩负荷试验

（1）试验前，锅炉运行正常，辅助燃烧器投入运行。

（2）试验开始，将全部（或大部分）主燃烧器切除，维持30%～40%的额定负荷。维持主汽门前压力稳定（可适当调整汽轮机出力）。

（3）当水位恢复正常，给水流量与蒸汽流量平衡时，投入全部主燃烧器，并开始增加负荷。

（4）试验中要定时记录水位、给水流量及其他有关参数的数值及相应的过渡过程曲线。

（5）甩负荷试验是对调节系统最严格的考验。通过试验，使运行人员对系统的可靠性有深刻的了解，以便在各种运行工况下充分发挥调节系统的功能。

二、运行试验

运行试验是热工人员在巡回检查时，为了解系统运行情况而进行的试验。试验可采用跟踪性能检查（开环工况下进行）、定值扰动试验或被调介质流量扰动试验的方法。根据试验可判断系统各环节有无缺陷和问题，以便及时消除或在检修中处理。试验时，还应做好缺陷记录，为可靠性管理和检修、维护工作的科学化、标准化、制度化提供资料。

第五节　调节系统的质量指标

自动调节系统调节品质的好坏，表示了调节系统克服干扰能力的大小。在生产设备或工艺过程受到干扰作用后，要求被调量既快又准地迅速恢复到给定值，使生产过程按正常工况运行。在讨论调节系统的质量指标时，应分别对动态过程和稳态过程提出质量指标的要求。

一、动态过程的性能和质量指标

调节系统的动态过程对稳定性、准确性、快速性都有要求，其中，稳定性首先是要保证的。一个调节系统不仅要稳定，还应有一定的稳定裕度。准确性要求在稳态过程中被调量的偏离值（尤其是最大动态偏差）保持在运行所允许的范围内。快速性则要求动态过程的持续时间要尽可能短，即要求衰减速度尽可能快。

为了检验调节过程的质量，用衰减率 ψ 作为调节系统稳定性指标较

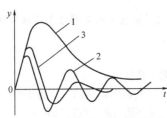

图 10 - 9　不同衰减率 ψ 时调节
系统的阶跃响应特性

为直观和形象，也容易由过渡过程曲线求出其参数值。在调节系统中，调节对象的动态特性通常是不能改变的。系统的稳定性可通过调整调节器参数改变。衰减率 ψ 值确定后，系统过渡过程的形成即被确定，图 10 - 9 是不同的 ψ 值时系统的阶跃响应曲线。

其中曲线 1 是衰减率 $\psi > 1$ 的情况，此时，系统的过渡过程是非周期

过程，其稳定性最好，但其调节作用比较慢，即系统动态过程的持续时间比较长，且动态偏差比较大。因此，从准确性和快速性来看，曲线 1 表示的过程不是最好的。加快调节作用，可使被调量的动态偏差减小，但系统过渡过程振荡频繁，并且衰减得很慢，其阶跃响应特性曲线 2 所示，这种调节过程也是不满意的。这说明衰减率 ψ 的选择应兼顾稳定性、准确性和快速性三个方面。在热力过程的调节系统中，通常取 ψ 的数值在 0.75 ~ 0.9 范围内。曲线 3 是 $\psi = 0.75$ 调节系统的阶跃响应曲线，曲线表明系统振荡 1 ~ 1.5 次后即基本稳定。衰减率的实际值应根据被调对象进行适当修改，如燃烧调节系统中，燃料的调节过程不允许频繁振荡，则衰减率 ψ 值应当取得大一些，而对于允许超调量大、偏差小的调节对象，则 ψ 的取值可以小些（0.6 ~ 0.7）。

二、稳态过程的性能和指标

调节系统的稳态过程不仅与系统的动态过程有关，而且与输入信号的形式有关。

对于定值调节系统，其稳态过程的质量指标一般是以阶跃输入作用下，系统达到稳定状态时被调量与给定值之间的偏差值（如图 10 - 10）

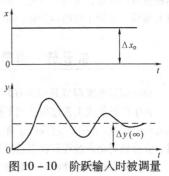

图 10 - 10　阶跃输入时被调量
的静态偏差

来衡量，这种偏差称为静态偏差。

通常以生产过程中被调量所允许的最大偏差 Δy_{max} 作为限制性指标。调节系统应保证被调量在可能出现的最大扰动作用时所产生的静态偏差小于 Δy_{max}，即

$$[\Delta y(\infty)/\Delta x_0]\Delta x_{max} < \Delta y_{max} \qquad (10-7)$$

式中　$\Delta y(\infty)$——被调量的静态偏差；

　　　　Δx_0——系统做阶跃扰动试验时的最大扰动量；

　　　　Δx_{max}——生产过程中可能出现的最大扰动量。

对于随动调节系统，其静态过程的质量指标应根据输入信号（即给定值）的变化形式而定，它可能是静态偏差方面的要求，也可能还要附加动态时被调量与给定值之间的速度偏差和加速度偏差等方面的要求，总之在随动系统中，应保证静态时调节对象输出的状态参数（静差、速度、加速度等）与输入作用的状态参数之间的偏差在允许范围之内。

提示　本章内容适用于中级人员。

第十章　自动调节的基础知识

第十一章

自动调节设备

第一节　调节设备分类

自动调节设备常见的分类方法有如下几种。

一、按使用的能源分类

调节设备按使用能源不同可分为自力式（直接作用式）、电动式、气动式、液动式等形式。

自力式调节设备以指示、记录仪表为主体，并附加调节机构。它接受检测元件送来的信号，经指示、记录机构的动作，利用被调对象中工作介质的能量驱动调节机构。此类设备结构简单，造价低。

液动式调节设备以高压液体为能源，其特点是结构简单，工作可靠，功率大，但动作缓慢、体积大、笨重。

气动式调节设备以压缩空气为能源，其结构较直观，易于掌握，性能稳定，动作平稳，使用范围广，尤其适合用于防火、防爆的场所。在电厂气动基地式调节仪表和气动执行机构得到广泛应用。

电动式调节设备以电能为能源，其结构和工作原理复杂，技术难度高，但它具有信息传输速度快，动作迅速，便于远距离信息传输和控制的优点。它能与数据采集系统、电子计算机配合组成不同管理层次和控制水平的综合自动化系统，因而成为生产过程自动化的主要技术工具。

二、按结构形式分类

调节设备按结构形式可分为基地式、单元组合式和计算机分散式等类型。

基地式仪表是以指示、记录仪表为主体，附加调节结构而组成的。

单元组合仪表的各项功能部件自成一个独立的单元，可根据需要组成各种复杂的自动调节系统。各单元之间采用统一的标准信号，为合理应用提供了方便。

计算机分散控制系统是一种以微处理器和微型计算机为核心，对生产过程进行分散控制和集中监视、操作及管理的新型控制系统。该系统的技术特点是以微处理器和微型计算机实现过程控制功能；以小型计算机作为上位机，实现数据处理、监督管理和控制；以屏幕显示为中心的人—机联系装置，实现集中显示、操作，用不同性能的电缆将各设备有机地联系起来。目前新建机组控制系统全部采用计算机分散控制，减少数据重复采集、实现数据公享、提高机组自动化水平，使机组更加安全、经济地运行。

三、电动单元组合仪表的单元分类

电动单元组合仪表按照功能可分为下列几类。

1. 变送单元

变送单元用于把被测参数信号转换为统一的信号，输入到显示、计算、调节等单元，实现对被测参数的指示、记录、计算和调节。

2. 转换单元

转换单元是实现单元组合仪表和其他系列仪表混合应用的中间环节。其主要品种有频率转换器、气—电转换器、电—气转换器、直流毫伏转换器等。

3. 计算单元

计算单元用于实现几个统一信号的加、减、乘、除、乘方、开方等数学运算，适用于多参数的综合调节系统及流量测量的压力、温度补偿系统等。

4. 显示单元

显示单元用于对被测参数进行指示、记录、积算和越限报警，供运行和管理人员操作、监视生产工况和考核经济指标时使用。显示单元的主要品种有比例积算器和开方积算器。

5. 给定单元

给定单元可以输出统一的标准信号，作为调节单元外部给定值信号或作为其他仪表的基准值。主要品种有恒流给定器和分流器。

6. 调节单元

调节单元将被调量的测量值与给定值的偏差进行比例积分微分运算后输出相应的调节信号，指挥执行器和调节机构动作，实现自动调节。

7. 辅助单元

辅助单元用来提高系统组合方式的灵活性，改善系统工作特性，提高系统运行可靠性。其主要品种有操作器、阻尼器、限幅器等。

8. 执行单元

执行单元是完成系统调节功能或远方操作的执行部件。依据动力能源的不同，分为电动、气动和液动执行器。根据输出位移量的不同，又有角行程执行器和直行程执行器之分。

第二节　调节阀的类型与选择

一、调节阀的类型

（一）概述

调节机构是自动调节系统的重要组成部分，通常用它来调节流入（或流出）调节对象的物质或能量，以实现对热力生产过程中各种热工参数的自动控制。一个自动调节系统尽管设计很合理，使用的调节设备也很先进，但如果调节机构特性不好或可调范围不够，仍然会使调节系统出现异常，甚至不能正常工作。由于调节机构直接与工作介质接触，使用条件恶劣，因此，容易出现故障。如调节阀经常产生如下一些问题：

（1）调节阀的尺寸选择不合理或特性不好，可调范围不够，使调节质量不高，甚至不能调节。

（2）调节阀被腐蚀、结垢、堵塞或漏流量过大，使其工作特性变坏。

（3）调节阀不能适应负荷的变化速度和范围。

（4）调节阀的机械性能差，动作不灵敏或产生振荡。

因此必须了解和掌握调节阀的结构、工作原理、工作特性及维修测试方法，以便正确使用它，这是保证自动调节系统正常工作的基础。

（二）调节机构的类型

调节机构在生产过程中直接与流体或固体介质接触，调节进入（或流出）被调对象的介质或能量，以控制生产过程的强度。根据被调节的介质或能量的不同，调节机构可分为以下几种类型：

（1）控制流体介质的调节机构，如阀门、挡板、闸门等。

（2）控制固体物质的调节机构，如刮板、叶轮等。

（3）控制电流的调节机构，如电阻器、继电器等。

（4）控制其他形式能量的调节机构。

火力发电厂常用的调节机构有：调节流体介质流量的阀门、挡板和调节固体介质流量的刮板、给煤机、给粉机等。

（三）调节阀的基本结构

调节阀是热力生产过程中使用最广泛的调节机构，通常用来改变管道系统中的水、蒸汽或气体介质的流量，从而控制生产过程。

火力发电厂所用调节阀的品种相当多，使用较广泛的有柱塞式、空心窗式、蝶板式、旋塞式和笼式等多种。

单座柱塞式调节阀结构示意图如图 11-1 所示，它主要由 1 阀体、2 阀座、3 阀芯、4 阀盖和 5 阀杆等部件组成。阀芯由阀杆带动，阀杆与执行器相连接。在阀杆与阀盖之间的盘根由压盖压紧起密封作用。当执行机构带动阀杆移动时，阀芯与阀座之间的通流面积发生改变，从而使流体的流量发生变化，达到了控制的目的。

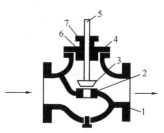

图 11-1　单座调节阀
结构示意图
1—阀体；2—阀座；3—阀芯；
4—阀盖；5—阀杆；6—盘根；
7—压盖

空心窗式调节阀的阀芯与阀座是两个接触较紧密的套筒，两个套筒上各有两个"△"的窗口，当窗口重合时，调节阀的开度为 100%，通流量最大；当窗口位置完全错开时，开度为零，通流量最小。

流体通过调节阀时，按其对阀芯的作用来分有两种流向，一种趋于打开阀芯，称为流开式；另一种是趋于关闭阀芯，称为流闭式。流闭式的调节阀容易产生振荡，尤其是在小开度时。

按操作能源的不同，调节阀可分为气动、液动、电动三大类。目前实际使用的执行机构中液动的很少，气动和电动的较多。

二、调节阀的选择

（一）调节阀的材料和结构

调节阀的材料应根据阀门入口的流体温度、最大压力、流体性质来选择。在火力发电厂的不同工艺系统中，可以相应选择用塑料、铸铁、黄铜、碳钢、合金钢等材料制造的阀门。

对调节阀结构型式的选择，应考虑阀门的公称压力、公称通径、使用温度、流体性质、管道连接等方面，还要考虑其工作特性。

综合考虑，调节阀的选择原则是：

（1）高温、高压机组给水和减温水调节阀，选用流量稳定性好、差压大、寿命长、噪声小、受温度影响小及维修方便的套筒阀、笼式阀。

（2）除氧器水位调节宜采用差压大、通流能力大、对漏流量要求不高的双座阀。

（3）凝结水再循环调节选用三通阀。

（4）回热疏水系统的调节阀，可根据具体情况选用差压小、通流能

第十一章　自动调节设备

力小、漏流量小的单座阀或角阀。

（5）化学水程控系统，一般选用隔膜阀。

（二）调节阀流通能力的计算

实际工作中选用调节阀尺寸的方法是：根据工艺过程确定的流量 q_V 和阀门前后差压 Δp 及流体的有关参数来计算调节阀的流通能力，再根据流通能力确定阀门的尺寸。一些常用流体所用调节阀 C 值的计算方法如下。

1. 一般液体

$$C = \frac{q'_V}{\sqrt{\dfrac{\Delta p}{\rho g}}} \text{ 或 } C = \frac{G}{\sqrt{\Delta p \rho g}} \qquad (11-1)$$

式中　q'_V——体积流量，m^3/h；

$\quad\quad G$——质量流量，t/h；

$\quad\quad \rho$——流体的密度，kg/m^3。

2. 气体

由于气体具有可压缩性，在压力降低的过程中会发生绝热膨胀，使通过调节阀的气体密度小于阀前气体的密度，引起流量变化。所以调节阀用于气体时的流量方程应根据压缩系数进行修正，即

$$q'_V = C\varepsilon\sqrt{\frac{\Delta p}{\rho g}} \qquad (11-2)$$

其中 ε 为气体的压缩系数，它与介质的压缩比及物理特性有关，其值可由试验确定。气体介质的 C 值可采用下面公式进行计算，即

$$C = \frac{q'_{V_n}}{514\varepsilon\sqrt{\dfrac{\Delta p p_1}{(\rho_n g T)}}} \qquad (11-3)$$

式中　q'_V——体积流量，m^3/h；

$\quad\quad \rho_n$——阀前气体标准密度，kg/m^3；

$\quad\quad p_1$——阀前气体压力，Pa；

$\quad\quad T$——介质的绝对温度；

$\quad\quad \Delta p$——阀前后差压，当超过临界压缩比时，Δp 应取临界差压。

3. 蒸汽

蒸汽是可压缩流体，其 C 值计算公式为

$$C = \frac{q_m}{31.6\varepsilon\sqrt{\Delta p \rho_1 g}} \qquad (11-4)$$

式中　q_m——蒸汽质量流量，kg/h；

　　　Δp——阀门前后差压，Pa；

　　　ρ_1——阀前正常工况下的蒸汽密度，kg/m³；

　　　ε——蒸汽的压缩系数。

关于 ε 的取值，可区分为两种情况：

（1）当 $\Delta p < \dfrac{p_1}{2}$ 时

$$\varepsilon = 0.935(1 - 0.46\Delta p/p_1)$$

（2）当 $\Delta p \geqslant \dfrac{p_1}{2}$ 时，ε 为常数，即

$$\varepsilon = 0.935(1 - 0.46 \times 0.5) = 0.719$$

（三）调节阀开度验算

根据流量和差压计算的 C 值而选定调节阀口径后，还应对调节阀的开度进行验算。

最大流量所对应的调节阀的最大开度为 90% 左右。最大开度小，使可调范围变小，阀门的实际容量下降，为满足工艺过程的要求，若选择口径偏大的调节阀，将影响调节性能，经济上也不合理。若最大开度过大，则说明调节阀容量选得太小，在高负荷运行时，将失去调节作用。

调节阀开度验算，应按不同的结构特性和工作条件进行。

按静特性验算调节阀开度，可采用下面一组公式：

（1）直线阀门流量特性表达式为

$$\overline{q} = \frac{1}{R}\left[1 + (R - 1)K\right] \qquad (11-5)$$

（2）等百分比（对数）阀门流量特性表达式为

$$\overline{q} = R^{K-1} \qquad (11-6)$$

（3）抛物线阀门流量特性表达式为

$$\overline{q} = \frac{1}{R}\left[1 + \sqrt{R-1}\,K\right]^2 \qquad (11-7)$$

式中　$\overline{q}$——相对流量，$\overline{q} = q_i/q_{max}$；

　　　q_i——被验算开度处，计算压降下的流量；

　　　q_{max}——计算压降时通过调节阀的最大流量；

　　　R——调节阀的理想可调范围；

　　　K——调节阀的相对开度。

各种阀门（按静特性计算）相对流量与相对开度之间的关系见

表 11 - 1。使用时，在计算出通流能力 C_{max} 后，求出相对流量 q_V，利用表 11 -1 查出与 q_V 对应的 K 值。

（四）可调范围的验算

可调范围的验算是验证工艺要求的最大流量与最小流量的比值是否小于所选择调节阀的实际可调范围。

表 11 -1　　　　　　　阀门相对流量与相对开度的关系

$\bar{q}$（%） \ K（%） 阀型	5	10	20	30	40	50	60	70	80	90	100
直　　线	8.16	13	22.7	32.3	42	51.7	61.3	71.0	80.6	90.4	100
等百分比	3.96	4.67	6.58	9.26	13	18.3	25.6	36.5	50.8	71.2	100
抛物线		7.3	12.0	13.0	26.0	35.0	45.0	62.0	70.0	84.0	100

调节阀可调范围的表达式为

$$R = \frac{q_{max}}{q_{min}} = \frac{C_{max}}{C_{min}} \frac{\sqrt{\Delta p_{min}}}{\sqrt{\Delta p_{max}}} \qquad (11-8)$$

式中　C_{max}、C_{min}——最大、最小开度时的流通能力；

Δp_{min}、Δp_{max}——最小、最大开度时调节阀的差压。

由于选择调节阀口径时要留有一定的安全裕度，所以最小开度到最大开度并不是机械位置的全关与全开，而只是其中的一段范围，即 10% ~ 90%，从而使实际可调范围远小于设计值。我国制造的调节阀门，可调范围设计值为 30，实际上只能达到 10 左右。所以，在解决具体工程问题时，对阀门调节范围的验算应采用下式计算，即

$$R = 10 \frac{\sqrt{\Delta p_{min}}}{\sqrt{\Delta p_{max}}} \qquad (11-9)$$

式中的 $\Delta p_{min}/\Delta p_{max}$ 值近似等于 S 值（$S = \Delta pq/\Sigma \Delta p$），所以 $R = 10\sqrt{S}$。

若设 q_{max} 代表工艺要求的最大流量，q_{min} 代表工艺允许的最小流量，则所选调节阀的理想可调范围 R 应满足下面的条件，即

$$\frac{q_{max}}{q_{min}} < R$$

即

$$\frac{q_{max}}{q_{min}} \sqrt{\frac{1}{S}} < 10$$

当工艺过程要求最大流量为最小流量的三倍，并且 $S = 0.3$ 时，按上式计算可得

$$\frac{q_{max}}{q_{min}} \sqrt{\frac{1}{S}} = 3 \times \sqrt{3.3} = 5.2 < 10$$

由此可知，当 $q_{max}/q_{min} \geqslant 3$，$S \leqslant 0.3$ 时，调节阀的可调范围可不必进行验算。

当所选调节阀的可调范围不能满足工艺要求时，除增加系统压力外，还可采用两台不同口径的阀门并联运行，用分程调节的办法实现工艺过程的要求。所谓分程调节（又称分段调节），即把控制信号的全量程划分为两挡，在小流量时，口径较小的调节阀工作，而在大流量时，由口径较大的调节阀调节。

（五）调节阀特性的选择

调节阀特性的选择方法较多，这里仅介绍选择调节阀的两条原则。

1. 根据系统调节品质的要求选择阀的工作特性

理想调节系统总的放大系数在整个操作范围内基本保持不变。而实际生产过程中，被调对象的特性往往是非线性的，在干扰作用下，调节对象的静态和动态特性偏离所希望的状态，调节对象的放大系数随外部条件而变化。因此，选择调节阀放大系数的变化来补偿调节对象放大系数的变化，以维持系统总放大系数不变，达到较好的调节效果。调节阀的流量特性应满足调节对象的动态特性的要求。

若调节对象特性是线性的，可采用直线工作特性的调节阀。对于放大系数随负荷增大而变小的调节对象，则所选用的调节阀的调节特性应是放大系数随负荷增加而变大（如等百分比特性调节阀）。这样，调节对象特性和调节阀特性互相补偿，使总的特性近似直线特性，如图11－2所示。

2. 根据配管情况和阀的工作特性选择阀的结构特性

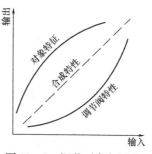

图 11 － 2　调节对象与调节阀放大系数的配合

当阀门与各种管路组成工艺系统时，由于管路系统的阻力影响，使调节阀的工作流量特性和结构特性产生变化。因此，当工作特性确定后，选择调节阀的结构特性，必须考虑管路系统的影响。

调节阀结构特性的选择可参照表11－2。

表 11 -2 　　　　　　　　　　　　**调节阀结构特性的选择**

配管状况	$S = 1 \sim 0.6$		$S = 0.6 \sim 0.3$		$S < 0.3$
调节阀的工作特性	直线	等百分比	直线	等百分比	不适宜控制
调节阀的结构特性	直线	等百分比	等百分比	等百分比	不适宜控制

由表 11 -2 可知，当 S 在 $1 \sim 0.6$ 之间时，所选的结构特性与所要求的工作特性相类似；当 S 值下降到 $0.6 \sim 0.3$ 之间时，结构特性与工作特性就不相同了。若要求工作特性是直线，则所选的结构特性应是等百分比的。这是因为调节阀的工作特性由直线畸变而成为快开特性，所以只能使用等百分比的结构特性才能满足要求。当所要求的工作特性是等百分比时，则希望使用比等百分比更向下凹的结构特性，如双曲特性。但是，由于受现有阀型限制，一般仍可采用等百分比特性。

对于直线型结构调节阀，当 $S < 0.3$ 以后，其工作特性严重畸变，近似于快开特性，不利于调节。而等百分比结构特性调节阀，在 $S < 0.3$ 之后，其工作特性严重偏离结构特性（即理想流量特性），而近似直线特性，仍具有较好的调节作用，只是可调范围明显减小。因此，一般不希望 $S < 0.3$。

在工程设计中，通常取调节阀的差压为系统总差压的 30% ~ 50%（即 $S = 0.3 \sim 0.5$）。对于高压系统，基于节约动力的观点，允许降到 $S = 0.15$，即调节阀差压为系统总差压的 15%。

对于气体介质，由于阻力损失较小，尤其在高压系统中，调节阀有较大的差压，此时 S 值一般都大于 0.5。对于低压或真空系统，由于允许压力损失较小，所以 S 值取 $0.3 \sim 0.5$ 为宜。

由上述可知，选择阀门结构特性的关键是选择 S 值的大小。

S 值为阀门全开时的差压与系统总差压的比值，即

$$S = \frac{阀全开时的差压}{系统总差压}$$

S 值应从两个方面选择确定：从保证调节性能出发，S 值越大，工作特性的畸变越小，这对调节有利。但是，S 值大是由于调节阀的压力损失大，需要选择较大扬程的泵，因而不经济。因此在选择 S 值时，应全面综合比较。

综上所述，选择调节阀特性的步骤是：首先按调节对象的特点选择调节阀的工作特性，然后再考虑配管状态选择调节阀的结构特性，从而在保证调节性能的前提下，尽可能节约动力。

第十二章

自 动 调 节 系 统

第一节 协调控制系统

单元机组协调控制系统（Coordinated Control System，简称CCS）是根据单元机组的负荷控制特点，为解决负荷控制中的内外两个能量供求平衡关系而提出来的一种控制策略。它把锅炉和汽轮发电机作为一个整体进行综合控制，使其同时按照电网负荷需求指令和内部主要运行参数的偏差要求协调运行，既保证单元机组对外具有较快的功率响应和一定的调频能力，又保证对内维持主蒸汽压力偏差在允许范围内。

因此，协调控制系统的主要任务：一是接受电网中心调度所的负荷自动调度指令，运行人员的负荷指令和电网频率偏差信号，及时响应负荷请求，使机组具有一定的电网调峰、调频能力，适应电网负荷变化的需要。二是协调锅炉和汽轮发电机的运行，在负荷变化率较大时，能维持两者之间的能量平衡，保证主蒸汽压力稳定。三是协调机组内部各子控制系统（燃料、送风、炉膛压力、给水、汽温等控制系统）的平衡。在负荷变化过程中使机组的主要运行参数在允许的工作范围内，以确保机组有较高的效率和可靠的安全性。四是协调外部负荷请求与主/辅设备实际承受能力的关系。在机组主/辅设备能力受到限制的异常情况下，可根据实际情况，限制或强迫改变机组负荷。

单元机组负荷控制系统又称主控系统，主控系统主要由两大部分组成。一部分是功率指令处理装置，其主要任务是根据机炉运行状态选择适当的外部负荷指令，并转换为机炉的功率给定值 P_0。此外，它还应具备以下功能：

（1）负荷指令变化率和起始幅度限制。

（2）计算机组实际可能允许的出力。当外部负荷要求超过实际可能允许的出力时，对负荷要求进行限制，即进行最高负荷限制。

（3）机组主要辅机发生故障时，为保证机组正常运行，不论外部对机组负荷要求如何，都应把机组实际负荷降到适当水平。降负荷速度可按故障类型加以选择。

主控系统的另一部分是机组主控制器。它接受功率给定指令，发出调节阀开度指令及锅炉燃烧率指令，并能根据机组运行情况对不同控制方式进行切换。

实施单元机组的负荷控制，必须设计出一套完整的控制运算回路来协调机组的锅炉过程和汽轮发电机过程，并且能提供高质量的控制效果，根据机组的负荷形式、故障情况、控制要求及机组操作方式来构成机组负荷合适的控制方式。机组控制方式大致有以下几种：

锅炉跟随方式（Boiler Follow Mode 简称 BF MODE）；

汽轮机跟随方式（Turbine Follow Mode 简称 TF MODE）；

协调控制方式（Coordinated Control System Mode 简称 CCS MODE）；

手动方式（Manual Mode）。

一、主控系统的可能工作方式

1. 机炉协调控制方式

图 12-1 所示是机炉协调控制方式的原理图。机组负荷信号由机组值班员指令、中心调度所指令和电网频差信号组成。机组功率运算回路将负荷要求转换为机组可能接受的功率指令。这个指令能否被接受，取决于机组允许负荷能力，即取决于机组主要辅机运行台数及锅炉燃烧率偏差。若负荷要求在机组所能承担的允许范围内，则可按负荷要求发出机组功率指令，否则将以机组允许负荷能力作为机组功率指令。这一功能由图 12-1 中所示的限制回路来实现。以上机组功率指令分别送往锅炉、汽轮机两个主控制器。

2. 汽轮机跟随控制方式

当机组带固定负荷运行时，可采用图 12-2 所示的汽轮机跟随控制方式。在这种方式下，控制系统不接受电网频差信号和中心调度所的指令，而只受机组值班员指令的控制，机组输出功率可调。这种控制方式的功率指令运算回路与协调控制方式基本相同，但功率指令只送往锅炉主控制器，使机组实发功率等于功率指令。而汽轮机主控制器成为一般的压力控制系统。

3. 汽轮机跟随、机组输出功率不可调的控制方式

如图 12-3 所示，当锅炉因部分设备不正常而使其出力受到限制时，机组输出功率不可调，负荷指令的处理回路不向机炉主控制器发出功率指令，汽轮机负荷由锅炉出力决定。

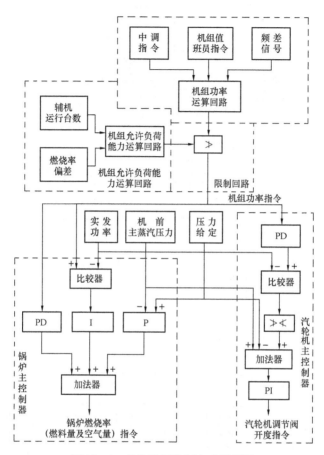

图 12 - 1　机炉协调控制方式原理图

4. 锅炉跟随、机组输出功率不可调的控制方式

如图 12 -4 所示,当锅炉运行正常而汽轮机因部分设备不正常而机组带负荷能力被限制时,机组功率不可调,称为锅炉跟随控制方式。在这种控制方式下,锅炉主控制器不接受功率指令,但应保证汽轮机实发功率所需要的蒸汽量,维持机前压力。而汽轮机主控制器在手动方式下处于跟踪状态。

5. 手动控制方式

当锅炉和汽轮机出力均受到限制时,其主控制器均处于手动控制状

第十二章　自动调节系统

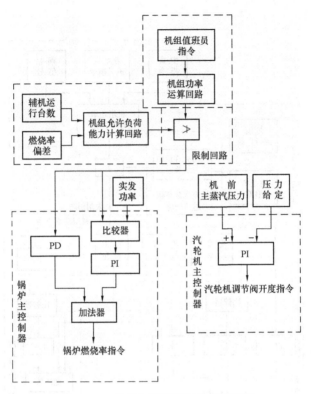

图 12 – 2　汽轮机跟随控制方式原理图

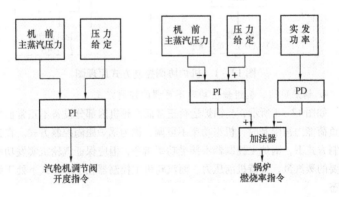

图12 – 3　汽轮机跟随、机组
输出功率不可调控制方式

图 12 – 4　锅炉跟随、机组输出
功率不可调的控制方式

态，机前压力由运行人员手动保持，功率指令跟踪机组实发功率。

二、决定主控系统控制方式的逻辑

1. 控制方式逻辑分析

例如某 600MW 单元机组设计的控制方式选择回路如图 12-5 所示。

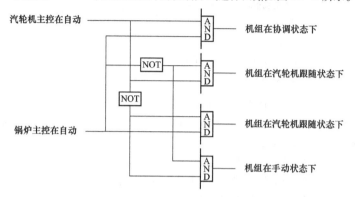

图 12-5　控制方式选择回路

（1）当汽轮机自动而锅炉手动时，机组处于汽轮机跟踪方式。

（2）当汽轮机手动而燃料自动时，机组处于锅炉跟踪方式。

（3）当汽轮机侧和燃料侧都为手动时，机组处于手动方式。

（4）当汽轮机侧和燃料侧都为自动时，机组处于协调方式。

一般情况下，在机组无 RB 请求时，操作员按下 CCS 炉跟机按钮，则机组处于协调炉跟机方式。此时汽轮机主控制器负责调节机组负荷，锅炉主控制器负责调节机前压力。当运行过程中有 RB 请求时，机组自动切换到协调机跟炉方式。此时锅炉主控负责调节机组负荷，汽轮机主控负责调节机前压力。

另外，当机组在锅炉跟随方式、手动方式以及协调炉跟机方式时，炉跟机切换器起作用。每次从协调机跟炉方式切到炉控压方式或是从炉控压方式切换到协调机跟炉方式时，都有短暂时间炉压力调节器处于跟踪方式。其目的是保证炉压力调节器实现控制方式之间的无扰切换。

2. 内部逻辑信号分析

汽轮机主控自动和锅炉主控自动分别由汽轮机主控制器 TM 和锅炉主控制器 BM 的手/自动操作站产生。逻辑信号的状态是很多因素共同作用的一个综合结果。它可以由运行人员通过按钮 PB 的选择来实现，亦可是某些故障因素下的自动转换。通常运行人员可以通过操作站来选择投锅炉自动或汽轮机自动。锅炉主控强制手动逻辑如图 12 - 6 所示。

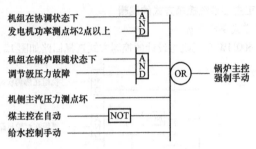

图 12 - 6　锅炉主控强制手动逻辑图

在锅炉主控自动后，如果无 RB 请求，则下面任意一个条件发生时，锅炉主控强制切至手动方式。

(1) 机组在协调状态下且发电机功率测点坏点两个以上。

(2) 机组在炉跟随状态下且调节级压力故障。

(3) 机侧主蒸汽压力测点坏。

(4) 煤主控在手动。

(5) 给水控制切手动。

(6) 自启停顺控要求。

汽轮机主控强制手动逻辑图如图 12 - 7 所示：

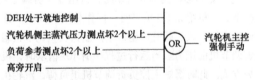

图 12 - 7　汽轮机主控强制手动逻辑图

在汽轮机主控自动后，如果无 RB 请求，则下面任意一个条件发生时，汽轮机主控强制切至手动方式。

(1) 汽轮机主蒸汽压力信号故障。

(2) 负荷参考信号故障。

(3) DEH 处于就地控制。

(4) 汽轮机高压旁路开启。

三、主控系统工作原理

1. 功率指令运算回路

功率指令运算回路如图 12 - 8 所示，它接受三种负荷要求信号：①机组值班员手动给定的功率指令；②电网中心调度所来的功率指令 ADS；③电网频率偏差信号 Δf。这三个信号经处理后，在加法器 30 中综合成为机组功率指令 P_0（给定值）。

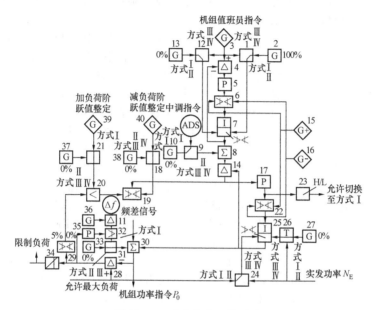

图 12-8　功率指令运算回路

（1）机组值班员手动给定指令。根据机组运行状态和负荷要求，机组值班员借助定值器 3 发出手动给定功率指令。这个指令信号的变化速度和幅值应受到限制。其限制方法是，在比较器 4 中与来自积分器 7 的反馈信号比较，其差值经比例器 5 及双向限幅器 6 后送到积分器 7。积分器 7 的输出带有双向限幅功能。当机组可以接受值班员手动指令时，双向限幅器的限幅值分别由定值器 2（上限 100%）及定值器 13（下限 0%）给出上、下限幅值。当锅炉或汽轮机出力受到限制时，积分器 7 的输出就跟踪值班员指令，这时切换器 1 和 12 切向定值器 3。

（2）中心调度所的功率指令。在协调控制时，中心调度所的指令（ADS）经切换器 9 送到加法器 8，与值班员指令处理后的信号相加。在其他控制方式时，切换器 9 将定值器 10 给出的 0% 值信号送到加法器 8。

为使机组尽快满足中心调度所的负荷要求，应将调度指令处理成有一定阶跃值的斜坡信号。在没有值班员手动指令时，加法器 8 的输出为中心调度所的功率指令 ADS。加法器 8 输出信号经比较器 14 后分两路输出：一路经比例器 17、双向限幅器 22 及积分器 25 组成的运算回路，形成斜坡信号；另一路经双向限幅器 19 后形成功率指令起始值阶跃信号。

经过处理后的中心调度所功率指令的起始阶跃值，是由限幅器 19 的高、低限幅值决定的。减负荷时的阶跃值，经切换器 18 接入 19；加负荷时的阶跃值经切换器 21 和小值选择器 20 接入 19。从图中可以看出，小值选择器 20 有两路输入信号：一路由切换器 21 按不同控制方式接入加负荷阶跃信号或 0% 信号；另一路来自双向限幅器 29 及比较器 28 的输出。在机组的允许最大负荷信号与机组功率指令 P_0 之差大于额定负荷 5%（限幅器 29 的高限幅值）以上时，限幅器 29 的输出被限幅为额定负荷的 5%，否则机组的允许最大负荷信号与机组功率指令的差值，经限幅器 29 送入小值选择器 20。总之，加负荷时功率指令阶跃值的限值为下列三种信号中的最小值：①机组额定负荷的 5%；②机组当时出力的富裕量；③定值器 39 给出的加负荷阶跃值。在Ⅱ、Ⅲ、Ⅳ三种控制方式时，阶跃值均为零。

处理后的中心调度所功率指令的斜坡成分的变化速度，由双向限幅器 22 确定。其限幅值和值班员手动指令斜坡成分的变化速度限制值，由定值器 15、16 给定。功率指令稳态值（积分器 25 输出）受积分器 25 的双向限幅器限幅。在Ⅰ、Ⅱ控制方式时，积分器 25 的双向限幅器的低限值经切换器 26，由定值器 27 给出。其高限值由切换器取自机组允许最大负荷信号。在控制方式Ⅲ、Ⅳ时，积分器 25 的双向限幅器的高、低限幅值取自机组实发功率，即积分器的输出跟踪实发功率，功率指令等于机组实发功率。

（3）频率偏差信号形成的功率指令。在协调控制方式时，机组参加调频。在图 12-9 中，电网频差信号 Δf 与频差定值器 36 的定值信号比较后，其差值经高值限幅器 32 和切换器 31 送到加法器 30，成为机组功率指令 P_0 的组成部分，限制负荷信号来自比较器 28（机组功率指令与允许最大负荷的差值）。当频差信号为正时，信号可经高值限幅器 32、切换器 31 送到加法器 30；当频差信号为负时，32 无限幅能力，因为此时电网要求机组减负荷，不必限制机组的减负荷指令。

2. 机组最大可能出力运算回路

机组最大可能出力运算回路（如图 12-9 所示）是机组最大可能出力运算回路的原理图。当机炉主设备运行正常时，机组允许的最大可能出力取决于各辅机的运行状态。主要辅机的运行状态，可用定值器经自动切换器送出的模拟信号表示。对某种辅机来说，当 n 台全部运行时的定值信号为100%，全部停止运行时的定值信号为0%，则一台运行时的定值信号为$100/n\%$。机组的最大可能出力，可用各种辅机中运行台数占总台数最小的比例来计算。辅机运行台数模拟量的最小值，由小值选择器14选择并送出。在运行中辅机发出故障时，小值选择器输出信号将发生阶跃变化，这对机组稳定运行是不利的，所以应对机组的最大可能出力的变化速度（减负荷信号速度）加以限制。为此，在小值选择器14的输出侧串接速度限制器8，由给定器10、11和12给出三种不同的限制速度，以满足不同类型辅机的要求。其切换动作由切换器9来实施。稳态时，速度限制器8的输出信号就是机组最大可能出力信号。

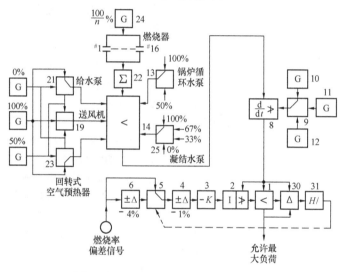

图 12-9　机组最大可能出力运算回路

3. 机组的允许最大负荷运算回路

在计算机组最大可能出力时，只考虑了主要辅机的运行台数。然而，当机组运行中出现不可预测的故障时，锅炉的实际燃烧率不能跟随锅炉燃烧率指令变化，即锅炉的实际出力达不到机组功率指令P_0的要求。这时应使机组功率指令自动跟踪锅炉的实际燃烧率。为此，在主控系统中设置了机组允许最大负荷回路，其具体功能是：

（1）当锅炉发生不可预测故障，锅炉的实际燃烧率与锅炉的燃烧率指令不相等时，机组允许最大负荷运算回路（见图12-9下部）可使机组功率指令P_0自动跟踪锅炉的实际燃烧率。

（2）当不可预测故障消除后，运算回路使机组功率指令自动地及时恢复到机组的功率指令值。

（3）在正常运行工况下，若机组功率指令 P_0 改变，机组的允许最大负荷运算回路应不受影响。

机组允许最大负荷信号运算过程如图 12-10 所示。现将其工作过程说明如下：

1）正常运行时，如图 12-9 所示（见图下部）积分器 2 的输出值由速度限制器 8 输出的最大可能出力信号限幅。这时机组的最大可能出力等于机组的允许最大负荷，进入比较器 30 的两个信号相等，高值监控器 31 不动作，切换器 5 使偏置器 4 和 5 接通。

2）当锅炉发生不可预测故障时，出现大于 5% 的燃烧率偏差，如 6%，如图 12-9 所示，此偏差信号进入偏置器 6 中并减去 4%（设置），余下的 2% 经切换器 5 进入偏置器 4 并再减去 1%（设置），最终偏置器 4 的输出仅为 1%。

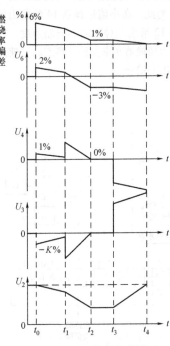

图 12-10 允许最大负荷运算过程示意图

3）1% 的偏差信号经反相器 3 变为 -K%，然后进入积分器 2，使积分器反向积分，积分器输出减小。小值选择器 1 有两个输入信号，它们分别来自速度限制器 8（机组最大可能出力信号）和积分器 2。

4）当积分器输入为正（即燃烧率偏差小于 5%）时，积分器正向积分，积分器 2 的输出大于机组最大可能出力信号，即机组允许最大负荷信号被机组最大可能出力信号限幅。此时，小值选择器 1 的两个输入信号均为机组最大可能出力信号。在燃烧率偏差大于 5% 的情况下，积分器反向积分，使其输出小于机组最大可能出力信号，小值选择器将选择积分器 2 的输出作为机组允许最大负荷信号。

5）在图 12-10 中，U_2、U_3、U_4、U_6 为图 12-9 中积分器 2、反相器

3、偏置器 4 和 6 的输出信号波形图。

t_0 时刻，出现 6% 的燃烧率偏差，U_2 开始下降后，机组允许最大负荷信号下降，使功率指令 P_0 下降，导致燃烧率偏差逐渐减小。图 12-10 中 U_6、U_4 下降，U_3 上升。只要 U_3 为负值，允许最大负荷信号 U_2 就继续下降。但因 U_3 减小，使 U_2 的下降速度变慢。

t_1 时刻，最大可能出力信号与允许最大负荷信号之间的差值达到高值监控器 31 的动作值，切换器 5 将燃烧率偏差信号直接送入偏置器 4。这时积分器反向积分速度加快，机组允许最大负荷信号快速下降。

t_2 时刻，燃烧率偏差信号达到 1% 时，U_4 为零，机组允许最大负荷信号才停止下降，处于稳定状态。

假设在 t_3 时刻锅炉故障被排除，燃烧率偏差小于 1%，积分器 2 输入信号为正，其输出正向增加，直到与最大可能出力信号相等为止。这时高值监控器 31 将切换器 5 恢复到原来的位置，运算回路恢复到正常状态。

第二节 锅炉给水自动调节系统

一、给水流量的调节

1. 节流调节

锅炉采用定速电动给水泵（简称定速泵）供水，由调节阀门开度变化实现给水流量的改变，称为给水流量的节流调节方式，其原理性系统如图 12-11（a）所示，节流调节的原理可由图 12-11（b）定速泵的特性曲线来说明。

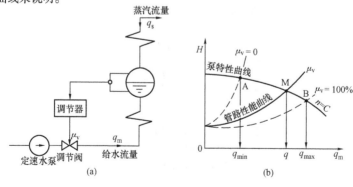

图 12-11 给水流量的节流调节

（a）原理性系统图；（b）定速泵的特性曲线

第十二章 自动调节系统

（1）定速泵的工作特性。图 12-11（b）为定速泵的工作特性曲线。图中纵坐标为压头 H，横坐标为给水流量 q_m。当调节阀开度变化时，系统管路特性发生变化，泵的特性曲线和管路性能曲线的交点即为泵的工作点，当调节阀由全关（$\mu_v = 0$）到全关（$\mu_v = 100$），泵的工作点相应的由 A 点移到 B 点，对应的给水流量为 q_{min} 和 q_{max}。

（2）节流调节的特点。用改变阀门开度来调节给水流量的调节方式简便、可靠。但节流损失大，使泵的消耗功率相对增大。并且，由于调节阀在高压下工作，容易造成阀门的磨损和损坏。从节约能源和经济效益考虑，节流调节方式是不经济的。

2. 变速泵调节

（1）变速泵的流量—压力特性，图 12-12（a）是变速泵调节给水流量的原理性系统图，图 12-12（b）是变速泵的流量—压力特性。泵的工作点必须在安全工作区（即图上阴影线围成的区域）内。其工作过程是：当泵的转速为 n_1 时工作点在 a 点，对应压力为 p_1，相应的流量为 q_{ma}，当锅炉压力突然降低时，在转速 n_1 不变的情况下，工作点由 a 下滑到非工作区的 c 点。这时应关小调节阀，让压力上升到 p_b，同时泵的转速升到 n_2，使工作点回到安全工作区的 b 点，使给水流量保持为 q_{ma}。

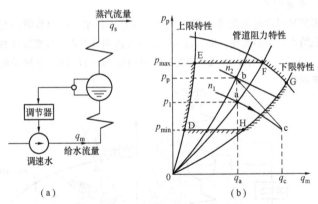

图 12-12　给水流量的变速泵调节

（a）原理性系统图；（b）泵的特性曲线

p_{max}—最大允许压力；p_{min}—最小允许压力；p_p—泵出口压力

（2）变速泵调节流量的特点。变速泵的转速调节是依靠液力联轴器来实现的，其特点如下：

1）对从动机（水泵）的转速进行无级变速控制，控制范围较宽（25%～100%），并且可实现平滑启动，减小电机的启动功率。

2）转速传递效率高、维护量小，并且依靠流体的阻尼作用能吸收电动机和水泵的振动和冲击，延长机械寿命。

3）变速机构简单，执行器接受电流信号，控制勺管的位置，便于进行自动控制或远方操作。

4）有两段控制和一段控制两种控制系统。其中，两段控制有两个控制回路，水位控制回路仍然采用三冲量给水串级系统控制给水调节阀，维持汽包水位。另一个回路则是以控制给水泵的转速来维持给水调节阀前后的差压 Δp 为定值的。一段控制系统中，三冲量系统是控制泵的转速、维持水位；调节阀的开度调节保证了给水泵工作在安全区。

二、给水自动调节系统的方案

常用给水自动调节系统的方案有三种。

（一）单级三冲量给水调节系统

图 12 - 13（a）是单级三冲量给水调节系统构成原理图，图 12 - 13（b）是调节系统的原理方框图。给水调节器接收汽包水位 H、蒸汽流量 D 和给水流量 q 三个信号，其输出信号用于调节给水流量。系统中汽包水位是被调量，称为主信号。由于引起汽包水位变化的是蒸汽流量和给水流

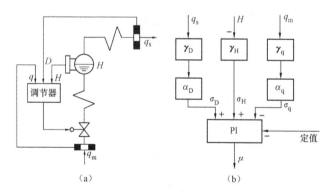

（a）　　　　　　　　　（b）

图 12 - 13　单级三冲量给水调节系统

（a）构成原理图；（b）原理方框图

γ_H、γ_q、γ_D——水位、给水流量、蒸汽流量测量变送器的斜率；

α_D、α_q——蒸汽流量信号、给水流量信号的分流系数

量，所以在系统中引入了蒸汽流量信号和给水流量信号。其中蒸汽流量信号为前馈信号（用于消除外扰），给水流量信号称为反馈信号（用于消除内扰）。这样组成的系统称为前馈—反馈调节系统。

（二）串级三冲量给水调节系统

图 12-14（a）是串级三冲量给水调节系统结构示意图，图 12-14（b）是调节系统原理方框图。系统中采用了两个调节器。主调节器采用 PI 调节规律，以保证水位无静态偏差。主调节器输出信号和给水流量、蒸汽流量信号接入副调节器，其中主调节器的输出信号作为副调节器的给定值信号。副调节器一般采用比例调节规律，以保证副回路的快速性。

该调节系统由两个闭合回路和前馈部分组成。副回路是具有近似比例特性的快速随动系统，用来克服因给水压力波动等因素引起的给水流量的自发扰动（内扰），以及当蒸汽负荷改变（外扰）时，迅速调节给水流量，以保持给水流量和蒸汽流量平衡。主回路的任务是校正水位偏差。与单级三冲量给水调节系统相比较，串级三冲量给水调节系统的调节质量较好。

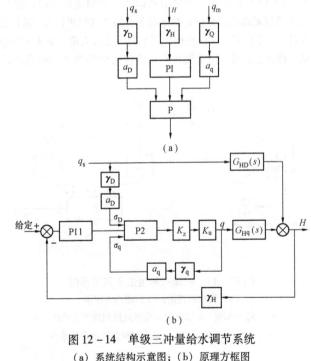

（a）

（b）

图 12-14　单级三冲量给水调节系统

（a）系统结构示意图；（b）原理方框图

（三）采用变速泵的给水调节系统

1. 调速泵的类型

目前大型电站锅炉中使用的调速水泵有电动调速泵和汽动调速泵两种。

（1）电动调速泵。驱动水泵旋转的原动机是定速电动机，电动机与水泵之间采用液力联轴器连接，通过改变液力联轴器中的油位高度，实现给水泵转速的改变。

（2）汽动调速泵。驱动水泵旋转的动力是专用的汽轮机，通过改变汽轮机的进汽量，实现给水泵转速的改变，小汽轮机转速由独立的小汽轮机电液控制系统（MEH）控制。

两种调速泵相比较：汽动调速泵效率高、特性好，可直接将蒸汽的热能转变为机械能。其缺点是在机组启动和低负荷时，不能投入运行。电动调速泵在机组启动过程和低负荷运行时即可投入运行。其缺点是要经过两次能量转换，效率较低。

2. 采用变速泵的给水调节系统

采用变速泵滑压运行锅炉给水调节系统的任务是：维持水位恒定，并保证泵的工作点不超出安全工作区。为此，给水调节系统应包括三个子系统：

（1）汽包水位调节子系统。该子系统通过改变泵的转速控制给水流量，以维持水位稳定。

（2）泵出口压力调节子系统。该子系统通过改变给水调节阀的开度，控制给水泵的出口压力，以保证在安全区工作。

（3）泵最小流量调节子系统。该子系统通过控制再循环阀门的开或关来保证通过泵的流量不低于所规定的最小量。该子系统通常直接附设在泵的本体上。

三、组合方式

300MW及以上机组采用节流调节方式和给水泵调速方式相组合的方式调节给水量。

（1）在低负荷阶段利用电动给水泵保证泵出口与汽包之间的差压（或泵出口压头），由给水调节阀（或给水旁路调节阀）来调节给水流量，进而控制汽包水位。

（2）在负荷超过某一值（对应的给水流量需求接近调节阀的最大通流能力）且汽动给水泵尚未启动时，由电动调速给水泵来调节给水流量，进而控制汽包水位。

(3) 在汽动给水泵启动后，逐步由电动调速给水泵过渡到汽动给水泵来调节给水流量。电动给水泵只在机组启动阶段或汽动给水泵故障时使用。

<h2 style="text-align:center">第三节　给水全程调节系统</h2>

一、概述

大型机组的控制与运行管理相当复杂，尤其是当机组承担调峰任务时，负荷波动频繁，而且机组的启停次数相应增加。这时，运行人员要依靠自动化系统的功能，保证机组的安全运行。因此，大容量发电机组要求具有在不同负荷和工况下，都能充分发挥控制作用的自动调节系统，这就产生了全程调节系统。所谓全程调节系统是指在机组启停过程和正常运行的全过程都能实现自动调节的调节系统。

在锅炉的启停过程中，给水控制十分重要，并且控制项目多，操作频繁，因此在大型机组中，给水流量的全程控制系统被首先采用。目前对300MW以上的单元机组，都要求设计具有能实现全程调节的给水调节系统。这种系统扩大了调节范围，是具有逻辑保护功能的调节系统，是程序控制、保护和自动调节相结合的综合性调节系统，比常规调节系统功能更全，更先进，特别适用于调峰机组和启动频繁的锅炉。

二、给水全程调节系统

（一）系统功能设计

全程调节系统功能的设计，需要根据机组启停阶段直至满负荷运行的全过程中调节对象的动态特性以及机组热力系统中主机和辅机的结构、特性和操作要求等条件，有针对性地采用各种技术手段和措施来保证各功能的实现，以提高机组对负荷变化的适应能力。

（二）系统方案的确定

给水全程调节系统可以有多种实施方案，其最终方案的确定除考虑热力系统布置，主机和辅机结构、特性等因素外，还应确定选用的控制设备。好的控制设备功能完善、运行可靠、系统组成方便灵活，是实现调节系统正常运行的重要条件。

（三）测量信号的处理

由于全程调节系统的工作范围较宽，为此对有关信号的准确性提出了更严格的要求。例如，在高负荷与低负荷运行时，给水流量的数值相差很大，必须采用不同的孔板进行测量，这就提出流量测量装置的切换问题；

再如，在锅炉启停过程中，汽压波动很大，因此需要对水位、蒸汽流量信号进行校正。

（四）调节系统的切换

机组在高、低负荷下，调节对象的动态特性不同，要求调节系统的型式能够与调节对象的动态特性相适应。随着机组负荷的增长和下降，调节系统要从单冲量过渡到三冲量系统，或从三冲量系统过渡到单冲量系统。由此产生了系统的切换问题，并要求两套系统相对独立，而其相互切换过程是无扰动的。

（五）调节机构的切换

机组在高低负荷下运行，使用不同的调节阀门，调节阀门的切换又涉及有关截门（电动门）的切换，而截门的切换过程需要一定的时间，在此期间要保持水位是比较困难的。

在启动和低负荷时，用改变调节阀的开度来保持泵的出口压力，而高负荷时用调速泵的转速保持水位，因而调节阀与变速泵之间的配合及切换也是系统设计和运行需要解决的问题。

（六）调节系统功能应与机组运行工况相适应

给水全程调节系统必须适应机组定压运行和滑压运行工况，适应冷态启动和热态启动情况。这就要求设计适用于启停和低负荷阶段以及不同工况下的专用调节系统，并充分利用逻辑控制技术，以实现各种调节系统之间的相互切换、投入或退出运行等操作与监视。

三、给水全程调节系统方案

给水全程调节系统的方案通常常有三种。

（一）单冲量、三冲量调节系统

单冲量、三冲量给水全程调节系统即低负荷时采用单冲量，高负荷时采用三冲量给水全程控制系统。

锅炉在不同负荷时，其参数和调节对象的动态特性不同。低负荷时，给水流量和蒸汽流量的测量精度很差，另外在机组启动过程中，由于暖管操作需要消耗一部分蒸汽，此时给水流量和蒸汽流量测量值已不能反映汽包输入与输出之间的物质平衡关系。因此，在这种情况下都采用单冲量给水调节系统。于是出现了在低负荷时采用单冲量，高负荷时采用三冲量的给水全程调节系统，其原理如图 12-15 所示。

图 12-15 中 PI1 是单冲量给水调节器，它仅接收校正后的水位信号。高负荷时采用的串级三冲量给水调节系统中，主调节器 PI2 接收水位信号；副调节器 PI3 接收主调节器输出的校正信号、蒸汽流量和给水流量三

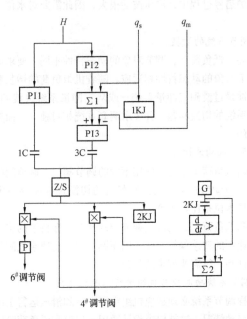

图 12 - 15　低负荷时采用单冲量、高负荷时
采用三冲量的给水全程调节系统原理图

个信号。两套系统的切换是根据锅炉蒸汽流量大小进行的。升负荷时，由
单冲量系统切换为三冲量系统是在 30% 负荷下进行的，由三冲量系统切
换为单冲量系统是在 20% 负荷下进行的。

为了实现无扰动切换，系统应具备正确的跟踪功能。当三冲量系统运
行时，PI1 应跟踪 PI3 的输出；单冲量系统运行时，PI3 应跟踪 PI1 的输
出；PI2 的输出应保证加法器 Σ1 的输出跟踪给水流量信号。

在单冲量、三冲量系统之间进行切换的同时，还应进行给水调节阀的
切换。由于两个调节阀的通流能力不同，为防止切换过程中流量的波动，
应在通流能力较小的阀门控制回路内串接一个比例器 P，其比例系数应等
于两个调节阀通流能力之比。阀门的切换是靠继电器 ZKJ、给定器 G、加
法器 Σ2 和速度限制器协调工作来实现的。阀门切换系统的调整应注意以
下几个问题：

（1）切换点应有一定的滞环值，以防止切换过程中阀门多次反复
切换。

（2）速度限制器的速度不应大于截止阀电动执行器的动作速度，以免两个调节阀的切换过程不同步。

（3）为使调节阀的切换与截止阀的切换协调配合，蒸汽流量偏差报警信号应同时送到程序控制系统，以使截止阀与调节阀的动作协调一致。

（二）串级三冲量给水全程调节系统

图 12-16 为串级三冲量给水全程调节系统原理图，主调节器 PI1 接收经过压力校正的水位信号，副调节器 PI2 除接收主调节器的输出信号外，还接收蒸汽、给水流量信号（经过校正）以及负荷信号（作为前馈信号）。

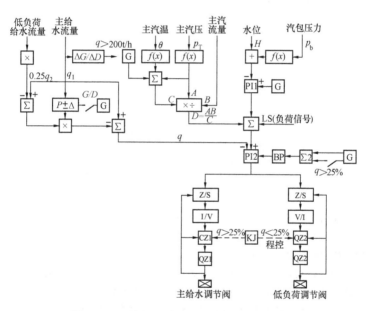

图 12-16　串级三冲量给水调节系统原理图

BP—变比例带组件；$\Delta G/\Delta D$—偏差报警器；CZ—直接操作器

图 12-16 所示的系统是采用定速给水泵，并采用两个调节阀来控制给水的。当负荷低于 25% 时，由偏差报警器 $\Delta G/\Delta D$ 通过继电器 KJ、操作器 CZ2，将低负荷调节阀投入"自动"，而操作器 CZ1 将主给水调节阀切为"手动"，并由程控装置将相应的截止阀关闭。当负荷高于 25% 时，工作过程与上述情况相反。

在负荷高于 25% 以后，副调节器的各输入信号增强，被调对象的动态特性发生变化，这时可通过变比例带部件 BP 增大副调节器的比例带。

两个调节阀切换时的互相配合在系统中没有采取相应的措施。这是因为低负荷调节阀的通流能力为主给水调节阀通流能力的 1/4 左右，当程控系统强行关闭低负荷管路时，这对于已投入"自动"、控制作用较强的主给水调节阀来说，是一个能够很快克服的扰动，不会对系统工况造成大的影响。这种调节阀切换系统的优点是结构简单，有较高的可靠性。

(三) 采用变速泵的给水全程调节系统

首先要考虑的问题是保证泵的安全工作区，如图 12-17 所示。

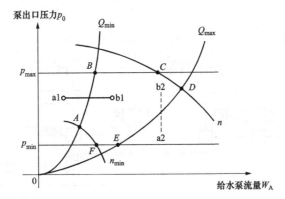

图 12-17 给水泵安全工作区示意图

采用变速泵的给水全程调节系统通常包括三个子系统：

(1) 给水泵转速调节子系统。根据锅炉负荷要求，控制给水泵的转速，从而改变给水流量。

(2) 给水泵最小流量调节子系统。用调节回水量，维持给水泵流量不低于某一最小流量，以保证给水泵工作在安全区。

(3) 给水泵出口压力调节子系统。控制调节阀的开度，维持给水泵出口压力，保证给水泵工作点不低于最低压力及下限特性曲线。

对于低循环倍率锅炉的给水全程调节系统，还有一个汽水分离器放水控制子系统。下面分别说明四个子系统的工作过程：

(1) 给水泵转速调节系统。图 12-18 是一个给水泵转速串级调节系统，除常规给水调节系统的三个信号外，增加了燃料量信号 M 作为前馈信号。锅炉在上水阶段，触点 C1 闭合，而触点 C2、C3 断开，只有副调节器 PI2 投入运行，构成一单冲量给水调节系统，定值器 G1 给出 30% 额定负荷对应的给水流量定值信号，使锅炉按30%负荷的给水流量上水。当汽水分离器水位达到允许范围的70%～75%时，两个放水阀相继打开放水。当放水阀开度为2%时，经延时继电器延时2min后，使触点C1断开，而C2、C3闭合。因为这时尚未点火，信号D和M都是零，而水位高于给定值，主调节器PI1反向积分，所以大值选择器的输出信号为定值器G2的信号（5%），这时仍然是一个单冲量给水调节系统，由副调节器PI2实现按5%负荷的给水量上水的功能，用以冲洗管路系统。待水质合格后，锅炉开始点火，随着负荷增加，汽水分离器水位下降，当加法

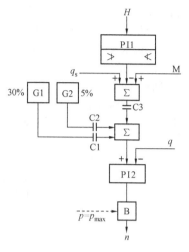

图 12 – 18 给水泵转速调节系统

B—模拟量存储器（保持器）

器输出信号大于G2的给定值（5%）以后，系统转为串级系统。采用燃料量信号的目的是保持一定的燃水比，有利于提高锅炉适应负荷变化的能力。

副调节器PI2的输出回路接保持器B。当给水泵出口压力小于最高压力时，PI2的输出信号被保持器保持信号所代替；当给水泵出口压力随转速增加而上升到p_{max}时，给水泵的转速不再升高，保持原有转速不变。

副调节器的整定参数应随给水泵的运行台数而自动改变。

（2）给水泵最小流量调节系统。图12–19是给水泵最小流量调节系统原理图，其中函数器$f(x)$模拟给水泵上限特性曲线，q_G是给水泵流量，n是给水泵转速，PI调节器的作用是保证给水泵工作点在上限特性曲线的右边。当锅炉的给水流量较小时，则应开大回水阀（又称再循环阀门），以保证泵的流量不小于最小流量的规定值。

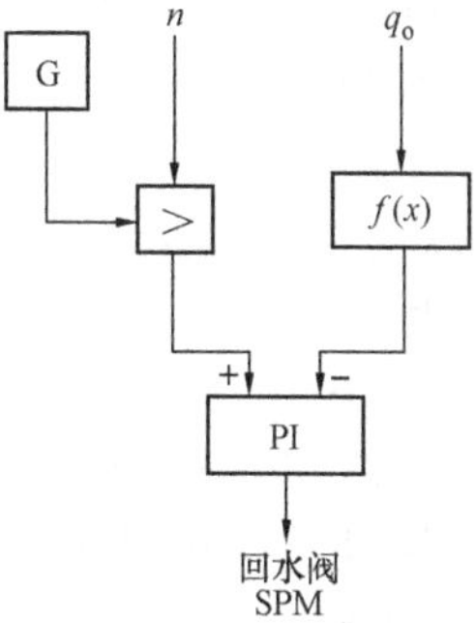

图 12 – 19 给水泵最小流量调节系统

在给水泵未启动时，转速 $n=0$，给水泵的流量 $q_G=0$，定值器 G 的定值信号经过大值选择器送入 PI 调节器，作为调节器的给定值信号，使回水阀处于开起状态。正常运行时，回水阀处于关闭状态。

（3）给水泵出口压力调节系统。图 12-20 是给水泵出口压力调节系统原理图。它的任务是维持给水泵出口压力在最低压力 p_{min} 和最高压力 p_{max} 之间正常运行。比例调节器 P1、P2 与主调节器 PI 组成串级系统，分别控制调节阀 SWA 和旁路阀 SWB，P1 调节器还接受 G1 的负向定值信号，以实现两个调节阀同方向的分程调节。

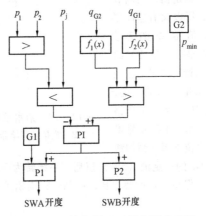

图 12-20　给水泵出口压力调节系统

主调节器 PI 的作用是保证给水泵出口压力不超出 p_{min} 和下限特性曲线的范围。函数器模拟两台泵的下限特性曲线，定值器 G2 的信号模拟最低压力 p_{min}，这三个信号经大值选择器选择后作为定值信号送入主调节器 PI。两台给水泵出口压力 p_1、p_2 和高压加热器出口压力 p_j 作为调节器的反馈信号，其中 p_1、p_2 经大值选择器选一较大者与 p_j 信号一起送入小值选择器，这是因为在正常运行时，高压加热器出口压力低于 p_1、p_2，选用 p_j 为反馈信号必然能保证各台给水泵的工作点在安全工作区内。机组热态启动前，因为给水泵未运行，压力 p_j 大于给水泵出口压力，此时主调节器入口的反馈信号是给水泵出口的压力，这就保证了给水泵出口压力较低时，调节阀 SWA 和 SWB 是关闭的，直到给水泵出口压力高于 p_j 以后，SWA 和 SWB 才逐渐打开。

（4）汽水分离器放水调节系统。图 12-21 是分离器放水调节系统原理图。图中 P1、P2 都是比例调节器，分别控制放水阀 WR 和 ZR 的开度，锅炉冷态启动时，当分离器水位达到 60% 高度时，放水阀 WR 开始打开，水位达到 70% 高度时 WR 全开，同时开启放水阀 ZR，当水位达到 80% 高度时，ZR 全开。在锅炉上水过程中，要求放水阀自动开启，进行系统冲洗，当分离器中水质合格（即 pH 值、导电度、Fe 含量、SiO₂ 含量指标合格）后，冲洗才能停止。在锅炉点火升压后，随着锅炉热负荷的增加，汽水分离器中的水位升高很快，这时也要求放水阀自动开起。

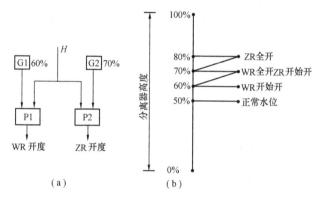

（a）   （b）

图 12 - 21　分离器放水调节系统原理图

（a）放水控制系统；（b）放水阀分程控制示意图

（四）给水全程调节的一般控制方案

300MW 以上机组通常配置 3 台给水泵：

（1）电动给水泵 1 台，容量为额定容量的 25% 或 30%，一般是作为启动泵和备用泵。

（2）汽动给水泵 2 台，容量各为额定容量 50%，用于正常运行时。

汽包锅炉给水控制系统包括汽包水位控制系统和给水泵（电动和汽动给水泵）最小流量控制系统。

为适应机组的各种运行方式，汽包水位控制系统设计为多回路变结构控制系统。

（五）给水控制系统运行中的基本要求

1. 检测机构性能检查

（1）汽包水位测量。

1）从显示屏查看三重冗余信号之间的偏差是否在允许范围之内。如果偏差过大，则检查就地变送器输出、就地到 DCS 的 I/O 模件电缆接线、I/O 模件 4～20mA 信号以及 DCS 软件组态等环节。

2）汽包水位 DCS 显示值与电接点水位计、就地水位计等其他测量装置指示值的比较，确保误差在合理范围之内。

(2) 蒸汽流量与给水流量测量。

1）从显示屏查看给水流量三重冗余信号之间的偏差是否在允许范围之内。

2）从显示屏查看蒸汽流量信号显示是否正确。

3）判断蒸汽流量、给水流量测量值是否匹配，二者偏差是否在允许范围之内。

(3) 给水系统其他信号测量。

主要有除氧器水位和压力信号、凝汽器水位信号、给水泵状态指示等给水系统中的 DAS 信号。上述各信号要求 DCS 显示正常，数据正确合理。

2. 执行机构性能

(1) 给水调节阀。

1）调节阀流量特性曲线的线性工作段应该大于全行程的 70%，回程误差不大于调节间最大流量的 3%。

2）调节阀指令、位置反馈偏差不应该过大，一般不应该大于 3%。

3）调节阀死行程应小于全行程的 5%。

4）调节阀全关时，漏流量应小于调节阀最大流量的 10%。

(2) 电动给水泵。

1）液压联轴节的调速范围应到达 25%～100%。

2）液压调速泵勺管位置开度和反馈电压应为线性关系，回程误差应不大于 2%。

3）控制指令和勺管位置反馈偏差不应该过大。

4）在调速范围内，泵出口给水压力和给水流量特性应符合制造厂的技术要求。

(3) 汽动给水泵。

1）控制指令调节范围应为汽轮机给水泵确定的调速范围，设定为 0%～100%。

2）汽轮机给水泵转速自动控制系统品质良好，转速设定值和实际转速之间的滞后时间不能太大（该滞后时间一般不应该超过 8s）。

3）给水流量和指令呈线性关系，回程误差应不大于 2%。

4）控制指令和转速反馈偏差一般不应该过大。

5）在调速范围内，泵出口给水压力和给水流量特性应符合制造厂的技术要求。

6）汽轮机给水泵各种保护试验完毕，保护动作正确，保护功能投入。

（4）给水泵最小流量再循环阀。

1）再循环阀的调节流量应该高于给水泵的最小设计流量。

2）再循环阀能够瞬间提升30%阀门开度（可调）。

3）当切除再循环流量时，再循环间能够在瞬间关闭，隔绝10%的再循环流量。

4）控制指令和再循环阀位置反馈偏差不应该过大。

第四节　主蒸汽温度自动调节系统

一、汽温调节的必要性

火力发电厂锅炉的过热器是在高温、高压下连续工作的，锅炉出口的过热蒸汽温度是工艺过程中汽水工质的最高温度，其值高低对机组的安全经济运行有重大影响。

锅炉过热器是由辐射过热器、对流过热器和减温器等组成的。其任务是将饱和蒸汽加热到一定温度，并将其送往汽轮机去做功。由于过热器承受高温、高压，正常运行的温度已接近材料允许的极限温度，材料的强度安全系数也很小，这就要求过热汽温控制在规定值附近。因为汽温过高，会使过热器和汽机高压缸承受过高的热应力而损坏；汽温偏低会降低机组热效率，影响经济运行。一般过热蒸汽的上限不允许超过规定值5℃，如果过热蒸汽温度偏低则会降低全厂的热效率和影响汽机的安全运行，大约过热蒸汽温度每降低5℃，热效率将会降低1%，一般过热蒸汽温度的下限不允许低于规定值5℃。

随着机组容量增大，蒸汽参数的提高，蒸汽过热度也会相应提高，这是因为：

（1）采用过热蒸汽，使有用焓降增加，蒸汽作功能力提高，因而机组效率提高，发电成本降低。

（2）采用过热蒸汽可使汽轮机末级叶片蒸汽湿度减小，因而减少了对叶片的腐蚀和冲击，从而提高了汽轮机的可靠性。

（3）采用过热蒸汽，可以减少蒸汽管道内的凝结损失。

对于高压机组，为提高机组效率，把在高压缸做过功的蒸汽送回锅炉去再加热，提高蒸汽的过热度，然后将过热蒸汽再送入汽轮机中、低压缸

继续做功。工艺过程要求过热蒸汽和再热蒸汽与额定值的偏差不超过
±5℃的范围。

二、影响汽温变化的因素

影响汽温变化的因素很多,如蒸汽负荷、炉膛热负荷、烟气温度、火
焰中心位置、炉膛负压、给水温度、送风量、减温水量等的变化。综合起
来主要有以下三个方面:

1. 蒸汽负荷的变化对过热汽温的影响

主蒸汽压力或汽轮机调速汽门开度的变化都将引起锅炉蒸汽流量的变
化。当蒸汽流量变化时,沿过热器管整个长度各点的温度几乎同时变化,
过热器出口汽温的过渡过程曲线如图12-22(a)所示。该曲线的特点是
有迟延、有惯性、有自平衡能力的。随着主蒸汽压力的升高,其过渡过程
的时间常数增大,τ/T_c之值较小。从调节作用来看,蒸汽流量扰动作用
下,汽温变化的特性较好,但是不能作为调节汽温的手段。因为蒸汽负荷
是由用汽设备决定的,同时,不同形式的过热器,其出口汽温变化随蒸汽
流量变化的过程不同,如对流式过热器和辐射式过热器的出口汽温对负荷
变化的反应就是相反的,如图12-22(b)所示。

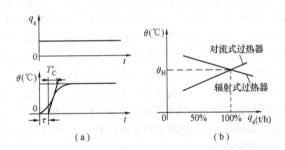

图12-22 蒸汽流量变化对过热汽温的影响
(a)过热器出口汽温的阶跃反应曲线;(b)过热器出口汽温对负荷的反应

蒸汽量变化对气温变化的传递函数可用下式近似表示:

$$G(s) = \frac{\theta(s)}{D(s)} = \frac{K_D}{1 + T_D s} e^{-\tau s} \tag{12-1}$$

式中 K_D——蒸汽量扰动时被调对象的放大系数;

T_D——对象的时间常数;

τ——蒸汽量扰动时对象的延迟对象。

蒸汽量扰动时过热蒸汽温度动态特性较好,但不用蒸汽量作为过热蒸

汽温度的调节量,其原因是蒸汽量代表锅炉负荷,其大小由外部负荷决定。

2. 烟气侧的扰动对汽温的影响

过热器是一个换热器,其出口汽温反映了蒸汽带走的热量与从烟气侧吸收的热量之间的热平衡关系,所以烟气流速和烟气温度的变化均会引起过热汽温的变化。影响烟气流速和烟气温度变化的主要因素有:

(1)给粉不均匀。给粉不均匀,使炉膛热负荷发生变化,引起炉膛温度和炉膛出口烟气温度变化,从而改变了过热器的吸热量,使过热汽温发生变化。

(2)煤中含水量的变化。煤中所含水分要吸收燃料燃烧时所放出的热量,因此,含水量增加将使炉内温度和辐射放热量降低。另一方面,含水量的增加会使烟气体积增加,导致对流放热量增大。当对流放热量的增加超过辐射放热量的减少时,就使对流过热器出口汽温升高;反之,汽温则下降。

(3)受热面结焦、积灰。当受热面结焦或积灰过多时,将使传热恶化,降低了蒸发量,同时提高了炉膛出口烟气温度使对流过热器吸热量增加,过热蒸汽温度上升。

(4)过剩空气系数增加。过剩空气系数增加使烟气量增加,烟气流速提高,使对流放热增加;同时过剩空气在炉内吸收热量,使炉内温度和辐射放热量降低。由于对流放热量对汽温的影响大,最终使过热器出口汽温上升。

(5)给水温度的变化。在燃料量保持不变的条件下,当给水温度降低时,蒸发量相应减少,过热汽温上升。为了维持一定的蒸发量需要增加燃料量和送风量,这将使烟气温度和烟气量增加,导致过热汽温上升。

(6)火焰中心位置变化。煤粉变粗或喷燃器向上摆动都将使火焰中心位置上移,使过热汽温升高;反之,则下降。

过热蒸汽温度响应较快,其延迟和惯性比其他扰动小,但一般不用烟气侧作为调节手段来调节过热蒸汽温度。改变烟量或烟温时,会影响燃烧工况,与燃烧控制相互干扰;另外,燃气侧扰动也将影响再热器温度。现有电厂热控系统仅用烟气侧作为调节再热蒸汽温度的手段,而利用减温水量来调节过热蒸汽温度。

3. 减温水扰动对过热汽温的影响

喷水式减温器是广泛采用的一种调节汽温的手段,所使用的减温水有采用自冷凝水和给水两种形式。减温水从喷射管喉部喷入,利用高速汽流雾化并混合，具有迟延和惯性小、调节灵敏的特点，易于实现自动调节。

由于减温水喷入后与蒸汽直接混合，因而对水质要求较高，其清洁度与饱和蒸汽相当。为提高减温水品质，一些大、中型锅炉采用自制冷凝水的喷水减温系统，如图 12 - 23 所示。其工作原理是利用给水将部分饱和蒸汽冷凝，然后将这部分凝结水喷入减温器中调节过热汽温。凝结水量应根据汽温调节的要求确定，并有一定裕度，以适应锅炉运行工况的变化。高压锅炉冷凝水的产量通常等于锅炉蒸发量的 10% ~ 15%，其调温幅度可达 60 ~ 70℃。这种系统具有良好的调节性能，并具有自动适应负荷变化的调节特性。

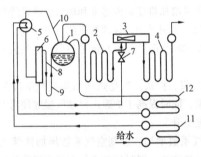

图 12 - 23　自制冷凝水喷水减温系统

1—汽包；2、4—对流过热器；3—喷水减温器；5—冷凝器；6—贮水器；

7—喷水调节门；8—溢水管；9—水封；10—饱和蒸汽管；

11—第一级省煤器；12—第二级省煤器

三、汽温自动调节系统的组成

（一）汽温自动调节系统的组成原则

（1）影响汽温变化的因素很多，选择改变烟气量或烟气温度作为汽温调节手段时，汽温的动态特性较好，但具体实现比较困难，并存在汽温调节系统与燃烧调节系统之间的相互干扰。

（2）采用喷水调节汽温时，被控对象在调节作用下，其过渡过程的滞后和时间常数较大，如果只根据温度偏差来改变喷水量往往不能满足工艺过程的要求，因此在组成调节系统时，应加入可超前反应汽温扰动的前馈补偿信号，如负荷前馈信号、导前汽温信号等。当扰动出现后，在过热汽温还未发生明显变化的时候就进行调节，能及早消除扰动对汽温造成的影响，从而有效地控制汽温的变化。

（3）采用快速测温元件，并选择正确的安装位置，以减小调节作用的滞后和惯性。由于滞后和惯性作用，被调量不能及时反映扰动作用，因此调节设备不能及时发出控制信号，使调节质量不能满足工艺过程的要求。

（4）对于大型锅炉，由于过热器管道加长，结构复杂，其滞后和惯性明显增加，这时应采用分段调节的方式。由于各种锅炉过热器的构造不同，它们的动态特性和静态特性也有差别，因而过热汽温调节系统的组成形式有串级系统、具有导前微分信号的双冲量系统、相位补偿系统和分段调节系统。

（二）采用相位补偿的汽温调节系统

如何克服主汽温调节中动态过程的滞后和惯性，是大型机组过热汽温调节中值得注意的问题。图 12 - 24 是采用相位补偿的过热汽温调节系统原理图。此系统仍属于双回路系统，但与具有导前微分信号的双回路系统有所区别，在主信号回路中串接了比较器和相位补偿器，比较器的作用是将主汽温 θ_1 的信号与给定值 I_0 进行比较，其偏差值进入相位补偿器进行相位和幅值校正，也可统称相位补偿。当被控对象不需进行校正或补偿器本身有故障时，可用开关 S 将其短路。相位补偿器的原理图如图 12 - 25（a）、（b）所示。

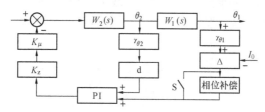

图 12 - 24　采用相位补偿的过热汽温调节系统原理图
Δ—比较器；d—微分器

大型锅炉过热器的惰性区属于高阶惰性环节，其滞后和惯性较大，相位滞后采用一阶超前校正不能得到满意的补偿效果，可采用图 12 - 25 的补偿器（实际上是一个二阶超前环节）。补偿被调对象的相位滞后，提高主信号反应的快速性，并改善系统的稳定性。相位补偿的效果取决于微分作用的强弱，微分作用不宜过强，否则不仅会降低系统的抗干扰能力，还会使校正环节的稳态放大系数衰减过大，因而要求调节器具有较小的比例带，这给具体实现系统造成一定的困难。

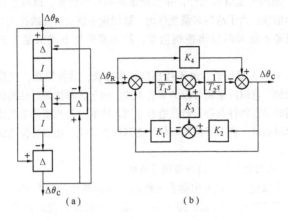

图 12 - 25　相位补偿的原理图与方框图
(a) 原理图；(b) 方框图

(三) 过热汽温的分段调节系统

1. 按工艺过程的分段调节系统

大型锅炉的过热器管道较长，结构复杂，为了改善调节品质，可以采用分段汽温调节系统，即将整个过热器分成若干段，每段设置一个减温器，分别控制各段的汽温，以维持主汽温为给定值。图 12 - 26 是一个过热汽温分段调节系统原理图，它适用于纯对流形式的过热器。

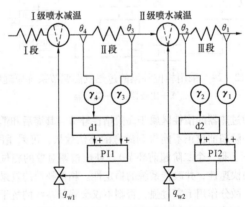

图 12 - 26　过热汽温分段调节系统
$\gamma_1 \sim \gamma_4$—变送器；d1、d2—微分器；PI1、PI2—调节器

该系统是一个两段调节系统，调节器 PI1 接收第 II 段过热器出口汽温 θ_3 及第 I 级喷水减温器后的汽温 θ_4 的微分信号，去调节第 I 级喷水量 $q_{\theta 1}$，以保持第 II 段过热器出口汽温 θ_3 不变。第 II 级减温器喷水量调节保持第 III 段过热器出口汽温 θ_1 不变。各段的调节系统都采用具有导前微分信号的双回路系统。各段被控对象的滞后和惯性都小于只采用一段喷水减温的调节系统，因而改善了调节质量。

2. 按温差控制的分段调节系统

如果过热器受热面传热形式既有对流又有辐射，则必须采用温差控制系统，即前级喷水用以维持后级减温器前后的温差。该系统的原理图如图 12-27 所示。I 段过热器为辐射传热，II 段过热器为对流传热。负荷增加时，I 段过热器出口汽温将 θ_2 下降，为了保持 θ_2 不变，则必须减少 I 级减温水。对 II 段过热器，当负荷增加时，出口汽温将 θ_2 增加，为了保持 θ_2 为给定值，则必须加大 II 级减温水。这样两个减温器喷水量是 I 级减小，II 级增大，两级减温器减温水量相差很大，使整个过热器喷水不均匀。

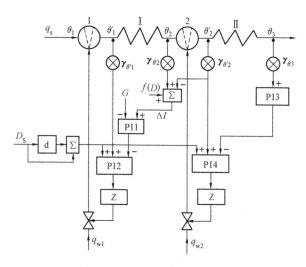

图 12-27　温差调节系统原理

G—给定值；$f(D)$—表示蒸汽流量的函数器；$\theta_1 \sim \theta_3$—各段汽温；

Σ—加法器；$\gamma_{\theta 1} \gamma_{\theta 2}$—温度变送器；$D_s$—负荷信号；$Z$—执行器

采用温差控制喷水能合理地解决上述矛盾，其工作原理是：调节器 PI 接收由加法器来的 II 级减温器前后的温差信号 $(\theta_2 - \theta_2')$，PI 的输

第十二章　自动调节系统

出信号作为副调节器 PI2 的给定值，去调节Ⅰ级减温器的喷水量，维持Ⅱ级减温器前后温差随负荷而变化。PI1 输入信号的关系是：

$$\Delta\theta = \Delta\theta_2 - \theta'_2 = G - f(D) \qquad (12-2)$$

图 12-28 是温差随负荷变化示意图。G 是 PI1 的给定值信号，当负荷增加时，$\Delta\theta$ 将减小，这意味着Ⅰ级减温器喷水量必须增加才能使Ⅰ段过热器出口汽温 θ_2 维持在较低值。这就防止负荷增加时，Ⅰ级减温水量减少，使两级减温水量相差不大。同时Ⅰ级减温器增加的喷水量对Ⅱ段过热器汽温来说，具有超前调节作用，因为负荷增加时，Ⅱ段过热器出口汽温 θ_2 上升，这样各段过热器喷水量均匀，并且变化趋势相同，从而保证过热器安全运行。

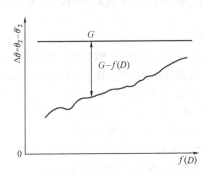

图 12-28　温差随负荷变化示意图

Ⅱ段过热器汽温调节系统是串级系统，主调节器 PI3 作用是维持出口汽温 θ_2 为定值，副调节器 PI4 接收 PI3 的输出信号作为给定值信号。

为了克服烟气侧扰动时过热器喷水调节过程的滞后和惯性，系统中增加了负荷扰动前馈信号。蒸汽负荷信号 D_s，进行比例微分运算后，同时送入 PI2 和 PI4，以提前调节减温水流量，提高了系统的调节质量。

第五节　汽包锅炉燃烧过程调节系统

锅炉燃烧过程调节系统的功能是使进入炉膛的燃料量所产生的热量与锅炉蒸汽负荷所需要的热量相适应，保证燃烧过程稳定，实现机组的安全经济运行。

燃烧过程控制应具有以下功能：

（1）迅速改变炉膛燃烧率，适应外部负荷变化。

（2）控制系统能迅速发现并消除燃烧率扰动，燃烧率扰动通常指燃料量和燃料热值的变化扰动。

（3）确保燃料、送风和引风等参数协调变化，保证燃烧经济性。

（4）确保燃烧过程的稳定性，避免炉膛压力大范围波动。

一、燃烧过程调节对象的动态特性

(一) 汽压的动态特性

主蒸汽压力受到的主要扰动来源有两个：其一是燃烧率扰动，称为基本扰动或内部扰动；其二是汽轮机调节阀开度的扰动，称为外部扰动。

1. 燃烧率扰动时汽压的动态特性

在燃料量扰动时，送风、引风同时协调动作，以保证经济燃烧，这种扰动称为燃烧率扰动。在燃烧率扰动下，主汽压力的动态特性与汽轮机采用的控制方式有关。

（1）汽轮机负荷不变时（耗汽量 D_T 不变）主汽压力的动态特性。

当燃料量扰动时，功频电液调节系统控制调节阀开度以维持 D_T 不变。汽包压力和主汽压力在燃料阶跃扰动时的过渡过程曲线如图 12-29 所示。由图可知，主汽压力过渡过程是大迟延的积分特性，迟延时间为 τ_M。燃料量增加，使锅炉蒸发量增加，汽压按定速上升。因此，锅炉汽压是一个无自平衡能力的控制对象，汽包压力与出口汽压之差与蒸汽流量以及过热器的阻力成正比。但由于燃烧率阶跃扰动后，蒸汽负荷不变（需要相应的调整进汽阀），则 $\Delta D_T = 0$，所以 p_b 与 p_M 的差值仍保持不变。

（2）汽轮机通汽量变化（汽轮机调节阀开度 μ_T 不变）时主汽压力的动态特性。

当燃料量扰动后，锅炉增加的蒸汽量进入汽轮机而使其功率增加，汽压变化的过渡过程曲线见图 12-30。这是一个有自平衡能力的调节对象。燃料量扰动下，经一定迟延时间 τ_M，p_b 与 p_M 随锅炉蒸发量增加而逐渐增加。由于调节阀开度 μ_T 不变，p_b、p_M 的增加使汽轮机通流量逐渐增加，这就限制了 p_b 和 p_M 的增加。但汽包压力 p_b 与主汽压力 p_M 之差值随着蒸汽流量的增加而增大。

2. 负荷扰动下汽压的动态特性

汽轮机调节阀开度扰动 μ_T 下汽压的动态特性如图 12-31 所示，当汽轮机调节阀开度阶跃增加时，最初汽轮机通汽量按比例增加，而主汽压力 p_M 立即按比例下降 Δp_0。随着汽包压力 p_b 和主汽压力 p_M 的下降，汽轮机通汽量逐渐下降；导致汽压下降速度变慢，最终蒸汽流量恢复到扰动前的数值，从而使汽压稳定在较低的数值。过渡过程结束后，汽包压力 p_b 与主汽压力的 p_M 差值与扰动前一样。

(二) 烟气含氧量的动态特性

维持含氧量的主要调节手段是调节送风机入口挡板控制的送风量，也是其主要扰动，称为内扰。煤量变化、炉膛负压变化也影响含氧量，称为外扰。含氧量的动态特性主要是指在送风量阶跃扰动下，含氧量随时间变化的特性。动态特性具有滞后、惯性和自平衡能力。

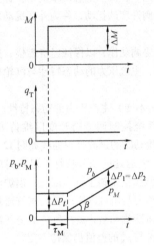

图 12-29　燃料量阶跃扰动时汽包压力 p_b 和主汽压力 p_M 的过渡过程曲线（D_T 不变）

图 12-30　燃料量阶跃扰动下 p_b 和 p_M 的过渡过程曲线（μ_T 不变）

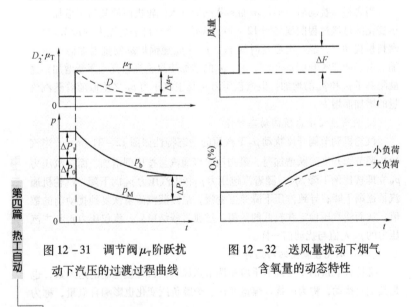

图 12-31　调节阀 μ_T 阶跃扰动下汽压的过渡过程曲线

图 12-32　送风量扰动下烟气含氧量的动态特性

1. 送风机入口挡板开度扰动下烟气含氧量的动态特性

锅炉燃烧过程中,风煤配比与烟气含氧量呈一定的函数关系。送风机入口挡板开度的变化使送风量改变,由于燃料与空气在炉膛内混合燃烧要经过一定时间,然后烟烟经过烟道及烟囱排入大气。通常氧量的取样点安装在烟道后部,省煤器的上方。综合以上两方面原因,使烟气含氧量的动态特性成为有滞后、有惯性、有自平衡能力的过渡过程,如图12-32所示。其滞后时间主要与炉膛的大小、取样点位置及测量元件的性能有关。采用直插式氧化锆测氧装置,具有较小的滞后时间。

2. 燃料量扰动下烟气含氧量的动态特性

在燃料量扰动后,经过炉膛燃烧过程,烟气含氧量相应改变,燃料量增加,烟气含氧量下降,反之,烟气含氧量则上升,其过渡过程如图12-33所示,由图中可以看出,滞后时间与风量扰动下的情况相似。

(三)炉膛压力的动态特性

炉膛压力的控制对象是引风机入口挡板所控制的引风量,称为内扰。送风量变化会影响炉膛压力,称为外扰。

1. 引风机挡板扰动下炉膛压力的过渡过程

在稳定运行工况下,引风量与送风量保持平衡,维持炉膛压力在某一数值。当引风量改变后,由于烟道具有一定的长度,而炉膛负压测点一般在炉膛高度三分之二的地方,所以压力过渡过程是具有一定迟延的惯性环节,如图12-34所示。

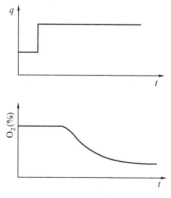

图 12-33　燃料量扰动下烟气
含氧量的动态特性

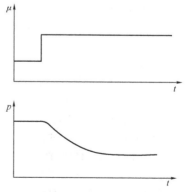

图 12-34　引风机挡板开度扰动下
炉膛压力的过渡过程

2. 送风量扰动下炉膛压力的动态特性

送风量改变后，吹入炉膛的风量发生变化，使原来稳定工况下风量的平衡关系被破坏，炉膛压力亦随之变化，其过渡过程如图 12-35 所示。

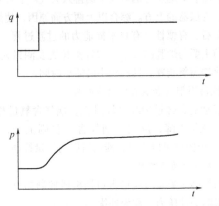

图 12-35　送风量扰动下炉膛压力的过渡过程

二、主蒸汽压力调节系统及其整定

大型机组的主蒸汽压力调节系统多采用具有负荷前馈的串级调节系统，其原理如图 12-36 所示。主蒸汽压力信号 p_M（取自汽轮机自动主汽门前）与压力定值信号 p_{Mg} 的偏差值，经主压力调节器 PI1 输出后作为燃料需求信号送到燃料调节器 PI2，燃料调节器输出信号同步控制给粉机转速，实现燃料量的调整。主压力调节器 PI1 的主要功能是消除主蒸汽压力的偏差。燃料调节器 PI2 用于快速消除燃料量的扰动，并且在燃料需求改变后，使燃料量能快速适应。

（一）燃料量信号的选择

在燃煤机组中，进入炉膛的煤粉量尚无直接测量的方法，一般采用给粉机转速信号负荷或热量信号代表燃料量信号。

（二）负荷前馈信号的选择

负荷前馈信号应具备的作用：

（1）能反应机组负荷的变化；

（2）能快速反应机组功率的变化。

作为负荷前馈信号，目前采用的有主蒸汽流量信号；速度级压力与主蒸汽压力比值的信号；还有从协调控制系统来的功率指令信号。

主蒸汽流量在机组负荷改变时能及时反应负荷的变化，稳态时也能准

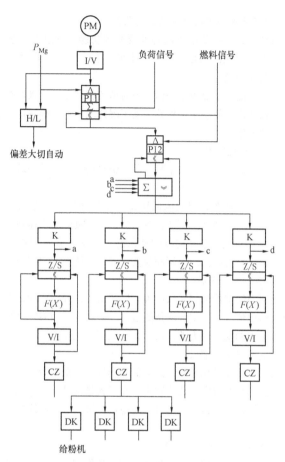

图 12 – 36　主压力调节系统原理图

确地代表负荷量，但在燃料侧发生扰动时，其信号对燃料量调节器形成正反馈作用，使系统稳定性降低。

当调速汽门开大时，速度级压力 p_1 因进汽量的增大而瞬间增大，随着锅炉供汽量与汽轮机进汽量的平衡，p_1 逐渐下降。

在调速汽门开大时，主汽压力阶跃下降，并逐渐达到一稳态值，其值与调速汽门变化近似成正比。在燃料量扰动时，由于调速汽门开度未变，可以认为两者的比值基本不变。从协调控制系统来的功率指令能准确地代表机组的负荷信号，是直接指挥机组负荷的信号。

（三）调节系统的工况切换及系统监控

调节系统应具有完善的跟踪切换及监控功能。可以实现手动（或自动）工况下信号之间的相互跟踪，并且在"手动"与"自动"相互切换时，实现无扰动切换。

系统监控功能能用于监视某些信号绝对值或偏差量，当被监视信号越限时，监控回路动作，使系统切换到手动工况并发出声光报警信号，可以有效地防止事故发生。

（四）调节系统的整定

主蒸汽压力调节系统是一个带有前馈信号的串级调节系统，具有以下两个特点：

（1）由中间点参数构成的内回路是一个快速回路，能迅速消除进入该回路的扰动，对主回路给出的指令信号，具有良好的快速随动性。

（2）由被调量反馈信号构成的外回路，能够克服各种扰动对被调量的影响，但由于其具有较大的迟延和惯性，其调节速度比内回路慢。

1. 燃料调节器的整定

首先把压力调节器切到手动位置，燃料调节器处在手动状态，人为增大主调节器输出信号，观察该回路的过渡过程曲线，因为它是快速调节回路，故应以过程的快速性为首要目标，衰减率整定在 0.75 即可。

2. 主压力调节器的整定

把燃料调节回路看作是一个近似的比例环节，把串级回路简化为单回路，用单回路系统的整定方法来整定。在燃料量扰动下，主压力的过渡过程具有延迟和惯性。运行要求主汽压力稳定。过渡过程曲线的衰减率应大于 0.95。

3. 负荷前馈信号通道的整定

前馈调节的特点是根据扰动量对被调量的作用强度，当前馈信号扰动时，在被调量未发生改变时，就直接通过反馈通道加以补偿，主汽压力调节系统中的负荷前馈信号的补偿作用应表现在两个方面，即静态时准确补偿，动态时减小动态偏差。为保证机组稳定运行，一般采用欠补偿，补偿系数取 0.8 即可。

4. 燃烧器出力的分配

由于锅炉上层燃烧器对炉膛出口烟气温度影响较大，如果各层燃烧器出力完全一样，则容易引起过热器超温，所以一般情况下，最上层喷燃器出力应略低于下层喷燃器的出力，在整定过程中，各层燃烧器出力系数从下到上（以共四层燃烧器为例）$K_1 = K_2 = 1$，$K_3 = 0.9$，$K_4 = 0.8$，这样能保证在自动状态下，各层喷燃器出力的相互配合。

三、送风调节系统及其整定

送风调节系统是为了保证锅炉安全经济燃烧而设置的。常用的有蒸汽—空气、燃料—空气、负荷—空气系统以及带有氧量校正的送风调节系统。

（一）蒸汽—空气送风调节系统（串级—比值调节系统）

送风调节系统的首要任务是保证锅炉燃烧过程具有一定的过剩空气系数，即保证燃烧的经济性。其原理见图 12-37。

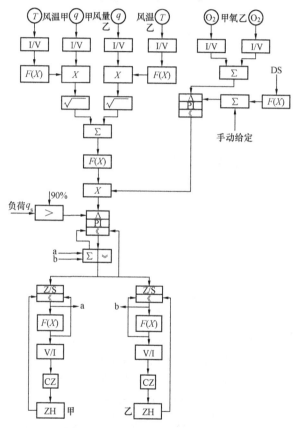

图 12-37　送风调节系统原理图

在送风调节系统中，送风调节器接收两个信号：主蒸汽流量信号和经校正后的风量信号，调节器输出信号控制送风量，达到一定的蒸汽流量—空气流量的配比。在负荷变化的初期保证风量和燃料的基本比例，然后根据烟气含氧量对风量指令进行修正，确保燃烧的最佳风量和燃料比。

1. 风量的测量

风量测量装置有许多种，如机翼型、喇叭管型测风装置以及测量空气预热器前后差压的装置。但能够长期使用，维护量小并且效果较好的是机翼型测风装置，它直接安装在风道上，对安装位置的条件要求较低。其风量与所测出的差压信号关系是：

$$q_V = \pm\, \alpha' \sqrt{\frac{\Delta p}{\rho g}} \qquad (12-2)$$

式中　q_V——空气的体积流量，m^3/s；

　　　α'——与机翼型测风装置型状有关的系数；

　　　ρ——流体的密度，kg/m^3；

　　　Δp——测出的差压，Pa。

机翼型测风装置稳定性较好，维护十分方便，但其测量造成的压力损失较大。

2. 参数整定

（1）参数校正。在实际运行中，为了修正温度对风量测量带来的误差，系统中采用了温度补偿回路（见图 12 – 37）。

在设计温度下，　　　$q_{V0} = \alpha' \sqrt{\dfrac{\Delta p}{\rho_0 g}}$ 　　　$(12-3)$

在实际运行温度下，　　$q_V = \alpha' \sqrt{\dfrac{\Delta p}{\rho g}}$ 　　　$(12-4)$

则有　　　$\dfrac{q_{V0}}{q_V} = \dfrac{\alpha' \sqrt{\dfrac{\Delta p}{\rho_0 g}}}{\alpha' \sqrt{\dfrac{\Delta p}{\rho g}}} = \sqrt{\dfrac{\rho}{\rho_0}} = K_t$

K_t 即为温度修正系数，实际应用中，用 $\sqrt{T/T_0}$ 代替 $\sqrt{\rho/\rho_0}$。T 为实际风温的绝对温度 K'，T_0 为设计风温的绝对温度，K。

如设计风温 $t_0 = 30℃$，修正系数与温度的关系见表 12 – 1。

表 12 – 1　　　　　　　　修正系数与温度的关系

实际风温	T（K）	243	273	303	343
设计风温（热力学温度）	T_0（K）	303	303	303	303
摄氏温度	t（℃）	-30	0	30	70
修正系数	K_t	0.8955	0.9492	1	1.064

大值选择器"＞"用作风量指令信号的低值保护，以保证最低风量不低于额定负荷时风量的30%。

风机挡板特性校正方法：首先用试验方法求出挡板开度与风量关系曲线，如图12-38所示。由图可知，挡板开度与风量呈非线性关系，这将影响系统调节品质，应当进行校正，其方法是：把 a 点所对应的出力校正到线性值 b 上，其开度应为 d，依次逐点作出校正曲线。

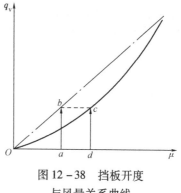

图12-38 挡板开度
与风量关系曲线

（2）送风调节系统的动态整定。由于风量调节回路属于快速回路，整定时应使送风调节系统能快速消除风量扰动；在负荷变化时，风量能快速跟随负荷变化。由于风量波动影响燃烧的稳定性，应尽量避免风量的急剧波动，因此该回路的衰减率可在0.9~1范围内。燃料—空气系统、负荷—空气系统都是以维持一定过剩空气系数为出发点的，只是风量定值信号不同。

（二）带有氧量校正回路的送风调节系统（前馈-串级调节系统）

锅炉运行中，烟气含氧量是衡量燃烧系统经济性的一个重要指标，保证含氧量与过剩空气系数是一致的，含氧量与过剩空气系数之间的关系是

$$过剩空气系数 = \frac{21}{21 - 含氧量}$$

带氧量校正回路的送风调节系统可以消除风煤配比造成的误差。风量稳定，一次风压及二次风压就比较稳定，对稳定燃烧有利。所以，当氧量出现较小偏差时，不希望风量有过大的调整。因此，氧量校正回路的作用以慢为主，同时对大偏差信号也有一定的调整能力。整定时先整定风量调节回路，然后把风量调节器等效为比例环节，对氧量校正回路按单回路调节器的方法进行整定。

为了使氧量给定值随负荷的变化而变化，可以考虑将负荷信号作为前馈通过一个函数器 $f(x)$ 产生一个随负荷而改变的最佳氧量信号作为氧量校正调节器的给定值。

氧量的定值信号由两部分组成，一部分是蒸汽流量信号经函数模件转换后的氧量随负荷变化的值（由锅炉热效率试验给出），另一部分是手动

给定信号，作为偏置信号。

四、引风调节系统及其整定

锅炉引风调节系统主要用于维持炉膛负压稳定，保证机组安全运行。图 12-39 的引风调节系统是一个具有前馈作用的复合调节系统。炉膛负压测量信号和炉膛负压定值信号经调节器直接控制引风机挡板。在前馈信号通道接入送风机挡板控制信号（图中 a、b），当送风机挡板信号改变时，同步调节引风机挡板，防止因送风量变化而使炉膛负压产生较大波动。

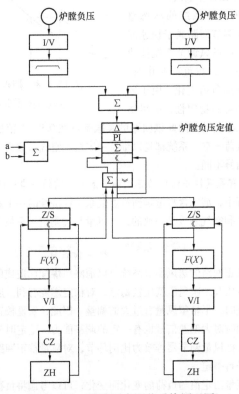

图 12-39　炉膛压力调节系统原理图

送风量的变化是引起炉膛压力波动的主要原因，为使引风量快速跟踪送风量，以保持二者的比例，可以考虑将送风量作为前馈引入引风调节器中，这样有利于提高引风控制系统的稳定性和减小炉膛压力的动态偏差。

　　系统整定时，应将前馈回路与反馈回路分开进行。炉膛负压调节属单回路调节，其主要功能是快速消除引风量的扰动并能快速响应负压定值信号的变化，其过渡过程曲线的衰减率为0.75左右。

　　五、一次风压调节系统及其整定

　　一次风压调节系统原理图见图12-40。一次风压信号及一次风压定值信号经调节器控制二次风总风门，来维持一次风压。一次风压定值信号由两部分组成，即由主蒸汽流量信号转换的一次风压值（由锅炉热效率试验给出）和手动给定偏置值。为了修正挡板的非线性特性，系统中采用了函数模件，对挡板特性进行校正。其整定方法与送风调节系统相似。

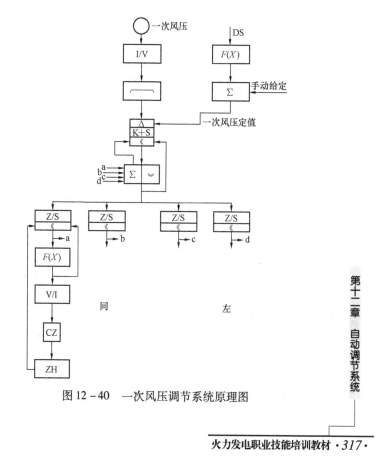

图12-40　一次风压调节系统原理图

六、投入燃烧控制系统时的注意事项

1. 安全保护

燃烧过程对保证锅炉安全运行是十分重要的，这是因为燃烧工况不稳甚至炉膛灭火、爆炸，将会引起严重事故。因此，在设计和投入燃烧控制系统时，必须充分考虑安全措施。如送、引风机挡板开度（或转速）的最大、最小值都必须予以限制，防止炉膛灭火；炉膛压力和燃油压力应有保护；锅炉负荷变化率应予以限制；重要参数的测量变送器采用双变送器或三取二等方法，以确保可靠性；当控制系统出现故障时，保护能发出音响报警信号，并使系统由自动状态切换到手动状态，并闭锁执行机构，防止事故扩大等。

2. 信号的静态配合

在静态时，系统中各调节器入口的信号必须平衡（即其输入信号的代数和应为零）。同时，各输入信号方向不能接错，以保证系统正常工作。

3. 自动跟踪

自动跟踪是系统从手动切换到自动或从自动切换到手动实现无扰动切换的保证，这在静态调试时就应当调试好。

4. 各调节器的投入顺序

燃烧控制系统包括三个具体的子系统（燃料、送风、引风），一般应先投引风，再投燃料和送风系统，只有三个子系统全部投入自动并经实际运行考验，整个燃烧控制系统才认可为投入自动。

第六节 除氧器压力、水位自动调节系统

除氧器是利用汽轮机的某级抽汽把给水加热到该压力下的饱和温度，并除去溶于水中的氧气（含其他气体）的设备。锅炉给水中若含氧量较大，就会使管道及锅炉受热面遭到深度真空腐蚀，给水含有其他气体也会妨碍热交换而降低传热效果，因此要对锅炉给水进行除氧及去除其他气体。当锅炉给水被加热到沸点时，水面上的蒸汽压力就接近全压力，而其它气体的分压力则接近零。这样，溶解于水中的气体（包括氧气）就被分解出来并及时地随部分蒸汽排走，除氧器正是根据这一原理工作的。在汽轮机的回热加热系统中它是一级混合式加热器，并具有汇集各种疏水、锅炉补充水的作用。所以，除氧器必须保证锅炉所需给水的水质和储备量。因此，火力发电机组一般都设计有除氧器压力和水位自动调节系统。

一、除氧器压力自动调节

要使除氧器除氧效果好，就应该将水加热到沸点温度。由于温度测量存在较大延迟，而饱和压力和饱和温度有一一对应的关系，所以一般采用控制除氧器蒸汽空间的压力来达到控制给水加热至饱和温度的目的。

1. 除氧器压力调节的作用

除氧器用来除去给水中的气体（主要是氧气），以防止气体对管道产生腐蚀，危及设备安全运行。当除氧器压力超过原先的饱和压力时，开始由于除氧器水箱的热容量大，水的温度不会上升，从而使水进入未饱和状态，水中的含氧量相应地增加；随后由于除氧器排气口阀门开度是根据额定压力调整试验确定的，运行中不再调整，在压力长时间高于额定压力时，排汽量必然很大，这就造成额外的汽水损失和热损失。如果除氧器压力偏低，说明热蒸汽不足，故给水达不到饱和温度而具有较高的含氧量。

除氧的方法是把水加热到沸点，并把逸出的气体排掉。除氧效果与加热时的饱和温度有关，而饱和温度对应一定的饱和压力。因此，维持除氧器压力稳定，就可以使饱和温度稳定，从而保证除氧效果。同时，可防止因汽压过高、加热蒸汽量过大，由排汽口排出的汽量过大，增加汽水耗量和热损失，降低机组的热效率。所以用压力调节来实现除氧器定压运行。

2. 除氧器压力调节系统

除氧器压力调节系统是以除氧器内蒸汽空间压力作为被调量，以改变进入除氧器内的加热蒸汽量作为调节手段的。压力调节阀门装在自汽轮机抽汽系统通往除氧器的管道上。单台除氧器蒸汽空间近似一有自平衡能力的一阶惯性环节。当压力突然变化时，除氧器内蒸汽空间压力变化较快。随着水温的变化，压力变化速度变慢，压力稳定时间较长。

除氧器压力对象可作为一阶惯性环节来处理，在除氧器加热蒸汽阀开度作阶跃变化时，由于连接管路很短，所以除氧器内部压力立即随之变化，只是除氧器体积较大，其压力变化过程较为缓慢。

单台定压运行除氧器调节系统，采用 PI 调节规律。对于惯性较大的调节对象，可采用 PID 调节规律，有利于改善调节质量。对滑压运行除氧器采用比例调节器，一般取 $\delta = 10\% \sim 30\%$ ，$T_I = 10 \sim 20s$ ，$T_D = (1/2 \sim 1/3) T_I$ 。对压力调节系统的调节质量要求是：压力维持在规定值 $\pm 20kPa$ ，过渡过程时间约 1min。

二、除氧器水位自动调节

除氧器水箱的容积较大，在补充水调节阀开度作阶跃变化时，水箱水位不会立即变化，而表现一定的延迟。对于化学水送凝汽器的热力系统，其水位变化的延迟就更大。此外，由于水箱容积大而进水管细，因此水位上升或下降的速度就较小（对象的飞升速度小）。在负荷一定时，除氧器水位对象的动态特性近似为有延迟的一阶积分环节。

1. 除氧器水位自动调节的作用

除氧器水箱用以保证锅炉有一定的给水储备量，一般要求能满足锅炉额定负荷下连续运行 15～20min 的给水量。水位太低，会因储水量不足而危及锅炉的安全运行，还可能使给水泵入口汽化而使给水泵不能正常工作；水位太高，可能淹没除氧头而影响除氧效果。一般要求水位在规定值的 ±100mm～±150mm 范围内。所以除氧器设计有水位自动调节系统，并有低水位保护。

2. 除氧器水箱水位自动调节系统

除氧器水箱水位自动调节系统是单冲量单回路系统，根据除氧器水位设定值与除氧器实际水位的偏差调节输出控制除氧器水位主调节阀开度，调节器采用 PI 规律。水位信号经变送器转换为 4～20mA 直流信号送入调节器，调节器输出信号控制化学补充水调节阀门的开度。对系统调节品质的要求是：水位保持在规定值 ±200mm 范围内，过渡过程时间不超过 15min。

当化学补充水送入凝汽器时，则应把除氧器水位调节和凝汽器水位调节作为一个整体来考虑。其工作过程是：当除氧器水位降低时，除氧器水位调节器开大凝汽器补充水调节阀门，凝汽器水位上升；凝汽器水位调节器增加凝汽器的出水量，即增加经低压加热器进入除氧器的凝结水，使除氧的水位升高；当除氧器水位从正常值升高时，除氧器水位调节器使进入凝汽器的补充水调节阀关闭，同时打开另一个调节阀使凝结水被旁路并返回补充水箱，减少进入除氧器的水量。这种系统被调量的迟延较大。

凝汽器水位调节器的工作过程是：当凝汽器水位从正常值升高时，调节器开大通往低压加热器管道上的调节阀，增加凝汽器的出水量；反之，则关小调节阀，减小凝汽器的出水量。当出水量小到最低允许值时，为了保证足够的凝结水流过轴封冷却器，应开大由轴封冷却器后到凝汽器的凝结水再循环门。

第七节　加热器水位和轴封压力自动调节系统

一、加热器水位的自动调节

汽轮发电机组设有多台低压加热器和高压加热器。低压加热器用来加热由凝汽器至除氧器的凝结水，以保证除氧器的除氧效果；高压加热器用来加热除氧器经给水泵至锅炉省煤器的给水。有计算结果表明，投入高压加热器可降低发电煤耗约7g，可见高压加热器对节能、降耗有重要作用。

高压加热器水位过低会使蒸汽进入疏水冷却段，使疏水温度升高，影响下一级加热器的抽气流量，使加热器性能恶化，机组效率下降；另外，水位过低产生二相流体冲蚀加热器疏水冷端管道，引起振动，严重危及高加安全运行和缩短高加使用寿命。水位过高使更多的传热管道浸没在水中，加热面积减少，使给水温度降低，影响加热器效率。加热器在过高水位运行，可能造成水倒冲到汽缸内，引起水冲击，危及汽轮机运行安全。

二、加热器水位的调节系统

加热器水位调节系统是单冲量单回路系统，调节规律为PI。对系统的质量要求是：低压加热器要求水位保持在规定值±100mm范围内；高压加热器水位应保持在规定值±60mm范围内。低压加热器水位调节系统的设备多采用气动基地式调节器，调节机构选用气动薄膜调节阀。高压加热器水位调节系统的设备多采用电动调节设备。

加热器水位自动调节系统的投入和切除条件、运行维护和质量指标，应执行部颁《热工仪表及控制装置检修运行规程》（试行）中的有关规定。

三、轴封压力自动调节系统

汽轮机的动静部件之间总留有一定间隙，这些间隙造成漏出蒸汽或漏入空气，影响汽轮机的效率，故在动静部件之间都装有汽封，在主轴伸出汽缸的端部装有曲径状的轴端汽封（简称轴封）。对具有高压、中压、低压三个缸的汽轮机，共有六组轴端汽封。汽轮机的轴封是汽轮机的重要部件，轴封蒸汽系统运行的好坏直接影响到汽轮机轴封的蒸汽泄漏量，进而影响汽轮机的机组热效率；轴封蒸汽系统运行异常还将导致机组瞬态。

为了有效地减少轴封漏汽（气），需要向轴封送入一定压力的蒸汽（如500MW机组采用压力为0.1MPa的蒸汽）。当汽轮机负荷变化时，进入轴封的蒸汽压力发生变化。蒸汽压力过低，空气可能漏入汽轮机，破坏真空系统，影响汽轮机的安全、经济运行；蒸汽压力过高，蒸汽可能向外泄漏，影响汽轮机的热经济性。并且，蒸汽漏入润滑油系统，会使油质变坏。因此，需要对汽封供汽压力进行自动调节，使汽封压力维持在规定值±4kPa的范围内。

轴封压力自动调节系统采用 PI 调节器，其工作过程是：在汽轮机启停时，用轴封进汽阀调节轴封压力；在汽轮机正常运行时，用轴封系统蒸汽排入抽汽系统的调节阀来维持轴封压力。

　　轴封压力调节系统的投入和切除条件、运行维护和质量指标，应执行部颁《热工仪表及控制装置检修运行规程》（试行）中的有关规定。

　　提示　本章内容适用于中级人员。

第十三章

DEH 纯电调系统

第一节 汽轮机的基本控制

一、汽轮机调节的基本概念

汽轮机是一种将热能转换为动能的高速旋转的原动机，当它驱动交流同步发电机时将动能转换为电能。汽轮机是火力发电厂中最主要的设备之一，汽轮机自动控制一般包括以下内容：

1. 自动检测

为了保证汽轮机安全可靠地工作，一般都配置主要参数的监视仪表。随着汽轮机容量的增大，主蒸汽温度和压力参数的提高，需要监视的项目也越来越多。目前，大功率汽轮机的自动检测项目包括：发电机功率、主蒸汽压力和温度、真空度、各级抽汽压力、润滑油压、调节油压、转速、零转速、油动机行程、转子轴向位移、转子与汽缸的相对膨胀量、汽缸的热膨胀、汽缸与转子的热应力、轴承和轴的振动值、主轴挠度、轴承温度和润滑油温度、推力轴承油膜压力、推力瓦温度、主油箱油位、上下汽缸及内外缸温差等等。

2. 自动保护

大功率汽轮机自动保护的主要内容是：超速保护、低油压保护、轴向位移保护、胀差保护、低真空保护、振动保护等。这些保护的作用是，当汽轮机运行参数超越正常范围时，能及时动作，使汽轮机自动停机，或发出报警信号，提醒运行人员及时采取措施。

（1）自动闭环控制。

电能是重要的二次能源，在国民经济中起着重要作用。电力用户要求电网提供容量充足、质量合格的电能。供电质量以两个指标来衡量：一是频率，二是电压。这就要求以发电设备的安全、可靠运行作为技术保证。为维持汽轮机在正常参数范围内运行，大功率汽轮机一般设计有转速、负荷和压力的自动控制系统，汽封压力、旁路系统、凝汽器水位、热应力等控制系统。

（2）自启停控制。

汽轮机采取自启停控制不但可以减轻运行人员的劳动强度，而且还可以缩短启动时间，节约启动费用，保证操作的正确性，延长设备寿命，提高经济效益。

（3）汽轮机的转速调节。

转速调节是控制汽轮机启动、升速和正常运行的重要手段。汽轮机在稳定运行时，转速稳定在一定的数值上，此时作用于转子上的力矩保持平衡，转子没有角加速度。当电负荷变化时，转子的平衡状态被破坏，转子的角加速度使转速发生变化。为了使转速达到稳定值，必须在电负荷变化时相应地改变汽轮机的功率，即用改变汽轮机调节阀的开度来改变进入汽轮机的蒸汽量，达到调节转速的目的。

从以上分析可知，用调节转速保持电网频率，是决定的因素。在汽轮机功率不变的条件下，随着电负荷的增加，汽轮机转速将小于额定转速，而要使转速恢复到额定值，就应当开大汽轮机的调节汽阀；反之，若转速高于额定转速，则应该关小调节汽阀。

（4）汽轮机功率调节。

汽轮机功率调节方法基本上有以下三种：

1）节流调节。如图 13 - 1 所示，新蒸汽流经全开的主汽阀 1 和调节阀 2 进入汽轮机。当调节阀开大时，既增大蒸汽流量，又减少了因节流而造成的能量损失。这种调节方法的优点是结构简单，满负荷时汽轮机效率较高，但在低负荷工况下，因节流损失增大而使汽轮机效率降低。大功率汽轮机组、中间再热汽轮机组多采用这种调节方法。

2）喷嘴调节。如图 13 - 2 所示，新蒸汽经过全开的主汽阀和几个逐次开启的节流调节阀 Ⅰ ~ Ⅳ 进入汽轮机。每个节流阀独立地和一部分喷嘴相通。调节阀的开启顺序为 Ⅰ → Ⅱ → Ⅲ → Ⅳ。各调节阀随负荷的增减依次开启或关闭，并且只有当前一个调节阀开启到接近其有效行程时，下一个调节阀才开始开启。这样，汽轮机功率随电负荷波动的调节作用只在一个节流阀中进行，因此节流损失也只在一个节流阀中产生。所以，这种调节方法使汽轮机效率仍保持在较高的水平。

3）旁通调节。如图 13 - 3 所示，这是一种辅助调节方法。当汽轮机在超出经济负荷工况下运行时，采用将新蒸汽绕过汽轮机前几级，旁通到中间级去做功。由于中间级比前几级通流面积大，故能增大流量，更有效地增加功率。

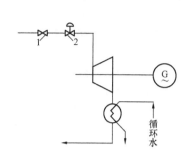

图 13 - 1 汽轮机节流调节

1—主汽阀；2—调节阀

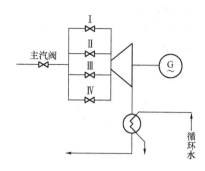

图 13 - 2 汽轮机喷嘴调节

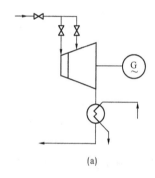

(a)

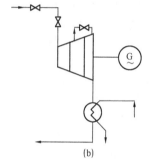

(b)

图 13 - 3 汽轮机旁通调节

（a）汽轮机外旁通调节；（b）汽轮机内旁通调节

3. 中间再热式汽轮机调节系统的特点

中间再热式汽轮机是凝汽式汽轮机向大功率发展的必然结果。这是由于提高机组的经济性受到高温材料强度的限制，所以只有采用中间再过热方法，将汽轮机分成高压部分和中、低压部分，才能满足机组经济性的要求。中间再热式汽轮机调节系统的特点是：

（1）中间再热式汽轮机组采用机、炉单元制系统，运行过程中系统内蒸汽的储备能力减小，过热蒸汽压力的波动显著增加。在调节阀开度不变的情况下，若蒸汽压力降低，则汽轮机的功率将随之降低。

（2）中间再热式汽轮机组甩负荷后，即使高压主汽门和调节汽门迅速关闭，再热器中的高能量蒸汽仍然可以使汽轮机严重超速。为保证机组安全，在中压缸前另设有主汽门和调节汽门。为减少节流损失，正常运行时，中压缸调节汽门应在全开位置。只有当负荷小于额定负荷的30%（或50%）时，中压调节汽门才参加调节。

（3）中间再热器容积的存在，会导致汽轮机适应负荷变化的能力降低，即外界负荷扰动下机组的负荷适应性差。这是因为，中、低压缸功率约占整个机组功率的2/3～3/4，所以中、低压缸功率变化的滞后现象，降低了机组参加电网一次调频的能力。为此，国产大功率中间再热式汽轮机的调节系统中设计了动态校正器。

4. 单元机组的控制和运行方式

单元制系统是随着大容量、高参数机组的出现而形成的。大功率机组自动化水平的提高，要求加强人机之间的联系。大机组控制和运行的关键是机炉协调控制。它将来自调度中心的指令信号，经综合考虑后发给锅炉与汽轮机，进行自动调节。基本的控制和运行方式有基本手动控制方式、锅炉跟随的控制方式、汽轮机跟随的控制方式、机炉协调控制方式。

5. 汽轮机的运行方式

DEH系统有两种基本运行方式：手动方式和自动方式。

其中自动方式又可分为汽轮机操作员自动方式（OA）、自动汽轮机控制方式（ATC）和汽轮机锅炉协调控制方式（CCS）。

手动控制方式是最基本的操作方式，在此方式下DEH控制系统将按照运行人员在操作员站上所按的阀位增或阀位减按钮控制机组。这种运行方式必须由有经验的运行人员参照厂家说明书和有关的规定操作执行，并结合电厂有关规程控制机组，与此同时必须严密监视CRT显示的各种参数变化和报警信息，以确保机组安全运行。

自动汽轮机程序控制方式（ATC）是根据机组的状态，控制汽轮机自动完成冲转、升速、同期并网、带初始负荷等启动过程。

操作员自动方式（OA）是由运行人员根据汽轮机本体状态和说明书提供的启动操作程序，在操作员站上手动给定转速或负荷的目标值和变化速率，由DEH控制系统自动完成冲转、升速、同期并网、带初始负荷和升负荷的全过程。DEH系统通过CRT显示启动参数，指导运行人员进行操作，并通过打印机打印出实时数据和历史数据，供运行人员进行分析。与此同时，ATC处于"监视状态"。

第二节　DEH 调节系统概述

一、DEH 系统概述

汽轮机数字电液控制系统 DEH（Digital Electric – Hydraulic Control System）是当今汽轮机（特别是大型汽轮机）必不可少的控制系统，是电厂自动化系统最重要的组成部分之一。它集计算机控制技术与液压控制技术于一体，充分体现了计算机控制的精确与便利，以及液压控制系统的快速响应、安全、驱动力强的特点。

基本的 DEH 调节系统由 DPU 微处理机控制柜、工程师站、操作员站、运行人员操作键盘及电液转换系统所组成。它是把模拟量调节、程序控制、数据监视和处理装置结合在一起的数字式电液控制系统。运行人员通过操作键盘输入命令（目标值），并从 CRT 屏幕上得到汽轮发电机组的运行参数，监视机组运行工况。

对于中间再热汽轮机组，来自锅炉的主蒸汽通过高压主汽门 TV 和高压调节汽门 GV 进入汽轮机高压缸。蒸汽在高压缸内做功后，进入再热器，并通过中压主汽门 SV 与中压调节汽门 IV 再进入汽轮机中压缸。汽轮发电机的转速和负荷控制由主汽门和调节汽门开度控制。数字控制器 DPU 接受机组的转速、发电机功率、调节级压力等反馈信号，输出各阀门的位置给定值信号。电液伺服回路接受给定值和阀门开度信号，由电液伺服阀和油动机控制各阀门的开度，控制机组的转速和功率。

DEH 调节系统不仅可以实现汽轮机的转速调节、功率调节、抽汽调节，还能按不同工况，根据汽轮机应力及其他辅机条件在盘车的基础上实现自动升速、并网、增减负荷，以及对汽轮机及其主要辅机的运行参数进行监视、报警和记录。

二、功频电液调节系统的基本原理

汽轮机调节的基本要求是要得到转速与功率之间一定的静态特性，并且要求动态偏差不要太大。对于非再热机组，由于蒸汽容积的影响不大，在蒸汽参数保持不变的条件下，调节阀开度基本上代表了汽轮机的功率，动态偏差也可满足要求。所以，汽轮机的液压调节系统采用了比例式调节器，即油动机行程相对变化值与转速相对变化值成比例关系。

对于大功率中间再热式汽轮机，由于中间再热器的容积很大，所以动态过程中转速与功率之间的变化关系与稳态时的特性相比较，差异很大。为解决这一问题，采用了汽轮机功率信号与转速信号直接比较，其偏差信号则与同步器信号综合后送入积分作用为主的 PID 调节器，以保持功率与转速之间的线性关系。这就是功频调节系统的基本原理。

三、功频电液调节系统性能分析

功频电液调节系统能自动调节和控制汽轮发电机组的功率和频率。为适应不同运行工况的要求，系统应具有以下性能。

1. 稳定性

以发电机功率信号代替汽轮机功率信号，从静态特性看，二者没有区别，但其动态特性的差别却很大。汽轮机功率是调节回路中的一个变量，在系统中作为反馈信号，对系统的稳定性是有利的。但是如果用发电机功率信号代替汽轮机功率信号，因为发电机功率是系统的扰动量，所以对系统的稳定性不利。经分析可知，只要合理选择积分时间，系统的稳定性是能够得到保证的。

2. 负荷适应性

功频调节系统本身具有使调节阀动态过开的特性，从而具有改善汽轮机负荷适应性的能力。系统的工作过程是：当给定值没有变化而电网频率改变了 Δf 时，测速元件输出的电压信号响应变化 ΔV，这一信号经过 PID 调节。若调节器的比例增益 K，则首先将此电压信号放大 K 倍，再经过功率放大和电液转换后，使得油动机的开度为正常开度的 K 倍，实现了动态过开，随着过程的继续进行，汽轮机功率迅速增加，功率信号逐渐地抵消了转速信号，在平衡状态下，调节器输入信号之和等于零，其输出电压和油动机开度保持在新的数值。

3. 甩负荷特性

功频电液调节系统中功率信号的选取有两种方式：一是取汽轮机功率，二是取发电机功率。前者在系统中是反馈信号，而后者在系统中却是扰动信号。按系统的特性来说，两者所起的作用恰恰相反。因而在甩负荷过程中，发电机功率信号的作用是使汽轮机调节汽门打开，导致过渡过程恶化，对系统甩负荷时转速飞升带来不良影响，而且当电网发生事故时不利于系统的稳定。为克服"反调"现象，从理论上讲可采用发电机功率信号再加上转速的加速度信号来代替汽轮机功率信号。克服"反调"的另一种措施是，使发电机测功元件与一个滞后环节相串联，以延迟功率信号的变化。第三种方法是在甩负荷时同时切除发电机功率信号及其给定值信号，使功率信号偏差为零，则作用到 PID 调节器上的只有频率偏差信号，实现了甩负荷时调节阀的关闭。

四、功能特征

作为运行人员控制汽轮发电机组的工作平台，完善的 DEH 系统应具有下述功能特征。

1. 启动前的准备控制

根据机组启动前的状态，选择启动方式，以及进行自动预暖缸控制。

2. DEH 的运行方式选择

DEH 的运行方式分为手动和自动两大类。在自动方式中又可分为操作员自动方式（OA）、自动汽轮机程序控制方式（ATC）和汽轮机锅炉协调控制方式（CCS）。

3. 实现机组的在线整定

机组的在线整定包括自动整定伺服系统静态关系，以及控制器参数。

4. 实现机组的挂闸

通过按操作员站上的挂闸按钮，DEH 应建立保护油压，使汽轮机保护系统投入运行。

5. 启动方式选择

机组的启动方式可分为中压缸启动和高、中压缸联合启动；额定参数启动和滑参数启动；冷态启动和热态启动等等。实际运行时往往是多种方式的组合。

6. 实现机组的转速控制

机组的转速控制包括：设定目标、设定升速率、升速、自动过临界、暖机、3000r/min 定速运行、试验和并网。

升速过程中，目标转速设定后，给定转速将按启动曲线或操作员输入的命令逐步增加。DEH 把实际转速与给定转速相比较，经过 PI 校正并经阀门线性程序修正后，得到阀位值，从而控制各个阀门开度，使机组平稳升速。需要暖机时，给定转速保持不变；过临界转速时，提高升速率；并网时由自动同期装置控制并网。

7. 实现机组的负荷控制

机组的负荷控制包括并网、带初始负荷、升负荷（设定目标、设定负荷率）、自动暖机、阀切换、定压—滑压—定压变负荷运行、调节级压力反馈控制、负荷反馈控制、一次调频、CCS 控制、高低负荷限制、阀位限制、主汽压力限制和快速卸负荷。

升负荷过程中，目标功率设定后，给定功率将按启动曲线或操作员输入的命令逐步增加，DEH 将实际功率与给定功率相比较，经过 PI 校正并经阀门线性程序修正后，得到阀位指令，从而控制各阀门开度，使机组平稳升负荷。

8. 阀门管理程序

阀门管理程序主要用于实现单阀和顺序阀的切换。机组稳定运行时，宜用喷嘴调节方式，即顺序阀的方式，尽量减少节流状态下的阀门损失；当变负荷运行时，或在启动过程中，为保证机组全周进汽，缩短启动时间，宜采用节流调节方式，即所有阀门同步开关。DEH 可接受操作员指令，在任意功率下和设定的时间内完成上述转换。

9. 实现机组的疏水控制

根据机组的运行方式、启动或停机、以及运行的状态，自动开启或关闭疏水阀门。

10. 实现机组的自动保护

机组的保护由低负荷运行保护、甩负荷保护、超速保护和危机遮断系统等功能组成。

(1) 低负荷运行保护。

低负荷运行保护由低压缸温度检测和喷水系统组成。

(2) 甩负荷保护——功率负荷不平衡控制。

当电网发生瞬间故障时，发电机输出功率骤减，汽轮机尚未及时减负荷，因此汽轮机转子将突然加速。为此通过测量中压缸联通管上的压力，作为汽轮机机械功率，与电功率比较，差值超过 30% 额定功率时，快关中压调节阀门，以维持电力系统稳定。

(3) 超速保护。

超速保护又分为 103%、超速保护和 110% 超速保护。

(4) 危急遮断系统。

引进型机组的危急遮断系统监视锅炉汽轮发电机组的下述参数：①凝汽器真空；②轴承油压；③推力轴承磨损（串轴保护）；④EH 系统油压；⑤汽机超过额定转速 110% 以上；⑥遥控遮断命令。

11. 实现机组的 ATC 热应力监控

根据机组的初始状态和运行时的热力参数计算热应力。根据机组期望的服役指标（寿命），确定机组的变速速率和变负荷速率，在保证设备和人身安全的前提下实现机组经济运行。

12. 实现机组的控制方式切换

汽轮机自动与手动方式切换。

13. 提供高压抗燃油并完成电/液转换功能

EH 油系统向机组提供一定温度、压力、流量和质量的抗燃油，并完成电/液转换、阀门正常控制与危急遮断的功能。它由供油系统、高压伺服系统、高压遮断系统和低压遮断系统组成。

14. 实现机组的在线试验

试验的内容包括阀门活动试验、喷油试验和提升转速飞升试验。

第三节　高压抗燃油纯电调

一、高压抗燃油纯电调系统概述

高压抗燃油纯电调 DEH 系统主要有由计算机控制部分（习惯上称 DEH）与液压控制部分（EH）组成。

DEH 部分完成控制逻辑、算法及人机接口。根据对汽轮发电机各种参数的数据采集，通过一定的控制策略，最终输出到阀门的控制指令通过 EH 系统驱动阀门，完成对机组的控制。人机接口是操作人员或系统工程师与 DEH 系统的人机界面。操作员通过操作员站对 DEH 系统进行操作，给出汽轮机的运行方式及控制目标值进行各种试验、进行回路投切等。由于 DEH 的重要性，一般均配一个硬件手操盘，以便在 DEH 故障时可通过手操盘操作，维持机组运行。系统工程师通过工程师站对系统进行维护及控制策略组态。

EH 系统是 DEH 的执行机构，主要包括供油装置（油泵、油箱）、油管路及附件（蓄能器等）、执行机构（油动机）、危急遮断系统等。供油系统为 DEH 系统提供压力油。执行机构响应 DEH 的指令信号，控制油动机的位置，以调节汽轮机各蒸汽进汽阀的开度，从而控制汽轮机的运行。危急遮断系统响应控制系统或汽轮机保护系统发出的指令，DEH 发出超速控制及超速保护控制信号时，就紧急关闭调节阀；当汽轮机保护系统发出停机信号时，或机械超速等动作引起汽轮机安全油泄去时，危急遮断系统就紧急关闭全部汽轮机蒸汽进汽门，使机组安全停机。

二、高压抗燃油纯电调系统应具备的主要功能

（1）汽轮机转速控制（包括一次调频）。

（2）汽轮机负荷控制。

（3）程序启动控制（根据汽轮机高压缸、中压缸壁温自动计算机组处于热态、冷态、极热态，控制汽轮机升转速、暖机）。

（4）自动同期控制（即自动并网）。

（5）自动挂闸控制。

（6）超速保护试验控制。

（7）阀门管理程序控制（运行过程中可将各调节阀门由顺序阀自动切换到单阀控制，或相反。也可进行各阀门松动、全行程试验）。

（8）机炉协调控制。

（9）抽汽热负荷自动控制。

（10）高低负荷限制（包括升负荷率限制）。

（11）CRT 显示和数据记录。

（12）计算机之间的数据传输。

（13）控制 DPU 与跟踪 DPU 之间、手动/自动之间的切换，为无扰切换。

（14）转速 103%、110% 保护。

（15）RB 快泄负荷保护。

（16）可以与汽轮机主保护系统实现连锁互动。

（17）所有测点状态打印输出。

三、调节系统控制部分（DEH）

在 DEH 调节系统中，控制器数字部分的输出，经过数/模转换后，进入电液伺服执行机构，该机构由伺服放大器、电液伺服阀、油动机及其位移反馈（LVDT）组成，是 DEH 调节系统的末级放大与执行机构。

1. 开关型执行机构

（1）工作原理。

开关型执行机构油动机的油缸旁，有一个插装阀，当汽轮机发生危急情况时自动停机危急遮断油（AST 油）卸去后，插装阀会快速打开，迅速卸去执行机构活塞杆下腔的压力油，同时主汽门在弹簧力的作用下迅速关闭。在插装阀的顶部有一个活动试验电磁阀（该电磁阀为二位四通电磁阀），该电磁阀将高压油与有压回油相连，当需要进行主汽门活动试验时，DEH 控制装置发出一个信号，该电磁阀打开后将执行机构活塞下腔的压力油泄去一部分，使主汽门在弹簧力的作用下关闭，以达到进行主汽门活动试验的目的。

（2）主要组成部件。

1）隔离阀。高压抗燃油经过此隔离阀供给电磁阀入口，通过电磁阀去操作执行机构，关闭隔离阀可切断高压油路，使得在汽轮机运行的条件下可以停用右侧高压关断阀，以便更换滤网、检修或调换电磁阀、卸载阀和油缸等。该隔离阀安装在执行机构控制块上。

2）插装阀。插装阀装在执行机构控制块上。它主要作用是：当机组发生故障必须紧急停机时，危急遮断装置动作使危急遮断油（AST）泄去，执行机构活塞杆下腔的压力油可经插装阀快速释放，在阀门弹簧力的作用下，使主汽阀阀门关闭。

3）逆止阀。有两个逆止阀装在控制块上，一只通向危急遮断油（AST）母管，该逆止阀的作用是阻止（AST）母管内的油倒流到回油腔室；另一只逆止阀通向回油母管，该阀的作用是阻止回油管内的油倒流到油动机内。关闭执行机构进油隔离阀使执行机构活塞杆下腔的油压降低或消失，便可在线检修油动机，这时其他汽阀仍可正常工作。

4）活动电磁阀。中压主汽阀执行机构设有活动电磁阀，这个电磁阀为两位四通电磁阀，接受来自 DEH 的控制信号进行阀门活动试验。

5）行程开关。阀门全开及关闭方向设置行程开关，行程开关动作指示阀门开关状态。

2. 伺服型执行机构

（1）工作原理。

经计算机运算处理后的开大或关小汽阀的电气信号经过伺服放大器放大后，在电液伺服阀中将电气信号转换为液压信号，使电液伺服阀主阀芯移动，并将液压信号放大后控制高压抗燃油通道，使高压抗燃油进入执行机构活塞杆下腔，推动活塞向上移动，带动高压调节汽阀使之开启，或者是使压力油自活塞杆下腔泄出，借弹簧力使活塞下移，关闭蒸汽阀门。

当执行机构活塞移动时，同时带动 2 个线性位移传感器（LVDT），将执行机构活塞的位移转换成电气信号，作为负反馈信号与前面计算机处理后送来的信号相加，由于两者极性相反，实际上是相减，只有在原输入信号与反馈信号相加后，使输入伺服放大器的信号为零时，伺服阀的主阀回到中间位置，不再有高压油通向执行机构活塞杆下腔，此时蒸汽阀门便停止移动，停留在一个新的工作位置。在执行机构的油缸旁装有一个插装阀。当发生故障需紧急停机时，危急遮断系统动作，使危急遮断（AST）油卸去，插装阀快速打开，迅速泄去执行机构活塞杆下腔的压力油，在弹簧力的作用下迅速关闭左侧高压主汽阀和各高、中压调节阀。当机组转速超过103％额定转速时，在 DEH 系统的控制下超速保护油（OPC）电磁阀动作，此时超速保护（OPC）母管的油压跌落，插装阀快速打开，迅速泄去执行机构活塞杆下腔的压力油，在弹簧力的作用下可迅速关闭高、中压调节阀。

（2）主要组成部件。

1）隔离阀。高压抗燃油经过此隔离阀供给电液伺服阀去操作各汽阀执行机构，关闭该阀可切断高压油路，使得在汽轮机运行的条件下可以停用该路调节汽阀，以便更换滤网、检修或调换电液伺服阀、电磁阀、卸载阀、位移传感器和油缸等。该阀安装在执行机构控制块上。

2）滤网。为保证供给电液伺服阀的高压抗燃油的清洁度，以保证电液伺服阀中的节流孔、喷嘴和滑阀能正常工作，所有进入伺服阀的高压抗燃油均先经过一个 $10\mu m$ 的滤网进行过滤。

3）电液伺服阀。电液伺服阀由一个力矩马达两级放大及机械反馈系统组成。第一级放大是双喷嘴和挡板系统，第二级放大是滑阀系统，其原理如下：当有电气信号输入伺服放大器时，力矩马达中的衔铁上的线圈中就有电流通过，并产生一磁场，在两旁的磁铁作用下，产生一旋转力矩，使衔铁旋转，同时带动与之相连的挡板转动，此挡板伸到两个喷嘴中间。

在正常稳定工况时，挡板两侧与喷嘴的距离相等，使两侧喷嘴的泄油面积相等，则喷嘴两侧油压相等。当有命令输入时，衔铁带动挡板转动，挡板靠近一只喷嘴，使这只喷嘴的泄油面积变小，流量变小，喷嘴前的油压变高，而对侧的喷嘴与挡板间的距离增大，泄油量增大，流量变大，使喷嘴前的压力变低，这样就将原来的电气信号转换成力矩而产生机械位移信号，再转变为油压信号，并通过喷嘴挡板系统将信号放大。挡板两侧的喷嘴前油压与下部滑阀的两个腔室相通，当两个喷嘴前的油压不等时，则滑阀两端的油压也不相等，滑阀在压差的作用下产生移动，滑阀上的凸肩所控制的油口开启或关闭，便可以控制高压油由此油口通向油动机活塞杆腔，以开大汽阀的开度，或者将活塞杆腔通向回油，使活塞杆腔的油泄去，由弹簧力关小或关闭汽阀。

4）位移传感器（LVDT）。位移传感器采用差动变压器原理构成，位移传感器的作用是把油动机活塞的位移（同时也代表调节汽阀的开度）转换成电压信号，反馈到伺服放大器前，与计算机送来的信号相比较，其差值经伺服放大器功率放大并转换成电流信号后，驱动电液伺服阀、油动机直至主汽阀。当主汽阀的开度满足了计算机输入信号的要求时，伺服放大器的输入偏差为零，于是主汽阀位于新的稳定位置。线性位移传感器是由芯杆、线圈、外壳等组成。当铁芯与线圈之间有相对移动时，例如铁芯上移，次级线圈感应出电动势经过整流滤波后，变为表示铁芯与线圈相对位移的电信号输出，作为负反馈。在具体设备中，外壳是固定不动的，铁芯通过杠杆与执行机构活塞杆相连，输出的电气信号便可模拟油动机的位移，也就是汽阀的开度。

5）插装阀。插装阀装在执行机构控制块上，它主要作用是当机组发生故障必须紧急停机时，在危急遮断装置动作下危急遮断油泄去，使执行机构活塞杆下腔的压力油经插装阀快速释放，这时不论伺服放大器输出信号大还是小，在阀门弹簧力作用下，均使阀门关闭。

6）逆止阀。有两个逆止阀装在控制块上，一只通向保安油（简称AST或OPC）母管，该逆止阀的作用是阻止AST或OPC母管内的油倒流到回油腔室；另一只逆止阀通向有压回油母管，该阀的作用是阻止有压回油母管内的油倒流到油动机内。关闭执行机构进油隔离阀使执行机构活塞杆下腔的油压降低或消失，便可在线检修执行机构。

7）行程开关。阀门全开或关闭方向设置行程开关，行程开关动作指示阀门开关状态。

四、EH油系统工作原理

EH油系统由蓄能器、控制件、油泵、电动机、滤油器以及热交换器等组成。系统工作时，由交流电机驱动恒压变量柱塞泵，油箱中的抗燃油通过油泵入口的滤网被吸入油泵。油泵输出的抗燃油经过EH控制单元进入高压活塞式蓄能器，和蓄能器连接的高压油母管将高压抗燃油送至各执行机构和危急遮断系统。

当蓄能器充油压力达到上限值时，逆止阀后的油压信号使卸荷阀动作而卸荷，油泵出口的油直接送回油箱。此时，油泵在无负荷的状态下运行，EH系统的油压由蓄能器维持。在运行中，伺服机构和系统中的其他部件的间隙漏油使EH系统内的油压逐渐降低，当高压油母管的油压降至下限值时，卸荷阀复位，油泵再次向蓄能器充油。如此，油泵在承载和卸荷的交变工况下运行，使能的消耗量和油温的升高量减少，因而可以增加油泵的工作效率并延长油泵的寿命。

各执行机构的回油通过压力回油管经过油滤器，然后通过冷油器回到油箱。回油管中的压力靠低压蓄能器维持。此外，在系统中还有一些用于指示、报警和安全保护的装置。

提示 本章内容适用于高级人员。

第五篇

热工程控保护

第五章

出工损害赔偿

第十四章

程控保护的基础知识

因为热工控制回路所用电器的品种比较繁杂，且不断发展变化和更新换代，因而本节只对一些常用的电器作简要介绍。

一、主令电器

所谓主令电器，是指用来实现电路的接通和断开，用来发布命令的电器。

1. 控制开关

控制开关是具有多操作位置，能够换接多条电路的手动电器，如信号回路中常用的 LW2 型和 LW5 型，其具体用途在以后的电路说明中介绍。

2. 按钮

在热控回路中，按钮的品种繁多，尺寸大小各不相同，形状规格各异，有带灯按钮，也有不带灯的等等。

按钮主要用来接通和断开控制回路，手动发出"启动""停止"等电气命令，通过它去控制电器设备的动作。常用的按钮有单按钮和双按钮两种。所谓单按钮，是指该按钮中只有一对常开和常闭触点，并带有公共的桥式动接点。在按下按钮时，常闭触点先分开，然后常开触点闭合；当放开按钮时，可依靠装在里面的复位弹簧把触点恢复到原来的位置。

双按钮则有两对相同的常开和常闭触点，两个相同的桥式动触点，其使用和复位方法与单按钮相似。

按钮与"刀闸"、切投开关有相似的功能，但按钮有自动复位的特点，使用条件不同时不可随意混用或代用。

3. 行程开关

在热力生产过程中，传动机械的起始位置和终止位置（或中间位置）常用"行程"开关来控制。"行程"开关能将机械量信号转变为电量信号，然后控制机械装置的动作，实现连锁、联动、程序控制或仅用于发信号等。

行程开关可以是直接接在被控设备始末的"开""断"触点，也可以是杠杆传动的微动开关、接近开关和机械开关。

行程开关通常有一对常开触点和一对常闭触点（或推开为"断"，不推开为"通"；也可以是推开为"通"，不推开为"断"）。例如，将微动开关固定在电动截门的预定位置上，当截门上的连杆达到预定位置时，碰撞微动开关的传动杆，这时微动开关动作，将常开（或常闭）触点闭合（断开），达到控制截门的目的。当截门被反向操作时，加在微动开关传动杆上的外力消失后，微动开关能自动复位。

二、继电器

继电器是一种利用电磁力的变化而自动切换的电器。

在热工控制设备中用得最多的是电磁继电器，它的测量及转换环节是电磁线圈及联动机构。这种继电器的优点是结构简单、使用维护方便；它的缺点是体积大、消耗功率多、接点容易磨损。随着技术和工艺的不断发展，现已很大程度上克服了体积大、功率大、触点容易磨损的缺点。随着电子技术的发展，利用半导体器件制造的晶体管继电器也得到了很大的发展，今后它将广泛的应用于控制回路中。电磁继电器按照其工作线圈控制电流的种类不同，可分为交流继电器和直流继电器两类。按它的用途不同，又可分为如下几种。

1. 电压继电器和电流继电器

电压继电器和电流继电器分别按一定的线圈电压值或电流值而动作，可反映电路的电压或电流的变化。使用中按要求整定电压值或电流值，当系统中的电压值或电流值达到定值时，继电器磁力系统动作，带动触点，其输出为开关量。

2. 中间继电器

中间继电器实质上也是电压继电器，但其触点对数多，触点的切断容量大。通过它可扩充控制回路和起信号放大作用，所以它也可以说是继电器式的功率放大器。

3. 时间继电器

电磁继电器和延时部件相配合，就构成了电磁时间继电器。它的特点是，在输入信号接入后延长一段时间触点才动作。其实现延时的方法有两种：一种是在铁芯上套一个由铜或铝制成的金属短路环，可产生 5~10s 以上的延迟时间；另一种是使用钟表机构等机械部件，它的延迟时间是可调整的。

三、其他电器设备

1. 冲击继电器

冲击继电器是根据电磁原理进行工作的，它能反映输入信号极性的变化，一般用在热工信号回路中作为集中信号装置的公共启动元件。

2. 热继电器

热继电器是利用测量元件通电后加热到一定温度而动作的继电器。常用的热继电器的热敏元件是双金属片，它是由线膨胀系数相差较大的两种合金片互相铆合或沿全部表面焊接而成的。在正常条件下，负载电流流过加热元件所产生的热量使双金属片的弯曲度较小，因而不能断开触点。当负载电流大到一定数值时，流过加热元件的电流产生的热量使双金属片产生较大弯曲，断开相应的触点。

3. 接触器和磁力启动器

接触器是按电磁原理动作、用来接通或切断电气回路的电力负载（如电动机或电磁线圈）的自动化器件，具有控制容量大、工作可靠、使用寿命长等优点。它的主要部件是磁铁、线圈和接点。其中，触点分为主触点和辅助触点。主触点用于接通或断开电力负载的主回路，流过电流较大，触点容量也较大。这种触点一般是常开触点。辅助触点又叫连锁触点，用于连锁和发信号，流过它的电流较小，触点容量小。这种触点一般有常开和常闭两种状态。

为了消除主触点接通和切断电路时所产生的电弧，在额定电流较大的接触器中都装有灭弧装置。灭弧装置往往是一只消弧电容器。在接触器中是否配备消弧设备，可用图示法表示。

根据接触器电磁线圈使用的电源不同，接触器可分为直流和交流两种。接触器在使用中要特别注意电源的种类和线圈的额定值。

磁力启动器由交流接触器和热继电器组成。在热工控制系统中，它被广泛用于远距离控制三相电动机的启动、停止及正反转运行。用于控制三相电动机的启动、停止及正反转运行的磁力启动器由两个交流接触器组成，一个控制正转，另一个控制反转，两个接触器之间装有机械连锁和电器连锁装置。当一个接触器的主触点闭合时，机械连锁使另一个接触器的主触点不能闭合；电器连锁使另一个接触器的电磁线圈回路不能接通。热继电器在磁力启动器中主要起保护作用，当三相电动机损坏或过载时，热继电器动作，由磁力启动器切断电源。

第十四章 程控保护的基础知识

4. 干簧继电器

干簧继电器是电磁继电器的一种特殊形式，其结构是：在空心线圈中间放一支密封的玻璃管，管内封装有由坡莫合金制成的干簧片。当线圈通电后，在线圈产生的电磁场的磁化作用下，干簧片自由端产生相反的极性。当电流达一定值，即两片间的吸力足以克服它们自身的弹性力时，便相互吸引而闭合。当电流小到一定值时，干簧片靠本身的反作用力而返回，使被接通的电路断开。

第二节　程控保护回路的基本知识

热工控制的具体实现方案都采用图纸并附加说明的方法表示。一般热工控制图纸主要包括控制流程图、电器原理接线图和安装接线图。此外还有方框图、逻辑图和示意图等。

一、控制流程图

控制流程图，是在热力过程工艺流程图上用图形符号和文字符号予以表示，反映出热力过程自动化的内容，包括各被控参数和被测参数的取样位置、远方控制手段、各个自动化仪表的功能和安装位置等。要了解系统的控制情况，应先看控制流程图。

控制流程图的文字符号中，包括用来表示热工参数和控制对象以及表示仪表功能的文字符号。控制设备的编号由 [1] [2] [3] [4] 段组成。[1] 是测量参数或控制对象的文字符号。[2] 是主设备类别号，用以区别主设备对象，不需要区别的可以省略。[3] 是流水号，每个参数均由 01 开始编至 99，不同参数分开编，如 P101、T101、G101 等，允许中间不连续，超过 99 则加位。[4] 是辅助符号，用来区别相同测控项目的不同设备。

热工参数及控制对象文字符号举例，如表 14-1 所示；热控设备功能的文字符号举例，如表 14-2 所示。

表 14-1　　　　　　　**热工参数及控制对象的文字符号**

序号	名称	符号	序号	名称	符号	序号	名称	符号
1	温度	T	4	物位	H	7	热膨胀	RP
2	压力	P	5	电动门	F	8	转数	N
3	流量	G	6	执行器	Z	9	振动	ZD

表 14 - 2　　　　　　　　　　热控设备功能的文字符号

序号	名称	符号	序号	名称	符号	序号	名称	符号
1	信号	Y	4	调节	T	7	保护连锁	L
2	转换	ZH	5	指示	Z	8	程控	CK
3	选线	XK	6	记录	J	9	切换开关	K

二、电气原理接线图

电气原理接线图是以电气展开图的形式，把测量控制设备分割成单个的组成元件后（如继电器线圈触点），按动作顺序进行排列，表示出系统中各元件在功能上的相互关系，反映控制系统的工作原理。

看电气原理图应按照下列原则：

（1）先找主回路，再找控制回路，并分开交、直流回路。

（2）自上而下，从左到右的方法。

（3）图中文字符号相同的部件属于同一个电气设备。

（4）图中所表示的元件工作状态是各个电器没有带电时的状态，即继电器、接触器是表示线圈未通电时的触点状态，对于按钮和行程开关则是处于未按下和未接触上的状态。

三、安装接线图

安装接线图是用来指导安装接线的施工图，图中表示了控制设备之间的线路联系及设备在现场的安装位置等。

提示　本章内容适用于中级人员。

第十四章　程控保护的基础知识

第十五章

锅炉设备的保护和连锁

第一节　炉膛安全监控系统保护

锅炉是火力发电厂的主要设备之一。燃料在炉膛里燃烧，进行能量转换，如果风、燃料及系统参数配合不当，就有可能造成燃烧不稳或灭火。炉膛灭火后，如果发生误操作，就可能发生爆炸而造成严重的设备损害事故。因此，安装炉膛安全监控系统，是防止因易燃物积存和误操作而造成锅炉事故的重要措施。

锅炉设备包括锅炉本体及其辅助设备，如给水泵、风机和制粉设备等。锅炉设备的保护随其容量、参数、运行方式和热力系统不同而有很大差异，一般设有主蒸汽压力、汽包水位、炉膛安全、再热气温高、减负荷，紧急停炉、给水泵连锁、炉、机、电大连锁等保护措施。

其中，对炉膛及系统进行保护的设备称为炉膛安全监控系统（FSSS），或称安全监控装置。

一、炉膛安全监控系统的主要功能

对炉膛安全监控系统功能的设计，应依据锅炉机组容量的大小和所用的燃料特性而定。

1. 锅炉容量对炉膛安全监控系统的要求

锅炉容量不同，其要求炉膛安全监控系统所应达到的功能也有很大差异，具体设计时，应根据实际情况和有关规定进行。炉膛安全监控系统主要功能大致可归纳为以下五项：

（1）炉膛吹扫。

（2）油枪或油枪组程序控制。

（3）炉膛火焰检测。

（4）磨煤机组程序启停和给煤机、磨煤机保护逻辑。

（5）主燃料调整。

2. 炉膛安全监控系统功能说明

（1）锅炉点火前必须对炉膛进行吹扫。吹扫开始和吹扫过程中必须满足吹扫条件，吹扫条件应根据锅炉容量和制粉系统型式而定。

（2）炉膛灭火保护系统和机电炉大连锁系统宜相互独立，MFT（主燃料跳闸）信号宜软、硬两条通道作用于最后执行对象。

（3）不是因引风机、送风机掉闸引起的 MFT 动作，引、送风机不能跳闸；由于引风机、送风机跳闸引起 MFT 动作后，应延时打开所有引、送风机挡板，并保持全开状态下自然通风不少于 15min。

二、炉膛安全监控系统的信号

（一）炉膛火焰检测

火焰检测装置是 FSSS 系统的关键设备。火焰检测器根据火焰的物理特性对燃烧工况进行检测。当火焰状态不正常或灭火时，可按一定方式给出信号，作为故障报警或 FSSS 的逻辑判断条件。

1. 火焰检测装置的类型

火焰检测装置一般由探头、传输电缆、信号处理装置等组成，三者均有各自相应的类型。常用的火焰检测装置有：

（1）离子式火焰检测装置。

（2）可见光式火焰检测装置。

（3）紫外线式火焰检测装置。

（4）红外线式火焰检测装置。

2. ZHJ - 1 型火焰检测装置

ZHJ - 1 型火焰检测装置是一种按可见光原理检测火焰的装置。炉膛燃料燃烧时辐射出的可见光，具有脉动性，其脉动的频率，根据燃料种类的不同而有很大的变化。燃煤火焰的脉动频率最低，燃油和燃天然气的则比燃煤的要高得多。同时，燃/风比、燃料喷射速度、风速和燃烧器的几何形状等，都会影响火焰的脉动频率和强度。ZHJ - 1 型火焰检测装置，以探测燃烧时辐射的可见光为基础，同时检测火焰的频率和强度。

3. 紫外线式火焰检测装置

该装置采用紫外光光敏元件，其探头前端可以装置防尘镜片，对入射光不作聚焦而直接检测。另外，探头前端可做成气密式结构，通以冷却风，冷却风到达前端后折回，从探头后排入大气，而不进入炉膛。紫外线探头适用于检测燃油火焰。

4. 离子式火焰检测装置

离子式火焰检测装置属于接触型火焰检测装置。工作时，其探头的双金属探针深入火焰区，利用燃料高温气化时产生电离的特性检测火焰。此装置主要用于检测点火时的油火焰，点火结束后应退出运行。

5. IDD－Ⅱ动态红外火焰检测器

(1) IDD－Ⅱ动态红外火焰检测器是美国 FORNEY 公司的专利产品。它由两部分组成：探头单元和放大器单元。探头单元由硫化铅（PbS）、光敏电阻、测量放大电路以及温度补偿电路组成；放大器单元由带自检功能的放大器电路组成。

在锅炉火焰中，初始燃烧区产生的红外辐射由探头接收并经前置放大器放大，然后这个信号通过 HI/LO 响应开关（两种高通滤波器）输入到火焰检测放大器中。该响应开关允许放大器对不同类型燃料的火焰频率特性作出响应。增益调节器将放大的火焰信号与背景火焰信号电平进行比较调节。火焰信号超过背景电平时，说明有火焰存在。

(2) IDD—Ⅱ动态红外火焰检测器主要参数。

1）检测器工作波长范围：$700 \sim 3200 \mu m$。

2）动态频率检测范围：低位：$15 \sim 4000 Hz$；高位：$55 \sim 7500 Hz$。

3）输出响应延时：$0.2 \sim 8s$ 之间可调。

4）检测器视角：$90°$。

5）自检电路：每隔 120s 执行一次自检功能，执行时间 2s。

6）连接线长度由电缆的负载电阻与电容值限定：最大电阻：$4k\Omega$；最大电容：$10\mu F$。

7）检测器工作环境温度：$-17.8 \sim 60℃$。

8）放大器工作环境温度：$50℃$ 以下。

9）最低清扫空气值：1300mm 水柱差压条件下，流量值为 $0.3m^3/min$。

10）供电电源：220V　$50 \pm 5Hz$。

(3) IDD－Ⅱ动态红外火焰检测器的特点。

1）对于探头和放大器工作状态可进行自动检测，采用固态组件和硅半导体元器件，电气性能稳定。

2）宽动态范围使其具备极大的燃料火焰适应能力，调整容易。

3）冷却清扫功能效果良好。

4）具备良好的鉴别能力和可靠性。

5）安装较其他类型检测器容易，粉尘污染的致"盲"性小，不需特殊维修。

IDD－Ⅱ动态红外火焰检测器通过 300 套工业动力锅炉上的实际验证，在可靠性、鉴别能力、抗干扰能力及其冷却吹扫方面，达到了所期望的要求。

（4）IDD – Ⅱ动态红外火焰检测器的原理。

IDD – Ⅱ动态红外火焰检测器采取的是火焰波动检测原理。传感元件是硫化铅（PbS）光敏电阻，光谱响应波长 $700\mu m$ 到 $3200\mu m$，利用红外辐射波动产生阻值变化提取出随火焰变化的电压变化信号，灵敏度峰值是在 $2200\mu m$ 处。

燃煤锅炉中煤粉火焰大约可以分为四段：从一次风口喷射出的第一段是一股暗色的煤粉与一次热风的混合物流；第二段是初始燃烧区，煤粉因受到高温炉气和火焰回流的加热开始燃烧，大量煤粉颗粒爆燃形成亮点流，此段的亮度不是最大，但亮度的变化频率达到最大值；第三段为完全燃烧区，各个煤粉颗粒在与二次风的充分混合下完全燃烧，产生出很大热量，此段的火焰亮度最高而且稳定；第四段为燃烧区，这时的煤粉绝大部分燃烧完毕形成飞灰，少数较大的颗粒继续进行燃烧，最后形成高温炉气流，其亮度和亮度变化频率较低。

IDD – Ⅱ动态红外火焰检测器就是利用初开始燃烧区的火焰亮度和闪烁频率来判断火焰的真实存在。探头输出交流信号通过屏蔽电缆输送到放大器中。炙热的炉壁会产生极强的红外辐射，然而它的亮度变化频率却是很低的，最高值一般也不超过 2Hz。炉壁上的火焰反射光线所产生的频率一般也是这样。由于滤色镜和滤波器的选频作用，使检测器仅对初燃烧区的红外辐射波动响应，对于背景高强度红外辐射不存在有效的影响作用。多燃烧器炉膛中相邻或相对的喷燃器会干扰信号的采集和响应，放大电路中另外设置了灵敏度调整电路，消除干扰信号。

在火焰检测器的前置放大电路中设置延迟电路，阻止窜入的火焰的断续性高亮度冲击，使之在辨别火焰过程中具备一定的延迟作用。但是非特别情况下，一般设置在很短的时间内，即 0.3s 或 0s 的位置。

在视角确定的检测范围内，喷燃器产生的火焰都有可能发生偏离或其他火焰窜入的情况。放大器的时间延迟电路使输出不产生断续的陡状输出，否则会使多检测器系统在锅炉正常运行时产生"亢奋"状态。时间一般在 0～14s 范围内，由经验总结出的标准时间是 4s 左右。

探测器对于火焰的鉴别能力是一项重要指标，包括对任何"短效火焰"和邻近背景火焰的抗干扰能力。鉴别能力目前都是相对的评价，没有严格定量指标。检测敏感中心区的确定、检测器的安装位置、检测器的视角、特性频率和多级滤波器选频点增益的调整，都会影响每一个检测器鉴别能力的强弱，这些取决于实践经验、理论知识及安装水平。

FORNEY 公司目前对于多种类型的火焰信号均进行了记录并且做了分

析，因而所研制的检测器可以对各种燃烧器布置方式以及燃料种类作针对性的响应和拾取。大型燃烧动力装置剧烈的辐射热和高温环境对检测装置的元器件、集成电路影响很大，尤其是红外线敏感元件，环境温度对它的特性影响是严重的。靠元器件的温度特性的提高来解决问题显然是不可能的，所以只能采取人为的温度控制方式来完成。

1）在电路设计中考虑元器件间的温度系数要相互搭配，同时设置温度补偿电路使温度的影响尽量降低。

2）在结构设计中充分采用保护罩结构，探头和放大器材料选取和隔热材料的运用，特别是探头充填环氧树脂，减少温度影响。

3）将探头安装在更为合理的位置上。由于大型燃烧锅炉的风箱一般较深，有些锅炉的喷燃器在运行时是摆动的，因此使用柔性光导纤维把红外辐射传递到风箱以外，再由探头进行接收和信号变换。一般光导纤维不能低损耗地传递红外线而且不耐高温，美国 FORNEY 公司提供了两种型号的红外线光纤管，它是使用高纯度的透红外石英材料加以特殊的涂覆和处理制造的。另外也可采用硫系玻璃体光纤的材料。

4）采取人为冷却的方法保证探头的工作环境温度。这是一种简便可行的方法，由风机将冷却空气从探头的后端吹入，经过探头从前端（锅炉侧）流出进入炉膛。这种方式不仅具有冷却功能，也具备对探头的清扫功能。

6. LY2000 图像火焰检测系统

以下介绍烟台龙源电力技术有限公司生产的 LY2000 图像火焰检测系统。

（1）性能说明。LY2000 火焰检测装置采用光纤传像、燃烧理论、模式识别以及图像处理等先进技术，实现对煤粉燃烧器以及油火焰信号的数字分析，准确发出单燃烧器火焰有无的 ON/OFF 信号，并具有燃烧指导功能。基本功能如下：

1）采用传像光纤和 CCD 摄像机直接观测燃烧器的火焰，提高了火焰检测的直观性、灵敏性、准确性和鉴别能力。

2）运行人员可以直观、清晰地在中央控制室的大屏幕 CRT 上观察每个燃烧器的燃烧状态，及时进行燃烧调整，提高燃烧效率。

3）采用计算机图像处理技术，可向运行人员提供丰富生动的火焰燃烧信息。

4）准确可靠地输出每个燃烧器火焰 ON/OFF 的开关量信号，可以方便地与任一种类型的锅炉安全保护系统相连。

5）采用伪彩色显示煤粉燃烧器火焰的温度场分布，运行人员根据温度场的分布可以判断燃烧状况。

6）能够自动记录24h的火焰图像并且可以按要求回放。这个图像存贮功能不仅有助于事故追忆且用于分析燃烧工况，提高运行水平。

（2）装置构成。图像火检主要由以下七部分组成。

1）火焰图像传感器。由物镜、传像光纤、目镜、彩色 CCD、冷却部分组成。系统为每一个煤粉燃烧器配备一个火焰图像传感器，每一路的视频信号送入控制柜。火焰图像传感器的光纤头部耐温不超过200℃，因此必须对火焰图像传感器头部进行冷却。对每个火焰图像传感器而言，冷却风量应大于 $1.5m^3/min$，风压不小于 $200mmH_2O$。

2）冷却风系统。为了保证火焰图像传感器和可见光火检传感器安全、可靠运行，该设备配备了一套冷却风系统。此系统由两台风机、空气过滤器、转换挡板、差压开关及控制柜组成。

3）视频信号分配器。每一路火焰图像传感器的视频信号需要送往3个部分：监视管理系统、录放系统和层火焰图像检测器。为了提高视频信号的负载能力，采用了视频信号分配器。视频信号分配器包含若干个"一分三"单元电路，将四个"一分三"单元电路组成一个模块，供一层使用，称为视频分配器模块。

4）火焰图像检测器。

5）图像火焰监视管理系统。此系统主要完成单燃烧器火焰图像和全炉膛火焰图像实时真彩色显示、伪彩色显示、燃烧器强度直方图、历史曲线、各燃烧器的状态显示等功能，并且对整套装置进行管理。

火焰图像监视管理系统由视频信号切换器、四画面切割器、彩色图像采集卡、工作站、共享器以及多串口通信模块组成。

①视频信号切换器。在工作站指令的控制下，实现对视频输入信号的按层切换。

②四画面切割器。四画面切割器将四路彩色视频输入信号复合成一路彩色视频信号，送往图像采集卡。通过 RS232 串行接口接受工作站指令，可进行活动画面及冻结当前画面方式切换。能够检测到视频信号丢失并在画面上显示"Loss"或"L"提示信息。监视控制站通过其后面板上的 RS232 接口对其进行远程控制，实现前面板控制按钮的所有功能；同样，操作者可以根据需要通过前面板实现手动操作。

③彩色图像采集卡。彩色图像采集卡是基于微机 PCI 总线结构的彩色图像采集卡，它采用先进的数字解码方式，将标准输入的 PAL 制式、NT-

SC 制式、SECAM 制式的复合彩色图像视频信号和 S – VIDEO 信号数字化，经过解码后转换为适合于图像处理的 RGB – 24BIT 格式的数字信息，然后通过 PCI 总线实时传送到 PC 机系统内存（或视频显示缓冲区），由工作站软件进行处理。采集卡可以接受 CVBS 视频信号或三路 S – VIDEO 视频信号，在 LY2000 系统中，输入视频信号都为 CVBS 信号。

④工作站。工作站由性能优良的工业控制机构成，其主板必须支持主控方式的 PCI 和 ISA 插槽，用来配置图像采集卡和通信卡。

⑤多串口通信模块。采用多串口通信模块为工作站与各层火焰图像检测器、视频信号切换器、四画面切割器之间交换信息提供硬件扩展。其由控制卡与外部模块组成，通过 DB25 到 DB25 电缆线连接，可以扩展 8 个标准 RS232 接口。控制卡安装在工作站插槽内，多串口通信模块的电源由主机通过卡件连接电缆直接提供，不必使用外接电源。

⑥层火焰图像检测器。层火焰图像检测器轮流对四角煤粉燃烧器火焰进行图像处理、识别，最终发出煤火焰有火无火的开关量报警信号。每四个煤粉燃烧器配备一个层火焰图像检测器。

6）火焰图像录放系统。

7）通信模块。

（3）传感器原理及安装。

1）火焰图像传感器工作原理。火焰图像传感器是由前物镜、传像光纤、后物镜、彩色摄像机和冷却部分所组成。前物镜视场角度不小于100°，耐温 200℃。为了防止火焰的高温辐射和烟气中灰焦的磨损，在物镜的前端装备有耐高温、耐磨损的蓝宝石玻璃，可以耐温 1400℃。传像光纤是由一万五千多根可以传递图像的单丝所组成。每根单丝相当于图像中的一个像元，这样就可以把火焰图像聚集到 CCD 摄像机的靶面上。彩色 CCD 摄像机用以将彩色图像转化为视频信号并且通过同轴电缆将视频信号送出。火焰图像传感器插在二次风道中，用来检测单个燃烧器的火焰，传感器用风冷却。

2）火焰图像传感器安装的基本原则。火焰图像传感器必须安装在二次风道内，摆动式燃烧器使用挠性火焰图像传感器，传感器从二次风口处缩回 50mm 而且焊牢在二次风口，与之一起摆动 30°角。焊接时应采用断续焊，防止热变形过大。非摆动式燃烧器使用直杆式火焰图像传感器，传感器缩入二次风口 50mm（在保证安全运行前提下尽量靠近二次风口）。

传感器安装应该使其视角清楚地观测到距离一次风口轴线方向约为

300mm 以外的单个燃烧器火嘴的整个火焰（包括未燃烧区、挥发分燃烧区、着火区、完全燃烧区）。如四角喷燃 300MW 锅炉，传感器光轴和燃烧器火嘴轴线相交点距离二次风口约为 1700mm 左右，200MW 锅炉为 1450mm 左右。

3）火焰图像传感器技术参数。

①冷却风压≥350mmH$_2$O（传感器进口风压）+炉膛压力；

②风量 1.5m^3/min；

③工作电压 12V AC；

④前物镜视角不小于 100°；

⑤耐温 200℃；

⑥传像光纤石英玻璃为 1.5 万根单丝以上；

⑦彩色摄像机 CCD 为 PAL 帧；

⑧信噪比 46dB。

（4）工作站的使用。LY2000 火焰检测装置工作站的主要作用是实现对锅炉内各层燃烧器煤燃烧火焰的实时监视，负责控制和管理视频分配器、四画面分割器和层火焰检测器等设备，接收和显示各层火焰检测器的数据结果。作为人机交互的监测终端直接由工程人员负责操作，提供给现场运行人员清晰的锅炉燃烧器状态和火焰检测信息。

LY2000 火焰检测装置工作站的硬件平台由高性能的工业计算机、彩色图像采集卡、多串口控制卡集成的主机，由视频分配器、四画面分割器、多串口模块等外围设备构成。

（5）层火焰图像检测器的工作原理。从火焰图像传感器中传像光纤送来的火焰图像信号经 CCD 摄像机转化为视频信号，经过视频处理器并且转化为数字化的图像。CPU 负责将数字化的图像信息按照一定的判断体系进行计算，得出燃烧器火焰的 ON/OFF 信号和其他诊断信息。这些信息分别由串行通信方式送至上位机或由开关量输出进入 FSSS，从而实现完全意义上的火检系统。每个层火焰检测器可以同时处理 4 路视频信号，也即可同时监视同层的 4 个燃烧器。

（二）炉膛压力检测

1. 炉膛压力取压装置及取样管路的安装

（1）取样一般要求。

1）取压点的选择。取压点要选在被测介质作直线流动的直接管段上，不能选择在拐弯、分岔、死角或其他能形成旋涡的地方。测量流动介质的压力时，传压管应与介质流动方向垂直。传压管口应与工艺设备管壁平齐，不得有毛刺。测量液体的压力时，取样点应在管道下部，以免传压管内存有气体；测量气体压力时，测点应在水平管道上部。测量低于0.1MPa的压力，选择取样点时，应尽量减少液柱重量引起的误差。

2）传压管路的敷设。传压管的粗细、长短应选取合适。一般内径6～10mm，长3～50m。水平安装的传压管应保持1:10～1:20的倾斜度。不应该有机械应力。

3）压力测量仪表的安装。压力测量仪表应安装在满足规定的使用环境条件和易于观察、维修的地方。仪表在有振动的场所使用时，应加装减振器。在仪表的连接处，应根据被测压力的高低和介质性质，加装适当的垫片。中压及以下可使用石棉垫、聚乙烯垫，高温高压下使用退火紫铜垫。测量有腐蚀性或黏度较大的介质压力时，应加装隔离装置。当测量波动频繁的介质压力时，应加装缓冲器或阻尼器。

（2）一般须开3～4个直径100mm的取压孔。其取样点位置，按炉型由制造厂确定。一般在距离炉顶2～3m处两侧墙和前墙上开孔，每侧开孔应均匀分布。插入的取样管口与内炉墙面平齐并下斜约45°～60°。取样管与墙体接触处应严密不漏风。取样孔四周1.5m内不应有吹灰孔，以免吹灰时干扰炉膛压力的检测值。如果是对已运行过的锅炉开孔，开空标高与原有取压孔一致，且与原取压孔之间的水平距离应大于2m。其他要求与原有取压孔一致。

（3）各取压孔必须单独使用，脉冲管路不得紧贴炉墙或其他热体敷设。

（4）在取压位置与变送器之间可装设缓冲容器（亦称平衡容器），但必须考虑由此引起的传输延时作用。一般情况下缓冲容器的时间常数 t 应不大于2s。另外可采取在缓冲容器与取压装置之间装一缩孔的方法进行延时，容积为38L的缓冲容器配孔径2.4mm的缩孔是最佳的安装组合。

2. 压力保护定值的确定

（1）炉膛压力高、低报警值和保护（MFT动作）定值及延迟时间由锅炉制造厂和电力设计院确定。如属于已运行的锅炉，因无厂家和设计控制指标，则应根据实际情况通过试验确定，并按以下几点作为确定定值的依据：①锅炉正常启动和停运过程中炉膛压力波动的幅值；②炉膛强度；③实际灭火试验所得的炉膛压力数值。

（2）炉膛压力的越限报警值，应适当大于锅炉正常启、停时的最大压力值。

（3）保护动作值的确定，首先应考虑能保障人身和设备安全，但又不可过于保守，以致造成不必要的频繁保护动作。所以，炉膛负压保护动作值，可考虑选用锅炉额定负荷情况下，火焰消失时的最大负压值的50%。

（4）炉膛压力保护动作值应低于炉膛强度设计值。随着锅炉服役年限的延长，尤其是对曾经发生过炉膛爆炸事故的锅炉，其炉膛强度必然有所下降，因此在确定炉膛压力保护定值时，必须充分考虑这些因素。

（5）锅炉在正常操作或异常工况下，炉膛可能产生瞬时的压力波动。为了抑制由此而造成的报警或保护动作，可在系统内适当增加阻尼环节。

（6）炉膛压力保护动作值及动作延迟时间的确定，必须经总工程师批准后方可在运行中实施。

（7）压力信号应选用"三取二"逻辑运算信号。

3. 开关量压力变送器

（1）炉膛安全保护系统的正、负压开关，必须选购质量可靠、性能满足实际要求的开关量变送器。

（2）关于压力（包括微压、负压）变送器的工作原理，可参阅有关内容。

三、炉膛安全监控系统（FSSS）系统工作原理和组态设计介绍

FSSS（furnace safeguard supervisory system）称为锅炉炉膛安全监控系统，又称为燃烧器控制系统/燃烧器管理系统 BMS（burner manage system）或燃料燃烧安全系统。它的主要功能是在锅炉启动和运行的各个阶段，防止炉膛的任何部位积聚燃料和空气的混合物，防止锅炉发生爆燃而损坏设备，并能对锅炉各类燃烧器的投入、切除自动控制，同时对燃烧系统的运行工况连续监视，对异常工况作出快速反应及处理。国产锅炉过去很少考虑炉膛安全保护的问题，在锅炉启动和运行中常发生炉膛灭火而引起炉膛爆炸事故。其主要原因是锅炉中缺少防爆设备条件——连锁、报警和跳闸保护。因此，大容量锅炉设置炉膛安全监控系统是极为重要的。本部分介绍以炉膛安全监视控制系统工作原理为例介绍 FSSS 系统的组态设计过程。

（一）FSSS 系统的必要性

大容量锅炉需要控制的燃烧设备数量比较多，有点火装置、油燃烧器、煤粉燃烧器，还有辅助风（二次风）挡板等。燃烧器的操作过程也比较复杂，点火油枪的投入操作包括点火油枪推进、开雾化蒸汽（或雾

化空气）阀、开进油阀等，停用操作包括关进油阀、油枪吹扫、油枪退出等。煤粉燃烧器的投入操作包括开磨煤机出口挡板、开热风门、暖磨、磨煤机启动、给煤机启动等；煤粉燃烧器的停用操作包括停给煤机、关热风门、停磨煤机、磨煤机吹扫等。对一般不能伸进和退出的点火装置（或点火器）以及燃烧器的火焰检测器等均要有冷却措施，为此还设置了冷却风机（由交、直流电动机拖动，其中直流电动机备用）。由此可见，即使投入和切除一组燃烧器也需要相对多的操作步骤和监视判断的项目。在锅炉启停或发生事故情况下，燃烧器的操作工作更加烦琐。所以大容量锅炉的燃烧器必须采用自动顺序控制。

（二）炉膛安全监控系统基本构成

1. 系统构成

通常一套完整的炉膛安全监控系统（FSSS）可以分为四个部分，即运行人员控制盘、逻辑控制系统、驱动装置及检测敏感元件。

（1）运行人员控制盘。运行人员控制盘包括所有的指令器件（燃烧器点火、熄火操作按钮或控制指令），它们用来操作燃烧设备及所有反馈器件（如燃烧器运行工况指示灯和异常工况的报警指示灯）。反馈器件可用来监视燃烧设备的状态，这些器件通常配置在中央控制室内操作盘上。锅炉启动时的燃烧器点火与停炉时燃烧器的熄火都在该操作盘上进行，根据盘上的信号显示能及时、准确地判断发生故障的设备，便于及时处理。

（2）逻辑控制系统。逻辑控制系统比较复杂，是整个炉膛安全监控系统的核心，该系统根据操作盘（或计算机指令）发出的操作命令和控制对象传出的检测信号进行综合判断和逻辑运算，得到结果后发出控制信号用来操作相应的控制对象（如燃烧系统的燃料阀门、风门挡板等）。逻辑控制对象完成操作动作后，经过检测，再由逻辑控制系统发生返回信号送至操作盘，告知运行人员设备的操作运行状况。

（3）驱动装置——执行机构。驱动装置是指燃烧器系统中各种阀门的驱动机构，如电磁阀、控制阀、油枪和点火油枪伸进和退出的气动（电动）执行机构、给煤机、磨煤机的电动机驱动器、风门挡板驱动装置和风机的电动机的驱动装置等。

（4）检测敏感元件。检测敏感元件包括反映各驱动器位置信息的元件，如限位开关；反映诸如燃料压力、温度、流量和火焰出现与否等各种参数及状态的器件如压力开关、温度开关、流量开关、点火变压器、火焰检测器等。

2. 逻辑控制系统的类型

FSSS 的逻辑控制系统有继电器式、逻辑组件式和以微处理器为中心的计算机式或可编程控制器式等三种类型。

（1）继电器式。逻辑控制系统由继电器组成。

（2）逻辑组件式。用专用固定接线顺序控制器的系统被称为逻辑组件式控制系统，由于这种系统所控制的对象操作规律是固定不变的，所以可对某些功能控制实行固定接线的方式，这样可使装置既简单又可靠，可做成积木式，避免了电磁式控制系统的缺点。但如在运行调试中，发现部分功能设计不能满足使用要求，需要改进时，就必须改动逻辑功能卡或改动逻辑接线（或调换），耗费一定的工作量。

（3）可编程控制器式。微处理器的程控装置具有速度快、可靠性高、控制系统的构成简单、功能强、程序可变等优点。从逻辑结构上看，它分为上位逻辑和下位逻辑，上位逻辑又分公共逻辑和层逻辑，下位逻辑就是具体控制对象（如煤粉燃烧器）的角逻辑回路。每个上位逻辑都有三个CPU，按三取二的原则实现各种功能，下位角逻辑有一个 CPU。采用这种结构，能确保可靠性并且便于在线检修。专门设计的面向控制问题的组态语言，可以方便地修改、设计控制功能。

3. FSSS 系统的结构特点

FSSS 采用分层逻辑结构，控制操作更加灵活。公共逻辑是对全部燃烧器进行监控，实现 MFT（main fuel trip——主燃料跳闸或锅炉紧急停炉）、FCB（fastcutback——快速切除负荷，汽轮发电机全甩负荷）、RB（run back——主要辅机局部故障，自动减负荷）功能的逻辑回路。层逻辑回路则是对层燃烧器进行自动点火、熄火控制和状态监视的回路。角逻辑回路则是对其中一台燃烧器或点火器实现控制的回路。运行中，操作指令（计算机指令或手动控制指令）送至上位逻辑，再由它向各个下位逻辑发指令，对角逻辑回路实现控制。如果上位逻辑发生故障，仍可以通过下位逻辑或现场操作，对燃烧器实现控制，不会影响锅炉运行。如果下位逻辑发生故障，则仅仅影响该逻辑控制的燃烧器运行，其他运行的燃烧器仍能继续运行。

（三）炉膛安全监控系统的基本功能

炉膛安全监控系统的基本功能是确保锅炉安全、经济、稳定地运行，为达到此目的，首要解决炉膛爆燃问题。炉膛爆燃的原因是煤粉在空气中达到一定的浓度范围，遇明火源发生爆炸，致使炉膛受热面及燃烧设备被破坏。因此，炉膛安全监控系统中必须考虑设置具有能避免由于燃料系统故障或运行人员误操作而造成的炉膛爆燃事故的功能。维持连续和稳定的燃烧过程也是锅炉运行中的一个重要问题。单元机组在低负荷或甩负荷工况下，锅炉燃料急剧减少，往往会出现不稳定燃烧工况，故在系统中应考虑在低负荷工况时自动点燃油燃烧器稳定燃烧，以及在汽轮发电机甩负荷时能自动保留锅炉稳定燃烧而不灭火的控制功能。此外，在机组及锅炉发生重大事故或局部故障（辅机部分跳闸限制负荷）时，为了保证安全，往往需要及时地切断全部燃料或缩减燃料，此系统亦应具有这种功能。

炉膛安全监控系统（FSSS）还能根据不同的运行方式，进行燃烧器投切操作及点熄火自动控制，并相应控制燃烧器风门挡板的状态，从而改善锅炉燃烧工况，提高运行性能及经济性。

因此，炉膛安全监控系统的主要功能有：

（1）炉膛清扫。

（2）轻油、重油系统泄漏检查及轻油、重油快关阀控制。

（3）燃烧器火焰检测及全炉膛火焰检测——炉膛灭火保护。

（4）锅炉紧急停炉（MFT）时，燃料的切断控制。

（5）燃烧器的点、熄火自动控制。

（6）风门挡板控制。

（7）现场手动操作。

（8）在电网事故或汽轮发电机跳闸时，锅炉燃料快速减少控制，锅炉维持低负荷运行的控制，实现停机不停炉或带厂用电运行（FCB）。

（9）部分主要辅机故障，自动减负荷（RB）时，燃烧器台数控制。

（四）炉膛清扫工作原理和组态设计

在锅炉点火之前，炉膛要进行吹扫，以清除炉内及烟道内积存的可燃物及可燃气体。这是防止炉膛爆燃的最有效方法之一，清扫时通风容积流量应大于25%额定量，通风时间应不少于5min，以保证炉膛内清扫效果。对于煤粉炉的一次风管道亦应吹扫3～5min，油枪应用蒸汽进行吹扫，以保证一次风管与油枪内无残留下的燃料，保证点火安全。

在进行锅炉点火前的清扫时，应先启动回转式空气预热器，然后顺序启动引风机和送风机各一台，这样可为炉膛吹扫提供足够的风量，并且可以防止点火后出现回转式空气预热器因受热不均匀而发生变形的问题，同时也可以对回转式空气预热器进行吹灰清扫。先启动引风机再启动送风机，这是保证锅炉处于负压状态。如果未装置 FSSS 控制系统，上述操作均由运行人员手动完成。

大型锅炉均设置了 FSSS，启动点火前应保证炉膛内有足够的清扫风量，清扫时自动计时完成清扫规定时间后发出清扫结束信号，解除全系统 MFT 状态记忆（MFT 复置）。炉膛内继续保持清扫时的风量，直至锅炉负荷上升到对应清扫风量的负荷时，再逐步增加风量，保持清扫风量的目的是为了在点火不成功时，能带走炉膛内的燃料，避免炉膛爆燃。当点火不成功时，需要重新点火，点火前必须对炉膛进行重新吹扫。

符合 DLGJ 116—1993《火力发电厂锅炉炉膛安全监控系统设计技术规定》规定的锅炉炉膛吹扫条件如下所述。

（1）一次吹扫允许条件。

1）MFT 条件不存在。

2）至少一台送风机运行且其出口挡板开。

3）至少一台引风机运行且其入口、出口挡板开。

4）至少有一台空气预热器运行。

5）两台一次风机全停。

6）所有火检探头均检测不到火焰。

7）所有油角阀及油母管跳闸阀关闭；油母管调节阀开度小于 5%。

8）所有给煤机停。

9）所有磨煤机停。

10）所有磨煤机出口挡板及一次风关断门关泄漏试验完成。

（2）二次吹扫允许条件。

1）炉膛风量满足在 30% 到 40% 之间。

2）汽包水位正常。

3）二次风/炉膛差压正常。

4）火检冷却风/炉膛差压正常。

5）油母管泄漏试验已经完成。

（五）轻油、重油系统泄漏检查工作原理和组态设计

轻油、重油系统泄漏检查主要是检查轻油、重油快关阀关闭的严密性，确保炉前轻油、重油系统没有泄漏现象。如果炉前电磁阀关闭不严密，在点火之前就会有油泄漏到炉膛内。如快关阀关闭不严，当锅炉发生 MFT 时，则会使油泄漏到炉内，引起爆燃。因此，轻油、重油系统的泄漏检查是保证炉膛点火安全、不产生爆燃的重要措施之一。

泄漏检查方法是先打开快关阀，使炉前油管路充油（炉前的油系统的电磁阀关闭），然后关闭快关阀，经过若干秒（10s），如果油枪入口压力在规定值以上，即为合格（也可以用压力变化差值来检查，快关

关闭前后的压力差值 Δp 小于规定压差，即泄漏检查合格。如果 Δp 大于规定压力差，说明炉前油系统有泄漏）。如果泄漏检查合格允许点火；泄漏检查不合格，说明炉前油系统有泄漏，不准点火，必须待缺陷消除后再行检查，直至合格，才能进行点火。轻油、重油系统泄漏检查一般由 FSSS 自动完成，有的机组由专门操作系统来完成炉膛清扫和泄漏检查。

（六）全炉膛火焰检测——灭火保护工作原理和组态设计

灭火保护的实质是在锅炉灭火时，通过保护切断全部燃料，以确保炉膛安全，它包括启动前的炉膛清扫连锁、全炉膛火焰监视、MFT 连锁。

（1）启动清扫顺序。

锅炉必须经启动清扫顺序才允许点火，否则装置处于 MFT 状态，所有燃料阀不能开启。当炉膛内风量大于 25% 额定风量，燃料全停，炉内无火焰，无掉闸指令以及其他清扫条件满足时，"清扫准备好"灯亮，"可按清扫启动"灯亮，运行人员按下"清扫启动"按钮，"在清扫启动"灯亮，"可按清扫启动"灯灭，清扫启动指令退出。经过 5min 清扫，"清扫完成"灯亮，"正在清扫"灯灭，清扫完成信号送出。复置 MFT 记忆，MFT 灯灭，清扫顺序结束。

清扫顺序结束，锅炉可点火启动，同时应始终保持炉膛风量大于 25% 额定风量，直至锅炉蒸发量大于 25% 最大连续蒸发量。保持炉膛内风量充足可带走未点燃的燃料，同时可满足点火后在低负荷运行时，建议过量空气系数值较大的要求。

（2）全炉膛火焰监视。

全炉膛火焰监视包括两个内容：

1）向运行人员提供全炉膛火焰分布指示信号，使其能直观地判断炉膛火焰燃烧稳定程度，判断是否会出现全炉膛灭火，以便决定采取稳定燃烧或人为停炉措施。

2）装置本身具有判断能力，当炉膛已经不能维持稳定燃烧的火焰，即将出现全炉膛灭火时，将全炉膛灭火信号发给跳闸连锁装置。

炉膛和燃烧器的火焰显示灯应给运行人员以清晰的"有""无"火焰的显示，帮助运行人员判断燃烧工况，以决定其操作。当火焰检测器指示 2/4 有火（四角燃烧），相邻层有"给粉证实"信号时，则该层火焰指示灯亮。当相邻层无"给粉证实"信号时，则该层火焰指示灯灭，该层燃烧器"无火焰"灯亮。当检测器指示层 3/4 无火焰，则该层燃烧器火焰指示灯灭，该层"无火焰"灯亮。

（3）MFT 连锁。

当某些不能保证锅炉正常运行的情况出现时，MFT 连锁应能迅速切断所有燃料，将危急报警信号发至各系统，进行必要的安全操作，显示出跳闸的第一原因，并将此状态（MFT）维持到下次锅炉启动，其解除信号应在下次安全启动允许及炉膛吹扫完成后自动发出——解除 MFT 状态记忆（MFT 复置）。

对于汽包锅炉，锅炉主燃料快速切断（MFT）停炉和连锁，某600MW 超临界机组（直流炉）MFT 条件如下：

1）分离器入口温度高；

2）送风机全部跳闸；

3）引风机全部跳闸；

4）总风量小于 20% MCR；

5）炉膛压力过高；

6）炉膛压力过低；

7）火检冷却风出口母管压力低；

8）给水流量低；

9）一次风机全停；

10）汽轮机跳闸；

11）手动停炉；

12）空气预热器全停；

13）给水泵全部跳闸；

14）失去全部燃料；

15）失去全部火焰。

当锅炉发生 MFT 时，下述设备或装置动作至相应位置：锅炉切断所有燃料，点火油系统的安全截止阀（快关阀）关闭，每个点火器油阀均关闭，给粉机停运，切断点火器电源等。

锅炉清扫完成后，MFT 记忆元件状态为 "0" 输出，MFT 灯灭，锅炉处于运行状态中，当锅炉连锁跳闸、炉膛压力高或低、全炉膛灭火、运行人员手动危急跳闸等，其中任一信号首先出现时，MFT 记忆元件翻转输出 "1"，MFT 出口继电器动作，跳闸原因指示灯亮。

以上逻辑可保证记忆第一动作信号，后续信号不被记忆，也不显示。点亮的第一动作原因指示灯在下次启动清扫指令发出时熄灭，即 MFT 状态持续到下次炉膛清扫完成时为止。MFT 动作不应伴随风机跳闸，以保持风量进行 MFT 跳闸后的清扫，这是十分重要的。如果装置不对风系统实现控制的话，要人为手动或自动增加风量。如果原风量大于25%额定风量，MFT后应逐渐减少至25%额定风量，作为MFT后的吹扫风量，至少持续5min。如果跳闸时，风量低于25%额定风量，那么保持这个风量至少历时5min，并逐渐将风量增加至25%额定风量，以及保持这个数值5min，进行灭火后吹扫。

（4）全炉膛灭火。

1）"层"火焰信号。对于四角布置切圆燃烧的煤粉炉，一般将火焰检测器探头布置于两层煤粉喷嘴中间的二次风口内，以监视上下相邻喷嘴的煤粉火焰，探头的布置方向对准炉膛中心球面。装设于同一层的四个火焰检测器探头发出的信号，送至同一火焰检测器控制机箱。在切圆燃烧炉膛中，当一层燃烧器的两个角有稳定燃烧火焰时，火焰可以将其余两个角的煤粉点燃。因此，当其中两个探头发出"有火焰"信号时，认为本层燃烧器"有"火焰。而当一层燃烧器中，其中三个探头发出"无火焰"信号时，则认为本层燃烧器"无"火焰。

2）全炉膛失去火焰。每层火焰信号与相邻层煤粉喷嘴工作情况合为一个煤粉火焰检测层的投票信号，作为全炉膛是否灭火的判断还取决于油层火焰的工况，当油层3/4无火焰时，油层投票灭火，油层2/4有火焰时可以支持全炉膛火焰燃烧，不发出灭火信号。

3）失去燃料MFT。在锅炉点火成功后，无论因何种原因失去全部燃料。再次点火前都必须进行启动清扫程序，这样再次点火才是安全的。如果在锅炉低负荷运行时，煤层尚未工作，而油快关阀跳闸造成的灭火即属于失去燃料MFT。在正常停炉时，各种保护不动作，只有在燃料全停以后，才将装置自动置于MFT状态，保证装置与设备状态一致。锅炉点火过程中，当有一层油燃烧器投运成功时，燃料记忆元件记忆投燃料，当燃料全停时，发出失去燃料MFT信号，5s后燃料记忆元件自动复置，准备下次投燃料记忆。中间储仓式制粉系统在出现失去给粉机电源时，燃料记忆元件的功能尤为重要。

（七）燃烧器的自动点熄火控制工作原理和组态设计

对于煤粉锅炉在启动或低负荷运行时，往往要投油燃烧器，以帮助点火启动、助燃和稳定煤粉燃烧，一般油燃烧器有以下几个功能：

（1）作为从锅炉启动到带20%左右锅炉最大连续蒸发量的主要燃料。

（2）当锅炉主要辅机发生局部故障、机组自动减负荷运行（RB）、机组发生全甩负荷时停机不停炉、电网故障、主开关跳闸时机组带厂用电运行时，油燃烧器起稳定燃烧、维持低负荷运行的作用。

（3）点燃煤粉燃烧器。煤粉着火需要一定的能量，投用一定数量的油燃烧器，使锅炉达到20%锅炉最大连续蒸发量以上（炉内具有一定的热负荷），可以保证煤粉稳定着火燃烧。

1. 点火方式

目前大容量锅炉的点火方式大致有以下几种：

（1）采用高能点火装置直接点燃轻油燃烧器，轻油作为启动到20%锅炉最大连续蒸发量的燃料，也可以作为低负荷助燃使用。每一只主燃烧器相应配置一只高能点火装置（或称高能点火器），而煤粉燃烧器不设置点火装置，它是由油燃烧器产生能量进行点燃。这种点火方式也称为二级点火方式，高能点火装置点燃轻油燃烧器，轻油燃烧器点燃煤粉燃烧器。

（2）每一只主燃烧器（包括重油和煤粉燃烧器）侧面均设置小容量的轻油点火器（涡流板式点火器），点火器的轻油是由电火花来点燃的。轻油点火器的火焰以一定角度与主燃烧器喷射轴线相交，能可靠地点燃主燃料（重油或煤粉）。轻油点火器能简便迅速地投入，点火性能可靠，并能产生足够的能量使主燃料点燃。点燃煤粉燃烧器时轻油点火器的点火能量应大一些。在投运重油燃烧器或煤粉燃烧器时，要求先投运相应的轻油点火器；在停运重油或煤粉燃烧器时，也要求先投运相应的轻油点火器，以燃尽残油或剩余的煤粉。

（3）相邻的煤粉燃烧器间设置重油燃烧器，其点火顺序为电火花点燃轻油点火器，再由轻油点火器点燃其相应的重油燃烧器，由重油燃烧器点燃煤粉燃烧器，煤粉着火能量是由重油燃烧器提供的，这种点火方式也称为三级点火方式。

2. 轻油点火器（或轻油助燃油燃烧器）点熄火控制

点火器分为引燃、燃烧及火焰检测三部分，主要由点火电板、油枪、检测器套管、涡流板、喷嘴及点火风口接管等组成。点火器的燃料有气体和液体燃料两种，气体燃料有天然气、油田气等，而液体燃料一般为轻柴油。国内大型煤粉锅炉的点火装置多采用电气引燃装置，电火花装置的点火能量大，火花瞬间发出白炽光具有强大的辐射能，足以点燃经过空气雾化的轻柴油。

涡流板式点火器安装在主燃烧器的侧面，点火器火焰与主燃烧器喷出燃料的轴线成斜交，点火器的喇叭口内有三块导向板分别支撑着三根导向管，空气在涡流板下方形成涡流，使燃料和空气能充分混合，混合后气体流速减小，有效地防止点火能量的逸散。

点火前，点火器应具备下列条件：轻油系统油压为规定值；气源压力达到规定值；电动三联阀处于关闭位置，点火风管与炉膛之间的差压在规定范围内。电动三联阀是三个互相机械连锁的阀门，即油枪电磁阀、油枪雾化生气阀和吹扫阀。它有两个状态：关闭与开启状态。在开启状态时，电磁阀、雾化阀处于开启位置，而吹扫阀处于关闭位置。当点火器点火时，应先投点火装置（电火花），然后开启电动三联阀，即电磁阀、雾化生气阀开启，吹扫阀关闭，点火油经三联阀流入油枪中心管，而空气经三联阀流入油枪外管，油与空气在油枪头部混合雾化，并从雾化嘴的扁缝中喷出，形成油与空气的混合物。轻油点火器的点火燃烧用空气从点火风机进入点火器上下两端的接口管，经过涡流板后与雾化的油—空气混合物逐渐混合。在三联阀开启的同时，发火装置开始连续打火发出电火花，油雾在点火器的喷嘴处被电火花点燃，然后喷出进入炉膛，形成稳定的火焰，点燃相应的主燃烧器，当主燃烧器稳定燃烧后，可以关闭电动三联阀，停运点火器（当然也可以继续运行），这时三联阀处于关闭状态，即电磁阀、雾化空气阀关闭，而吹扫阀开启，停止向点火器油枪进油和雾化空气，进行油枪吹扫，将油枪内残油吹净。

当点火器处于停运状态时，电动三联阀发出"全关"信号，火焰检测器"无"火。当点火器控制回路发出点火指令（计算机点火指令或手动点火指令）后，RS触发器置位到点火状态，点火装置开始打火，发出电火花，开启三联阀，喷出轻油点火。如果三联阀已大于规定开度，火焰检测器检测到火焰信号，并有足够的轻油流量，则表示点火器点火成功。停止发火装置打火，控制盘上红灯亮（红灯表示点火器投运），同时给点火器控制回路以返回信号。如果10s内，点火未获成功（三联阀未开足、检测不到火焰信号或轻油流量不足），则点火器因点火失败而脱扣，停止打火，关闭三联阀，并将RS触发器复置到熄火状态。如果控制回路接到点火器熄火指令，其控制回路动作与上述相类似。

有的机组用高能点火器HEA直接点燃轻油燃烧器，高能点火器与轻油燃烧器都装置在二次风口内，并且可以同时进退。轻油枪与高能点火器HEA按下列顺序进行点火动作：

（1）轻油枪与HEA火花塞（棒）推进到点火位置。

（2）当证实轻油枪与HEA到位后，三通阀开启，在三通阀从全关至全开，经过吹扫位置的瞬间，HEA变压器电源接通，HEA开始打火，发出电火花。

（3）三通阀至全开位置后，轻油进入油枪，在点火的周期内，高能点火器 HEA 以一定频率发出电火花，点燃轻油。

（4）在点火周期结束时，HEA 火花塞变压器断电，同时 HEA 自动缩回（在轻油枪上，作相对位移）。

（5）当火焰检测器证明轻油枪火焰存在，三通阀被证实确已开启，表示该轻油枪点火成功。

（6）如火焰检测器发出"无"火焰信号，点火失败，则三通阀立即切断（关闭），停止油进入油枪，并且进行油枪吹扫。

当控制回路发出"进轻油燃烧器指令"的同时，不存在轻油燃烧器角跳闸指令及油阀关闭指令，则油枪与 HEA 进退装置执行推进指令。当推进到位，满足下列条件：

1）无轻油燃烧器层跳闸指令存在；

2）无轻油燃烧器层点火不成功指令存在；

3）无轻油燃烧器吹扫请求指令存在；

4）无开轻油燃烧器吹扫阀指令存在。

则轻油燃烧器三通阀由全关位置进入点火状态，从全关位置进入点火位置的中途经过吹扫位置的瞬间，HEA 变压器接通电源。30s 点火试验时间开始，油进入炉膛开始进行点火。经过 30s，HEA 信号失去，自动缩回，HEA 变压器电源自动断开。此时火焰检测器检测点火是否成功，如"有"火焰，则保持油阀继续开启，点火启动成功，油燃烧器投入运行；如"无"火焰，则意味着点火失败，关闭轻油阀，切断油路，并进行油枪吹扫，然后油枪与 HEA 退至起始位置。

3. 重油燃烧器的点熄火控制

重油燃烧器点火的前提条件是相应点火器"点火成功"。当重油燃烧器的其他点火条件具备时（即重油燃烧器"点火许可"），此时可对重油燃烧器进行点火。重油燃烧器点火时，将重油燃烧器自动推进到位（采用气缸或电气式进退机构），开启进油电磁阀、蒸汽雾化阀（Y 型油喷嘴），重油喷入炉内与点火器火焰相遇点燃，点火成功。重油燃烧器进入点燃状态时，通过时间继电器延时若干秒（为重油燃烧器允许点火时间），发出"重油燃烧器点火时间完"的信号，该指令送入点火器的熄火程序，点火器自动熄火。当点火时间结束而重油燃烧器火焰检测装置仍显示无火焰，则发出"重油燃烧器点火失败"的报警信号，重油燃烧器和点火器恢复到原起始状态，必须重新进行点火操作或重发点火指令。

重油燃烧器"熄火指令"是由运行人员发出，或由计算机发出指令，

第十五章 锅炉设备的保护和连锁

或由连锁保护动作（如紧急停炉、灭火保护动作、燃烧器检测"无"火焰等）发出的。指令发出后，重油燃烧器执行熄火程序。重油燃烧器熄火时，点火器一般处于熄灭状态，为保证炉膛安全应由运行人员通过控制盘发出点火器点火指令或由顺控系统自动发出点火指令，使相应的点火器投入，将重油燃烧器吹扫出来的残油燃尽。熄火程序包括关闭进油电磁阀、切断油路、关闭蒸汽雾化阀、开启吹扫阀，将油枪内残油吹扫干净。吹扫（一般需3min）后关闭吹扫阀，熄灭点火器，重油燃烧器自动从工作位置上退回，熄火程序结束。

4. 点火许可条件的自动确认

点火器和燃烧器都有各自的点火条件，锅炉燃烧器自动控制系统可以自动确认条件信号，在满足点火条件时发出"点火指令"，同时向运行人员发出灯光信号，指示可否点火或熄火。

重油、煤粉燃烧器分别由轻油点火器点燃。其"点火条件"的部分说明如下：

（1）由于重油、煤粉燃烧器是由轻油点火器点燃的，所以轻油点火器点火许可是各主燃烧器点火所必需的条件。

（2）点火器点火时，要保证炉内有一定空气压力和流量，防止风量过大会吹熄火焰，而风量过小也会使点火发生困难。如果已有一层以上燃烧器运行，炉内已有一定风量，则点火风量条件就不再受限制。

（3）油压和雾化蒸汽（或空气）的压力要正常，这是为了保证油的雾化质量，保证着火条件和经济燃烧。

（4）有的锅炉采用摆动燃烧器来调节再热汽温。在锅炉点火初期投运重油燃烧器时，要求煤粉喷嘴放在水平位置，这是为了保证煤粉稳定着火燃烧。但当有一层煤粉燃烧器运行时，可不受此条件限制。

（5）为防止炉膛压力波动过大，在任意一层燃烧器正在点火过程中，不允许其他层燃烧器同时点火。

（6）中速磨煤机装设有石子煤箱，磨煤机排出的煤矸石、铁块等均落入石子煤箱，因此磨煤机启动前必须将石子煤箱的进口门开启。

（7）所谓"磨煤机点火能量充分"是指汽包压力大于规定值，空气预热器进口烟温大于规定值。汽包压力大于规定值表明锅炉达到一定的蒸发量，炉内热负荷达到一定值，满足煤粉着火条件。空气预热器进口烟温达到一定值，即与空气预热器出口热风温度达到一定值的条件类似，具有相同的意义，它可以保证煤的干燥和煤粉着火的条件。

5. 煤粉燃烧器的点熄火控制

燃烧器自动点熄火控制功能是 FSSS 基本功能之一，它只需按动设在控制盘上的"点火""熄火"操作按钮或者由计算机发出"点火"或"熄火"指令，就能对燃烧器、点火器的点火或熄火操作的全过程进行自动顺序控制。

各项操作在规定时间内是否完成，由计时器监督，如在规定时间内没有完成，就发出点火失败（或熄火失败）警报，告知运行人员，同时控制系统自动转向安全操作。

燃烧器点熄火控制系统是逻辑顺序控制系统，由于燃烧设备的操作内容多，所以应按系统分层控制的原则，将整个系统分解为若干个基本控制回路。每个回路使用逻辑元件设备，模仿人的逻辑思维过程（操作过程），自动按操作顺序进行操作。顺序控制的逻辑都是由"或""与""非""延时""记忆"等逻辑元件组成。

（八）风门挡板控制工作原理和组态设计

二次风的总流量是由燃烧调节系统根据总燃料量进行调节的。FSSS 系统根据燃烧器投入或切除状况，自动开启或关闭各风门挡板，并根据燃料量进行比例控制、差压控制，以获得最佳燃烧工况。

二次风挡板（辅助风挡板）是由风箱一次风炉膛差压（比例调节）进行控制的，差压的设定值随锅炉负荷（即主蒸汽流量）大小而改变。如果二次风口内有点火油枪，当油枪投运时，该层的二次风挡板开度按油压（油量）大小进行比例控制；在油枪停运时，仍为差压控制。当煤粉燃烧器设置有周界风（又称燃料风）时，燃料风挡板开度按给粉机转速或给煤机转速（煤量大小）进行比例控制。对于三次风挡板，一般采用手动控制方式。

锅炉在不同运行工况下，FSSS 根据预先设定的各风门挡板的状态进行控制。如炉膛清扫时，二次风挡板开启，其开度按风箱——炉膛差压进行控制，燃料风挡板关闭。MFT 紧急停炉时，所有风门挡板均开启。

（九）事故状态下燃烧器的切投控制工作原理和组态设计

当发生电力系统事故而使主开关跳闸时，汽轮发电机应实现无负荷运行或带厂用电运行；当汽轮发电机故障跳闸，机组应实现停机不停炉的运行方式，即具有 FCB（FastCutBack）功能，维持锅炉最低负荷运行，蒸汽经汽轮机旁路系统进入凝汽器。待事故原因消除后，机组可以进行热态启动，从而可迅速并网发电。锅炉在低负荷运行时，要切除部分煤粉燃烧器，为稳定炉内煤粉燃烧，还要投运部分点火油枪。当发生 FCB 时，哪些煤粉燃烧器应保留，哪些煤粉燃烧器应切除，投运哪些油枪助燃，按原来燃烧器运行工况进行预先设定的切投工况，并应由 FSSS 自动完成投切燃烧器的工作。

锅炉主要辅机发生故障时，机组也紧急降至运行辅机所能允许的负荷（R.B）运行。这时锅炉也应切除部分燃烧器，按炉内稳定燃烧要求，决定是否要投油枪助燃等。当发生 R.B 时，机组协调控制系统快速选择维持运行辅机所能允许的相应负荷，机组运行方式切换到汽机跟踪负荷不可调的运行方式。FSSS 自动选择最佳燃烧器运行层数，并快速切除部分煤粉燃烧器，并根据炉内燃烧稳定要求，决定是否要投运部分油枪助燃。

对于 R.B 工况，送风机一台脱扣、引风机一台脱扣或汽动给水泵一台脱扣（电动泵自启动失败），均为 50% RB。当送风机脱扣引起的 50% RB，燃料缩减速度要求快些，同时快速停运磨煤机（中速磨直吹式系统）或停运给粉机（中间储仓式制粉系统）；如由汽动给水泵引起的 50% RB，则不需快速停运磨煤机，而可先停给煤机（中速磨直吹式制粉系统），即按正常停运制粉系统操作进行。

第二节　锅炉安全门保护系统

锅炉安全门是锅炉主蒸汽压力高保护的重要装置。任何形式的锅炉均应有安全门保护装置，当运行中发生主蒸汽超压情况时，安全门自动打开，对空排汽，以防止设备损坏。

对于大型锅炉，当汽包安全门动作后，大量蒸汽会从安全门排出，将使过热器的蒸汽流量突然大量减少，因而使过热器得不到足够的冷却，就会有烧坏的危险。同理，再热器亦应装设安全门。

因此，锅炉安全门保护包括汽包、过热器、再热器三个内容，下面只介绍其中的一种，因为同一锅炉的三种安全门一般都采用相同的系统。

锅炉安全门的数量和规定的动作值均由锅炉制造厂提供，常用的有机械式安全门、气动安全门、脉冲式电磁安全门等。下面介绍脉冲式电磁安全门的动作情况。

1. 脉冲式电磁安全门的结构

脉冲式电磁安全门由脉冲门（又称控制安全门）和主安全门组成。脉冲门接受压力信号，控制主安全门动作。常用的脉冲门有重锤杠杆式和弹簧式两种，我们只以重锤杠杆式为例进行说明。其结构示意图如

图 15 – 1 所示。

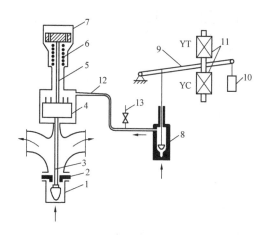

图 15 – 1　脉冲式电磁安全门示意图
1—主安全门；2—门座；3—门杆；4—伺服机活塞；5—活塞杆；
6—压缩弹簧；7—缓冲器；8—脉冲门门芯；9—杠杆；10—重锤；
11—电磁线圈；12—脉冲管路；13—支汽管路

　　由图 15 – 1 可以看出，在锅炉气压正常时，重锤 10 的重力通过杠杆 9
使脉冲门门芯 8 向下而关闭脉冲门。为使脉冲门关闭得更严密，此时关闭
线圈通电，产生一个向下的附加力并作用于门芯上。这时主安全门由于压
缩弹簧 6 和蒸汽压力的双重作用，其门芯会紧紧压在门座 2 上而被严密
关闭。

　　2. 脉冲式电磁安全门的工作原理

　　图 15 – 2 是脉冲式电磁安全门的控制原理框图，图 15 – 3 是脉冲式电
磁安全门的控制线路图。

　　图 15 – 2 中所示 "汽压高" "汽压低" 是指电接点压力表（压力继电
器）来的接点，"保护开关" 是指切投开关，"安全门启座" "安全门回
座" 指的是相应的电磁铁动作。

　　脉冲式电磁安全门的控制线路，是指对脉冲门的控制线路。在
图 15 – 3 中，SA 是控制开关，即图 15 – 2 中的 "保护开关"，K 为压力
继电器，KM1 和 KM2 分别为打开和关闭接触器，YT 和 YC 分别为打开和
关闭的电磁线圈。

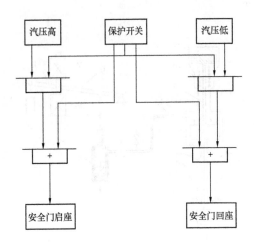

图 15-2 脉冲式电磁安全门的控制原理框图

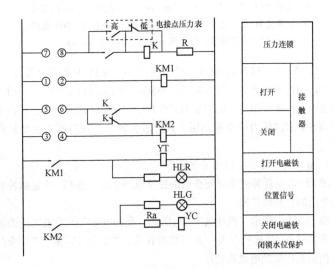

图 15-3 脉冲式电磁安全门的控制线路图

当 SA 在自动位置时，接点⑤⑥、⑦⑧分别接通，压力继电器 K 的常闭触点和关闭接触器的线圈通电（即 KM2 带电），因而它的常开触点

KM2 闭合。因 KM2 接点闭合，所以关闭电磁线圈 YC 通电（R 是限流电阻），同时关闭信号灯 HLG 亮。

当锅炉主蒸汽压力超过允许值时，压力继电器动作，其压力高常开触点闭合，压力低常开接点断开，压力连锁继电器 K 的工作线圈通电，它的两对常开触点闭合。其中一对用作自保持，另一对使打开接触器的线圈通电（即 KM1 带电）。KM1 的常开触点闭合，因而使打开电磁线圈 YT 通电。参照图 15-1，因 YT 带电，因而产生一个向上的附加力，再加上主蒸汽压力对脉冲门门芯的向上的作用力，使脉冲门打开。于是，蒸汽通过脉冲管路 12 进入伺服机活塞 4 的上部，对活塞产生一个向下的作用力，使主安全门打开，对空排汽。在图 15-3 中，KM1 的常开触点闭合，信号灯 HLR 亮。此外，因继电器 K 的常闭触点已断开，所以 KM2 的线圈断电，关闭电磁线圈也断电，信号灯 HLG 熄灭，同时接触器 KM1 的另一对触点接通时，可向水位保护系统发出闭锁信号。

如需手动操作，可使用控制开关 SA。当 SA 扳向打开位置时，触点①②接通，打开接触器 KM1 的线圈通电，使安全门打开；若将 SA 扳向关闭的位置，触点③④接通，关闭接触器 KM2 的线圈通电，关闭安全门。

3. 脉冲式电磁安全门的调整试验

因为压力保护是锅炉的主要保护，所以无论是汽包安全门、过热器安全门还是再热蒸汽安全门，都是双重保护的（容量比较小的再热机组，锅炉的再热器安全门只装机械式安全门），即都装机械式安全门和脉冲式电磁安全门。其中，机械式安全门为第一级保护，脉冲式电磁安全门为第二级保护。两级保护的动作值均由锅炉制造厂规定。安全门调整试验时，首先应试机械式安全门，在其试验合格后再试脉冲式电磁安全门。

脉冲式电磁安全门调整试验的内容如下：

（1）检修后的通电试验。手动操作控制开关 SA 至开的位置时，HLR（红灯）亮，安全门应打开；手动操作 SA 至关的位置时，HLG（绿灯）亮安全门应关闭。然后，短接电接点压力表（或压力继电器）开触点，红灯亮，安全门应打开；放开电接点压力表的短路线，绿灯亮，安全门应关闭。手动操作完毕后，将控制开关置于自动位置。然后由运行人员操作，将蒸汽压力升至安全门的动作值（一般此时机械式安全门已先动作），安全门应准确灵活地动作。当汽压下降偏离动作值时，安全门应能自动回座。

（2）定期试验。定期试验应由锅炉车间或锅炉运行的领导单位主持，一般每月一次。试验时，热工人员参加，由运行人员负责将安全门控制开关 SA 置于自动位置，然后由运行人员进行操作，使锅炉实际升压，如达到机械式安全门的定值时，机械式安全门准确动作，应立即由运行人员用控制开关 SA 关闭安全门，这时绿灯亮，安全门关闭，证明脉冲式电磁安全门关回路正确。如机械式安全门未动作而蒸气压力已达到脉冲式电磁安全门的定值时，该门也应正确动作，对空排汽。当压力降至动作值以下时，安全门应自动回座。

第三节 锅炉侧重要辅机保护和连锁

随着机组容量的增大，重要辅机的保护日臻完善。

一、磨煤机的保护项目

（1）MFT 动作。

（2）两台一次风机全停。

（3）磨煤机电动机轴承温度 >80℃。

（4）磨煤机油箱油温温度 >70℃。

（5）磨煤机推力轴承油槽温度 >70℃。

（6）磨煤机分离器出口温度 ≥120℃。

（7）磨煤机密封风与一次风差压低。

（8）磨煤机运行时，磨煤机出口门关闭。

（9）磨润滑油泵均停或供油压力低低。

（10）磨煤机液压油站变加载时加载压力低跳闸。

（11）磨组运行时，对应煤层燃烧器 3/4 火检无火。

（12）磨煤机运行，给煤机停止。

二、送风机的保护项目

（1）送风机电机轴承温度 ≥100℃。

（2）送风机驱动端轴承温度 ≥110℃。

（3）送风机中间轴承温度 ≥110℃。

（4）送风机非驱动端轴承温度 ≥110℃。

（5）送风机油站异常。

（6）送风机运行 60s 后出口门关。

（7）空气预热器停止状态。

（8）引风机跳闸。

（9）两台引风机均停运。

（10）MFT 动作后，炉膛压力高三值。

（11）两台空气预热器均跳闸。

三、引风机的保护项目

（1）炉膛压力低三值保护。

（2）温度高保护。

（3）送风机停止保护。

（4）油站油泵停止保护。

（5）电机油站油泵停止保护。

（6）空气预热器停止运行保护。

（7）出口风门全关。

（8）入口风门全关。

（9）空气预热器全停保护。

（10）润滑油压力低保护。

四、一次风机的保护项目

（1）一次风机电机轴承温度≥90℃。

（2）一次风机轴承温度≥80℃。

（3）两台送风机均停止。

（4）一次风机运行60s后出口电动门关。

（5）空气预热器停止状态。

（6）锅炉MFT。

（7）一次风机运行60s后，空气预热器的热一次风挡板、一次风联络挡板关闭。

提示 本章内容适用于中级人员。

第十六章

汽轮机设备的保护和连锁

第一节 汽轮机主保护系统

当汽轮机组发生故障危及机组的安全运行时，或锅炉、发电机发生故障需要汽轮机跳闸时，保护系统应能自动迅速地使汽轮机跳闸。汽轮机保护系统由监视保护装置和液压系统组成。当汽轮机超速、真空低、轴向位移大、振动大、润滑油压低等监视保护装置动作时，电磁阀动作，快速泄放高压动力油，使高、中压主汽门和调节汽门迅速关闭，紧急停止汽轮机运行，达到保护汽轮机组的目的。另外，还有汽轮机进水保护、高压加热器保护和旁路保护等自动保护系统，以保证汽轮机组的正常启停和安全运行。

汽轮机热工保护随机组的参数、容量、系统配置及运行方式而有很大差异，这是因为保护的设置必须考虑紧急停机、甩负荷、低负荷等几个方面的要求。紧急停机保护是汽轮发电机组在运行中因某一部分设备故障并将危及机组安全运行时，为防止设备损坏和人身事故而设置的，该类保护动作后应迅速停机，故称主要保护。机组紧急停机保护有如下内容：

（1）远方手动停机。

（2）汽轮机超速保护。

（3）润滑油压低保护。

（4）汽轮机真空低保护。

（5）汽轮机转子轴向位移保护。

（6）汽轮机汽缸与转子膨胀差保护。

（7）支持轴承或推力轴承温度高保护。

（8）振动保护。

（9）背压保护。

（10）汽轮机高压缸排汽温度高保护。

（11）发电机内部故障。

（12）汽包水位高保护。

以下就已发展和普遍应用的几种项目做一些介绍。

一、汽轮机超速保护

汽轮机转动部件的强度是根据额定转速、参数等条件设计的。机组运行中若转速超过设计规定的极限，就会造成严重的事故，如转动部件断裂、叶轮松动、动静部件碰撞损坏和机组产生强烈振动等，严重时甚至会造成飞车事故。

汽轮机运行必须维持在额定转速上，这是电网对发电质量的要求，同时也是汽轮机本身安全、经济运行的要求。一般不允许超过额定转速（3000r/min）的10% ~ 12%，最大不得超过15%，具体允许超速值由制造厂家以文字说明的正式文件提供，各火力发电厂不得任意修改。

为了防止汽轮机超速而造成严重事故，各类汽轮机都设置了双套保护装置，即汽轮机制造厂必须配备可靠的危急保安器（又称危急遮断器）、超速保护装置和附加超速保护装置。同时，要求在汽轮机投入运行前，必须投入可靠的电超速保护装置。

各型机组都装有汽轮机危急保安器指示装置，用以指示危急保安器是否动作，同时还装有转速记忆装置（机头配备就地指示表和盘上安装转速指示表是必不可少的），用以记忆超速动作时的实际转速。

当汽轮机转速超过允许极限时，保护装置动作，实行紧急停机并发出声光报警信号。

二、汽轮机凝汽器真空低保护

汽轮机凝汽器真空低保护是汽轮机重要保护项目之一，因为汽轮机凝汽器真空下降会产生以下的危害：

（1）汽轮机内热焓降减小，从而使出力降低，同时降低了汽轮机的效率，减小了经济效益。

（2）低压缸内蒸汽的密度增加，使尾部叶片过负荷，造成叶片断裂。

（3）增大了级间反动度，使轴向推力增大，推力轴承过负荷，严重时会使推力轴承钨金熔化。

（4）使排汽温度升高，造成低压缸热膨胀变形，凝汽器铜管应力增大，破坏了铜管与管板结合的严密性；低压缸轴承上抬，破坏了机组的中心，产生较大的振动；还会造成轴承径向间隙的变化，产生摩擦而使设备损坏。

由于汽轮机凝汽器真空下降存在着上述的危害性，所以真空下降到一定值时要实行保护性停机。汽轮机凝汽器真空下降所允许的极限值，由汽轮机制造厂家给定。汽轮机凝汽器真空低保护一般分为两级：当真空下降至某一规定值时发出报警信号，以便采取措施；当真空下降至规定的极限值时，保护动作，实施停机。汽轮机凝汽器真空下降的允许值一般在负67kPa（508mmHg）至负70kPa（540mmHg）范围内，对于不同的机组有不同的数值。

三、汽轮机轴向位移保护

为了提高汽轮机的效率，汽轮机级间的间隙设计得都很小。而汽轮机的轴向间隙是靠转子的推力盘和推力轴承固定的。在启动和运行中，一旦轴向推力过大，就会造成推力轴承磨损，发生转子向前或向后窜动，严重时会发生转子与静子的碰撞，损坏设备，造成重大恶性事故。所以，对汽轮机的轴向位移要进行检测和监视，当轴向位移超出某一规定值时，会发出报警信号。当轴向位移达到危险值时，保护动作，立即自动停机。轴向位移保护的具体规定值应依据制造厂的文件执行。

四、汽轮机轴承润滑油系统保护

为了保证汽轮机轴承不被磨损，必须向汽轮机轴承连续不断地供给合格的润滑油，一旦供油中断，将会使轴瓦磨损甚至烧毁，转子正常的中心被破坏，造成恶性事故，所以汽轮机都装有低压交流润滑油泵和直流事故润滑油泵。汽轮机运行中油压降低时，保护装置动作（依照规定顺序整定油压继电器），自动启动低压交流润滑油泵；如油压仍不能恢复正常，则自动启动直流事故油泵；如油压值继续再降低，则实施跳闸，停止汽轮机运行，并禁止盘车装置启动。

为了确保轴系安全，同时还装设了推力瓦温度、轴承金属温度、轴承回油温度、汽轮机排汽温度、润滑油压、油箱油位等检测仪表及信号装置。

五、汽轮机汽缸与转子膨胀差保护

汽轮机在启动和停止过程中转速的升降较快，在负荷突然升降和参数有较大变化时，由于进汽量变化，汽缸与转子加热情况不同而产生的相对的热膨胀差变化大。胀差增大，严重威胁汽轮机安全，所以200MW及以上机组，都有较完善的相对膨胀监视系统，当膨胀差过大时，除发出报警信号外，还可实现紧急停机。

六、振动保护

汽轮发电机组在启动和运行中都会有一定程度的振动，轴系发生缺陷或运行参数不正常时，振动值会增大。

汽轮机振动值大，严重威胁设备和人身安全，而振动值过大时将使叶片、叶轮等的应力增加，甚至应力超过允许值而使它们损坏。振动大，还会使汽轮机动静部件（如轴封、隔板、汽封）与轴发生摩擦，使螺栓紧固部分松弛。更严重的振动甚至会使轴承、台板、管道及整台机组、厂房建筑物损坏。因此可以说，汽轮发电机振动严重影响着安全、经济运行。要保证机组的安全运行，必须采取有效措施，对汽轮机的振动情况进行监测。当振动值超过规定的允许值时，自动实施停机保护，以确保安全。

七、高压加热器保护

加热器是热力机组不可缺少的回热设备。在高压加热器中，给水的压力很高，用来加热的汽温也很高，所以很容易发生管口泄漏、管子破裂事故，造成其汽侧充满高压水，水还会通过抽汽管进入汽轮机，造成水击事故。为了保证高压加热器安全运行，设置了自动保护装置，当水位过高时，自动切除高压加热器，关闭相应的抽汽止回门及电动门，并同时打开高压加热器旁路门，向锅炉供水。

高压加热器的自动保护方式与其系统密切相关。如每台加热器均有旁路水门，则每台均可以单独设自动保护装置，当保护动作时，该加热器退出工作；如几台加热器共用一旁路水管道，则可以设置公用的自动保护装置，在任何一台加热器水位过高时，保护均动作，使所有加热器同时退出工作。

八、抽汽止回门保护

抽汽止回门是联动保护装置。汽轮机自动主蒸汽门关闭或发电机掉闸后，联动关闭各段抽汽止回门，以防止各段抽汽倒流，造成机组超速或汽轮机进水事故。抽汽止回门是气动活塞阀，接通压缩空气时将弹簧压缩使门开启，切断压缩空气时靠弹簧使门关闭。

随着汽轮机容量的不断增大，主蒸汽参数越来越高，热力系统越来越复杂，为了提高机组的安全、经济性，必须根据具体的机组和系统，逐步完善机组热工保护，不断提高保护设备和系统的准确和可靠性。

九、支持轴承或推力轴承温度高保护

大型机组除了要求在轴承温度或推力轴承温度高时发出预告信号外，还设置了轴承温度高保护（其温度必须是直接测量而不是用回油温度），当轴承温度升高到Ⅱ值时，应紧急停机。

十、背压保护

汽轮机运行中排汽装置的真空情况直接影响机组的经济性和安全性。真空下降使蒸汽在汽轮机内的热焓降减少，从而减少机组的出力，降低机

组的热效率。同时热焓降减少还会增大转子发动度，使轴向推力增加，推力轴承受的负荷加大，严重时使推力瓦块乌金熔化。

所以必须设置凝汽器真空低遮断保护，当真空值低于允许的极限值时，保护动作，实行紧急停机。

十一、汽轮机排汽缸高温保护

汽轮机在启动和甩负荷后的空载运行时，从加热器来的蒸汽温度，将可能使排汽缸的温度升高，严重时，将使汽缸过分膨胀而导致低压转子支持轴承座倾斜，破坏转子和汽缸的同心度，过高的温升还将使胀差上升到危险值，因此，一般对策是在机组的排汽缸内加装喷水减温装置，以控制排汽缸的温升。

喷水保护系统可考虑以下情况：

1）停机、盘车情况下应退出。

2）机组运行时投入自动，即从机组启动并以脱开盘车时至正常运行的全过程。有些机组的喷水保护在主蒸汽门及主蒸汽旁路阀打开时即开始喷水，负荷达到20%额定负荷时停止喷水。

十二、发电机断水保护

水内冷发电机运行中发生断水时，会引起发电机线圈温度升高，严重时将造成发电机损坏事故。发电机断水保护的原理如下：当定子进水母管压力低时，启动备用定子冷却水泵。当转子进水流量低时，且当转子进水压力低时，将断水保护接点送至电气，延时后使电气保护动作，保护发电机组。

十三、发电机内部故障保护

当发电机内部故障保护动作，使发电机掉闸时，为了避免在高速旋转情况下继续存在残余故障电流和引起机械性损伤，应利用发电机内部故障保护的信号同时实行停机保护。

第二节　汽轮机轴系监测保护装置

汽轮发电机组是一个高速旋转的精密系统，而且容量不断增大，参数越来越高，相应的热力系统也越来越复杂，同时，为了提高机组的热经济性，汽轮机的级间间隙、轴封间隙都设计的比较小。如果在汽轮机的启停和运行中操作控制不当，便会发生汽轮机转动部件和静止部件相互摩擦，严重时还会发生叶片损坏、大轴弯曲、推力瓦烧坏等事故，因而不断提高和完善汽轮机的安全监控系统和监控设备是非常必要的。为了保证机组安全启停和正常运行，需对汽轮机组的轴向位移、热膨胀、高中低压缸胀差、转速、轴承振动、轴承盖振动、主轴偏心度等机械参数进行监控。目前我国投产的 200、300、600MW 汽轮发电机组，大多采用了美国本特利公司或德国飞利浦公司的汽轮机监测仪表系统，提高了大型机汽轮机组运行的安全性。本章将简要说明 RSM700 系统及 erpo 系列 MMS6000 系统的工作原理和特点。

一、传感器介绍

1. 转速传感器 PR9376 系列

（1）PR9376 传感器的应用。PR9376 传感器最适合于铁磁体机械部件旋转频率的非接触测量。由于该传感器具有高分辨，内装有快速电子元件，具有很陡的输出脉冲边沿，因此 PR9376 适合测量极高的转速和非常低的转速。此外，该传感器可用于对经过或接近它的机械部件发出报警和开关量信号，或对其进行计数等。

（2）PR9376 传感器的工作原理。PR9376 传感器的前端是一个差动式敏感元件。它由装在一块小永久性磁体上的两个相互串联的磁敏半导体电阻组成。传感器电路中的两个电阻组成一个惠斯顿电桥，控制着后面的有输出短路保护的快速推挽直流放大器，其工作原理见图 16-1。当软磁铁或钢的触发体接近传感器且相互成直角（即传感器探头表面与触发体的边沿成直角）时，它干扰了探头内部的磁场，使电桥失去了平衡并使输出电压变高。这个高电平一直保持到触发体的后边沿经过探头并引起电桥的反向不平衡为止。输出信号是一个边沿很陡的脉冲信号，所以即使在很低地出发频率下，也可以用电容耦合到后面的电子设备。

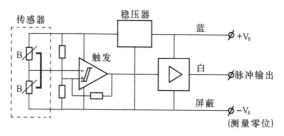

图 16-1 PR9376 传感器工作原理图

（3）技术数据。

1）测量原理。采用差动式磁感应测量原理。

2）触发。不接触式机械触发体。

①触发体的材料：软磁铁或钢。

②触发频率范围：0～20kHz。

③传感器与测量齿盘允许的空气间隙：≤1.5mm。并且在安装传感器上圆点标记必须与测量盘齿轮垂直安装。

④触发体的尺寸限值：标准齿轮模数≥1，渐开线齿形，材料为st37。

3）输出。推挽式输出级具有短路保护。负载可以接至输出与测量点间，也可以接在输出与电源之间。

4）电源。工作电源电压为8～31.2VDC，最大为34V，1s之内无危险。

5）工作温度范围：−30～+100℃。

最大极限工作温度：120℃（30s内不会损坏）。

2. 轴承振动传感器PR9268系列

（1）PR9268传感器的应用。PR9268系列传感器能把频率为10～1000Hz和4～1000Hz或最大1mm或4mm（峰—峰）振幅的绝对振动值转换成为与振动速度成比例的输出信号。传感器具有坚固的结构和防水的外壳，可安装在最不利的环境下。传感器的输出信号相当强，可直接地用于振动仪表、测量仪表或放大器、示波器。

（2）PR9268传感器的工作原理。PR9268系列振动传感器的测量元件是由地震质量块和一个由弹簧片支撑的测量线圈组成的。测量元件可以在一个圆形永久磁铁的磁场中移动。当传感器安装在被测物体上并随其振动时，测量线圈和磁场之间产生相对运动，使测量线圈内产生电压。这种诱导电压的幅值与相对运动成正比，因而也与被测物体的振动速度成正比。

PR9266传感器在永久磁铁上装有附加补偿线圈，在震动质量块上安装有阻尼环和阻尼线圈。附加补偿线圈绕在磁通源上，即永久磁铁周围的补偿线圈用来消除磁通的涡流阻尼效应。阻尼环用来降低传感器自振频率对测量信号的影响。附加的阻尼线圈一方面用于补偿高温时阻尼系数的降低，一方面用于在传感器垂直安装时，通过激励此线圈可补偿动圈的静态下垂。因此PR9266传感器既可以用于水平测量，也可以用于垂直测量。

3. 轴振动传感器PR6423系列、轴向位移、胀差传感器PR6424、PR6426系列

（1）传感器的用途。与CON010信号转换器配套使用的PR6423、PR6424、PR6426系列传感器可用于监测非接触位移量。配接附加电气

设备后，这一测量链适合于测量静态和动态位移，如旋转机械的轴向位移和径向振动。信号转换器需要 −24V 的直流电压。传感器在整个测量范围内的额定输出电压是 4 ~ −20V。

（2）传感器的工作原理。传感器 PR6423、PR6424、PR6426 系列各自含有一个测量线圈，它是信号转换器中谐振荡器电路中的一部分，由传感器电缆或连接电缆连接到信号转换器。当测量线圈的磁力线从传感器探头表面发出时，振荡可简单地因传感器端面前的金属物体而受到阻尼。振荡幅度随着测量线圈和被测金属物体之间的距离缩短而减小，这是由于金属物体内部涡流的增加而引起的。因此，传感器和被测物体之间距离的任何变化都会引起振幅的相应变化，正是运用这种原理，旋转轴的振动信号才被转换成相应的振荡器振幅调制信号。解调器将高频信号解调成一个直流信号。直流信号在其高频残留分量由低通滤波器滤掉之后，由两个放大器放大成高电平信号。这样便可以在输出端 OUT 上得到一个与传感器和被测物体之间实际距离相对应的测量信号了。

（3）传感器的技术数据。

1）对被测物体的要求。

①被测物体：轴和平面表面。

②被测物体轴径：PR6423≥40mm；PR6424/PR6426≥80mm。

③轴上测量盘的高度：PR6423≥25mm；PR6424/PR6426≥40mm。

④轴的材料：导电材料。

2）灵敏度：PR6422：16V/mm；PR6423：8V/mm；PR6424：4V/mm；PR6426：2V/mm。

3）额定位移量（测量范围中央值对应 CON010 输出电压 −12V DC）。PR6422：0.8mm；PR6423：1.5mm；PR6424：3.0mm；PR6426：5.5mm。

4）额定工作环境温度：−35 ~ 180℃。

二、RMS700 监视系统简要说明

（一）轴向位移、相对膨胀监视系统

在 RSM700 系列中的轴向位移、相对膨胀监视装置是由电涡流探头、信号转换器、位移监视器等部分组成的。

1. 电涡流传感器

在 RSM700 系列中，电涡流传感器有 PR6423、PR6424、PR6425、PR6426 等型式。该系列传感器与 CON010 信号转换器（前置器）配套使用，用来测量：①轴向位移；②轴振动；③相对膨胀；④轴弯曲。

传感器含有一个测量线圈，它是信号转换器中谐振振荡器电路的一部

分，并由探头电缆与前置器连接。连接电缆应耐高温和油，抗化学腐蚀，长度为 4~10m（专用），并配有一个用于电缆接头绝缘的套管。

当测量线圈的磁力线遇到探头表面时，振荡器因探头端面的金属物体而受到阻尼。振荡幅度随着测量线圈和被测物体（金属）之间的距离缩短而减小，这是由于金属物体内部涡流的增加而引起的。因此，探头和被测物体之间距离的任何变化，都会引起振幅的相应变化。正式运用这种原理，将探头输入信号转换成为相应的振荡器振荡调制信号，从而测量位移、振动等的变化。

2. 信号转换器

图 16-2 是传感器和 CON010 信号转换器的工作原理框图，信号转换器由高频振荡器、检波器、低通滤波器、直流放大器、线性网络及输出放大器等组成。检波器将高频振荡信号解调成直流电压信号。此信号经低通滤波器将高频振荡的残余波滤去，再经直流放大器、线性网络和输出放大器处理、放大，在输出端得到跟被测物体与传感器之间的距离成正比例的测量信号。

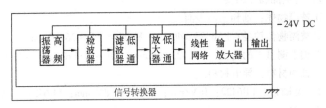

图 16-2　传感器和 CON010 信号转换器工作原理框图

信号转换器的额定输出为 4V~20V DC（线性区）。

RSM700 系列探头的线性范围是线圈外径的 1/3~1/5。如果需要较大的线性范围，就必须增加线圈外径，增大探头尺寸。但尺寸增大会带来两个问题：其一，降低了灵敏度；其二，被测物体尺寸不能太小，当被测导体的直径 D<3d（线圈直径）时，线性范围和灵敏度均会受到影响。

RSM700 系列中所用探头有：①线性测量范围在 ±0.5mm 时，灵敏度为 16V/mm；②线性测量范围为 ±1.0mm 时，灵敏度为 8V/mm；③测量范围为 ±2.0mm 时，灵敏度为 4V/mm。

3. RSM700 系列轴向位移测量系统

汽轮机轴向位移测量，是在汽轮机的轴上做出一个凸缘，把传感器放在凸缘的正前方约 2mm 处。一般是利用推力轴承作为测量的凸缘，所测位移又和推力的大小有内在联系，即可用位移来说明推力情况，所测出的位移基本上是稳定的。整个测量系统由传感器、信号转换器和位移监视器组成，如图 16 - 3 所示。

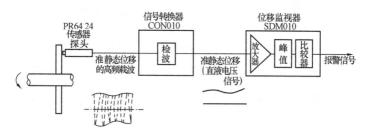

图 16 - 3　轴向位移测量系统工作原理框图

在图 16 - 3 所示的系统中采用电涡流传感器，信号转换器为 CON010，位移监视器为 SDM010。为了便于了解全系统的工作原理，现将位移监视器的功能说明如下。图 16 - 4 为位移监视器的框图。探头用延伸电缆接入 CON010。信号转换器 CON010 的输出信号为 4 ~ 20V DC，通过位移监视器的输入端子 b30、z30 输入。

位移监视器由以下功能部分组成：

（1）补偿输入回路。由 b30、z30 来的信号经高阻抗分压器（分压系数为 0.5），传送到输入放大器的正向输入端。如果探头使用了防爆安全罩，因该罩会产生附加电阻，这时应将分压器上的 K1 短接，以补偿安全罩阻值引起的电压损失。

（2）输入放大器。它是一个电压跟随器，输入阻抗很高，输出阻抗很低，其信号输出为 2 ~ 10V DC。

（3）缓冲放大器。它用来隔离输入放大器与间隙电压表，亦是一个电压跟随器，其电压放大倍数接近于 1。

（4）位移放大器。它接在高阻分压器之后，用来将输入信号 2 ~ 10V DC 进行平移放大，变为 0 ~ 10V 信号，并利用一个附加电容 C 可以改变 0 ~ 10Hz 的频率响应。该信号接入另一个缓冲放大器，用电压跟随器形成（k = 1）将位移放大器与后面隔离，输出 0 ~ 10V。该输出有断路、短路保护。

（5）信号选择器。测量回路的输出电压及报警定值电压通过信号选择器就可显示报警定值及测量电压的数值。

第十六章　汽轮机设备的保护和连锁

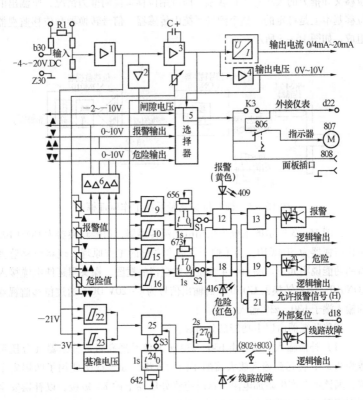

图 16 - 4 位移监视器框图

（6）报警隔离。用 4 个独立的缓冲放大器将报警定值与选择器隔离，以避免切换操作选择器时影响报警定值。

（7）报警比较。将位移放大器输出的位移信号送到 4 个互相独立的报警比较器中，并于正、负向报警定值以及正、负向危险定值进行比较。当位移测量信号超过定值时，报警比较器输出报警信号或危险信号。

（8）报警响应时间调整。报警比较器的输出信号经 RC 积分电路延迟，目的是抑制高频干扰信号。改变积分电路的时间常数，调整报警输出响应时间。

（9）其他功能。本装置有线路故障指示。当探头或电源故障时，指示灯亮并终止报警输出。在报警闭锁时有信号发出。线路故障响应时间是可调整的。

（二）汽轮机轴承振动测量

测量汽轮机轴承振动的目的，主要是观察汽轮机及发电机转子由于受力不平衡而产生振动的情况，从而判断轴受力的大小，以防止振动过大而造成事故。测量轴承振动值，在 RSM700 系列中采用 PR9268 型传感器配 VBM010 或 VBM030 监测仪表的方法。

振动监测仪表（也称为监视器）主要有三种型号，即 VBM010、VBM020、VBM030。其中，VBM030 可配用 PR9266 及 PR9268 探头。在上述三种监视器中，VBM010 的通用性较强，除可配用 PR9266 和 PR9268 外，还可以与传感器 PR6422 和 PR6423/24 配用。

因为在 RSM700 系列中，测量轴承振动值多采用 PR9268 传感器配 VBM030 监视器的测量系统，所以，为便于学习，现将 VBM030 振动监视器的工作原理作一简要说明。图 16 - 5 所示是 VBM030 振动监视器的工作原理框图。

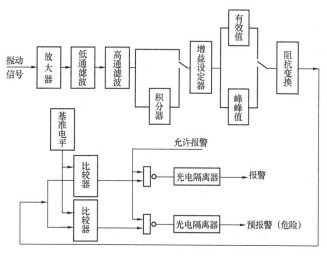

图 16 - 5　VBM030 振动监视器工作原理框图

轴承振动传感器的输出信号，主要是以 50Hz 为基波的正弦波信号。但由于有来自厂房建筑、汽轮机基础、汽轮机机壳等的振动，使其不免混入频率极低的振动信号。此外，由于存在电缆电磁干扰，其中也会有高频信号混入，为此设置了"低通"和"高通"滤波线路。

轴承振动传感器的输出信号是轴承振动的速度信号，如果要测量轴承振动的位移值，则必须经过积分，所以设置了积分器。

积分器与峰—峰值相接，即从速度的正弦波信号中检出它的幅值，这时仪表指示值以 μm 为单位。如果要求检测振动速度有效值，则不必经过积分器而可直接输入有效值检测器，即直接测出振动速度的有效值。

为了调整信号的大小，使其有适当的幅值，所以在电路中串联了增益设定器。在安装使用前要将增益值调整好。

"阻抗变换"是为了达到输出信号不影响前一级的工作。该级以放大器形式工作，其放大倍数为 1。

将输出信号由光电隔离器发出。报警时为低阻（导通）状态，不报警时为高阻（不导通）状态。其定值按照汽轮机组的要求决定。

（三）汽轮机轴振动测量

图 16-6 是该系统的测振系统的原理框图。由图 16-6 可知，该系统由传感器 PR6423、转换器 CON010 和监视器 VBM010 等组成测振系统。

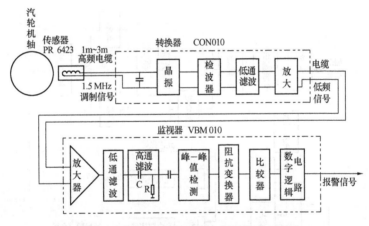

图 16-6 RSM700 系列轴振动测量原理框图

第五篇
热工程控保护

汽轮机轴振动位移由静态位移和动态位移两部分组成，工作时它们是叠加在一起的。由石英晶体振荡器来的高频正弦波（1.5MHz）作为载波，将上述合成信号复原。这是一种具有直流分量和交流分量的低频电压信号，它的变化范围为 -4～-20V。该信号经电缆输入监视器后，在 VBM010 中高通滤波作用的 CR 环节将隔断静态位移信号（并非绝对静止），只保留轴振动的动态位移信号，然后由峰—峰值检测器测出峰—峰值（0～10V 直流），作为轴振动的控制信号。

三、MMS 系统卡件介绍

1. MMS 6110 轴振监测模块

（1）模块信号输入。

MMS6110 是双通道轴振动测量模块，有两路独立的涡流传感器信号输入：SENS 1H(z8)/SENS 1L(z10) 和 SENS 2H(d8)/SENS 2L(d10)。与之匹配的传感器为德国 epro 公司生产的 PR642X 系列涡流传感器和配套的前置器。输入电压范围为 1~22V DC。模块为传感器提供两路 −26.75V 直流电源：SENS 1 + (z6)/SENS 1 − (b6) 和 SENS 2 + (d6)/SENS 2 − (b8)。

（2）信号输出。

1）特征值输出。模块有两路代表特征值的电流输出：I1 + (z18)/ I1 − (b18) 和 I2 + (z20)/ I2 − (b20)，可设定为 0~20mA 或 4~20mA。模块有两路代表特征值的 0~10V 电压输出 EO 1(d14)/ EO 2(d16)。

2）报警输出。模块给出四个报警输出，通道 1：危险 D1 − C，D1 − E (d26，d28)，报警 A1 − C，A1 − E (b26，b28)；通道 2：危险 D2 − C，D2 − E (d30，d32)，报警 A2 − C，A2 − E (b30，b32)。

3）报警保持功能。使用此功能，报警状态将被保持。只有通过软件中复位命令（Reset latch channel 1/2）才能在报警条件消失后取消报警。

4）报警输出方式。使用 SC − A（报警 d24）和 SC − D（危险 z24）时可以选择报警输出方式：当 SC − 为断路或为高电位（+24V）时，报警输出为常开。当 SC − 为低电位（0V）时，报警继电器为常闭。为避免掉电引起报警，便于带电插拔，建议选用报警输出为常开。

5）禁止报警。在下述情况，报警输出将被禁止：模块故障（供电或软件故障）；通电后的延时期，断电和设置后的 78s 延时期；模块温度超过危险值；启动外部报警禁止，ES (z22) 置于 0V；在限值抑制功能激活时，输入电平低于量程下限 0.5V 或高于量程上限 0.5V。

（3）模块状态。

检测模块不间断地检查测量回路，在发现故障时给予指示，并在必要时闭锁报警输出。状态指示有三种途径：通过前面板"通道正常"指示灯；通过"通道正常"输出 1/2；通过计算机及组态软件在 Device status 显示。

1）通道监测。模块检查输入信号的直流电压值。当输入信号超过设定上限 0.5V 或低于设定下限 0.5V 时，给出通道错误指示（传感器短路或断路）。

2）过载监测。当动态信号的幅值超过设定量程时，模块给出过载信息。

3）通道正常指示灯。通道正常时，指示灯为绿色。指示灯变化如下：指示灯熄灭（off）表示故障；慢速闪烁（FS）0.8Hz表示通道状态；快速闪烁（FQ）1.6Hz表示模块状态；在通电后正常启动期，两个指示灯同步闪烁15s；模块未组态两个指示灯会交替闪烁；模块未标定所有指示灯会交替闪烁。

2. MMS6120轴承振动监测模块

（1）信号输入。

MMS6120是双通道轴承振动测量模块，MMS6120有两路独立的电动式速度传感器信号输入—SENS 1H(z8)/SENS 1L(z10)和SENS 2H(d8)/SENS 2L(d10)。与之匹配的速度传感器为德国epro公司生产的PR926X系列电动式传感器，输入电压范围为 +5 ~ +15V DC。模块为每个传感器提供一个0~8mA的提升线圈电流，可补偿传感器线圈的机械沉降，此补偿电流在组态中可选：SENS 1 + (z6)/SENS 1 - (b6)和SENS 2 + (d6)/SENS 2 - (b8)。

（2）信号输出。

1）特征值输出。模块有两路代表特征值的电流输出：I1 + (z18)/I1 - (b18)和I2 + (z20)/I2 - (b20)，可设定为0~20mA或4~20mA。模块有两路代表特征值的0~10V电压输出EO 1(d14)/EO 2(d16)。

2）报警输出。模块给出四个报警输出：通道1：危险D1 - C，D1 - E（d26，d28），报警A1 - C，A1 - E（b26，b28）；通道2：危险D2 - C，D2 - E（d30，d32），报警A2 - C，A2 - E（b30，b32）。

3）报警输出方式。使用SC - A（报警d24）和SC - D（危险z24）时可以选择报警输出方式：当SC - 为断路或为高电位（ +24V）时，报警输出为常开。当SC - 为低电位（0V）时，报警继电器为常闭。为避免掉电引起报警，便于带电插拔，建议选用报警输出为常开。

4）禁止报警。在下述情况，报警输出将被禁止：模块故障（供电或软件故障）；通电后的延时期，断电和设置后的78s延时期；模块温度超过危险值；启动外部报警禁止，ES（z22）置于0V；在限值抑制功能激活时，输入电平低于量程下限0.5V或高于量程上限0.5V。

（3）状态监测。模块不间断地检查测量回路，在发现故障时给予指示，并在必要时闭锁报警输出。状态指示有三种途径：通过前面板"通道正常"指示灯；通过"通道正常"输出1/2；通过计算机及组态软件在 Device status 显示。

1）通道监测。模块检查传感器的输出，在出现异常时，给出通道错误指示（传感器短路或断路）。

2）过载监测。当动态信号的幅值超过设定量程时，模块给出过载信息。

3）通道正常指示灯。通道正常时，指示灯为绿色。指示灯变化如下：通道正常时，指示灯为绿色。指示灯变化如下：指示灯熄灭（off）表示故障；慢速闪烁（FS）0.8Hz 表示通道状态；快速闪烁（FQ）1.6Hz 表示模块状态；在通电后，正常启动期两个指示灯同步闪烁 15s；模块未组态两个指示灯会交替闪烁；模块未标定所有指示灯会交替闪烁。

3. MMS6210 位移监测模块

（1）信号输入。

MMS6210 是双通道位移/胀差测量模块，MMS6210 有两路独立的涡流传感器信号输入：SENS 1H(z8)/SENS 1L(z10) 和 SENS 2H(d8)/SENS 2L(d10)。与之匹配的涡流传感器为德国 epro 公司生产的 PR642X 系列涡流传感器及相应的前置器。输入电压范围为 −1 ~ −22V DC。模块为传感器提供两路 −26.75V 直流电源：SENS 1 + (z6)/SENS 1 − (b6) 和 SENS 2 + (d6)/SENS 2 − (b8)。

（2）信号输出。

1）特征值输出。模块有两路代表特征值的电流输出：I1 + (z18)/I1 − (b18) 和 I2 + (z20)/I2 − (b20)，可设定为 0 ~ 20mA 或 4 ~ 20mA。模块有两路代表特征值的 0 ~ 10V，电压输出：EO 1(d14)/ EO 2(d16)。

2）模块给出四个报警输出：通道 1，危险 D1 − C，D1 − E（d26，d28），报警 A1 − C，A1 − E（b26，b28）；通道 2，危险 D2 − C，D2 − E（d30，d32），报警 A2 − C，A2 − E（b30，b32）。不管报警是向上或向下触发，都会给出报警输出。

3）报警保持功能。使用此功能，报警状态将被保持。只有通过软件中复位命令（Reset latch channel 1/2）才能在报警条件消失后取消报警。

4）报警输出方式。使用 SC − A（报警 d24）和 SC − D（危险 z24）时可以选择报警输出方式：当 SC − 为断路或为高电位（ + 24V）时，报警输出为常开。当 SC − 为低电位（0V）时，报警继电器为常闭。为避免掉电引起报警，便于带电插拔，建议选用报警输出为常开。

5）禁止报警。在下述情况，报警输出将被禁止：模块故障（供电或软件故障）；通电后的延时期，断电和设置后的 78s 延时期；模块温度超过危险值；启动外部报警禁止，ES（z22）置于 0V；在限值抑制功能激活时，输入电平低于量程下限 0.5V 或高于量程上限 0.5V。

（3）状态监测。

模块不间断地检查测量回路，在发现故障时给予指示，并在必要时闭锁报警输出。状态指示有三种途径：通过前面板"通道正常"指示灯；通过"通道正常"输出 1/2；通过计算机及组态软件在 Device status 显示。

1）通道监测。模块检查输入信号的直流电压值，当输入信号超过设定上限 0.5V 或低于设定下限 0.5V 时，给出通道错误指示（传感器短路或断路）。

2）通道正常指示。通道正常时，指示灯为绿色。指示灯变化如下：指示灯熄灭（off）表示故障；慢速闪烁（FS）0.8Hz 表示通道状态；快速闪烁（FQ）1.6Hz 表示模块状态；在通电后，正常启动期两个指示灯同步闪烁 15s；模块未组态两个指示灯交替闪烁；模块未标定所有指示灯交替闪烁。

4. MMS6220 偏心监测模块

（1）信号输入。

MMS6220 是双通道轴偏心测量模块，MMS6220 有两路独立的涡流传感器信号输入：SENS 1H（z8）/SENS 1L（z10）和 SENS 2H（d8）/SENS 2L（d10）。与之匹配的传感器为德国 epro 公司生产的 PR642X 系列涡流传感器和配套的前置器。输入电压范围为 1～22V DC。模块为传感器提供两路 −26.75V 直流电源：SENS 1 +（z6）/SENS 1 −（b6）和 SENS 2 +（d6）/SENS 2 −（b8）。传感器信号可以在模块前面板上 SMB 接口处测到。此外模块还具备键相信号输入（必须大于 13V），该信号是偏心值计算所必需的。

（2）信号输出。

模块有两路代表特征值的电流输出：I1 +（z18）/I1 −（b18）和 I2 +（z20）/I2 −（b20），可设定为 0～20mA 或 4～20mA。模块有两路代表特征值的 0～10V DC 电压输出 EO 1（d14）/ EO 2（d16）。模块提供两路 0～20 Vpp 动态信号输出 AC1（z14）/ AC2（z16）。0～20 Vpp 相当于特征值的量程。模块提供两路 0～10 V DC 电压输出 NGL1（z12）/ NGL2（d12），该输出与传感器和被测面的距离成正比。

（3）报警输出。

模块给出四个报警输出：通道 1，危险 D1 − C，D1 − E（d26，d28），报警 A1 – C，A1 – E（b26，b28）；通道 2，危险 D2 – C，D2 – E（d30，d32），报警 A2 – C，A2 – E（b30，b32）。

5. MMS6312 转速监测模块

（1）信号输入。

MMS6312 是双通道转速测量模块，模块有两路独立的传感器信号输入：SENS 1H（z8）/SENS 1L（z10）和 SENS 2H（d8）/SENS 2L（d10）。与之匹配的传感器既可以是涡流传感器，如德国 epro 公司生产的 PR6423 + CON021，也可以是霍尔效应传感器，如 PR9376。输入电压范围为 0 ~ – 27.3V DC。模块为传感器提供两路 – 26.75V 直流电源，SENS 1 + （z6）/SENS 1 – （b6）和 SENS 2 + （d6）/SENS 2 – （b8）。

（2）信号输出。

模块有两路 TTL 脉冲输出，每个通道一路，电压 0 ~ +5V。脉冲的宽度和频率与传感器信号一致。该信号既可在后面端子（z14/ z16）输出，也可在前面板 SMB 接口"Pulse"处测得。

（3）特征值输出。

模块有两路表示转速的电流输出 0/4...20mA，每个通道一路，输出端子为 z18/ b18、z20/ b20。

（4）报警开关工作方式的选择。

外接输入 d24/ z24 可以选择报警开关工作方式。如输入为断路或高电平（ +24V），则输出为常开。如输入为低电平（0V/GND），输出为常闭。一般选择输出为常开，因为常闭方式下带电插拔或断电会产生误报警。

（5）报警闭锁。

在下列情况下，模将闭锁报警输出：模块故障（系统供电或软件错误）；外部闭锁（z22 接 0V）；通道故障，此时前面板报警指示灯熄灭。

（6）状态监测。

模块不间断地检查测量回路，在发现故障时给予指示，并在必要时闭锁报警输出。状态指示有三种途径：通过前面板"通道正常"指示灯；通过"通道正常"输出 1/2；通过计算机及组态软件在 Device status 显示。

（7）通道监测。

模块检查输入信号的直流电压值。当输入信号超过设定通道正常上限或低于设定下限时，给出通道错误指示（传感器短路或断路）。在使用霍尔效应传感器时，高频时信号电压可能会超过供电电压。所以通道正常上限应设为 27.4V。此时该信号不能用于检测线路故障。如果输入信号低于间隙限值，模块会在软件 Status 给出间隙错误指示。相应通道的通道正常指示灯以 0.2 秒的频率闪烁。

（8）通道正常指示灯。

正常测量时，通道正常指示灯呈绿色。某一通道发生故障时，相应的通道正常指示灯熄灭。发生模块故障时，两个通道的通道正常指示灯都熄灭。发生间隙错误时，相应的通道正常指示灯以 0.2 秒的频率闪烁。参数设置错误时，相应的通道正常指示灯以 1 秒的频率闪烁。

第三节 汽机侧重要辅机保护和连锁

随着机组容量的增大，重要辅机的保护日臻完善。

一、汽动给水泵的保护项目

汽动给水泵的保护项目有：手动紧急停机（硬回路）；手动紧急停机（软回路）；给水泵跳闸；润滑油压低；真空低；轴向位移大；MTSI 超速（或 METS 超速）；MEH 超速；振动大；控制油压低；支持轴承温度高；推力轴承温度高；轴承回油温度高；除氧器液位低；前置泵入口电动门关；前置泵停止；入口流量低；给水泵入口压力低；MEH 电源失去。

二、凝结水泵的保护项目

凝结水泵的保护项目有：出口电动门关；轴承温度高；排汽装置水位低低；凝结水流量过低。

三、电动给水泵的保护项目

电动给水泵的保护项目有：进口门关或入口压力低；电动给水泵最小流量阀关且电动给水泵入口流量低；2 台电泵轴承供油油泵全停或电泵轴承供油压力低低；除氧器水位低低；轴承温度异常；轴承供油温度高；轴承回油温度高。

提示 本章内容适用于中级人员。

第十七章

辅助设备控制系统

第一节 概　　述

在大型机组的自动化设备中，程序控制已成为必不可少的技术手段。GB 50660—2011《大中型火力发电厂设计规范》中规定：辅机控制系统宜纳入机组控制系统，辅助车间控制系统可采用可编程逻辑控制器系统，也可采用分散控制系统程序控制。

把某一部分工艺系统或辅机系统（如输煤、吹灰、引送风机等系统）中的有关被控对象，根据工艺要求，按照一定的顺序、条件和时间关系而进行控制的系统，称为程序控制系统。它包括施控系统和被控系统。程序控制系统应具备的基本功能：一是按程序步执行所规定的操作项目和操作量；二是在前一步完成后，根据转换条件进行程序步的转移。在程序控制系统中，核心是程序控制装置。除程序控制装置外，其余部件一般都装设在现场，因此它们常被称为外部设备或现场设备。

程序控制是按一定的顺序、条件和时间的要求，对局部工艺系统中的若干相关设备进行自动操作。

程序控制技术，是随着机组容量和参数的不断提高，采用再热循环，实行炉机电集中控制而逐步发展起来的。大容量、高参数、再热式单元机组的操作项目急剧增加，如600MW机组如果都采用一对一的操作方式，其操作按钮和操作开关多达300~400个，再加上1000多个监视项目，这样多的仪表、开关、按钮不可同时布置在仪表盘台上，即使能布置，表盘尺寸也十分庞大，根本无法操作和监视。因而相继发展了成组控制、选线控制技术，顺序控制技术。采用程序控制技术就可将复杂的热力生产过程划分为若干个局部的可控系统，配以适当的程控装置，通过它的逻辑控制电路发出操作命令，使局部可控系统中的有关被控对象按照启停和运行规律自动地完成操作任务。采用程序控制后，运行人员只需通过一个或几个操作指令就可完成一个系统、一台辅机，甚至更大系统的启停或事故处理。

程序控制现已成为电厂自动化的重要内容，在生产中得到了广泛应用。它已从对机、炉的辅机系统，化学水处理系统，输煤系统等的控制发展为更高一级的系统：燃烧管理和热工保护系统、汽轮发电机组的自动启停系统等。

一、程序控制系统和程序控制装置的分类

程序控制装置的种类很多，下面列举几种常用的分类方式。

1. 按程序步的转换条件分类

（1）按时间转换。程控系统由时间发信部件为主构成，并按时间顺序发出操作命令，程序步的转换完全依据时间而定。

（2）按条件转换。每一个步序的执行必须在条件满足的情况下进行。操作已完成的条件称为回报信号。回报信号反馈给施控系统，作为进行下一步操作的判据。程序步的转换完全由条件来决定。

（3）混合式转换。它是上述两种方式的综合，即该系统某些程序步的转换根据时间而定，有些步的转换则依据条件而定。

2. 按逻辑控制原理分类

（1）按照事先设定的时间顺序进行控制，每一步序有严格的固定时间。

（2）基本逻辑型采用基本逻辑电路构成具有一定逻辑控制功能的电路，当输入信号符合预定的逻辑运算关系时，相应的输出信号形成。这种电路在任何时刻所产生的输出信号，仅仅是该时刻电路输入信号的逻辑函数。

（3）步进型将整个控制分为若干个程序步电路。在任何时刻只有一个程序步电路在工作。程序步的进展是由程序控制装置内的步进环节（步进电路或步进器）实现的。每个程序步所产生的输出信号不仅取决于当时的输入信号，而且与上一步的输出信号有关。

3. 按程序可变性分类

（1）固定程序方式。根据预定的控制程序将程序系统中的元器件用硬接线的方式连接，程序的改变只能通过更换元件和改变接线的方式完成，所以称为固定程序式。

（2）矩阵式可变程序方式。它采用二极管矩阵接线方式。当要求变更控制程序时，只要改变二极管在矩阵上的插接位置即可实现。程序的改变比较灵活。

（3）可编程序方式。可编程序方式使用软件编程。将程序输入微型机或可编程序控制器，以满足不同程序控制的要求。若要改变程序，只要修改编程软件即可，因此具有很大的通用性和灵活性。

二、程序控制的基本工作原理

1. 由继电器组成的基本逻辑电路

在由客观规律组成的逻辑关系中，最基本的是"与""或""非"三种关系，许多复杂的逻辑关系都可以由它们组合而成。由继电器组成的三种基本逻辑电路如图 17-1 所示。

现将图 17-1 中的情况作一说明：

（1）"与"输入电路。图 17-1（a）是"与"输入电路，它是代表两个输入信号的继电器常开接点的串联，即只有当两个输入信号 K1 和 K2 都存在（接点都闭合）时才有信号输出，即输出继电器线圈 K 有电。其关系式为 $K = K1 \cdot K2$。

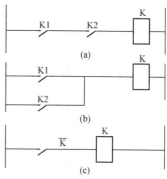

图 17-1　三种基本逻辑电路
（a）"与"输入电路；（b）"或"输入电路；（c）"非"输入电路

（2）"或"输入电路。图 17-1（b）是"或"输入电路，它表示代表两个输入信号的继电器常开接点的并联，即输入信号 K1 和 K2 中的任一个存在时就有信号输出，它们之间的关系为 $K = K1 + K2$。

（3）"非"输入电路。图 17-1（c）是"非"输入电路，它表示代表输入信号的继电器的常闭接点与输出继电器线圈 Z 串联，输出信号是输入信号的否定，即只要有输入信号存在，就没有输出信号，也即 $K = \overline{K}$。

依据上述三种基本环节的基本工作原理，可以用继电器逻辑代数的主要运算组成各种继电器电路的基本环节，例如自保持环节、优发环节、计时环节等。

2. 由电子元件组成的基本逻辑电路

通常被人们称作"门电路"的，实际上就是由电子元件组成的各种开关，它没有继电器那样的触点，状态改变的速度也快得多。在门电路中，信号电平可以人为地规定。若规定高电平为 1，低电平为 0，则称为正逻辑；反之，若规定低电平为 1，高电平为 0，则称为负逻辑。

"与门""或门""非门"可以用各种不同的电子元件组成。

3. 集成逻辑电路

在现代控制技术中，"与门""或门""非门"一般采用具有复合逻辑功能的集成电路进行控制和运算。复合逻辑电路有"与非门""或非门"

第十七章　辅助设备控制系统

"与或非门"等。这些复合门，有的采用二极管作输入级，三极管作输出级（DTL）；有的输入级和输出级都采用三极管（TTL）；而采用金属—氧化物—半导体绝缘栅的场效应管（MOS）做成的集成电路，可以显著地提高集成度，而且其功耗小、价格低。

<h2>第二节　可编程序控制器</h2>

一、可编程序控制器必须明确的基本概念

可编程式程序控制装置通常称为可编程序控制器，简称 PC 机。

可编程序控制器是一种数字运算操作的电子系统，是专为在工业环境下应用而设计的，它采用了可编程序存储器，用来在其内部存储执行逻辑运算、顺序控制、定时、计数和算术运算等操作的指令，并通过数字式和模拟式输入、输出，控制各种类型的生产过程。

可编程序控制器及其有关外围设备都按易于与工业系统联成一个整体，易于扩充其功能的原则设计。其特点有：

(1) 可靠性高，抗干扰能力强。

(2) 控制程序可变，具有很好的柔性。

(3) 编程简单，易于操作、维护。

(4) 功能完善，选型方便。

(5) 扩充方便，组合灵活。

(6) 减少了控制系统设计及施工的工作量。

(7) 体积小、质量轻。

在热工自动化中，用 PC 机设计自动控制系统已被广泛应用。当今的程序控制系统是采用 PC 机为核心的程序控制装置。所以研究程序控制应该了解一些 PC 机的基本知识。

二、可编程序控制器的组成

(一) PC 机的基本组成框图（硬件配置）

一个完整的可编程序控制器系统包括控制器主机、输入模块和输出模块三部分，主机由 CPU、存储器、总线和电源等部件组成。典型的 PC 机的硬件配置如图 17-2 所示。

在图 17-2 中，存储器用来存放管理程序、应用程序和数据，管理程序由制造厂编制，应用程序由用户根据控制系统的要求编写而成。

由图 17-2 可以看出，PC 机由便于拆装的插件模块所组成，实质上是应用了计算机技术的一种专用计算机，组成它的各类模块借助于带有数

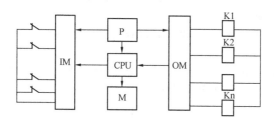

图 17 - 2　典型的 PC 机硬件配置

IM—输入模块；OM—输出模块；P—电源；

CPU—运算控制部分；M—存储器

据——地址总线的安装支架而紧密相连。

（二）可编程序控制器组成模块简介

1. 电源模块

用以提供所用控制器的内部电源，一般有三种形式，即 220V AC，48V AC/DC，24V DC 等。

2. CPU 模块

它是 PC 机的核心组成部分，它在 PC 机系统中的作用类似于人体的神经中枢。它用扫描方式接受输入信息、解读用户程序、通过输出结果等。不同的 PC 机采用的芯片各不相同，常用的 CPU 主要采用通用微处理器、单片机或双极型位片式微处理器。一般来讲，小型的，多采用 8 位 CPU；中型的，多采用 16 位 CPU；而大型的，则用高速位片机。对不同种类的芯片，有的不需外加掉电保护，有的则需外加程序掉电保护。

3. 程序存储模块

PC 机的存储系统配有两种存储器，即系统存储器和用户程序存储器。

（1）系统程序存储器。它用以存放系统工作程序（监控程序）、模块化应用功能子程序、命令解释、功能子程序的调用管理程序以及按对应定义（包括输入/输出、内部继电器、计时/计数器、位移寄存器等）存储各种系统参数。

（2）用户存储器。它主要用来存储通过编程器输入的用户编制程序。PC 机的用户存储器通常以字（16 位/字）为单位来表示存储容量。PC 机产品资料中所指的存储器型式或存储方式及容量，是指用户程序存储器而言。

常用的存储器型式或存储方式有 CMOSRAM、EPROM 和 EEPROM。

CMOSRAM 是一种高密度、低功耗、价格便宜的半导体存储器，可用锂电池作备用电源。

EPROM 是可擦除可编程只读存储器，写入加高电平，擦除时用紫外线照射。

EEPROM 是可编程及电可擦除的新型只读存储器，它可保持数据 20 年以上不丢失，而且存储速度快。

4.（输入/输出）模块

（输入/输出）模块是 CPU 与现场输入/输出装置或其他外部设备之间的连接的部件。PC 机有各种操作电平与驱动能力的输入/输出模块和各种用途的输入/输出组件。如输入/输出电平转换、电气隔离、串/并行转换、模/数或数/模变换以及其他功能模块等。输入/输出模块将外部输入信号变换成 CPU 能接受的信号，或将 CPU 的输出信号变换成需要的控制信号去驱动控制对象，以确保系统正常工作。

5. 定时模块

定时模块是专用模块，可根据系统的实际需要配置。

（三）外部设备

一般 PC 机配有盒式录音机、打印机、EPROM 写入器、高分辨率彩色显示器等外部设备。

（四）编程器

编程器是用来进行用户程序的编制、编辑、调试检查和监视的工具。还可以通过键盘调用和显示一些内部状态和系统参数。它通过通信端口与 CPU 联系，完成人机对话功能。编程器上有供编程用的各种功能键和显示灯，以及编程、监控转换开关。编程器的键盘采用梯形图语言键或命令语言助记键，也可以采用软件指定的功能键，通过屏幕对话方式进行编程。

编程器的种类很多。简易编程器常使用液晶或 LED 显示，适用于中小型 PC 机，中型以上 PC 机多用 CRT 显示的编程器，并附有多种操作功能。利用 IBM – PC/XT 机改装的编程器，更具有方便性和灵活性。近期又推出了光笔编程器，它可以在屏幕上画出标准的继电器电路图，从屏幕上的菜单中选出元件，再把它移到屏幕的适当部位，画好后，程序就编成了，并可转存到可编程序控制器中。同时，随着 PC 机的广泛应用，编程器的功能不断提高，编程语言趋向标准化，各具特色的智能编程器，可进行在线和离线编程。

（五）可编程序控制装置的使用

PC 机的管理程序由制造厂依照机型编制，它是可供长期使用而不必进行修改的系统软件，通常存放在只读存储器 ROM 或 EPROM 内。用户根据实际系统的控制要求编制应用程序，它既允许随时修改，又要求在意外情况下（如电源失去时）所编程序不被破坏，通常存放在具有后备电源的随机存取存储器 RAM 内，或者存放在 EPROM 内。输入信号、中间运算结果等数据是随时要更新的，通常存放在没有后备电源的随机存储器 ROM 内。

PC 机投入运行后，在管理程序的指挥下按固定的时间间隔周期性的重复进行。CPU 首先读入所有的输入模块的信号，并将它们存入数据存储器的指定地址，这些信号要保持到下一个扫描周期再次读入信号时才更新。然后从用户存储器读入用户程序，并根据用户程序所规定的逻辑运算要求对存在数据存储器中的输入信号进行运算并形成输出指令。运算过程的中间结果送入数据存储器暂存，输出指令则直接送入输出模块。输出模块输出操作指令去控制相应的执行机构。除了上述主要过程外，在每个扫描周期内 CPU 还要根据管理程序的要求，对时钟存储器和输入/输出模块的工作进行检查，当出现故障时，PC 机自动退出工作，并通过各种不同的方法显示故障的部位和原因，等待处理。在上面已简要介绍了可编程序控制器的基本组成，为了便于学习和应用，现进一步明确以下几点。

三、熟悉继电器控制是学习 PC 的基础

从 20 世纪 80 年代开始，我国已进入带微处理器的 PC 的研究阶段。早期研制的 PC，是在继承成熟而有效的继电器控制概念和设计思想的基础上，利用不断发展的计算机技术和通信技术发展起来的。如果我们设计或使用过继电器顺控系统，则在使用 PC 的工作中会发现许多熟悉的东西，例如 PC 主要的程序设计语言之一的梯形图与继电器控制梯形图是相同的。这种语言是使用继电器顺序控制的人员非常熟悉的，它形象直观、容易理解，因此复习一下继电器控制方面的有关知识，对理解和学习 PC 技术是有益的。

四、PC 控制系统的组成

为便于理解，我们先回顾一下继电器控制系统的组成。我们知道，任何一种继电器控制系统都是由三个基本部分组成的，即输入部分、逻辑控制部分和输出部分。其中，输入部分是指各种按钮、行程开关、转换开关、信号开关等；逻辑控制部分是指由各种继电器及其触点组成的、实现一定逻辑功能的控制线路；输出部分是指各种电磁线圈、接通电动机的各种接触器，以及信号灯等各种执行电器。

继电器控制系统是根据各种输入条件（如按下启动或停止按钮后被控对象的各种状态信息）去执行逻辑控制功能。逻辑控制功能是一种按被控制对象实际需要的功能设计的，并由许多继电器按固定方式连接的控制线路。逻辑控制线路的动作结果是驱动执行电器。和继电器控制系统类似，PC 也是由输入部分、逻辑控制部分和输出部分等三部分组成的，其各部分的主要作用如下：

（1）输入部分。它收集并保存被控对象实际运行的数据和信息，例如被控对象的参数、各种状态信息或者由操作台上发出的操作命令等。

（2）逻辑控制部分。它处理输入部分所取得的信息，并按照被控对象的实际动作要求作出反应。

（3）输出部分。它通过输出接口实现对被控对象的实时操作。

五、PC 的主要逻辑部件

1. 继电器逻辑

为了适应电气控制的需要，PC 采用"与""或""非"等逻辑运算，来处理各种继电器的连接方式。PC 内存中的存储单元有"1"和"0"两种状态，并对应于继电器的"ON"（接通）和"OFF"（断开）状态。所以，PC 中所说的继电器是一个逻辑概念。PC 一般为用户提供以下几种继电器：①输入继电器，它给 PC 输入现场信号；②输出继电器；③内部继电器，它与外界没有联系，仅作为运算的中间结果使用。

2. 定时逻辑

PC 一般采用硬件定时中断、软件计数的方法来实现定时逻辑功能。定时器一般包括：①定时条件；②定时语句；③定时的当前值；④定时继电器。

3. 计数逻辑

PC 的计数器是由软件来实现的，一般采用递减计数。计数器由以下几部分组成：①计数器的复位信号；②计数器的计数信号；③计数器设定值的记忆单元；④计数器当前计数值单元；⑤计数继电器。

4. 触发器逻辑

为了记忆某些信息，PC 具有触发器逻辑。触发器逻辑可以被置位成"1"，也可以被复位成"0"。触发器有置位输入（S）和复位输入（R）。

5. 移位寄存器

移位寄存器由填充输入（IN）、移位脉冲输入（CP）和复位输入（R）等组成。

第五篇 热工程控保护

6. 数据寄存器

它用于存放数据。

六、PC 工作过程的特点

(一) 周期循环扫描

PC 是按周期循环扫描工作的。用户程序通过编程器或其他输入设备输入并存放在 PC 的用户存储器中。当 PC 开始运行时，CPU 根据系统监控程序，通过扫描来完成各输入点的状态采集（或输入数据采集）、用户程序的执行、各输出点状态更新、编程器键入响应和显示更新以及 CPU 自检等功能。PC 的扫描既可按固定顺序进行，也可按用户程序规定变顺序进行。

(二) 集中分段工作

PC 采用集中采样、集中输出的工作方式，降低了外界干扰影响。PC 的工作过程分成三个阶段进行，即输入采样阶段、程序执行阶段和输出刷新阶段。

1. 输入采样阶段

PC 在输入采样阶段，首先扫描所有的输入端子，并将各输入信号存入内存的各对应输入映象寄存器中。此时，映象寄存器被刷新。在程序执行阶段和输出阶段，输入映象寄存器与外界隔离，无论信号如何变化，其内容保持不变，直到下一个周期的输入采样阶段才重新写入新的内容。

2. 程序执行阶段

在程序执行阶段，根据程序所定的扫描原则，PC 按先左后右、先上后下的步序语句逐句扫描。但遇到程序跳转指令，则根据跳转条件是否被满足，来决定程序的跳转地址。当指令中涉及输入、输出状态时，PC 从输入映象寄存器中"读出"上一阶段采样的对应输入端子状态。从输出映象寄存器"读出"对应输出映象寄存器的当前状态，然后进行相应的运算，其运算结果再存入元件映象寄存器中。

3. 输出刷新阶段

在所有指令执行完毕后，输出映象寄存器中所有输出继电器的状态（接通/断开）在输出刷新阶段转存到输出锁存寄存器中，并通过一定方式输出，驱动外部负载。对于小型的 PC，I/O 点数较少，用户程序较短，采用集中采样、集中输出的工作方式虽然在一定程度上降低了系统的响应速度，但从根本上提高了系统的抗干扰能力，使系统的可靠性增强。而中大型的 PC，其输入输出点数多、控制功能强、编制的用户程序也较长。为提高系统的响应速度，可以采用固定周期输入采样、输出刷新，直接输入采样、直接输出刷新，中断输入输出和智能化 I/O 接口等方式。

七、可编程序控制器在火力发电厂中的应用

可编程序控制器在火力发电厂的吹灰系统上已得到广泛应用。例如，某火力发电厂的锅炉配有 110 台吹灰器，其中 80 台为短杆吹灰器，28 台长杆吹灰器和两台气吹式空气预热器吹灰器。该系统除吹灰器外还配有两台减压站，7 只疏水阀，4 只流量开关，4 只压力开关，7 只温度控制器。

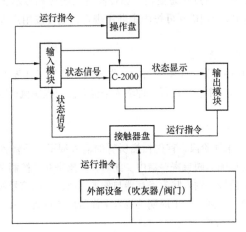

图 17-3　吹灰系统控制流程图

该系统采用以 PC 为核心的程序控制装置。PC 采用美国 GE 公司生产的 GE-L 系列可编程序控制器。该程控装置具有体积小、可靠性高、功能强、程序可变等优点，运行情况良好。

图 17-3 所示是某火力发电厂采用的 C-2000 型可编程序控制器的吹灰系统控制流程图。

上述系统中有 84 台吹灰器，其中水冷壁吹灰器（短吹）56 只，过热器和再热器的吹灰器（长吹）26 只，空气预热器（AH）吹灰器 2 只。系统的工作汽源分为两路：一路是三级过热器入口汽源，另一路是再热器冷端汽源。两路汽源可自动切换。汽源系统中装有汽源总门、疏水门（7只）。相应的控制用一次元件共有 7 个温度开关、6 个流量开关、3 个压力开关。

以 C-2000 可编程序控制器为核心的控制系统中有一台主机柜、一个接触器柜和一个操作屏。

主机柜中有 C-2000 主机及其输入输出模块。输入模块接受外部设备的状态信号和由操作屏来的信号,经 C-2000 的 CPU 处理后通过输出模块发出操作指令,再通过接触器盘向外部设备发出启、停命令。

接触器盘中包括各种电源开关、中间继电器、接触器。外部设备的状态信号经接触器盘送到 C-2000。C-2000 输出的运行指令也通过接触器盘控制外部设备。吹灰器的动力电源也通过接触器盘引到吹灰器本体上。

操作盘上有操作人员启/停吹灰器的开关以及工作方式选择开关,还有由显示工作状态的指示灯组成的模拟图。

采用一台小型 PC,很方便地组成可控制有 84 台吹灰器的程序吹灰系统,该系统的运行流程如图 17-4 所示。

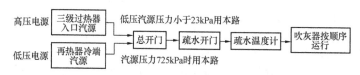

图 17-4　吹灰系统运行流程图

以 C-2000 为核心组成的程序吹灰装置经过实际使用,认为有以下优点:

1. 修改程序方便

上述系统如采用继电器控制,不但设备多,而且任何的程序变更都必须改变硬接线。而使用 PC,则其程序可以根据运行要求随意修改。

2. 抗干扰能力强

因为 PC 对工业环境的适应能力强,它的输入信号采用了两级光电隔离,再加上使用了专用的屏蔽电缆和可靠的接地措施,进一步提高了抗干扰能力,可以很好地适应锅炉吹灰现场磁场干扰的情况。

3. 运行可靠

因为 PC 是专为工业现场设计的,元件可靠、故障率低,使整个系统的运行可靠性得到提高。

4. 监控方便

输入、输出模块和中间继电器等在运行中均有指示灯指示,同时在实际运行中还可以随时了解程序的运行是否正确,因此直观而方便。

5. 功能强且实现方便

这里所说的功能强,是相对于继电器系统而言的,不是指 C-2000 本身,因为同样一种功能,如果用 PC 去实现就很方便,而用继电器则必须有复杂的硬接线。

在火力发电厂的生产过程中，水既要传递能量，又是重要的冷却介质。火力发电厂的化学水处理设施主要包括：汽机凝结水精处理系统、锅炉化学补给水系统、循环水弱酸处理系统等。下面以某电厂化学水处理为例，简述化学水处理的控制原理流程。

化学水处理工艺系统工作环境潮湿、酸碱度高，完成工艺系统要实现的特定功能，需要用到专用的化学监测、分析控制仪表（如导电度、酸碱浓度、硅酸盐浓度、酸碱液位等）和热工控制仪表（如流量、压力、差压、液位、温度等）。

化学水处理的自动化控制采用程控、远控及就地操作相结合的控制方式。控制系统以微处理器为基础的可编程序控制器（PLC）为核心，进行顺序逻辑控制，程序控制应包括每串除盐装置的投运、停止和再生程序、自动加酸/加碱程序、自动/半自动启动另一串处理装置程序等。对于程序控制要设置必要的分步操作、成组操作或单独操作功能，设有必要的步骤时间和状态指示，以及必须的选择和闭锁功能。采用 CRT 站操作站为主进行监视控制，CRT 屏幕应能显示及控制流程、测量参数及所有被控对象的状态及成组参数，按照 PID 设计 CRT 画面。

依据上述控制要求和化学水处理系统的工艺特点，化学水处理的自动化控制系统采用分系统分别控制的方式比较合理。安装地点由现场安装和分控室安装两部分组成，即现场安装部分为传感器、化学监测仪表、电控气阀装置等；分控室安装部分为电源装置、控制设备（PLC）和输入输出设备（I/O 柜）、用于人机操作控制监视的 CRT 工作站。各部分由热工电缆或专用的电缆联结组成网络，其控制系统框图和控制总体思路如图 17-5 所示。

一、化学水处理自动控制系统的三级控制网络

化学水处理自动控制系统由 CRT 站、PLC 控制系统、电气转换装置或电动执行机构转换装置构成，具有功能强大的三级控制网络。

第一级为 CRT 站，是控制系统的核心，人机操作对话的窗口，与厂级管理网络（MIS）或 DCS 控制系统网络的接口。CRT 站设置在控制室内，其基本任务是对整个工艺系统进行实时监控，显示设备的运行状态、工艺参数、对报警和各种报表的自动记录和打印、关键数据和历史记录的

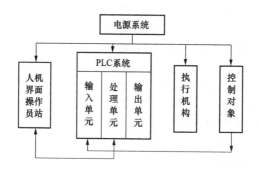

图 17-5　化学水处理自动控制系统框图

保存、各种参数的瞬时和历史曲线的显示；对系统控制的范围进行设定操作（如单台设备或系列设备）、对系统控制的控制方式进行设定操作（如就地控制或远方自动控制）、对系统控制的工况进行设定操作（如系统投运或系统再生）、对系统远方自动控制的方式进行设定操作（如各个在线工艺参数参与的闭环自动控制或时间顺序控制）等，这些设定操作既互相联系又互相闭锁、与系统自检功能一起构成了一个安全运行的控制操作平台。

第二级为 PLC 控制系统，可由一台或几台 PLC 构成，均有 CPU 模块可独立运行。通过网络与第一级 CRT 站连接，其主要作用有：

（1）控制作用。PLC 各控制模块与电气转换中间装置接口，实现工艺设备的启、停、逻辑控制、闭环调节控制，可编程装置设备保护功能，当设备出现异常时可自动停机，这些可通过 PLC 编程来实现对化学水处理工艺过程的控制。

（2）数据交换及采集。PLC 站能识别本站地址，并接受 CRT 站的有效指令，完成对化学水处理工艺过程的控制；采集现场仪表测量数据、泵（阀）的运行状态等传送到 CRT 站，作为系统运行分析、检测和处理的依据。

（3）显示作用。PLC 各控制模块的每一个地址对应固定的一个工艺设备，其状态显示区监视工艺设备的运行状态；也可在 PLC 分控站上配置人机操作界面，在这个人机界面上查看设备的运行状态或对工艺设备进行控制操作。

第三级为中间转换接口系统，是 PLC 控制系统与工艺设备间的电气接口，其主要作用是将 PLC 控制系统发出的弱电控制信号转换为气源控制信号或强电控制信号，作用于被控的工艺设备，同时将设备运行状态或阀的位置信号通过网络发送至 PLC 控制系统。

二、化学水处理系统中的测量仪表

化学水处理系统中，工艺参数的准确测量、监视和分析（包括化学分析）十分重要，它影响系统的安全经济运行。因此测量仪表（化学分析、热工在线监测）系统是化学水处理自动控制系统中的重要组成部分，也是影响化学水处理自动控制系统投入运行效果的关键环节。根据化学水处理工艺系统正常运行及其实现自动化控制的需要，至少在关键环节配置如下类型的测量仪表：

（1）硅表。主要监测阴离子交换器出口或混合离子交换器出口的除盐水中所含二氧化硅的含量。

（2）钠表。主要监测阳离子交换器出口水中钠离子的浓度。

（3）工业酸度计（PH 计）。主要监测中和池和废水处理排泄池等设备中污水的酸碱度。

（4）导电度仪。主要监测阴离子交换器出口或混合离子交换器出口的除盐水导电率。

（5）酸/碱浓度计。主要监测酸、碱喷射器出口的酸/碱浓度。

（6）流量（计）变送器。主要监测系统进出口母管、泵（阀）、喷射器出口等设备的出口流量。

（7）压力（计）变送器。主要监测系统进出口母管、泵（阀）等设备管线压力。

（8）液位计。主要监测除盐水箱、中间水箱和中和池等设备的液位，酸/碱贮存槽、酸/碱计量箱等设备的酸/碱液位。

上述的几类仪表为了能与自动化接口，就必须转化为 PLC 系统能识别的电参数，常规的（仪表）变送器能输出 4~20mA（或 0~5V），通过 A/D 转换进入 PLC 系统。

第四节　输煤控制系统

火力发电厂的输煤控制系统完成的工作包括卸煤、储存、分配、筛选、破碎、运送、计量、取样、除杂等，设备包括斗轮机、皮带、碎煤机、除铁器、取样装置、犁煤器、滚轴筛、皮带秤等。其特点为环境恶劣、设备多、工艺流程复杂。下面以某电厂输煤控制系统为例简述控制原理及流程。

输煤程控系统功能及组成：

输煤程控包括的控制内容有自动启停设备（包括皮带机、碎煤机、除铁器、除尘器、挡板等的控制）；集中或分别自动卸煤（链斗式卸船机），自动上煤（堆取料机等煤场机械的控制）；自动起振消堵；自动除大铁；自动调节给煤量；自动进行入炉煤的采集；自动配煤；自动切换运行方式、自动计量煤量等。

一、输煤程控的主要功能

输煤程控的主要功能有：

（1）程控启停操作及手动单控操作。设备在启动前，对要启动的给、输、配煤设备进行选择（包括各交叉点的挡板位置）来决定全系统的启动程序。再根据选定的程序运行方式，按所发出的启动指令进行启动，在启动前，可通过监视程序流程或模拟屏显示确定程序正确与否，如有误可及时更改。需要停止设备运行时，将控制开关打在停机的位置。运行的设备经过一定的延时之后，按顺煤流方向逐一停止。

（2）程序配煤和手动单独操作。通过预先编制的配煤程序，使所有的犁煤器按程序要求抬犁或落犁，依次给需要上煤的煤仓进行配煤。当遇到机组锅炉检修、输煤设备检修、个别仓停运时，程序控制按照设置的"跳仓"功能自动跳仓，犁煤器将自动抬起、自动停止配煤。

（3）设备状态监视。对皮带的运行状态进行监视，对原煤仓煤位、犁煤器的状态进行监视，对设备的历史过程进行记载。

（4）故障音响报警。设备在运行中发生皮带跑偏、落煤管堵煤、煤仓煤位低、皮带撕裂、电动机故障跳闸、现场故障停机时，程控 CRT 发出故障报警信号，模拟系统图上对应的设备发出故障闪光，同时电笛发出故障音响信号。

二、输煤系统的集中控制

集中控制包括程序集中控制和单独控制两种。

程序集中控制是指运行方式选定后，在集控室只发出起、停指令，被选中的设备自动按工艺流程要求成组起停；单独集中控制是指在集控室对设备一对一的远方操作。

卸煤部分因机械动作程序复杂，又能自成一体，故一般是单独设置控制室控制。而储煤、上煤和配煤是由输煤集中控制室直接控制，又是输煤程控自动化的重要组成部分。

三、程序运煤和程序配煤

程序运煤是指从给煤设备开始到配煤设备为止的输煤设备的程序运

行。它是输煤系统的主体,包括了皮带机系统、除尘、除铁、计量系统。

程序配煤是指配煤设备(如犁煤器等),按照事先编制好的程序,依次给需要上煤的原煤仓配煤的过程。

四、输煤程控的基本要求

(1)输煤设备必须按逆煤流方向启动,按顺煤流方向停运。

(2)设备启动后,在集控室或微机的模拟图中有明显的显示。

(3)在程序启动过程中有任何一台设备启动不成功时,按逆煤流方向以下设备均不能启动,且系统发出警报。

(4)在设备正常运行过程中,任一设备故障停机时,其靠煤源方向的设备均连锁立即停机。

(5)要有一整套动作可靠的信号采集设备,能够将现场设备的运行情况准确地送到微机中,以便值班员能够准确地掌握现场设备的运行工况。

(6)在采用自动配煤的控制方式中,锅炉的每个原煤仓都可以设置为检修仓,以便跳仓配煤。

(7)各原煤仓上犁煤器的抬落信号均应准确可靠。

(8)各原煤仓内的高低煤位信号均应准确可靠。

五、输煤程控系统的主要信号

输出煤程按系统对皮带机、挡板、碎煤机、除铁器、除尘器、给煤机、皮带抱闸、犁煤器等设备进行控制,各设备相关的主要信号有以下三种:

(1)保护信号。有拉线、跑偏、纵向撕裂、堵煤、打滑、控制电源消失、电动机过负荷、皮带停电等。

(2)监测报警信号。有运行信号、高低煤位信号、煤位模拟量信号、皮带跑偏信号;挡板A位、B位、犁煤器抬、落位、犁煤器过负荷跳闸煤仓高煤位、低煤位、控制电源消失信号、振动模拟量、温度模拟量等。

(3)控制信号。主系统启动信号、停止信号、音响信号;除尘器启停、除铁器启停、犁煤器抬起信号、落下信号等。

输煤设备程控操作的正常投运要求以上信号必须准确可靠。

六、输煤程控的自诊断功能的作用及意义

程控系统的各种模块上设有运行和故障指示装置,可诊断 PLC 的各种运行错误,一旦电源或其他软、硬件发生异常情况,故障状态可在模块表面上的发光二极管显示出自诊断的状态,也可使特殊继电器、特殊寄存器置位，并可对用户程序做出停上下班运行等程序的处理。

由于 PLC 系统具有很高的可靠性，所以发生故障的疗位大多集中在输入输出部件上。当 PLC 系统自身发生故障时，维修人员可根据自诊断功能快速判断故障部位，大大减少维修时间；同时利用 PLC 的通信功能可以对远程 I/O 控制，为远程诊断提供了便利，使维修工作更加及时、准确、快捷，提高了系统的可靠性。

程控系统可将每台设备的电流值定期取样记忆，形成历史曲线，保存一个月或更长时间随时调用，特别是设备过流启停故障分析时特别有用。

七、监控方式及配置

输煤系统的监控方式为 PLC – CRT 监控方式，监控方式为以工业控制机的 CRT 显示、键盘、鼠标控制为主，并设有通过 PLC 的紧急停机的后备手操。

PLC 系统采用双机热备配置。在两个配置完全相同的主机架上应各有一块热备通信模块，两块热备通信模块通过光缆彼此相连，每个扫描周期，主 CPU 都要根据自身的 I/O 状态表，通过热备模块间的通信，来更新备用 CPU 的 I/O 状态表，使备用 CPU 始终与主 CPU 同步。当主 CPU 模块或系统发生故障时，通过热备模块及热备通信组件，备用 CPU 可以完全同步地、无扰动地进行切换，此时辅助（热备）CPU 模件支持程控系统不间断的持续工作。

常用的传感器和报警信号有：事故拉线开关、皮带事故拉线开关、皮带跑偏开关、皮带打滑、电动机过载故障跳闸、高煤位信号装置、煤仓计量信号装置、落煤管堵煤信号装置、煤流信号装置、速度信号装置、皮带纵向划破保护装置、碎煤机测振报警装置、碎煤机轴承测温装置、犁煤器限位开关、挡板限位开关、音响报警装置等。当这些信号动作时，模拟图中对应的设备图示发生闪烁，同时音响信号发出声音报警。

第五节　除灰除渣系统

一、概述

1. 除灰装置的分类与主要任务

除灰装置是火力发电厂重要的辅助设备，其作用主要是把锅炉电除尘器收集的粉煤灰输送到灰库，保证锅炉系统安全正常运行。根据工作原理的不同，除灰装置可以分为：水力除灰装置、气力除灰装置和机械式除灰装置三种。其中，气力除灰装置的主要任务是将省煤器及电除尘下集灰斗所收集的飞灰，通过气力排放到灰库，然后用车装运，或搅拌成湿灰装船运走。整个过程湿密封管道输送。

除灰除渣装置的控制系统是一个比较复杂的控制项目，其主要控制对象：输送风机、气化风机、气锁阀、加热器、各类阀门、卸灰装置、布袋除尘器、收灰风机及管道压力、底渣斗、贮水池以及灰库等设备。

2. 除渣系统的运输方式

大型机组除灰除渣系统运输主要分为以下几种方式：

（1）水力喷射器除渣水力输送方式。炉底渣经碎渣机破碎后由水力喷射器送至灰浆池，再通过灰浆泵送至灰场。

（2）刮板捞渣机除渣水力输送方式。

（3）水力除渣汽车运输方式。锅炉底渣采用水力方式输送至脱水仓，渣经脱水仓脱水后用汽车运至用户或渣场。

（4）水力除渣皮带运输方式。锅炉底渣经螺旋捞渣机捞入碎渣机破碎后，由渣沟流至渣浆泵房前池，再由渣泵送往脱水仓，渣经脱水后上皮带至灰场。

（5）刮板捞渣机除渣皮带运输方式。排渣系统为炉底渣由刮板捞渣机捞出输送至管带输送机，由管带输送机输送并提升至渣仓，再由汽车运至灰场。

（6）刮板捞渣机除渣汽车运输至灰场的方式。炉底渣由刮板捞渣机直接输送并提升至渣仓，再由汽车运至灰场。

3. 除灰除渣系统的工作内容

大型机组的除灰除渣系统通常包括：磨煤机排出的石子煤处理、锅炉底部渣的处理、省煤器、空气预热器和电气除尘器飞灰的处理。

（1）石子煤的处理。石子煤的成分主要是磨煤机无法磨碎的石子，在机组调试初期，还常含有大量的煤。处理方式有机械方式和水力喷射泵输送方式。

（2）底渣部分的处理。底渣是锅炉底部燃烧产生的废物，大排渣温度高，需要有贮渣及水冷装置。如水封式排渣或刮板捞渣机的水槽，经过连续的冷却水冷却，然后采用机械方式和水力喷射泵输送方式，另外还有适于北方干旱少雨缺水地区的空气冷却后加机械输送的输送方式。

（3）灰的处理。大型机组的省煤器、空气预热器和电气除尘器飞灰一般采用气力输送系统，以便灰综合利用和保护厂区环境。灰库中的灰可进一步经分选装置，把粗灰中的细灰分离出来，提高细灰产量，同时达到商品优质灰的细度要求。

（4）厂外输送。出于安全运行方面的因素，底渣和飞灰输送到灰渣场。常有的输送方式有灰渣泵水力输送或干灰调湿后皮带、汽车、装船等。

二、控制系统设计

电厂除灰除渣系统工艺设备较分散，距离较远，范围大，运行时要按严格的相关条件和连锁关系及压力参数来控制运行。大多采用可编程序控制器进行控制系统的设计。

在除灰除渣控制室设置 PLC 控制机柜及上位机，PLC 控制站同监控计算机之间通过以太网进行数据通信。

现场 PLC 控制系统是隶属主控系统又相对独立的智能控制系统，配备 CPU 模块、网络模块、通信模块、开关量输入模块、开关量输出模块、模拟量输入模块、电源模块等，它接收主控机下发的参数设定、运行指令，并以预订的方式对输灰系统进行控制。

运行人员通过上位机，根据工艺流程设计监控画面，对除灰除渣控制系统进行集中监控；LCD 画面能够显示工艺流程、测量参数、设备运行工况；具有数据采集显示、数据存储管理、报警输出、历史数据存储及报表生成等功能。

在工艺系统设备附近，设就地操作箱。操作箱设有自动/手动转换开关及手操开关，便于设备自动投运前的调试和运行过程中发生故障后的检修。

三、控制模式

系统大多设置有自动、软手操、就地等三种方式。自动、半自动、软手操在模拟控制台上或者 LCD 操作员站上，经 PLC 对设备进行控制。"就地"是通过就地的操作箱自动/手动切换开关及手动开关，对设备进行一对一控制操作。

手动操作分为就地现场箱手动操作和上位机手动操作（即上位机软手操）。

自动运行条件下，现场被人为切换时，则会出现故障报警，即程序停止，现场所有阀门关闭。灰管疏通后，将仓泵内残留的灰手动吹扫干净后，返回到相应画面进行报警和故障复位，完毕后在自动操作条件满足的情况下方可进行新一轮的自动运行操作。

第六节 脱硫脱硝控制系统

一、概述

随着全社会环保意识的增强，污染物排放受到严格控制。脱硫脱硝系统是大型燃煤机组必备的系统。控制系统设计可以设计为 DCS、PLC、FCS 等形式。

二、石灰石——石膏湿法烟气脱硫系统

（一）FGD 系统仪表选型及影响因素

1. 流量测量

（1）烟气流量测量。烟气流量测量采用"流速－面积"法，通过测量烟气流速，由流速和测量烟道截面积计算得到。烟气流速的测量主要有压差法、超声波法、热传导和时间差法等。

烟气流量测量一般要求烟道直管段长度大于 6 倍的烟道当量直径，安装位置前的直管段长度不小于 4 倍的烟道当量直径，安装位置后的直管段长度不小于 2 倍的烟道当量直径。然而，FGD 系统的烟道通常受现场场地条件的限制，很难有这么长的直管段，因而需对烟道中的流场进行分析，选取最佳的测量位置，并采取多点、多状态测量等方式确定修正参数，测量精度在 5% 左右。

（2）浆液流量测量。在 FGD 系统中，石灰石浆液或石膏浆液有腐蚀，因此浆液流量的测量一般采用电磁流量计。电磁流量计的基本原理是法拉第电磁感应定律，即导体在磁场中作切割磁力线运动时，在其两端产生感应电动势。石灰石浆液多为液固混合相流体，密度范围在 $1200 \sim 1400 kg/m^3$ 之间。石灰石的浆液的导电率会随密度的变化而变化，因此石灰石浆液的流量测量会受到密度的影响。

2. 浆液浓度测量

石灰石浆浓度一般为 20% ～30%，石膏浆的浓度一般为 10% ～30%，在 FGD 系统主要采用科氏力质量流量计来测量。因质量流量计的价格随着公称直径的增大而迅速增加，所以，通常是在需测量的管路上引出一段 DN50 的测量支管。质量流量计安装在浆液自下而上的垂直管道上。

3. pH 值测量

吸收塔中浆液 pH 值是一个关键参数。pH 值高有利于 SO_2 的吸收但不利于石灰石的溶解，反之，则有利于石灰石的溶解而不利于 SO_2 的吸收。为兼顾两者的最佳水平，对于强制氧化的吸收塔，一般 pH 值控制在 5 ~6

范围内。通过调节加入吸收塔的新鲜石灰石浆流量来控制 pH 值。

吸收塔浆液的 pH 值测量一般设在石膏浆排出泵出口，在出口管路上引一测量支路返回吸收塔，选用直插式 pH 计，直接安装在测量支路上，依靠浆液的冲刷作用来清洁测量电极，可以不用设置冲洗管路。

pH 计测量电极受浆液的磨损和粘结极易沾污和老化，且测量准确度受温度的影响，因引需要定时对 pH 计测量探头进行标定，停机是要立即冲洗。

4. 物位测量

（1）箱罐内液、料位测量。FGD 系统中需要测量的物位有：石灰石仓料位、石灰石粉仓料位、石膏仓料位、吸收塔液位、石灰石浆及石膏浆箱池液位、工艺水及滤液水箱池液位、脱水皮带机石膏浆厚度及废水处理系统中化学药品储罐等物位，涉及块状、粉状固体、浆液、液体、化学药品等多种形态的介质，应根据不同的应用场合选择适宜的物位测量装置。

对设有搅拌器的箱罐液位测量采用超声波液位计，石灰石、石灰石粉或石膏等块状、粉状固体测量采用雷达料位计，加药罐等化学药品的料位测量采用磁翻板料位计。

（2）吸收塔液位测量。吸收塔液位测量不同于箱、罐等的液位测量，在 FGD 系统正常运行时，塔内的浆液为气液混合物，并随着进行时间的延长、液面上泡沫的多少、氧化风机及石膏脱水系统的投入情况等的影响，吸收塔内的浆液密度是随时变化的。因此吸收塔的液位测量采用差压法，即在液位以下有两个不同高度各设两个互为冗余的法兰式液位变送器，通过两处的压差和已知的高度差算出塔内的平均密度，再通过平均密度算出液位高度。

通过实际运行情况，用上述方法算出来的液位高度与实际高度比较近似。在 FGD 系统运行期间，烟气在吸收塔内被石灰石浆液洗涤过程中产生大量的泡沫，随着泡沫增多，会将部分石膏浆液流入烟道，造成入口积灰或从溢流口流出。因此，在运行中应定期加入消泡剂。

（二）FGD 系统的 DCS 控制系统的设计

1. 烟气系统控制

烟气系统涉及到机组的安全性，是整个 FGD 系统中最为重要的一个子系统，因此，烟气系统的基本控制要求是保证机组的安全。原烟气自引风机引出，通过烟道到达 FGD 系统的原烟道。原烟气通过原烟道到达增压风机，增压风机前设有压力信号和温度信号。压力信号主要作为调节增压风机导叶开度用温度信号用来指示 FGD 入口烟温，增压风机出口处设有压力测点用来监视增压风机运行状况。原烟气经过增压风机后到达吸收塔，吸收塔入口设有温度信号，温度信号主要是保护吸收塔用，它与吸收塔出口烟气温度信号一起作用，以监视吸收塔工作状况。原烟气经过吸收塔的入口向上流动穿过喷淋层，烟气被冷却，烟气中的 SO_2 被吸收。经过喷淋洗涤的净烟气经过除雾器脱除烟气中携带的浆液雾滴后进入烟囱。在烟囱两侧设有旁路挡板门，烟气可以 100% 通过旁路挡板门经旁路烟道被旁路分离掉。脱硫系统也可通过旁路挡板门与旁路烟道分离。

吸收塔入口的压力的大小在很大程度上影响着 SO_2 的吸收效率和系统设备的运行效率。如果吸收塔入口处的压力过大，进入塔内的原烟气流速过高，原烟气与喷淋下来的吸收浆液接触得不够充分，导致化学反应还没有进行完全就冲出塔体，这样就会造成脱硫效率降低的问题。其次，如果吸收塔入口处的压力过小，由于塔体内有一定程度的阻力，这样原烟气流速过小，虽然反应可能比较充分，但是整个系统内的设备运行浪费很大，对节约资源不利，将造成系统的利用效率不高的问题。

增压风机为原烟气通过吸收塔提供足够的压力，用以弥补烟气流经吸收塔的压力损失。在增风压机的进出口均设置了压力变送器，用于调节增风压机导叶的开度，将吸收塔入口处的烟气静压控制在某设定值。

为了优化 FGD 入口压力控制回路的调节性能，决定引入锅炉负荷信号或锅炉送风量或引风机调节信号作为前馈信号，当锅炉负荷或送风量变化时同步调节增压风机的出力，可以减少引风机后至 FGD 入口段烟气的压力波动，从而改善该控制回路的调节性能，减少该控制回路对锅炉运行的影响。实际控制时，脱硫系统的烟气流量与锅炉烟气流量是否平衡将反映在脱硫系统旁路挡板的差压信号上，利用这一差压信号，通过 PID 调节不断对增压风机挡板开度进行调整和修正，使脱硫系统的进烟量与锅炉烟气流量达到动态平衡。

2. 石灰石浆液制备系统控制

石灰浆液制备系统控制包括：浆液浓度控制子系统、浆液液位控制子系统，在 SO_2 吸收控制过程中，控制量与被控量存在一定的相互耦合关系如图 17 - 6 所示。

3. 石灰石浆液浓度控制

石灰剂加水，经充分搅拌、熟化，制备成一定浓度的石灰浆液乳液。制备出的石灰浆液浓度为 10% ~ 12%，在熟化池内搅拌均匀，然后，通过脱硫剂供给泵分别送至氧化池及浓缩池溢流槽，最后汇流至 pH 调节池，调节合适的 pH 值后，经循环泵加压供脱硫吸收塔喷淋净化烟气使用。

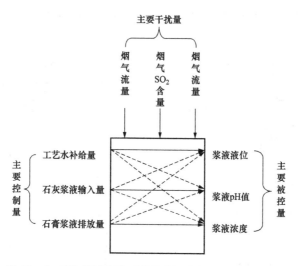

图 17-6 石灰浆液制备系统控制量与被控量耦合关系图

石灰浆液的浓度直接影响吸收塔内的反应品质，浓度过高或过低，对脱硫系统都不利。由于大滞后的特点，石灰浆液的调节控制存在一定困难，因而系统采用的方法是：先将石灰浆液浓度控制在适当范围，通过控制石灰浆液给料量流量的大小来控制脱硫的效率。石灰浆液给料量则根据锅炉负荷，FGD 装置进口和出口的 SO_2 浓度及吸收塔浆液池内的浆液 pH 值进行控制。石灰浆液制备控制系统必须保证连续向吸收塔供应浓度合适、份量足够的石灰浆液。通过石灰浆液密度测量的反馈信号修正进水量进行细调。通过将石灰石浆液浓度的测量值与设定值比较，偏差经过 PID 运算后，来调节石灰浆回水调节阀的开度，从而将石灰浆液浓度控制在设定值。石灰浆液浓度 PID 控制原理如图 17-7 所示。

图 17-7 石灰石浆液浓度控制

4. 石灰石浆液箱液位控制

进塔石灰浆液流量计与密度计，用于吸收塔内石灰浆液补给量和密度的测量。为保证脱硫效率，钙硫比有一定的要求。

吸收塔浆液 pH 值、浆液箱液位、浆液浓度控制方案示意图如图 17 - 8 所示。

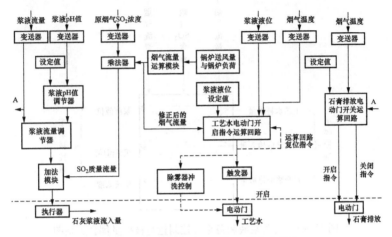

图 17 - 8　吸收塔浆液 pH 值、浆液箱液位、
浆液浓度控制方案示意图

5. 石膏脱水系统控制

FGD 系统中排污液由排浆泵送入氧化池吹氧氧化，生成石膏浆液，然后输送至浓缩池，上清液回流至 pH 值调节池，石膏排出泵出口安装有密度计测量石膏浆液密度，当石膏浆液密度达到限值时，石膏排出泵将石膏浆液送至石膏脱水系统，进行脱水处理，得到含水量 10% 以下的石膏并送入石膏储仓。

三、烟气脱硝系统

烟气脱硝是指把已生成的 NO_x 还原为 N_2，从而脱除烟气中的 NO_x，按治理工艺可分为湿法脱硝和干法脱硝。以某电厂脱硝系统为例简述 SNCR 一般控制原理和流程。

本脱硝 DCS 控制系统主要完成的计算和控制有：氨/尿素需求量计算、尿素溶液喷射装置调节控制、热解室温度控制、稀释风机及电加热器控制、声波吹灰器等相关辅助设备控制。

由于脱硝系统的设备启停过程需要按照一定的工艺顺序进行，DCS 系统设计了一套热解系统顺控程序、声波吹灰顺控程序等，以简化操作过程。

第五篇　热工程控保护

此外，DCS 系统设计了稀释风机及电加热器和溶液喷射装置的跳闸首出逻辑等辅助逻辑。

下面具体说明脱硝系统各部分的工艺控制逻辑。

1. 尿素溶液制备

（1）储罐进口阀保持关闭，回流阀保持关闭。

（2）打开进水阀，向尿素溶解罐中注水，当液位计显示液位为限值时，进水阀自动关闭。

（3）启动电加热器，当温度达到限值时，启动搅拌器，开始倒入尿素。

（4）启动尿素溶液泵，打开回流阀。

（5）当密度计达到定值，温度达到限值时，且稳定 5min 后，停止电加热器，停止搅拌器。

（6）关闭回流阀，打开储罐进口阀。

（7）当液位计液位为定值时，停止尿素溶液泵，关闭储罐进口阀。

（8）打开进水阀，向尿素溶解罐中注水，当液位计显示液位为定值时，进水阀自动关闭。

（9）启动尿素溶液泵，打开回流阀，持续 2min，停止尿素溶液泵，关闭回流阀。

（10）溶液制备完成。

2. 尿素溶液输送及循环系统

（1）打开储罐出口阀 A，启动尿素循环泵 A，打开循环泵出口阀。

（2）或打开储罐出口阀 B，启动尿素循环泵 B，打开循环泵出口阀。

（3）尿素循环泵 A 和尿素循环泵 B 互为连锁，任意 1 台跳机，另一台启动。

（4）尿素循环泵 A 和尿素循环泵 B 与液位连锁，液位低于定值时，尿素循环泵 A 和尿素循环泵 B 保护停。

3. 稀释风机及电加热器系统

热解系统的稀释空气由 1 台稀释风机提供，通过 1 台电加器加热到需要的高温后进入尿素分解室。

4. 稀释风机

打开尿素分解室出口开关阀，启动稀释风机，当压力达到定值时，启动电加热器。

5. 电加热器

电加热器可以有两种控制方式：就地控制和远方 DCS 自动控制方式。

在远方自动控制方式下，DCS 只是发送启动或停止指令给电加热器控制系统，由电加热器就地控制系统控制电加热器内部各个设备（温度调节装置等）。

热解室温度控制是通过控制电加热器的来控制通入热解室的空气温度实现的，该电加热器通过自带的就地控制装置，根据电加热器出口的温度传感器与 PID 温度调节仪组成的调节回路实现实现电加热器出口空气温度控制，DCS 则根据热解室出口温度与电加热器的 PID 温度调节回路组成一个串级调节回路，即根据热解室出口设定的温度与实际温度的偏差修正电加热器的 PID 温度调节仪设定值，从而使热解室出口介质温度达到设计要求。

6. 热解系统

热解系统（Decomposition Chamber System，简称 DC 系统）用于产生脱硝反应所需要的氨。尿素经过 DC 系统分解产生氨气，经过稀释空气稀释后再喷入 SCR 反应器，与烟气中的氮氧化物进行反应，实现脱硝反应。

7. 热解系统程控启动逻辑

启动允许条件：

（1）溶液喷射装置母管压力满足要求。

（2）无程控停指令。

（3）尿素分解室出口开关阀关。

（4）稀释风机投入。

（5）稀释风压力达到要求。

（6）电加热器投入。

（7）电加热器出口温度达到要求。

第 1 步：打开尿素分解室出口开关阀；

第 2 步：启动稀释风机；

第 3 步：启动加热器；

第 4 步：打开喷枪冷却开关阀；

第 5 步：打开雾化空气开关阀，流量计和调节阀组成的闭环控制回路置自动状态；

第 6 步：打开尿素溶液开关阀，流量计和调节阀组成的闭环控制回路置自动状态。

8. 热解系统程控停止逻辑

停止允许条件：无。

第1步：关闭尿素溶液开关阀；

第2步：打开喷枪吹扫开关阀；

第3步：关闭投用喷枪吹扫阀；

第4步：关闭雾化空气开关阀；

第5步：停止加热器；

第6步：停止稀释风机。

9. 溶液喷射装置

溶液喷射装置的作用是在正常运行过程中将程序计算出来的需要喷射进热解装置的尿素溶液输送到投运的喷枪中，并且要通过动态的调节喷枪上的调节阀，使热解反应的充分进行。

溶液喷射装置由1支喷枪组成，喷枪上有1只溶液开关阀、1只溶液流量计、1只溶液调节阀；1只喷枪吹扫阀；1只雾化空气开关阀、1只雾化空气流量计、1只雾化空气调节阀、1只压力变送器；还有一个用于给喷枪冷却的空气开关阀1只。在溶液喷射装置入口总管上安装有1只压力变送器，用于检测尿素溶液循环管线的压力。

脱硝反应氨需量计算的主要依据是：SCR 反应器出口烟气 NO_x 浓度、从锅炉燃煤量换算出的烟气量以及设定的烟气排放 NO_x 浓度，用 SCR 反应器出口烟气 NO_x 浓度作为实际脱硝运行的反馈数据对计算出的氨需量进行 PID 方式的修正调整，从而消除或减小由于实际烟气量与锅炉燃煤量换算出的烟气量不一致、从氨需量换算出的尿素需量不准确、尿素热解反应不稳定以及其它相关原因所导致的最终脱硝反应效果的偏差，形成一个反馈调节回路。

计算出来的氨需量乘以厂家提供的质量转换比系数，则得到脱硝反应尿素需量。在脱硝运行期间，程序自动将所需的尿素溶液分配到投运的热解系统尿素溶液喷射装置喷枪中喷入热解室内，尿素溶液在热解室内经过高温分解，产生氨气，在与稀释风混合后，送入烟道 SCR 反应器中，实现脱硝反应。

热解系统尿素溶液喷射装置还需要通过压缩空气对尿素溶液进行雾化以保证尿素能够比较充分地分解，除了对雾化空气母管阀门进行监控，在每个喷射装置的雾化空气管路上分别配有1个流量计和1个调节阀，用于调节雾化空气流量与尿素溶液的流量相匹配。

为了防止尿素结晶在喷射装置中造成堵塞，需要对喷枪进行退出前的吹扫，程序自动对退出运行的喷射装置进行吹扫。在非检修状态下，程序自动检测喷射装置的溶液开关阀阀位信号，一旦溶液开关阀关闭，则自动打开吹扫阀，并同时将喷射装置调节阀开到 100%，90s 后关闭吹扫阀、调节阀。

溶液喷射装置流量调节阀控制的作用是在正常运行过程中将程序计算出来的需要喷射进热解装置的尿素溶液分配到投运的喷枪中。通过动态地调节喷枪上的调节阀使得投运的喷枪喷射的尿素溶液流量，从而利于热解反应的均衡充分进行。喷枪调节阀通过一个独立的 PID 回路控制，运行的喷枪中的实际尿素溶液流量就是当前反馈值（PV），把尿素溶液需求量分配到运行的喷枪调节阀 PID 控制回路的给定值（SP）。

10. 反应器系统

每台机组烟道各设一套反应器装置。每套反应器分别配置手动进口烟道挡板门、出口烟道挡板门以及旁路烟道挡板门。正常运行期间进口烟道挡板门和出口烟道挡板门打开，旁路烟道挡板门关闭，从热解装置来的稀释氨气分别喷入反应器装置中，在反应器催化剂的作用下实现烟气脱硝反应。

为了防止 SCR 反应器烟道堵塞，需要对反应器进行声波吹灰设备进行控制，DCS 系统设计了反应器序声波吹灰顺控程序。

第七节 其他辅控系统

一、燃烧管理程序系统

本部分介绍一台 1050t/h 亚临界强制循环锅炉的燃烧管理程序系统。

锅炉的燃料构成有 4 种：①渣油；②原油；③渣油混烧天然气；④原油混烧天然气。油燃烧器为缝隙式，分四角四层布置（计 16 只）。天然气燃烧器亦在四角，仅在一、二两层布置（计 8 只），每个燃烧器都配置一套天然气点火装置和紫外线火焰检测器。每个燃烧器的燃料供给由各自的燃料阀控制。燃油喷燃器退出运行前，由专门的蒸汽吹扫系统进行吹扫。一、二次风由相应的控制挡板进行调节。锅炉燃烧系统的附属设备总数多达百余台，锅炉在启动和停运的整个过程中运行人员要进行数百次的操作。

燃烧管理程序系统将这数百次的操作管理进行分类，最后组合成 50 条子程序。它们的启停由运行人员根据需要通过程序操作台上相应的指令键来实现。程序的运行情况、被控设备状况的信息等，在程序操作台上都设有相应的信号指示。由于程序控制系统的应用，将一台设备多、操作复杂的锅炉燃烧管理集中于一个操作台上。运行人员的运行操作被减少到仅限于根据情况选择操作指令键。在程序控制系统迅速而有条不紊的控制下，不仅从根本上避免了误操作，而且明显地缩短了机组的启停时间。

（一）系统结构

燃烧器管理程序系统由三大部分组成，图 17-9 是燃烧管理程序系统的组成方框图。

图 17-9　燃烧管理程序系统的组成方框图

1. 程序系统控制台

程序系统控制台是程序系统和运行人员之间联系的界面。运行人员通过它控制程序控制系统的运行，从而实现对锅炉燃烧系统的管理。程序运行情况和设备状态等信息，由操作台上的光字牌显示。

2. 程序柜

程序柜由双路供电的电源柜（包括信号、检测、控制用的电源）、总程序柜和层程序柜三部分组成。总程序柜内分层插放 DTL 型组合逻辑电子插件，负责燃烧系统中公用设备的管理，而层程序柜各自负责本层燃烧器的运行管理。

3. 被控对象

被控对象包括阀门、挡板等设备。如图 17-9 所示，运行人员在控制台上发出的程序指令被送往程序柜。程序系统根据现场的条件信息经过组合逻辑网络的运算，其结果由出口继电器转化为现场控制信息，进而控制现场设备的运行状况。同时，程序检测系统将现场信息随时收集到程序柜内，供其他程序使用并送往控制台，向运行人员提供信息。

（二）程序系统分析

1. 系统运行概述

锅炉设备的启动和投入运行，大致上可以分为如下几步：

（1）空气—燃料的准备过程。

（2）锅炉炉膛及尾部受热面的清扫过程。

（3）炉前燃料的准备过程。

（4）燃烧器运行方式的选择。

（5）燃料种类的选择。

（6）点火器、燃烧器的投入。

（7）锅炉负荷的控制。

（8）事故处理及停炉控制等。

2. 典型子程序分析

在上述 8 个步序中，锅炉清扫较为典型，现对其工作过程予以说明。锅炉的清扫工作是在程序的控制和监视下进行的，首先由监测程序检查清扫时必须具备的条件，如风量足够，必须转动的风机都在运行中，各燃料跳闸阀都处于关闭状态等都应满足。此时程序系统点亮操作台上的"许可清扫"指示灯。运行人员得到这个信息后，通过控制台上的"清扫开始"指令键，启动清扫程序。如果 5min 内允许清扫的各种条件未变化，那么程序系统的清扫任务结束，于是点亮操作台上的"清扫完成"指令灯。

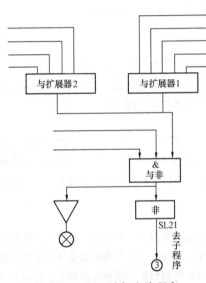

图 17-10 清扫允许程序

（1）清扫允许程序如图 17-10 所示。

从图 17-10 可以看出，这是一条检测程序。"与"扩展器 1 的 5 个输入端分别来自现场的测量信号（1）~（5），而"与"扩展器 2 的 4 个输入端分别接入来自子程序，即阀门检测信号 EP1、EP10、EP12 以及任意一层燃烧器电源均正常信号 SP6（以上 4 个信号未画图）。

"与非门"的另外两个输入端，分别接有汽包水位正常和烟气再循环风机运行信号。所有这些信号都同时存在时，"与非门"输出端呈低电平，点亮"允许清扫"灯，同时经反相器取"非"后送入炉膛清扫子程序。

（2）炉膛清扫如图 17-11 所示。

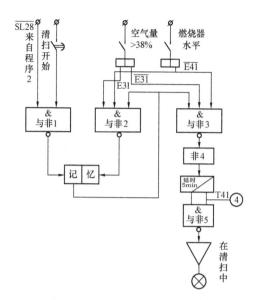

图 17 – 11　炉膛清扫子程序

这是炉膛的清扫监视程序。实质上这也是一条检测程序，但由于本程序有执行清扫时间监视的功能，又类似于一条执行程序，所以必须从中央控制室的程序操作台上用"开始清扫"指令键启动。当"清扫开始"指令发出后，如果子程序图 17 – 11 中所检测的清扫允许条件都存在，则"与非门"1 输出一低电位，迫使双稳态触发器翻转，记忆"清扫开始"指令；同时输出一高电位信号到"与非门"2 和 3。如果"与非门"3 的其他两条输入信号都是正电位，即风量可以保证，总有一台风机运行；汽包水位正常，那么"与非门"3 输出一负电位，经"非门"4 反相后触发计时器计时。计时器为一延时元件，当输入高电位时，在延时时间内输出端为两路相同的高电平，经"与非门"5 驱动器灯放大器，点亮"在清扫中"指示灯，表示锅炉正在进行为时 5min 的清扫工作。如果吹扫条件任一条件消失，则"与非门"3 输出反相，使计时器停止计时，"在清扫中"灯熄灭，吹扫失败。同时，双稳态触发器记忆被清除。如重新清扫，则必须重新使用"开始清扫"键再启动。

（3）清扫完成如图 17 – 12 所示。

它是一条监视程序，是上一程序的继续。当子程序图 17 – 12 的计时

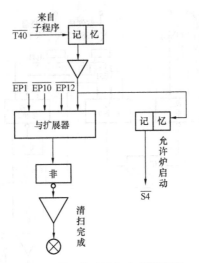

图 17 - 12　炉膛清扫完成子程序

器完成为时 5min 的计时而未被打断时，其下端变为负电平，触发记忆元件 1，输出一正电位并送至"与扩展门"。在此"与扩展门"上同时还引入子程序，即阀门检测程序来的 3 个阀门检测信号。这些信号一起被引入"非门"，反相后点亮"清扫完成"指示灯，同时记忆元件 2 被触发翻转，记住清扫完成，发出"允许炉启动"信号，给其他程序。

二、锅炉吹灰系统

采用吹灰器吹扫锅炉受热面积灰，是提高锅炉运行效率的有效方法之一。吹灰器用来清扫锅炉的炉膛、水平烟道、尾部烟道及空气预热器上的积灰，以提高传热效率。

大型锅炉使用的吹灰器数量很大，而且有长杆吹灰器、短杆吹灰器、半程式及固定式等型式的吹灰器，运行中要求按规定次序进行操作。吹灰器是靠电动机来推进和退出的。电动机通过机械传动还使吹灰器同时做旋转运动，以提高吹灰效率。

吹灰控制系统除吹灰器及其控制设备外，还包括吹灰管道及管道上的蒸汽阀、疏水阀，并对吹灰蒸汽的压力和温度进行测量和控制。吹灰时，首先启动吹灰用的汽源，经过疏水、调压使吹灰汽源压力达到规定要求后，再将吹灰器伸入炉内（称推进），推进到位后退出炉外（称退吹）。吹灰方式多采取成对吹扫，即前后墙或两侧墙相对的两只吹灰器同时吹扫

（称对吹）。吹扫完毕后，将系统恢复至吹灰前的状态。

总之，吹灰系统被控设备数量多，其型式、种类亦各不相同，因而简单的控制手段已不能使系统有效地运行，必须装设程序控制系统才能保证按要求吹灰。

大型锅炉一般都配有吹灰系统和相应的程序吹灰装置，如 ZKCK - 360 型程序吹灰装置。该装置具有自动操作（即程序吹灰）、在操作盘上远方手动操作和就地手动操作的功能。

（一）吹灰系统概述

1. 吹灰器的种类

不同型号的锅炉，其吹灰器的数量不同，所用吹灰器的型式也有差别。

某火力发电厂1000t/h 锅炉使用的吹灰器有四种类型，分别按要求分布在不同的部位。现将其具体情况介绍如下。

长伸缩型（称长杆吹灰器）共48 台，分两层布置在过热器、再热器两侧墙，每侧24 台。短伸缩型（称短杆吹灰器）共66 台，分5 层布置在炉膛四周。固定旋转型（称固定式）共24 台，布置在省煤器两侧，每侧12 台。每台空气预热器上装有两台空气吹灰器。吹灰器（被控对象）的质量及可控性，是吹灰程控系统能否正常运行的关键。

2. ZKCK - 300 型吹灰程控装置功能简单介绍

该吹灰程序控制系统采用两级控制，上位级为计算机控制级，下位级为继电器控制级。控制系统内有程控柜两个，动力柜6 只。

（1）程序控制柜。

程控1 号柜为主机柜，安装 SR - 400 程控装置和外围设备，有程序启动、程序执行、程序中断、程序自动检查、故障处理等工作状态显示灯。程控2 号柜为模拟柜，装有选择系统工作状态（自动—断—手动）的切换开关；显示控制电压和电流的表计；吹灰系统模拟图、信号灯及操作按钮。

模拟图中用指示灯显示吹灰器在锅炉本体上的相应位置和吹灰蒸汽管道的大致走向，以及其测量、控制、调节设备的连接位置。吹灰器在初始状态时，指示灯不亮；当某一吹灰器被选通（即继电器选通）时，该吹灰器的指示灯亮。对于吹灰蒸汽管道上的阀门，则用红、绿指示灯表示阀门开启到位或关闭到位。红（绿）灯闪亮，表示阀门处于开（关）的过程中；红、绿灯均不亮，则表示阀门停在中间位置。

SR - 400 主机接受运行人员的操作命令和继电器控制级的反馈信号，并完成各类预定的运算功能和发出指令。

第十七章　辅助设备控制系统

（2）动力柜（6 只）。

动力柜为继电器控制级，包括吹灰器、电动门等继电器的控制电路，它接受微机控制级的控制信号以及吹灰器、电动门的反馈信号，执行操作命令并将执行结果的信息馈送主机。

（3）ZKCK−300 系统的保护功能。

为了保证吹灰系统，特别是吹灰器的正常工作，程控装置应有必要的监控和保护功能，以便于及时发现故障。ZKCK−300 设置了（以一个系统说明）"吹灰条件具备"后应有下列监控和保护：

1）左右侧吹灰器离开原位伸进炉膛的过程监控。

2）左右侧吹灰器到位后退出炉膛的过程监控。

3）左右侧吹灰器过流，即吹灰器在运行中电流超过规定值的监控和保护。

4）左右侧吹灰器过载，即吹灰器运行过程中出现过载现象时的监控和保护。

5）左右侧吹灰器启动失败，即选通继电器动作后，吹灰器在规定时间内未离开原位的监控和保护。

6）左右侧吹灰器超时，即吹灰器运行全过程超过预定时间而未回到原位的监控和保护。

以上六项主要是针对吹灰器的，同时该系统对相关的阀门和其他设备也设置了相应的监控和保护，诸如：①阀门开启过力矩，即阀门开启到位并出现过力矩；②阀门关闭过力矩，即阀门关闭到位并出现过力矩；③阀门过载，指阀门在开关过程中出现过载情况；④汽压低，指在吹灰过程中用于吹灰的汽源压力低于规定值；⑤流量低，指在吹灰过程中用于吹灰的汽源流量不足；⑥低负荷，指吹灰过程中锅炉负荷小于额定负荷的70%。

（4）ZKCK−300 装置的操作控制方式。

1）在自动状态下具备开始吹灰的条件是：在某部分吹灰器（空气预热器、炉膛、水平烟道、尾部烟道）选通、蒸汽阀门开启到位、疏水阀门关闭到位、疏水温度符合要求、吹灰蒸汽压力正常、吹灰蒸汽流量足够等的各种情况下，若该部分具备吹灰条件，则指示灯亮。各部分之间相互闭锁的优先权，依次为空气预热器、炉膛、水平至尾部烟道。

2）吹灰时，按照设定的逻辑关系和保护条件实施自动监控。

3）该系统设有下列操作键和按钮：程序启动按钮（在自动方式下，用于启动程序操作）；程序中断按钮（在自动方式下程序运行操作中，人为中止程序操作）；程序复位按钮（在自动方式下，重新启动因故障或人为中断的程序）；消音按钮；过电流复位按钮（消除过电流信号）；过力矩复位按钮（消除过力矩信号）；盘/就地自锁按钮（在手动方式下，用于选择在就地或在操作盘上进行操作）等。并有"故障""PC电池电压不足""程序运行""程序中断""自动""手动""过电流""过力矩"等监视信号。

3. ZKCK - 300 外部设备的布置

考虑到锅炉房的环境条件较差（主要是灰尘大），所以采取集中安装的方法，即将全部吹灰器进退回路的有关器件、部分阀门开关回路的有关器件分别安装在6个动力柜中，并且在柜内放置了3块开关板，还布置了钮子开关，用来对全部吹灰器、蒸汽阀及疏水阀进行开启、关闭。

ZKCK - 300 型程控装置是诸多程序吹灰装置的一种。一般一台程序控制装置应具有如下几项主要功能：①存储控制程序；②在条件满足时的执行和转换程序；③提供人/机联系，除按程序自动操作外，还必须向运行操作人员提供手动操作（包括单操、组操、点步、跳步等）被控对象的功能，同时装置应能向运行操作人员提供必要的显示、报警和故障信号；④具有与外部设备配合完善的接口方式和信号联系通道；⑤具有一定的程序检查功能，在必要时可设置能够验证程序进展正确性的自检回路；⑥具有一定的保护功能，能够在执行程序时，检查执行机构的故障，在发生各种事故时可以中断程序，事故消除或处理完毕后复归程序。对于应用在火力发电厂中的程控装置，上述第④至第⑥项功能尤为重要，因为装置的输入、输出部分担负着输入和输出控制信号、隔离现场干扰、转换控制电平、进行信号功率放大等的许多功能。系统是否能正常运行，程控装置与现场接口的设备是至关重要的。同时，保护功能也是必须重点考虑的，因为有故障时不能及时发现和处理，这不但不能保证自动系统的正常运行，而且往往会造成主设备损坏的大事故。

（二）吹灰程控系统的调试

1. 系统静态（冷态）调试

（1）系统设备检查。

1）系统所属全部吹灰器、阀门、信号测量转换设备的安装情况检查，包括固定、接线、标志等应全部安装完毕，固定牢固、接线正确，标志清晰、正确。

2）查线和线路绝缘测试，应依据图纸分别进行盘、柜、箱、就地设备、测量设备等的逐项查线，逐项按规定测绝缘，保证接线正确、接触良好，绝缘合格。

3）控制机柜试送电，送电后进行全面检查，确信无异常。如果是双回路供电，要进行切换试验，确保供电可靠。

上述各项检查时可进行必要的无电手操试验。

（2）吹灰器单体调试。

长吹灰器（指当前多数在用的）由电动机、传动机构、吹灰枪、顶开式汽阀和行程开关等部件组成。吹灰枪由内管、外管及喷嘴组成。内管固定不动，外管可在内管上滑行和旋转，喷嘴设在外管前端，其轴线方向和外管轴线方向垂直或倾斜一定角度（据此称为直喷嘴或斜喷嘴）。当外管一边伸进一边旋转或退缩时，喷射汽流吹扫出一个圆柱形区域。正常吹灰过程是：电动机通过传动机构使吹灰枪外管向前滑动并旋转，同时通过凸轮杠杆机构使顶开式蒸汽阀门机构打开。蒸汽通过内管传到外管，经喷嘴喷出。这样，吹灰枪外管一边旋转一边向前伸进并通过端尖喷汽，这称为进吹。当外管进吹到一定位置时，前端行程开关被触动（称进吹到位）。这个开关信号反馈到已设置好的继电器回路，可使电动机马上由正转变为反转，通过传动机构就使吹灰枪外管一边旋转一边向后退，退吹过程开始。当退吹到位时，后端行程开关动作，使电动机断电，同时凸轮杠杆机构使顶开汽阀关闭，一次进退吹扫完毕。

短吹灰器（简称短吹）与长吹灰器相似，但因为短，所以进退不需要靠链条机构带动。短吹灰器外管伸进时不旋转，喷嘴也不喷汽；伸进到位后才一边旋转，一边喷汽。旋转一周后，自动退回，碰到后退限位开关后断电，吹扫即结束。其吹扫面接近于与水冷壁平行的一个圆。

1）在正式调试吹灰器之前，应首先对系统进行全面检查，依照图纸对就地控制箱与电源，控制箱与吹灰器，箱与箱，控制箱与程控柜之间的电缆接线及配线进行认真细致的检查并消除缺陷，用绝缘电阻表测试线路（主要是电源系统）绝缘。一般吹灰器均用双回路供电，要进行切投工作状况检查，以确保可靠供电。

2）放置好操作盘上的工作方式选择开关（就地手动）后，将吹灰器上的手动/电动转换离合器敞出来，用手柄将吹灰器摇出一定距离。然后送上控制电源和动力电源。送电后，吹灰器应前进，如后退，则说明电源的接线相序不对，可任意调换两相后使吹灰器运行一个全程，前端到位后应自动退回，后退到位后应能自动停止。在一个全程的运行过程中，如果不发生下列故障，即为合格。①吹灰器只旋转不前进，或只旋转不后退；②前进到位不退回和后退到位不停止；③前进和退出过程中运行速度不均匀和有卡涩；④过电流、过载等保护动作；⑤长吹灰器的链条机构明显扭曲和卡涩。

（3）辅助控制设备调试。

习惯上把主设备和程控装置以外的其他设备称为辅助控制设备。

汽源总阀是切断或提供吹灰汽源的总阀，一般火力发电厂皆设计为手动阀门。吹灰前先由运行人员打开总阀，使蒸汽进入管道。然后，启动减压站，将吹灰汽源压力减低至吹灰器运行的规定压力同时疏水（避免水经吹灰器进入炉膛）。待管路中的温度达到规定温度时，疏水阀自动关闭。

减压阀是用来控制并调节吹灰蒸汽压力的调节阀。在疏水阶段，通过疏水控制电磁阀使阀开启一个较小开度，保证疏水的规定压力，并进行暖管。暖管是否合格，由温度控制。暖管结束后，吹灰控制电磁阀带电，使减压阀开启至吹灰所需压力。

1）阀门调试包括以下内容：①全面检查的具体要求可参照"吹灰器单体调试"的第（1）条；②进行手动操作试验，确信灵活、无卡涩；③进行开关方向试验；④进行规定值启、停试验。

2）调试控制用发信设备，包括温度、压力、流量等发信仪表和装置：①进行定值校验，定值应符合设计规定；②检查线路和测试绝缘；③做定值动作回路的模拟试验。

（4）程控装置调试。

程控装置的型号和种类很多，彼此差异也很大，因篇幅所限不作详细叙述。

程控装置的调试一般应有下列项目：

1）单项调校试验。即装置可单独进行的校验、检查项目，如继电器式应按功能或系统区分开，可单独执行某项动作的回路（电子组装式则应按组件板、功能板或通道板等）来进行。

2）装置的整体通电检查。

3）功能试验。

4）系统试验。采用模拟装置或投入系统，但系统的部分动作信号（并非系统的实际动作）采用模拟形式。

2. 吹灰程序控制系统投运试验

（1）系统投运试验的一般要求。

1）吹灰程序系统投运试验，必须是在静态调试［包括程控装置、吹灰器单体和汽（气）系统设备］合格之后才允许进行。

2）系统投运应分步进行。一般应参照操作流程图。某火力发电厂锅炉吹灰程序控制的操作流程图如图 17－13 所示。

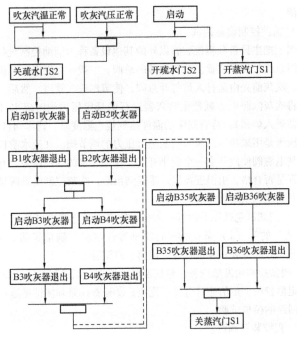

图 17 - 13 某火力发电厂锅炉吹灰程序控制操作流程图

图中表示了过热器吹灰的部分操作流程，主要控制蒸汽阀和吹灰器。在图 17 - 13 中，没有表示出吹灰器发生故障及锅炉工况异常时，所需要中断吹灰的处理过程（实现程序吹灰时，必须考虑）。参照该操作流程图先分成大类，如汽源系统和吹灰器系统；然后再分成小步骤，如过热器吹灰部分或预热器吹灰部分等。

3）吹灰程序控制系统投运试验，一般应是先手动（指手动远方操作）后自动。

4）必须制定出完整的试验措施和计划。

（2）汽源系统投运。

1）手动打开汽源总阀，让蒸汽进入系统。

2）手动启动减压阀的疏水电磁阀，使减压阀开启至疏水定值所限开度，此时疏水阀应自动打开（疏水阀不必逐台手动开启），进行暖管。观察疏水检测温度（也可以控制疏水时间），待管路中的温度达到某个设定温度时，可认为疏水已完成，疏水阀应自动关闭。

3）手动启动减压阀的吹灰电磁阀，使吹灰压力被调节至规定值（设定值）。

4）程序自动运行所"必须具备"的条件全部满足后，系统恢复到原来的状态。然后再依照程序要求进行自动启动减压阀的试验。

所谓程序自动运行时"必须具备"的条件，一般应该有：①锅炉运行且负荷大于10%；②疏水阀全关并开启减压站，且压力达到规定值以上。自动启动减压阀的方法与手动相似，只是将手操改为自动，不再赘述。

（3）吹灰试验。

1）吹灰试验应分步进行，且应先试远方手操，然后进行自动吹灰试验。

2）吹灰试验的主要目的是在确信吹灰器正常的前提下，实际检验吹灰程控装置的功能是否完善、实用。程序吹灰装置通常具备以下功能：

①程序选择：就是操作人员可以利用程序选择一部分吹灰器运行。

②程序启动：即自动启动。

③程序检查：应根据选定的装置和现场实际要求，确定是否应设置此功能。

④步序检查：对吹灰系统而言，是用来检查，在程序选择的步序中有哪几只吹灰器。使用时，按下程序键和步序检查键，此时程序所选择的吹灰器的指示灯应全亮。

⑤紧急手动退出：这主要用于长杆吹灰器。若长杆吹灰器运行中发生过载、超时等故障，则可按下紧急手动退出按钮，使之退出。

⑥吹灰器手动启动：这用于单独启动一台或几台吹灰器时。

⑦吹灰器许可/禁止操作：这用于跳步和禁止某台吹灰器运行时。

⑧装置状态切换。

上述主要功能中，在手动启动减压阀并恢复系统后，必须对①、⑤、⑥、⑦、⑧项进行检查。试验合格后，才可进行自动启动减压阀的试验。其余功能可在调试吹灰器的过程中，依据具体条件试验。

3）吹灰器投试中如发生以下各种异常或故障时，则应自动中断程序或禁止启动吹灰器：吹灰蒸汽压力低、锅炉减负荷至70%以下、吹灰器电动机过载、吹灰器伸进时，超时不退或退出时超时不停。

（4）全系统自动运行试验。

1）全系统的自动投运，必须在各分步试验合格后才可进行。

2）全系统的自动投运，必须在确信程控装置的各项既定功能已调试完毕并有相应的安全措施后才可进行。

三、定排程控部分介绍

目前国内火力发电厂应用程序控制装置的例子很多，如锅炉点火、定期排污、除灰、吹灰；给水泵、引送风机、汽轮机自启停等等。下面以锅炉定期排污程序控制为例，着重说明程序控制系统的原则要求。

（一）必须掌握被控对象的工艺要求

汽包锅炉定期排污的热力系统图如图 17 – 14 所示，其典型的工艺过程如下：

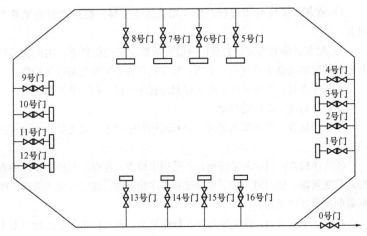

图 17 – 14   汽包锅炉定期排污的热力系统图

（1）汽包锅炉定期排污的目的是降低炉水含盐量，提高蒸汽品质，因为随着汽包中的水不断蒸发，炉水的含盐量不断增大。因此，在运行一段时间后，就应该将水冷壁下联箱中含盐量最高的炉水排掉，即"定期排污"，一般每 8h 需要排污一次，当锅炉水质较差时（锅炉水质好坏用电能表监测或由水质化验结果决定），特别是启动过程中，应增加排污次数。

（2）排污时，首先开启总排污门，即图 17 – 14 所示的 0 号门，然后按顺序开启每个联箱的排污门，经过规定时间后，重新关闭。

（3）当最后一个联箱的排污门关闭后，再关闭总排污门。

（4）为了不影响汽包水位，在汽包水位高于正常值时才允许进行排污，在排污过程中，如果发现汽包水位过低，或排污门有故障，必须立即停止排污，并将所有排污门关闭，即排污不能影响安全运行。

（二）必须全面熟悉被控对象的实际系统

1. 绘制操作流程图

全面掌握被控对象的实际系统的最有效的方法是绘制操作流程图（也可采用绘时间流程图或列表格统计的方法）。选定的控制对象的操作回路图如图 17-15 所示。

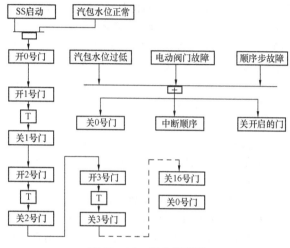

图 17-15 操作流程图

一般情况下，为了简单清楚和突出重点，操作回路图表示的只是几个操作顺序及其所依据的条件，并不一定能全面准确地反映每一步操作所遵循的全部始末条件。

从图 17-15 中可以明确如下几点：

（1）该系统控制截门的统计数量为 0~16 号门。

（2）该操作流程图给出了流程进行的限制条件是：每个联箱排污门的开启条件是前一个联箱排污门处于关闭状态，而总排污门的关闭条件是最后一个联箱排污门处于关闭状态。

2. 确定控制范围

在确定程控系统的控制范围时，必须仔细分析控制对象的操作规律，摸清被控对象的自身控制设备。对于锅炉定期排污系统，被控对象是 0~16 号电动门。所以这个系统确切的控制范围的任务是：

（1）该系统被控对象所用的控制开关（启、停开关）是否一致或者有哪几个类型。

（2）被控对象要求的输入信号、输出信号（即回报信号）是否一致或者有哪几类。

（3）考虑被控对象在检修后要进行单独试验或调整试验的实际情况，其单独操作开关如何与程控系统联系和切断。

3. 编写程序控制条件

在图17-15中只给出了流程进行的限制条件，因为在开始定期排污前每个排污门都处于关闭状态，因此，除了第一个联箱排污门外，都满足"前一个门关闭"的条件，所以系统启动后除第一个门外其余所有排污门与排污总门同时开启是绝对不允许的。就是说，在操作流程图中，操作命令和闭锁条件是无法区分的，为满足流程的限制条件，必须加入步序条件，即编写出程序控制的条件要求。

4. 绘制逻辑框图

因为操作流程图是直接按照人工操作规律绘制出来的，所以在程序控制实现时不能只是简单的依照流程顺序，必须分析步序要求，将顺序和步序要求用逻辑关系表示。

（三）程序控制装置的选择和方案的确定

实现程序控制功能的专用自动装置称为程序控制装置。在火力发电厂中常用的程序控制装置有固定接线式和通用式两种。所谓固定接线是针对具体控制系统设计的，它由电磁继电器或其他开关元件所组成，其功能及电路都是确定的，针对性强，但灵活性较小。当被控对象的操作流程需要改变时，必须重新修改电路的接线。所谓通用式，是指灵活性较大，应用范围较广，即以微处理器为基础构成的可编程序控制器。

1. 程序控制装置的选择

（1）控制目标不同，对PC机的要求也不同。

（2）控制方式。控制方式有独立式、集中式和分散式，不同的控制方式，输入/输出和通信方式不同。

（3）实时响应。因为实时响应能力涉及到PC机的描扫速度和对实时处理现场信号能力的要求。

（4）功能要求。例如，是代替原继电器组成的装置还是新增设备、有哪些逻辑运算和数学运算要求、数据传送方式等。

（5）通信。要求通信速度和方式能与上位机联网。

（6）输入、输出模块的选用。开关量输入模块、输出模块的规格和数量直接影响控制系统的使用和可靠性，所以应合理选择。

2. 程序控制方案的确定

（1）进行方案比较。依据上述要求可以选用不同的机型。出现两种以上的不同情况，应比较后选择最优方案。①开列模块清单进行模块数量比较，性能选优，选用模块数量最少的。②特别要注意输入、输出模块的价格比。

（2）综合方案。主要考虑输入输出点有无简化的可能和逐个审定输入模块、输出模块的类型，如交流直流，低压高压，低功耗高功耗等。

（四）应用举例——采用固定接线式组成的锅炉定期排污程序控制系统

1. 结构特点

（1）电路简单。由操作流程图可知，对于每个联箱排污门来说它们的开启条件是：①总排污门必须开启。②被控门的前一个排污门全开后又重新关闭。此条件要求的信息是无法直接取得的，因此必须采用步进式电路。每个联箱排污门的开启条件仅为前一个顺序步的转移条件，任何非相邻的顺序步之间没有任何联系，所以装置的电路比较简单，而且电路中的某些元件可重复使用。

（2）设置中断按钮。在自动排污过程中，必要时可使用该按钮停止运行。设置有复位按钮，程序中断后，可使用此按钮使装置恢复初始状态。

（3）设置显示工作状态的信号灯。红色灯亮表示系统正在进行工作，绿色灯亮表示处于备用状态，黄色灯亮表示程序中断。

（4）设置选择开关。使用此开关可以将任何一个不需要操作的排污门退出控制系统。

（5）中断功能。如果出现汽包水位过低或排污门故障等异常情况，装置都会自动中断工作并发出报警信号，中断控制时，所有已开启或正在开启的排污门都能自动关闭。锅炉水质较差时的排污要求，本装置未列入控制范围内。

2. 定期排污程控装置的工作原理

该系统电路的工作原理如图 17－16 所示。

（1）电路图中主要设备介绍：SP—电源开关；SS—启动按钮；KS—启动指令继电器（首步或启动步），其功能是检查汽包水位是否正常。KS动作后 KP（顺序保持继电器）断电，并切除 KI（中断继电器）的自保持回路。当汽包水位不正常时，装置将停留在启动步进行等待，汽包水位正常时，转移条件满足，KS 将启动第一步的继电器 1K（开 0 号门）。用 KS切断 KI 的自保持回路是为了避免 KI 将曾经出现过的汽包水位异常信号记

第十七章 辅助设备控制系统

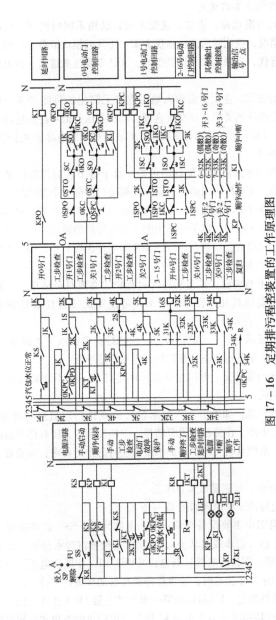

图 17－16 定期排污程控装置的工作原理图

忆下来而影响程序的进行。而 KP 是用来记忆启动指令的，在装置运行的过程中一直保持控制电路的电源，直到排污控制过程完成，KP（复位继电器）动作，KP 失去自保持时电路才复位。1KT 为时间继电器，用来检查阀门关闭方向工作情况。2KT 为检查排污门开启方向工作情况的时间继电器（定值包括排污时间即排污时间继电器 KT 的定值）。1K ~ 34K 为各步的控制继电器。

（2）电路动作情况说明。第一个顺序步的继电器 1K 动作，切断前一个顺序步的电源，使 KS 复位。同时发出指令，使 0 号门开启，为了检查该步序的工作情况，1K 的触点将母线 3 和 5 短接，启动 1KT，1KT 是用来检查所有排污门关闭方向工作情况的，同时也用于检查 0 号门开启方向的工作情况。因为已知系统中所有阀门的规格相同，各阀门所用电动装置相同，电动装置的输出转速相同且恒定，所以阀门开启和关闭过程的时间也是相同的。因此电路采用：在向电动阀门发出操作指令的同时，启动时间继电器计时，时间定值要比阀门全程操作时间稍长。如果在时间继电器整定时间内，阀门已经完成整个开启或关闭过程，由于时间继电器的电源被切断，则不会发出报警信号。如果在整定时间内阀门未完成整个启动或关闭过程，说明阀门出现了异常情况，则时间继电器到达整定时间后闭合其触点，发出报警信号并启动中断继电器。0 号门全开时，第一步的转移条件满足。阀门的状态信号是由自身的开启和关闭方向的行程开关通过中间继电器提供的。中间继电器所对应的阀门工作状态如表 17 - 1 所示。

表 17 - 1　　　　　　阀位中间继电器的动作条件表

中间继电器	阀门状态		
	全关	中间	全开
OKPO	X	X	
OKPC		X	X
KPO			X
KPC	X		

采用 OKPO 的动断触点和 OKPC 的动合触点串联起来提供总排污门全开的信号，是为了避免继电器出现故障而提供错误的信号。

第一步的转移条件满足后，第二步的继电器 2K 动作，2K 自保持并切断上一步 1K 的电源，使 1K 复位，同时发出指令去开启 1 号排污门。1 号排污门全开时，通过阀位中间继电器 KPO 启动时间继电器 KT（排污时间继电器的定值为排污过程所需时间），当排污时间满足时，KT 动作。第二步的转移条件满足，通过 2K 的触点使第三步的继电器 3K 动作，2KT 的整定值是 KT 和 1KT 整定值之和。

3K 动作后，自保持并切断上一步电源，使 2K 复位，同时发出指令去关闭 1 号门，1 号门全关后，由阀位继电器 1KPC 提供 1 号门全关的信号，并通过 3K 的触点启动下一个顺序步去开启 2 号门以后电路的工作就是重复第二和第三步的过程。当电路的最后一个联箱排污门关闭时，电路转入最后一个顺序步，去关闭总排污门 0 号门。

阀位继电器 KPO 是所有排污门的控制电路所公用的。当控制某个阀门时，阀位继电器通过每步的继电器的触点引入相应阀门的控制电路。当总排污门关闭后，阀位继电器 OKPC 提供阀门全关信号，去启动 KR，KR 动作，切断控制电路的电源，使整个控制电路复位。

电路中 SI 为手动中断按钮，任何情况下，只要按下 SI，都能启动中断继电器 KI，KI 动作后，自保持并切断转移步的电源母线 5，使控制立即停止。KI 动作使总排污门及已开启的任一联箱排污门关闭，只有按下 SS 后才能使停止的顺序步继续进行下去，或者按下 SR 使装置的电路复位。

四、油泵电机的可编程序控制

目前，可编程序控制器，已成为发电厂热力设备施行程序控制的主要设备，应用很广泛，本节仅以一个小的控制回路为例，说明可编程序控制器在应用中的基本思路。

（一）被控对象

被控对象是一个循环水截门的动力控制箱，该控制箱为液电联动控制，截门动作是以油路中的电磁阀的开启或关闭为基础，处在不同工作状态的阀的动作由控制器发指令，控制部分选用 S5 – 110A 型（西门子公司产品）可编程序控制器，整个控制系统是由各种门电路组成的逻辑电路，系统编程以逻辑电路为基础。下面以控制箱中动力油泵电机的连锁动作为例说明编程方法。

（二）S5 – 110A 型的编程方法

所选被控对象的部分编程流程框图如图 17 – 17 所示。S5 – 110A 的编程单元为 631 和 670，编程单元用于将控制程序编入 RAM 随机存取存储器中，再输入主机 EPROM 存储子模块中，而 S5 – 110A 型的程序设计可采用控制系统流程图、梯形图以及语句单三种形式。其中控制系统部分编程的流程图是一种具有诸多门电路组成的逻辑电路，如图 17 – 17 所示。

而梯形图是用一种图解语言来表示自动的功能的，相似于继电器逻辑图的表示方法，为便于比较，现将图 17－17 的流程图的梯形图示于图 17－18。

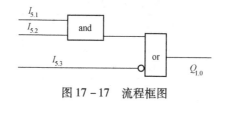

图 17－17 流程框图

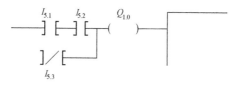

图 17－18 梯形图

下面仅以控制箱中动力油泵电机的连锁动作为例说明其编程情况，该部分的流程图如图 17－19 所示。

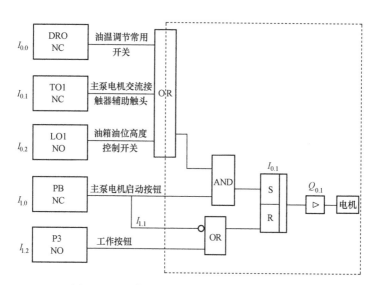

图 17－19 动力油泵电机连锁动作编程流程图

第十七章 辅助设备控制系统

因为已选用 S5 - 110A 型可编程控制器，所以当工艺要求确定后，其输入、输出及定时端口地址已设定如表 17 - 2 所示。

表 17 - 2 端 口 地 址 设 定

名　称	地　址	名　称	地　址
输入端口	$I_{0.0} \sim I_{15.7}$	输出端口	$Q_{0.0} \sim Q_{15.7}$
定时端口	$T_{0.0} \sim T_{15.7}$	特征位	$F_{0.0} \sim F_{63.7}$

提示　本章内容适用于中级人员。

第十八章

热 工 信 号

第一节 热工信号的作用

热工信号的作用是，在有关热工参数偏离规定范围或出现某些异常情况时，用声光形式引起运行人员注意，以便及时采取措施，避免事故的发生和扩大。

第二节 热工信号的分类

一、按信号的性质分类

1. 状态信号

状态信号用来表示热力系统中的设备所处的状态，如"运转""停运"等。

2. 越限报警信号

热力系统中设备和介质的状态参数必须保持在一定的安全范围之内，而"安全范围"按其实际情况可以是一个规定值，也可能是一值与二值，一旦越出规定范围，必须及时发现和处理。"越限报警"是热力参数值越出安全界限而发出的报警信号，如"蒸汽压力高""蒸汽温度低"等。

3. 趋势报警信号

趋势报警信号用来表示系统中状态参数的变化速率。变化速率本身是一个代数值。速率为正值，表示状态参数在升高。由高向低发展时，其速率为负值。

4. 视真报警信号

热力系统中为了确保某些参数正确无错误，通常采用双系统进行测量，而热工信号系统则间接监视这两套测量系统之间的差值。当这一差值超过某个允许的限度时，便发出报警，提示运行人员，测量系统已发生故障，测量值已不可信。

二、按报警的严重程度分类

1. 一般报警信号

一般报警是指非主要辅助设备故障信号，如"疏水箱水位低"信号，或者是系统中某些状态信息，如"辅助设备的正常启停"等。

2. 严重报警信号

严重报警信号是指系统中某状态参数已严重偏离规定值，需要运行人员必须认真采取对策时发出的信号。

3. 机组跳闸信号

机组跳闸信号是指热机保护已动作的情况下发出的信号。

通常严重报警的声响与1、3两项声音有区别，以引起运行人员特别注意。

三、其他分类

除以上三种信号分类外，热工信号还可以按报警设备的具体内容或具体设备所属系统分类，如给水泵报警信号或除氧给水信号系统等。

另外根据主设备不同，对报警系统及其功能要求也不同。对常用的各类报警系统说明如下：

1. 有消音按钮的自动复位报警系统

该系统的特点是：

（1）配有消音按钮及切除、投入开关。

（2）具有单一音响。

（3）运行状况恢复正常后，原显示故障内容的灯光自动消失。

（4）可供运行人员操作的灯光、音响试验。

2. 人工复位报警系统

该系统的特点是：

（1）配有确认按钮及复位按钮和试验按钮。

（2）具有单一音响。

（3）在按下确认按钮前对瞬时的报警信号有闭锁功能。当按下确认按钮时，音响停止。光字牌显示由闪光变为平光。

（4）运行状况恢复正常后，已被确认的灯光显示必须人工复位。

（5）可人为进行报警系统试验。

3. 自动复位报警系统

该系统具有如下特点：

（1）配有确认按钮，试验按钮。

（2）具有单一音响。

（3）在按下确认按钮前，对瞬时的报警信号有闭锁功能，按下确认按钮时，音响和闪光同时停止，闪光变为平光。

（4）运行状态恢复正常时，已被确认的显示会自动复位。

（5）可供运行人员进行操作试验。

4. 具有消音按钮和复原显示的报警系统

该系统的特点是：

（1）配有消音按钮、确认按钮、复位按钮和试验按钮，配有报警音响和复原音响两种音响装置。可进行人工试验。

（2）在按下确认按钮前，对瞬时的报警信号有闭锁功能，有消音按钮消除音响。

（3）按下确认按钮时，显示屏停止闪光。

（4）对象恢复正常时，显示屏慢闪并出现复原音响。复原音响在达到给定音响时间时，自动停止。

（5）复原显示需要人工复位。

5. 具有首出报警和自动复位的报警系统

该系统特点如下：

（1）设有确认按钮和试验按钮。

（2）具有单一音响。

（3）对首出的瞬时报警信号有闭锁功能，对后续报警信号无闭锁功能。

（4）仅对首出的报警信号有音响及闪光，后续报警信号出现时系统直接进入确认状态。

（5）按下确认按钮时，首出报警的显示停止闪光，音响同时消失。

（6）当对象状态恢复正常时，已被确认的报警显示自动复位。

（7）可供运行人员操作试验。

6. 其他报警系统

报警系统的基本功能和附加功能种类较多，因此可用它们组成功能不同的系统，如有首出报警和人工复位或人工解除首出报警等。

提示 本章内容适用于中级人员。